国家科学技术学术著作出版基金资助出版

木竹功能材料科学技术丛书

傅　峰　主编

木质导电功能材料制备技术

傅　峰　袁全平　梁善庆　卢克阳　著

科学出版社

北　京

内 容 简 介

本书是国家自然科学基金、国家863计划、“十一五”及“十二五”科技支撑等项目课题的研究成果。全书共7章，主要概述了木质导电功能材料的研究现状、导电机理、导电单元及其预处理，着重介绍其应用于电磁屏蔽、抗静电、电热及远红外功能材料的功能化机理、制备技术、性能及其在终端产品上的工程应用技术，并提出了存在的问题和发展趋势。全书形成了较为完善的“导电功能化机理—材料制造工艺—产品工程技术”体系，侧重阐述基本理论知识和关键技术，注重实践性、参考性和阅读性。

本书适合于木材科学与技术学科的广大师生、科研工作者以及木材加工和木制品生产企业的工程技术人员参考阅读，也可作为大专院校相关专业的选修教材。

图书在版编目(CIP)数据

木质导电功能材料制备技术/傅峰等著. —北京：科学出版社，2019.6
(木竹功能材料科学技术丛书)
ISBN 978-7-03-061449-0

Ⅰ. ①木… Ⅱ. ①傅… Ⅲ. ①木材–非金属导电材料–制备–研究
Ⅳ. ①TM242

中国版本图书馆CIP数据核字(2019)第106417号

责任编辑：张会格 孙 青 / 责任校对：郑金红
责任印制：赵 博 / 封面设计：刘新新

科学出版社 出版
北京东黄城根北街16号
邮政编码：100717
http://www.sciencep.com
北京凌奇印刷有限责任公司印刷
科学出版社发行 各地新华书店经销
*
2019年6月第 一 版 开本：787×1092 1/16
2019年10月第二次印刷 印张：20 3/8
字数：470 000

定价：168.00元

(如有印装质量问题，我社负责调换)

著者名单（按汉语拼音排序）：

付跃进　　傅　峰　　梁善庆　　卢克阳

陆铜华　　马　琳　　王素鹏　　谢序勤

袁全平　　曾敏华　　詹先旭　　张恩玖

参编企业：

德华兔宝宝装饰新材股份有限公司

广东耀东华装饰材料科技有限公司

久盛地板有限公司

千年舟新材科技集团有限公司

圣象集团有限公司

浙江世友木业有限公司

前　言

我国正由林业产业制造大国向创造大国迈进，提质增效已逐渐成为驱动我国木材加工行业转型升级的重要途径，木质功能材料恰在此战略问题上具有优势。通过实现木质材料功能化，赋予其导电、吸声、隔声及阻燃防火等功能，扩大木质材料应用领域，是当下实现木制品增值的技术创新之举。其中，赋予木质材料导电功能，可制造具有电磁屏蔽、抗静电、电热、导热、散热及远红外辐射等功能的木质功能材料和制品，能有效实现产品增值，技术推广和市场前景广阔。

木质导电功能材料研究颇多，但从导电功能单元、复合结构形式、复合技术及产品应用等方面进行系统研究的却不多。编者从 1992 年开始相关研究，结合国家自然科学基金、“十五”科技攻关计划课题、“十五”国家 863 计划、科学仪器设备改造升级专项资金、“十一五”国家科技支撑计划课题、林业行业专项重大及“十二五”支撑课题资助项目等，围绕我国林产品提质增效的目标，针对我国木制品存在低值化、同质化等共性问题，瞄准电磁防护和采暖用木质功能材料的需求，系统研究了木质导电功能材料的导电机理、导电功能单元与其特性、复合结构形式，以及木质电磁屏蔽功能材料、木质抗静电功能材料、木质电热功能材料及木质远红外功能材料的制造技术、性能及应用，形成了一套较为完善的木质材料导电功能化理论和工程技术体系。

全书共 7 章：第 1 章概述了木质导电功能材料的研究和应用现状；第 2 章探讨了木质导电功能材料的导电机理、导电单元，形成较为完善的木质材料导电功能化理论与技术；第 3～6 章着重介绍其应用于电磁屏蔽、抗静电、电热及远红外功能材料的功能化机理、制备技术与性能；第 7 章探讨了其在木质电磁屏蔽箱、电热地板、远红外功能型地板以及通电功能材料等终端产品上的工程应用技术，并提出了存在的问题和发展趋势。全书形成了较为完善的“导电功能化机理—材料制造工艺—产品工程技术”体系，为实现木质材料的提质增效提供了充实的理论基础和技术数据，对提高我国木材工业的科技水平具有重要意义。

感谢全书参考文献的所有作者，为本书提供翔实的资料。书中用到的一些标准尽管已经被新标准代替，但在开展相关研究时有效，所以保留了这些标准。本书撰写完成后，已经反复审核，尽量减少疏漏和不妥，鉴于著者水平有限，书中不足之处在所难免，恳请读者提出宝贵意见。

著　者

2018 年 9 月

前 言

著 者

目录

第一章　木质导电功能材料发展现状

木质导电功能材料主要包括木质电磁屏蔽功能材料、木质电热功能材料、木质抗静电功能材料、木质远红外功能材料等。国内外研究和应用较多的木质电磁屏蔽功能材料主要包括两大类：一是复合型，分为表面导电型和填充型，前者通过木材表面金属化来反射电磁波，后者则通过在木基复合材料中填充导电或磁性材料，达到屏蔽的效果；二是高温碳化型，即木质材料或者木基复合材料经过高温碳化后形成碳化物，作为屏蔽材料使用。木质电热功能材料是以木质材料为基材，电热膜为发热层，经热压制备的一种新型功能材料，其电热转换效率高，具有很好的红外热辐射特性，可制备电热地板、电热墙板及其他电热木制品，具有清洁节能、成本低、易安装、升温快速、采暖舒适的特点。此外，木质抗静电功能材料和木质远红外功能材料也得到了广泛关注和研究。

本章主要阐述木质导电功能材料的定义及类型，并详细介绍木质电磁屏蔽功能材料、木质电热功能材料、木质抗静电功能材料和木质远红外功能材料的研究现状。

第一节　木质导电功能材料的定义及类型

一、木质导电功能材料定义

木质功能材料是具有热、电、声、光、磁等功能特性的新型材料，是木材科学、功能材料等多学科交叉、渗透的创新成果，不仅丰富了木材科学与技术的内涵，而且促进了木材工业的发展。而木质导电功能材料是通过导电物质炭黑、碳纤维、石墨、金属粉末、金属纤维、金属箔、金属网、镀金属碳纤维、有机导电物质等与木质材料复合形成的一类功能材料。通常情况下把体积电阻率大于 $10^9\Omega\cdot cm$ 的物质称为绝缘体。一般聚合物材料的体积电阻率都很高，达到 10^{10}～$10^{20}\Omega\cdot cm$，固化后的合成树脂的体积电阻率为 10^{12}～$10^{13}\Omega\cdot cm$，构成木质复合材料的木质单元的体积电阻率为 10^8～$10^{11}\Omega\cdot cm$。普通木质复合材料属于绝缘体的范畴，如果能赋予其导电性，可进一步拓宽其应用范围。例如，体积电阻率在 10^4～$10^7\Omega\cdot cm$ 时可用于抗静电产品，在 10^0～$10^4\Omega\cdot cm$ 时可用于平面发热体，而在 10^{-3}～$10^0\Omega\cdot cm$ 时可用于电磁波屏蔽(华毓坤和傅峰，1995)。

导电复合材料始于聚合物材料，至 1977 年，美国科学家 MacDiarmid(马克迪尔米德)利用无机半导体掺杂的办法，将碘掺杂到聚乙烯中，使聚乙烯体积电阻率从 $10^{10}\Omega\cdot cm$ 降低到 $10^{-3}\Omega\cdot cm$，从而达到金属态。后来，美国另一位科学家 Heeger(黑格尔)利用导电聚合物发明了一种可以弯曲的电子器件发光二极管，迈出了导电聚合物实用化的第一步。

木材是当今世界四大材料(钢材、水泥、木材和塑料)中唯一可再生、可自然降解的生物质材料，并且作为一种性能优越的材料被广泛应用于建筑、家具、造纸、交通等领域。木质材料研究的发展与社会、经济、资源和环境的发展紧密相关，新的生长点和交叉点不断出现，并不断向其他相关学科延伸，采用金属(铝、钢)等提高木材稳定性的研究很早就有报道。为了能更好地实现木材的高效利用，必须不断为木材工业注入新的科技活力，赋予木质材料导电、电磁屏蔽、电热、远红外和抗静电等新功能是当前木材高效利用的主要方向之一。

二、木质导电功能材料类型

目前，用于制造木质导电材料的导电物质有炭黑、碳纤维、石墨、金属粉末、金属纤维、金属箔、金属网、镀金属碳纤维、有机导电物质等，形成四种类型的木质导电材料，分别为饰面型木质导电功能材料、叠层型木质导电功能材料、填充型木质导电功能材料和高温碳化型木质导电功能材料(朱国琪，1993；唐其明，1992)。

导电材料的制造方法有以下4种。

1)化学方法：无规共聚和接枝共聚，通过化学反应，改变聚合物本身的电阻，获得导电性；

2)机械共混：通过与导电单元的物理共混、有机地结合，制成导电共混物，以获得导电性能；

3)表面导电处理：喷涂含有镍、铜类粉末的导电性涂料，或者进行表面电镀、阴极溅镀；

4)粘贴金属箔层压品：用金属箔与塑料片材(薄膜)制成层压品。

前两种方法制得的导电聚合物具有比较持久的导电性能，第三种方法制得的导电聚合物导电性能是暂时性的，第四种方法虽然可以获得比其他任何方法都好的屏蔽效能，但是也存在表面氧化和破坏高聚物材料本身表面性能等缺点。

根据不同类型的木质导电功能材料，其制造方法可以大致分为以下8种。

(一)以熔化的合金或金属元素注入木材制得木材/金属复合材料

李坚和李桂玲(1994)用一个压力处理器，在温度为130～150℃条件下以熔化的合金或金属元素注入木材制得木材/金属复合材料，其处理方法与用油或水注入木材的工艺类似，但所用温度略高。处理后的木材比重增加2～6倍，力学强度提高2～4倍，可以用于壁板、地板等，加入重金属后可应用于存在射线辐射的空间。

(二)使用化学镀的方法使木片或单板表面形成导电性的金属层

化学镀方法也称无电解镀方法，是用金属离子作为还原剂，将金属还原析出的方法。可用于进行化学镀的金属有铜、钯、银、锡、铂、金等多种，利用这些金属特性期望能开发出具有功能性和装饰性的木基复合材料(李坚等，1995)。

长泽长八郎和雄谷八百三(1989)把木质刨花用 r-氨丙基三乙氧基硅烷醚的乙醇溶液进行有机膜化处理，再以盐酸性的氯化钯溶液作为催化剂，将电镀液以滴注的方式滴下，形成化学镀，使刨花上形成导电的金属镍层，然后将木刨花压制成木基复合材料。该木基复合材料具有较低的表面电阻率和体积电阻率，因而具有电磁屏蔽功能。电磁屏蔽性能随着镀镍刨花的含量和压板单位压力的增加而增强。在不同压力下制备的刨花板中导电刨花的接触状态不同，该状态影响其电磁屏蔽性能，当芯层两面的非导电材料被去除时，屏蔽性能最好；在200～1000MHz时，屏蔽效能基本能达到30dB以上(长泽长八郎等，1990)。

然而，表面镀金属的单板电磁屏蔽效能比金属化刨花制造的刨花板电磁屏蔽效能好，单板的导电性能随着金属附着量的增加而提高，但是单板的导电性是各向异性的，顺纹方向的导电性比横纹方向的高3～10倍，特别是当金属附着量比较少的时候更是如此(长泽长八郎等，1991)。为进一步改善镀金属单板的屏蔽性能，对镀镍单板进行表面膜化处理和催化处理，其中两步法(表面膜化和催化分步进行)得到的刨花板电磁屏蔽性能较好，且在两步法中用乙醇代替水进行处理可获得更好的电磁屏蔽性能(长泽长八郎和雄谷八百三，1992；长泽长八郎等，1992)。

此外，不同树种单板进行化学镀镍后的导电性和电磁屏蔽性能有所差异，且金属在单板表面的附着状态与单板的树种有关，针叶材与阔叶材不同(长泽长八郎等，1994)。同时，不同树种的导电路径有所差异，当单板金属附着量相同时，导电性能的各向异性受树种差异影响较大，其中垂直于木纤维方向的导电性能随树种改变较大。

(三)添加金属粉末或导电性金属氧化物

傅峰和华毓坤(1994)以阳离子季铵盐(SN)、铜类粉末、铝粉、石墨、甘油等作为抗静电材料制备导电刨花板，结果发现它们都有利于刨花板导电性能的提高，但导电机理不同；抗静电剂SN对刨花板导电性的提高效果较为显著，尤其是当抗静电剂SN与石墨或甘油混加时效果更好；提高含水率和板材密度都有利于改善导电性能。

华毓坤和傅峰(1995)以意杨单板为原料，以两种不同粒度的导电粉和一种导电液为导电介质，施加脲醛树脂胶黏剂研制导电胶合板。结果发现，三种导电介质均能显著改善胶合板的导电性，使胶合板的胶层表面电阻率降到100Ω以下，特别是粒度大的金属粉末对胶合板导电性能提高作用显著，但粒度小的金属粉末电阻的均匀性比较好；导电粉同时也起到了填充剂的作用，降低了胶层的脆性；导电液的加入对胶合板的胶合强度有不利影响。

罗朝晖和朱家琪(2000)利用金属(镍、铜)粉和比表面积为70～90m^2/g的碳黑研制导电刨花板，当金属粉末加入量从1.5%(以刨花板重计)增加到4.0%时，不能明显降低刨花板的体积电阻率；而碳黑作为较有效的抗静电剂，添加1%(以刨花板重计)时，即可达到满意的抗静电效果。

(四)在木质刨花或单板中加入导电性的碳纤维或炭黑

富村洋一和铃木岩雄(1987)利用异氰酸脂和低成本的碳纤维制造中密度纤维板(MDF)，碳纤维加在纤维板的芯层；随着碳纤维加入量的增加，纤维板电磁屏蔽性能增强，只有当碳纤维加入量达到整块板重的50%时才能获得具有实际应用价值的纤维板。Lambuth(1989)发明了一种中密度或高密度的导电刨花板，具有防静电功能，可用于制造地板或隔墙等。该刨花板是用木质刨花、导电性炭黑、木质纤维素，及施加胶黏剂制成，其中炭黑的比表面积必须大于20m^2/g，束状木质纤维长径比为1∶1～40∶1，片状木质纤维素长径比为1∶1～20∶1。Park和Seo(1993)利用碳纤维束(carbon fiber strand)加入木质纤维来制造MDF，当碳纤维束含量达到25%时，所制成的MDF在30～1000MHz时的电磁屏蔽效能可以大于30dB。

（五）在木质刨花或单板中加入导电性的石墨类粉末或片状石墨

碳化材料具有高导电性、低密度、化学稳定性、低价格、无毒等优点，适用于制造导电刨花板(Ivan，1996)。唐沢健司等(1992)采用多种木质材料与碳素纤维纸和石墨板等碳素材料进行层积复合，研究发现碳纤维板的力学性能和电磁屏蔽性能较好，16层木单板(厚0.2mm)中间夹一层石墨板(厚0.25mm)，其电磁屏蔽效能在100～600MHz时超过50dB，在200～400MHz时超过60dB。井出勇等(1992)利用石墨酚醛微球GPS(graphite phenol-formaldehyde sphere)制造30mm厚的刨花板，两面有10% GPS覆盖的刨花板电磁屏蔽效能可以达到40dB。

（六）在木纤维中铺加金属纤维垫，或者在单板间层压金属网

黄耀富和林正容(2000)用炭黑作为介电物质研制纤维板，炭黑填充量在1.5%～2.7%范围内对电磁波的介入衰减效果不明显(5～6dB)，反射效果也不明显(12～18dB)。另外，在纤维板上下表面各覆盖一层或二层碳纤维布、铝箔、铜箔、不同目数的铜网、铁网或不锈钢网等材料，电磁波的介入衰减值均达到70dB以上，反射衰减值几乎为零，近100%反射。朱家琪等(2001)采用不锈钢网和紫铜网与木单板复合，单板间用脲醛或酚醛树脂作为胶黏剂，该复合材料在1～1000MHz时电磁屏蔽效能达到40dB以上；金属网层数对屏蔽效能影响显著；当金属网不连续时，复合材料的屏蔽效能大大下降；金属网间的缝隙达到$\lambda/4$时，电磁波大量泄漏。

此外，可在木质刨花或纤维中添加金属纤维制成导电复合材料。Park和Seo(1993)将钢纤维垫插入木质纤维来制造MDF，使用钢纤维垫制造的MDF在30～1000MHz时电磁屏蔽效能可以达到35～75dB。

（七）在木质材料表面覆盖金属箔

加藤昭四郎等(1991)在5cm厚的胶合板表面覆盖一层金属箔，包括铁箔(厚度50μm)、铜箔(10μm、18μm、35μm、50μm)、铝箔(20μm)和铜类粉末，再在金属箔上贴聚合物(PCM)膜，或在金属粉末层上贴装饰板。该三层复合材料(胶合板/金属箔/PCM)具有良好的电磁屏蔽性能，在30～500MHz时电磁屏蔽效能达到30dB以上，其中铜箔和铝箔的电磁屏蔽效能为50～80dB、铁箔为30～60dB；用金属粉末制成的复合材料电磁屏蔽效能较差，小于10dB。

王二壮(1996)采用热熔性黏合剂(聚乙烯膜、聚丙烯膜、聚氯乙烯膜等)把木材和金属片(箔)胶合制造复合胶合板。王广武(1997)采用冷弯轧制法，将金属板复合在木材表面，金属板可选铝板、铁板、铜板、金属复合板等。张丰和虞孟起(1999)发明了一种抗静电复合地板，以层压刨花板为基材，基板上有按坐标网络节点布置的孔，孔中填充有导电性棒式抗静电材料，基板上下表面粘贴有导电材料。周兆等(2000)用环氧树脂胶在刨花板表面覆盖一层铝箔，铝箔与刨花板基材胶合良好，铝箔覆面刨花板的静曲强度比

普通刨花板大很多。

(八)利用高温炭化的碳素材料制造薄板

木竹质材料高温炭化后具有良好的导电性能，炭化温度等工艺参数对其导电和屏蔽性能有显著影响。例如，最高炭化温度对竹炭的导电性影响显著，随着最高炭化温度升高，其电阻率降低，且在最高炭化温度为 600～800℃时电阻率显著降低；竹炭导电主要是离子引起的，但在800℃时出现了碳碳双键与苯环共轭的强吸收峰，导电性增强，在温度达1100℃以上时有形成石墨化结构的趋势(张文标等，2002)。邵千钧等(2002)研究了竹质材料炭化过程，采用先快速炭化而后进行二次加工的方法，加热温度为700～850℃，加热时间为4～6h，所得竹炭的体积电阻率小于 10Ω·cm。

如果将经高温炭化获得的竹炭与酚醛树脂胶以 1∶0.25 混合均匀，经成型和热压制成厚度为 3～5mm、比重为 0.7 的竹炭复合板，其阻燃性和电磁屏蔽性随竹粉炭化温度升高而有所提高(井出勇等，1992)。当采用木炭(67.5%)和酚醛树脂(32.5%)混合颗粒体来制造 1mm 薄板时，炭化温度达到 800℃以上的薄板具有良好的电磁屏蔽效能(30dB)；当炭化温度超过 1200℃时，其电磁屏蔽效果比 1.65mm 厚标准铁板略好(石原茂久，2002)。木炭层的厚度对其屏蔽效能的影响更加显著，电磁屏蔽效能随复合材料木炭层厚度增加而上升，木炭层厚度分别为 0.2cm、0.5cm 及 0.7cm 时，其电磁屏蔽效能分别为 28.4dB、54.2dB 及 69.5dB(蔡旭芳和王永松，2002)。

此外，采用热固性树脂浸渍纸浆原料，再在大气压力下通过非氧化性燃烧炭化成竹(木)炭，经加压成型也可制得具有良好导电性的多孔性炭薄片，其适用于作为电极材料、电磁屏蔽材料、耐磨材料及导电材料等(Crossman，1985)。其中，选用竹纸浆原料所制备的多孔性炭薄片不会开裂，而且硬度高，尺寸稳定性好。

第二节 木质导电功能材料研究现状

一、木质电磁屏蔽功能材料研究现状

(一)表面导电型

表面导电型电磁屏蔽材料通常采用化学镀金属、贴金属箔、金属熔射以及真空喷镀等技术，使绝缘的木材表面覆盖一层导电层，从而达到屏蔽电磁波的目的。

1. 化学镀金属

化学镀金属是采用非电解法在木材表面镀上一层具有电磁屏蔽特性的金属导电层。其优点是镀层均匀且与基体黏附力强，可双面镀提高屏蔽的可靠性，有便于大批量生产、屏蔽效果好、成本低等优点。

例如，采用滴注电镀液的方式使木刨花上形成导电的镍层，再用于压制刨花板，其具有较低的表面电阻率和体积电阻率，电磁屏蔽效能在 30～300MHz 时能超过 30dB，并随着镀镍刨花含量和压板单位压力的增大而增加；与表面镀镍的单板进行对比发现镀镍

单板屏蔽效果比较好，同时发现树种影响单板表面的镀层状态，单板导电性是各向异性的，顺纹方向的导电性比横纹方向好 3～10 倍，当单板金属附着量相同时，导电性能的各向异性随着树种的变化而变化(长泽长八郎等，1990，1991，1994；Nagasawa et al.，1999)。

长泽长八郎等(1992)研究了预处理过程和镍沉积薄膜的变化关系，认为镀镍刨花的电导率受镀层形态的影响比较大，通过扫描电子显微镜观察，一步法(表面处理和催化处理同时进行)得到的镍沉积膜呈岛状或三维方向，采用醇溶液代替水溶液预处理的两步法(表面处理和催化处理分步进行)得到镍沉积膜呈光滑状态并具有良好的导电性。两步法预处理过程比一步法预处理过程制成的刨花板有较好的导电性和电磁屏蔽效果。

国内学者研究了木质单板和刨花化学镀镍工艺技术，并测试了镀镍单板、镀镍刨花所制得的木质电磁屏蔽材料的电磁屏蔽效能，发现适宜的镀液成分和工艺参数可以得到理想的金属沉积速率和镀层；木质单元的预处理对木材化学镀镍层的含磷量、结晶化的程度以及镀层结构有很大的影响；化学镀镍单板的导电性具有各向异性，平行于纤维方向的表面电阻率要低于垂直于纤维方向的表面电阻率；木材抽提物容易造成镀液的分解，对木材的化学镀镍影响很大；镀镍杨木单板的电磁屏蔽效能可以达到 31.8～51.4dB (5kHz～1500MHz)；用镀镍杉木刨花，其电磁屏蔽效能达到 21.3～43.3dB (5kHz～1500MHz)；镀镍落叶松单板的电磁屏蔽效能均超过 55dB(9kHz～1500MHz) (黄金田和赵广杰，2004，2006；黄金田，2005；王立娟等，2005；王立娟和李坚，2004a，2004b)。

2. 贴金属箔

贴金属箔复合屏蔽材料是利用铝箔、铜箔、不锈钢箔等与木材薄板或薄片经层压制成的复合材料。金属箔除了可以贴在表层外，也可以夹在两层木材之间。该方法的特点是黏接牢度高、导电性能优良、屏蔽效果好，但它不能制成具有复杂形状壳体的屏蔽材料。

加藤昭四郎等(1991)采用胶合板与金属箔复合，制得的材料在 30～500MHz 时电磁屏蔽效能都大于 30dB，其中铜箔和铝箔的电磁屏蔽效能达 50～80dB，铁箔的电磁屏蔽效能达 30～60dB。

采用表面镀金或贴金属箔等方法制成的表面导电材料普遍具有导电性能好、屏蔽效果明显等优点。采用化学镀金法对木材表面进行处理时，必须考虑所用金属镀层的屏蔽效果能够满足产品最终的使用要求。化学镀金法是目前唯一不受材料形状及大小限制而在所有平面上能获得厚度均匀导电层的方法，从而赋予木材电磁屏蔽效果好、质量轻及全金属化等优点。现阶段木材多数使用单一化学镀镍方法，无法满足某些特殊的高科技尖端产品的要求，需要镀覆更厚的镀层或其他金属层。制作表面导电型材料时镀层或金属箔在使用过程中容易产生剥离，而且二次加工性能较差。镀层与基体的黏附力是一个界面科学问题，需要木材表面保持高度清洁、不受污染。通常预先将木材表面进行清理和去除杂质，使处理后的表面变得粗糙，从而提高金属镀层的黏附性。

（二）填充型

填充型屏蔽材料通常是将导电材料填充到胶黏剂中混炼，然后与木质单元混合，或直接与木质单元混合再施胶，组坯后进行热压或冷压制成的导电复合材料。填充型电磁屏蔽木基复合材料是通过在木基复合材料中填充导电材料达到屏蔽效果的，因其具有工艺简单、经济成本低以及性能稳定的特点而被广泛使用。

Park 和 Seo（1993）用木纤维与钢纤维垫复合压制 MDF，材料在 0～1000MHz 时具有很好的电磁屏蔽性能，特别是在 0～500MHz 时电磁屏蔽效能达到 60～75dB。张显权和刘一星（2004a，2004b）在施胶纤维中加入铜丝、铁丝网制造木材纤维/铜丝网复合 MDF，当铜丝、铁丝网目数大于 60 目且在 MDF 双侧表面复合铜丝网时，其屏蔽效能在 9kHz～1.5GHz 时可达 60dB 以上。朱家琪等（2001）曾采用不锈钢网和紫铜网与木单板复合，单板间用脲醛或酚醛树脂作为胶黏剂，所制的电磁屏蔽材料在 1～1000MHz 时电磁屏蔽效能可以达到 40dB 以上。

华毓坤和傅峰（1995）以意杨单板为原料，将 3 种导电填料施加到脲醛树脂胶黏剂中压制导电胶合板，结果发现 3 种导电介质都能很好地提高胶合板的导电性，使胶合板胶层的表面电阻率降到 100Ω 以下。刘贤淼（2005）以铜纤维和钢纤维为导电填料加入脲醛树脂胶黏剂中压制落叶松胶合板，当铜类纤维（长度为 9～10mm）施加量为 $120g/m^2$、涂胶量为 $250g/m^2$ 和 $300g/m^2$ 时压制的胶合板电磁屏蔽效能达到 35dB。

张显权和刘一星（2005a，2005b）采用不锈钢纤维、铜纤维与木纤维复合压制 MDF，结果表明不锈钢纤维、铜纤维的施加量对复合纤维板的力学性能影响显著，在钢/木、铜/木混合纤维中施加一定量的异氰酸酯胶可显著改善中纤板的胶合性能，而且不锈钢纤维的施加比率及其在纤维板中的复合位置对电磁屏蔽效能影响显著，当钢/木、铜/木纤维混合比率为 3∶1 并复合在纤维板双侧表面时，其电磁屏蔽效能可达 55dB 以上。

Kawai（1990）把石墨和酚醛树脂经过热压工艺得到的石墨板与刨花进行叠层复合，当上下两表面石墨板和芯层刨花的质量比为 1∶9 时，压制得到的刨花板（厚 30mm）电场屏蔽效能可以达到 40dB，该刨花板同时具有很高的阻燃性能。

唐泝健司等（1992）在用各种木质材料与碳素纤维纸和石墨板等碳素材料层积复合后发现，碳纤维板电场屏蔽性能较好，磁屏蔽效果不好；16 层木单板（厚 0.2mm）中间夹一层石墨板（厚 0.25mm），其电磁屏蔽效能在 100～600MHz 时超过 50dB，在 200～400MHz 时超过 60dB。Oka 等（2002，2004）采用木材浸渍磁性液体，对木材表面进行涂刷磁性漆以及将 Ni-Zn、Mn-Zn 铁氧体粉和木粉混合的方法制得磁化木材，材料最大吸波效能达到 40dB。孙丽萍等（2016）采用脲醛树脂作为黏合剂配合异氰酸酯制备了碳纤维增强木质复合材料，通过改变碳纤维和木质纤维的配比及两种纤维之间的复合形式，发现单贴面复合材料和双贴面复合材料都具有导电性，双贴面复合材料具有更好的导电性。随着碳纤维含量比例的增加，复合材料导电性能逐渐提高；随着温度的升高，表面电阻率呈现非线性的负增长态势。

填充型木基复合材料的屏蔽效果取决于填充材料的性质（导电、磁性）、用量、形状及其分布、复合工艺的选择等。当导电材料添加量增加到某一个临界值时，导电材料任何细微的变化都会带来复合材料导电性的急剧变化，这个临界值通常称为渗滤阈值(percolation threshold)；当过了临界值时，随导电材料用量的增加，其导电性能增加并不显著(傅峰和华毓坤，2001)。纤维的长径比对屏蔽效果的影响尤为显著，根据导电复合材料的导电机理，使用长径比大的金属纤维，由于形成导电通路的概率较大，因而导电性能好。这样既降低了产品成本，又使材料的比重下降，而且力学性能也能大大提高。复合工艺同样对屏蔽效果产生很大的影响，一般单位压力大，板材屏蔽效果好。金属填料在木质单元以及胶黏剂中应该均匀分布，以减少屏蔽单元的填充量，提高整体屏蔽效果。

(三)叠层型

叠层型木质电磁屏蔽材料主要由面状屏蔽材料与木质基材叠层复合而成。其中，叠层型电磁屏蔽纤维板主要通过将普通纤维板与铁丝网、导电材料叠层复合而成。其常用的导电填料分为金属类和碳素类。其中，金属类导电填料主要有金属纤维、金属网和金属箔，碳素类导电填料主要包括碳纤维和碳纤维织物等。孙丽萍等(2012)分别将碳纤维与木纤维的混合纤维(表层)、木纤维(芯层)、碳纤维与木纤维的混合纤维(表层)进行分层铺装后热压复合制备出了碳纤维增强木质导电贴面板。双贴面(2∶1)型复合纤维板的力学性能优于普通纤维板，板材的内结合强度和静曲强度分别提高了26.9%和9.8%，其导电性能有一定程度的提高。张冬妍等(2011)研究了碳纤维木质复合材料的导电性能参数并采用最小二乘法建立了线性及非线性的导电模型。研究结果表明，碳纤维的填充赋予了木质复合材料良好的导电性能且符合非线性的导电模型，可更好地将复合材料的微观结构与宏观结构性能有机的结合。樊振国等(2010)将玻璃纤维布和碳纤维布与MDF叠层复合并探究其对MDF力学性能的影响。研究结果表明，碳纤维布对MDF弹性模量(MOE)和静曲强度(MOR)的增强效果优于玻璃纤维布。叠层型电磁屏蔽纤维板具有电导率高和电磁屏蔽性能稳定的特性，但存在难以胶合且易开裂以及使用过程易出现剥离和脱层等现象，致使其推广与应用受限。Park 和 Seo(1993)将木纤维与钢纤维垫复合制备具有电磁屏蔽功能的MDF，该MDF的屏蔽效能达到60～75dB，可用于对电磁屏蔽性能要求较高的场合。袁全平(2012)将碳纤维纸与木质单板叠层复合制备具有电磁屏蔽功能的胶合板。碳纤维纸中的碳纤维填充量为42g/m^2，双层碳纤维纸叠层胶合板的屏蔽效能大于30dB。Su 等(2013)将木纤维与不锈钢网复合制备电磁屏蔽纤维板，当叠加三层不锈钢网时板材的屏蔽效能最小值为50.77dB。卢克阳等(2011)将铜纤维导电膜片与落叶松单板叠层复合制备具有电磁屏蔽功能的胶合板。当铜纤维填充量为200g/m^{2}时，导电膜片叠层胶合板的屏蔽效能为39.3～61.75dB，达到中等屏蔽效果，能够应用于对电磁屏蔽兼容要求较高的场合。该屏蔽材料的优点是通过单独导电层的复合制备电磁屏蔽性能优异的电磁屏蔽复合材料，可以克服过量导电单元填充引起的电磁屏蔽材料力学性能差的缺陷。

(四)高温炭化型

利用木炭制备的电磁屏蔽材料具有优异的电磁波屏蔽效果。Wang 和 Hung(2003)在氮气保护状态下烧制(500～1100℃)6个不同树种的木炭，厚8mm的木炭试样在1.5～

2.7GHz 时屏蔽效能值随着烧制温度的升高而增大，其中 1000℃下烧制的泡桐木炭平均屏蔽效能值达到 61dB，同时发现木炭的屏蔽效能值随着升温速度的增大而降低，较理想的升温速度在 3℃/min 以下。柴田清孝(1999)将酚醛树脂浸渍的木材在 600～1000℃下烧制成木材陶瓷，其最大电场屏蔽效能值达到 55dB，最大磁场屏蔽效能值为 15dB，同时发现不同的屏蔽性能测试系统对测试值有显著影响。西宫耕荣(1999)将柳杉木粉在 500℃下炭化，然后浸渍金属铝粉，干燥后再将其高温烧结，材料的电阻率随着浸渍金属粉末含量的增加而增加；同时由于金属催化作用，这种材料石墨化现象提前出现。蔡旭芳和王永松(2002)采用相思树木为原料，烧制木炭后制成木炭板，研究不同制板条件对电磁波屏蔽效能的影响。同时，探讨高温(1000℃)处理木炭板的电磁屏蔽性能。再以泡桐木炭粉(碳化温度为 1000℃)层积定向粒片板，探讨木炭层厚度对其电磁波屏蔽效能的影响。结果发现，相思树木炭粉所制作的木炭板的电磁波屏蔽效能均很低，经 1000℃碳化后木炭板的电磁波屏蔽效能升高至 24.4～49.5dB。电磁屏蔽效能随复合材料木炭层厚度增加而增大，木炭层厚度分别为 2mm、5mm 和 7mm 时，其电磁屏蔽效能分别为 28.4dB、54.2dB 和 69.5dB。碳材料具有优良的电性能，被广泛应用于电磁屏蔽领域。炭化环境对形成稳定的碳材料起关键作用，材料通常都是在无氧(氮气保护)的状态下烧制。随着炭化温度升高，炭化材料的导电性提高，材料的屏蔽效能增加。炭化后材料的形态对其屏蔽效果也产生较大的影响，炭化时升温速率影响炭化材料的表观形态以及体积电阻率，较佳的升温速率可以得到表观无裂缝的炭化材料，一般认为 1～5℃/min 的升温速率可以得到比较好的炭化材料(Celzard et al.，2005；Chung，2004)。

由于木炭具有较好的导电性能，可用于制备电磁屏蔽材料、电极材料、抗静电材料、电热材料等新型功能材料。

二、木质电热功能材料研究现状

木质电热功能材料主要用于电采暖领域，是制备众多采暖产品的材料之一。国外室内低温采暖地板系统主要有热水地暖、电热膜片采暖及电热混凝土等。此外，还有采用热泵加热采暖和预热空气循环取暖的方式，但室内水平温差较大，节能效果不显著。

目前，与木质电热功能材料相关的内置电热层电采暖木质地板产品(以下简称电热地板)采用金属或碳素电热材料作为电热层；或在基材或纸质材料表面印涂导电油墨层作为电热层；电热层可直接与基材叠层胶合或置于基材上的凹槽再与面板复合制造成一体化的电热地板，通电后可快速升温。由于该类功能地板归类模糊，尚未见有相关标准及系统研究，仅在专利技术方面有较多的报道。结合企业调研及查阅资料，以下对该电热地板在五个方面的技术进行探讨，为深入研究及改进该类功能材料制造技术提供思路。

(一) 电热材料

电热地板的基材采用金属质电热材料、碳素电热材料与实木板、纤维板、多层实木复合板等基材叠层胶压，或将电热材料置于基材上的预设凹槽，或在基材表面通过涂覆及印刷电热层、贴覆铜箔或导电胶等作为电极制成电热材料。电热材料作为电热地板的核心元件，其材质、结构、表面性质等对后期的制备、电安全防护等起着决定性作用。

目前，常用电热材料主要有如下几种：金属电热线缆、碳纤维电热线缆、碳纤维纸、水性或油性电热碳墨及碳晶电热片，实际使用时则可以分为以下五类电热材料。

1. 电热线缆及有绝缘塑料包覆的电热线缆

电热线缆及有绝缘塑料包覆的电热线缆主要包括金属电热丝和碳纤维电热丝。传统的金属电热丝，由于其电热转换效率相对低，一般金属的电热辐射发射率为 70%(曹伟伟等，2007a，2007b)，其直接制备的取暖产品已逐渐被取代。相继也出现了带绝缘皮的金属电热丝，但其较低的电热转换效率不符合当下节能降耗趋势。

碳纤维电热线缆，具有高达 94.8%以上的电热转换效率；其中，具有 60%左右的电热辐射转换效率，红外线辐射波长为 2～14μm，其余 30%左右的电热辐射以对流传导方式传播热能(吴兆春，2012；谭羽非和赵登科，2008)。为了提高绝缘性能，市面上已出现带绝缘塑料包覆的电热线缆，应用时需在地板基材上开设相应的凹槽装线，工艺相对复杂。

2. 碳纤维纸

碳纤维纸一般采用预分散的短切碳纤维与植物纤维经造纸工艺制成。目前，市面上部分碳纤维纸，由于碳纤维分散工艺不成熟，均匀性较差，表面温度不均匀，不适用于制造电热地板等接触式产品。此外，市面上很多碳纤维纸采用的是国内连续碳纤维的加工下脚料，这种短切碳纤维的碳含量相对低，使用寿命和电热效率较低。但有些品牌碳纤维纸的均匀度已达到制备电热地板等相关产品的技术要求。

碳纤维纸最突出的优点是大幅面制备工艺已经很成熟，渗透性好，厚度一般在 0.08mm 左右，柔韧性好，其中的植物纤维有利于胶合，成本低，易大幅面产业化生产，制备效率高，可实现快速精准分割。

然而，碳纤维纸直接与基材叠层胶合制备电热地板具有潜在的漏电危险，因此应用时多采用环氧树脂膜片等与碳纤维纸双面复合制备绝缘碳纤维纸电热膜。这种电热膜的厚度一般为 0.4mm 左右，再经高温高压或冷压与地板基材进行复合。但工艺效率低，成本高。

此外，碳纤维具有乱层石墨结构，其导电机理不同于金属材料，导电性能主要取决于非定域 π 电子。碳纤维经过碳化及石墨化处理的温度越高，其石墨层面越发达，所形成的具有大 π 键的非定域区越大，导电性能也越好。碳纤维单丝直径一般为 7μm 左右，表面积比较大，焦耳热易扩散，而且电热转换效率达 90%以上，节能效果显著。热辐射能的传播载体是电磁波，波长在红外区(0.8～40μm)，90%的热辐射波长在人体易吸收的波长范围内(2.5～13μm)，具有红外保健功能。实际应用研究也证明了碳纤维制品比传统制品能够节能 30%～50%(贺福，2005)。碳纤维的电热转换效率接近 100%，且热辐射分布均匀可控，而一般金属发射率仅为 70%。若设置红外反射材料，辐射温度可提高 2～3 倍(曹伟伟等，2007a，2007b)。

碳纤维依靠格波传递热能，其热导率(中间相沥青基碳纤维 P-120)比铜[398W/(m·K)]高，是铝[237W/(m·K)]的 2.7 倍，散热量是铜的 2 倍，而重量仅为铜的一半。碳纤维毡电热试验表明，碳纤维的温率响应速率较金属快，可节能 15.6%(曹伟伟等，2007a，2007b)。综上可知，碳纤维及其制成的纸或膜具有优异的综合性能，并已广泛用于电加热、电采暖等领域。

3. 印刷油墨电热复合纸

印刷油墨电热复合纸是在炭墨等粉状电热单元中添加有机溶剂、树脂、稳定剂、分散剂等经高速搅拌制备膏状材料，再按一定图纹通过丝网印刷在纸质基体上制成的。

Wang(2010)采用石墨、炭黑等导电发热材料与环氧树脂胶黏剂、明胶、聚氨酯树脂胶黏剂等树脂复合制备膏状电热油墨，并先通过丝网印刷使其均匀地附着于纸上，再与基材采用改性脲醛胶等复合制成电热地板，胶合问题得到了很好改善。地板加载 220V 电压 5min 后，板面温度可达到 15～70℃。为进一步改善机械力学性能、电热性能及发热均匀性，在电热涂料中添加分散剂、乳化剂、偶联剂、增韧剂及硅碳导电粉等；同时为进一步提高电热材料与基材的胶合性能，采用易渗透的纸质基体并进行框式、网格式(圆孔、方孔)印刷。此外，采用银粉、铝粉改性导电油墨涂布于电热材料两端作为电极，以使供电均匀，防止出现因接触电阻造成局部过热或通电瞬间发生打火现象。采用丝网印刷制备电热膜时，需控制较多的工艺参数，如选择网版材料和调节印刷速率、刮板角度、压力及印膏的黏度等，印刷的环境温度、湿度也会影响印刷的质量，基材的平整度对成膜的厚度均匀性也会产生影响(蔡杰和张丹，2005)。因此，直接在木质基材表面或一般的纸质材料上印刷电热层，很难控制膜在厚度上和面上的均匀性。

4. 印刷油墨绝缘板或膜

印刷油墨绝缘板或膜是在环氧树脂板上通过丝网印刷碳墨材料，经干燥后，铺好电极，与另一块环氧树脂板复合制备而成的，具有很高的防水、防漏电及电击穿性能，但成本较高。

5. 电热纤维毡

电热纤维毡是目前国内某公司最新研发的一种电热材料，其关键在于提高了浸渍用水性电热材料的分散性和稳定性，可通过控制浸渍工艺调控其电参数，电阻比较均匀。该电热膜渗透性好，采用一般地板用胶便容易实现胶合，施胶量低，成本较低。

(二)电安全防护

1. 电热层绝缘

除上述在电热芯层两面复合高绝缘树脂板或绝缘膜能有效实现防水、防漏电、防高电压击穿外，一般地板用的改性脲醛胶固化后也具有良好的电绝缘体，若施胶得当，电热层上、下胶层足够厚且均匀，会自然形成上、下两层防水绝缘层，这是一种工艺简单、成本低的绝缘防水处理方法，后期还可对电热层侧边进行打蜡封边进一步增强电热层绝缘防水性能。电安全是电热地板的关键，采用绝缘树脂板或绝缘膜的工艺相对复杂，成本较高，但电安全性非常好；而对于采用碳纤维纸、电热油墨印刷纸及电热纤维毡直接与基材叠层胶合制备的电热地板，尽管生产效率高，其电安全性能尚存在很大的争议。但对该类电热地板绝缘性能及改善其绝缘性能的进一步研究尚未有报道。

2. 电连接方式

电热地板的电连接一般有三个连接点，分别是电热材料与电极间的连接、电极与中间连接件的连接、中间连接件与外部电源的连接。先在电热材料铺设电极的区域上涂布导电胶，再铺设电极箔片，可有效减少接触电阻，防止局部过热。电极与中间连接件的连接，可将带插接件的导线的另一端通过点焊与电极箔片连接，基材上对应电极箔片接头处一般都开设有孔，导线穿过孔后可用密封胶进一步密封基材上的孔，实现较高的防水性能。实际应用时，较多采用公、母接插件连接方式实现后两个电连接点的连接，其中母接插件在电热层胶合时置于基材内，并使母接插件与电极箔片紧密接触，再采用带电源连接线的膨胀式、伸缩式等公插件(王柏泉，2011a，2011b)进行插接。此外，可通过将电连接件置于地板槽榫结构中，在安装的同时实现两块地板榫槽结构上的导电连接件的连接(陈明星和周心怡，2011)。

3. 低电压设计

目前电热地板大部分直接采用 220V 电压，高电压可降低能耗，通过绝缘处理完全可以保证电安全。采用变压器将 220V 家用电压转为 36V 以下的安全电压，是提高电热地板电安全性能最直接的方法，但会增加变压设备成本。另外，可通过改善地板块的电连接方式来降低单位地板块上的电压，如先采用一定数量电热地板块串联，再将已串联的电热地板组通过并联方式接入家用电源，降低每块发热地板的电压，该电压甚至低于安全电压，可在不增加成本的同时，改善电安全性能(唐建良等，2012)。

(三)高效节能优化设计

1. 植入储能材料及底面贴覆铝箔等隔热保温材料

为了改善传热效率，可在电热层上面增设石蜡等储能材料，以及铝板、不锈钢板等金属传热层；或者在电热层上的基材设置凹槽放置功能热导体。此外，底下贴覆铝箔等热反射隔热层能减少 90%以上的热量向底部传递(徐婧，2012；庞志忠，2007)。

2. 铺装技术

静止空气的导热系数很小，是很好的隔热物质。电热地板若采用架空铺装，底下空气几乎静止，因此采用龙骨安装可减少热量向下传递。

(四)复合结构增强技术

1. 基材高温热处理

木质基材经热处理后(热处理温度一般在 100℃以上)，纤维素结晶度增加，平衡含水率可降低 30%左右(张亚梅，2010)，细胞壁纤维素分子链间距减小，氢键作用力增大，分子链间水分子所受约束力增大。电热地板工作时，基材局部最大受热仅为 40～60℃，大部分基材为 25～40℃，因此在该温度范围的作用下，分子链间吸着水难以发生移动，热稳定性得到改善。

2. 预应力设计

电热地板的电热层温度一般达到 40～60℃，其厚度方向上存在温度差异，由于木质材料是各向异性材料，且各层基材单元厚度上产生的收缩应力也存在差异，预先对基材单元进行预应力处理，促进该应力与电热地板工作时产生的应力相平衡，可长久保持结构稳定。

3. 植入平衡层

电热层在电热地板中的复合位置因不同的结构而有所不同，难以保证整体受热均匀，但其翘曲变形存在定向性，因此经过一定的试验可挖掘其变形规律，通过在恰当的位置植入相应材质的平衡层，可有效防止该类变形。

（五）环保与保健技术

1. 嵌入远红外电热材料和远红外发射材料

碳素电热材料均具有较优的远红外发射效应，有一定的保健功能。在电热层中加入远红外发射材料或在其上植入远红外发射层，可进一步提高远红外发射效应。但由于远红外波的穿透能力很弱，在电热层上覆盖有装饰层、涂层等，对其有一定的衰减作用，实际应用产生的远红外发射效应有待进一步研究（王柏泉和夏金童，2007）。

2. 降低有机挥发物

电热效应产生的温度对地板基材内有机挥发物的释放具有促进作用（贾竹贤，2009），且电热层一般复合于基材中间层，通电后电热地板中间电热层温度高于两表层，有利于有机挥发物的释放，同时也有利于降低地板游离甲醛。目前该类功能地板一般采用改性低醛胶，对降低有机挥发物也有一定的保障。

3. 屏蔽有害电磁辐射及静音

导电材料在电场激发下会产生磁场，产生一定的电磁辐射，为了进一步降低电热层的有害辐射，可在电热层上面复合屏蔽层，如导电油墨、铝箔等，同时也有利于提高传热效率。另外，同时在基材两面植入两层电热层，其各自产生的有害电磁辐射可相互抵消；也可通过合理布置电热线缆来抵消电磁辐射。但由于碳素电热材料产生的远红外线也是一种电磁波，增设屏蔽层可能衰减远红外发射效应。此外，可在底部复合静音材料，使电热地板具有静音功能。

三、木质抗静电功能材料研究现状

（一）抗静电刨花板

傅峰和华毓坤（1994）在刨花施胶过程中施加不同种类和数量的抗静电添加剂，所制的刨花板体积电阻率呈下降趋势，施加铝粉、铜粉、石墨或甘油等抗静电单元，均降低了刨花板体积电阻率，抗静电性能得以提高。抗静电剂 SN 对刨花板抗静电性能的提高，效果较为显著。尤其当抗静电剂 SN 与石墨或甘油混加时效果更好，可使刨花板的体积电阻率下降约 2 个数量级。刨花板的含水率对其抗静电性能有显著的影响，它们之间存在着很强的正相关性。增加刨花板的密度，也有利于抗静电性能的改善。马玉华和罗朝晖（2006）研究添加金属粉、金属氧化物或导电的盐类化合物，提高板材导电能力，主要复合方式是将这些导电物质与刨花、纤维、胶黏剂等同时搅拌，然后热压得到复合材料。

当铜粉和镍粉加入量从 1.5%增加到 4.0%时，一定程度降低刨花板的体积电阻率，仍属于绝缘材料的范畴，即使铜粉和镍粉的加入量达 10%，所制得的板材也不能得到满意的抗静电效果。把导电涂料涂覆在刨花板的表面也不能改善普通刨花板的抗静电性能，但当加入 1%碳黑抗静电剂时，可达到满意的效果。这是因为碳黑的颗粒远小于金属粉的颗粒，比表面积大，吸附能力强，即使添加量较少也能在长、宽、厚三维方向比较均匀地分布于刨花之间，形成连续的导电层，从而产生理想的抗静电效果（马玉华和罗朝晖，2006）。

（二）抗静电木塑复合材料

木塑复合材料兼有类似木材的特性及塑料的耐腐蚀、耐水和易成型等优点，因此已广泛应用在室外铺板、凉亭、栏杆扶手等场合；但具有良好电绝缘性的热塑性塑料与木质纤维材料进行复合后所得到的复合材料仍保持较好的电绝缘性能，受摩擦时表面会产生静电荷，这些静电荷如果过度积聚则会对人体健康和电子设备产生某种危害，干扰仪器的正常运行，这使得木塑复合材料在一些特殊场合如计算机机房、实验室、数据处理中心等应用时进行抗静电处理是十分必要的。

为了提高木粉/聚丙烯复合材料的抗静电性能，孟大伟等（2006）通过高速混合、挤出造粒及热压成型的方式，制备了 4 种抗静电木粉/聚丙烯复合材料，发现在 4 种抗静电复合材料中加入炭黑的复合材料体积电阻率最小，拉伸强度最大，当炭黑用量增加时，复合材料的体积电阻率明显降低，拉伸强度和弯曲强度出现最大值，弹性模量和断裂伸长率呈下降趋势。白钢（2014）研究了导电石墨、抗静电剂 129、抗静电剂 163 和导电炭黑 4 种导电剂填充木塑复合材料，其中炭黑为最佳的导电填料，当炭黑的添加量达到 13%时，复合材料具有良好的力学性能，拉伸强度、弯曲强度和冲击强度分别提升了 25.4%、15.0%和 8.7%；其表面电阻率降到了 $10^8\Omega$ 级别，达到了材料的抗静电要求；采用 KH-570 改性导电炭黑，再填充制备木塑复合材料，在较少的添加量时可达到抗静电效果，且力学性能也有所提高，当改性导电炭黑添加量为 7%时，其表面电阻率可达到 $10^8\Omega$ 的抗静电等级，其拉伸、弯曲和冲击强度分别提高了 35.6%、23.1%和 21.7%。于富磊（2015）研究了抗静电木粉/聚丙烯复合材料的抗静电性能，阴离子型抗静电剂 SAS-93、导电炭黑 VXC72 和膨胀石墨（EG）均可以使复合材料的表面电阻率降低到 $10^9\Omega$ 以下，在不同程度上赋予材料良好的抗静电性能；导电炭黑与膨胀石墨在复合材料中具有协同抗静电作用，当添加量分别为 4 份和 10 份时体系出现“渗滤阈值”现象；当导电炭黑在聚合物基体中实现均匀连续分布，且相邻导电炭黑粒子间达到一定距离时，复合材料表现出良好的抗静电性能；阴离子型抗静电剂 SAS-93 和 EG 的添加对复合材料的力学强度产生一定的不利影响，但具有表面活性的导电炭黑一定程度上增强了复合材料的冲击强度。郭垂根等（2015）采用改性炭黑、膨胀石墨、聚磷酸铵三者与木粉及聚丙烯制备阻燃抗静电木塑复合材料，其中改性炭黑有良好的导电性能，可以使材料表面电阻率由约 $10^{14}\Omega$ 降低到约 $10^8\Omega$。徐凤娇等（2016）分别采用非离子型、高分子型和阴离子型 3 种抗静电剂制备抗静电木/聚氯乙烯复合材料，研究了阴离子型抗静电剂 SAS-93 对木/聚氯乙烯复合材料抗静电性能的影响。与其他两种抗静电剂相比，阴离子型抗静电剂 SAS-93 的抗静电作用效果最好，当添加量达到40g时，复合材料的表面电阻率和体积电阻率分别下降至1.2×10^{8}Ω和4.67×10^{8}Ω·cm，达到了抗静电材料的要求。继续增加抗静电剂的添加量，复合材料的表面电阻率和体积电阻率有所降低，但是当添加量超过80g时，表面电阻率和体积电阻率下降幅度很小。宋永明等(2016)对比分析了非离子型抗静电剂、高分子型抗静电剂与导电炭黑对木粉/PP复合材料的抗静电作用，重点探讨了导电炭黑的添加量对其抗静电及力学性能的影响。与非离子型抗静电剂、高分子型抗静电剂相比，导电炭黑对木粉/PP复合材料的抗静电作用效果更优；当导电炭黑的添加量达到8份时，复合材料的表面电阻率和体积电阻率分别达到1.64×10^{8}Ω和2.54×10^{8}Ω·cm，具有较好的抗静电效果；在马来酸酐接枝聚丙烯的存在下，导电炭黑提高了木粉/PP复合材料的抗弯性能。耿玉龙等(2016)采用双螺杆挤出机熔融共混及热压成型的方法制备抗静电PVC木塑复合材料，当导电炭黑的添加量超过14份时，复合材料电阻开始急剧下降，在含量为18份左右时已经达到抗静电材料的要求；高分子抗静电剂ATMER129的加入使得复合材料表现出较好的抗静电性能，随着添加量的增加材料的表面电阻呈下降趋势，当含量到达10份时，复合材料的体积电阻率迅速下降。

四、木质远红外功能材料研究现状

红外技术是研究红外辐射的产生、传播、转化、测量及其应用的科学技术。英国天文学家赫谢耳(F. W. Herschel)于1800年在研究太阳七色光的热效应时发现：当水银温度计移到人眼看不见有任何光线的黑暗区域，即红光边界以外时，温度反而高于红光区域；后经反复试验证明，在红光的外侧存在着一种人眼看不见的“热线”，这种“热线”后来被称为“红外线”，随后法国物理学家白克兰把这种辐射命名为红外辐射(张建奇和方小平，2004)。

白光经三棱镜折射会引起色散，产生红、橙、黄、绿、青、蓝、紫七色可见光，其中紫色光波长最短，是波长为0.39μm的电磁波；红色光波长最长，是波长为0.77μm的电磁波。在紫光外侧有紫外线、X射线、γ射线，红光外侧有红外线、微波，如图1-1所示。

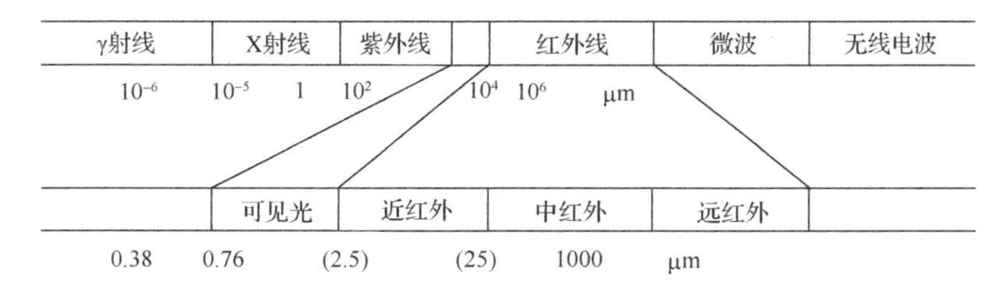

图1-1　电磁波的类型及其波长

红外线的波长范围很宽，在太阳光谱中处在微米波和厘米波之间，即0.75～1000μm的区间。红外线按波长分成三个区段，如表1-1所示(沈国先和赵连英，2011；刘维良和骆素铭，2002)。

表 1-1 红外光波的划分

波段	波长/μm	光谱中所处的位置
近红外	0.75～1.40	与可见光邻接
中红外	1.40～3.00	在红外光谱的中央
远红外	3.00～1000	与微波邻接

在不同的研究领域红外线有不同的划分，因此红外线波长范围也不尽相同。在医疗和保健领域中，常应用≥3μm 的红外线。

(一)远红外辐射材料作用机理及其种类

红外线是由于物质内部带电微粒的能量发生变化而产生的，它是一种电磁波，处于可见光谱红光之外，突出特点是热作用显著。远红外线材料作用机理在于其光热转换功能。根据基尔霍夫辐射定律：任何良好的辐射体，必然是良好的吸收体。在同一温度下，辐射能力越大，其吸收能力越强，两者成正比，所有含远红外线的物体，既可以辐射远红外线，也可以吸收远红外线，辐射与吸收对等，即当辐射源的辐射波长与被辐射物的吸收波长相一致时，该物体就吸收了大量的红外辐射能，从而改变和加剧其分子的运动，达到发热升温的加热作用。

远红外线具有较强的穿透力和辐射力，可深入人体皮下 3～5cm，穿透大气时损耗很少。人体是一个有机体，具有对远红外线吸收率、传导率高的特点。同时，人体每时每刻都在发射远红外线。据测定：人体发射的远红外线波长在 9.6μm 左右，所以只要控制远红外复合材料中所产生的远红外线的波长在 8～15μm，就正好和人体表面的峰值相匹配，形成最佳吸收并可转化为人体的内能。人体一旦吸收远红外线后，通过其光热转换功能，不仅使皮肤的表层产生热效应，而且还通过分子产生共振作用，从而使皮肤的深部组织引起自身发热的作用，这种作用的产生可刺激细胞活性，促进人体的新陈代谢作用，进而改善血液微循环，提高机体免疫能力(熊有正，2004)。

为制成高效远红外功能制品，首先必须选择在人体体温下辐射波长范围接近人体波长 2.5～15μm 范围的、尤其是其波长峰值应接近 9～10μm 的、并且具有较高发射率的远红外功能材料。目前，远红外辐射源的基本材料主要有(刘旗等，2008)：

1)生物材料，是指通过高温烧制等工艺，使生物体具有优良的红外辐射的功能，如竹炭、碳粉、纤维及其制品；

2)矿石类材料，如电气石、负离子粉、莫来石等；

3)功能陶瓷及金属复合物、陶瓷材料。

陶瓷材料是现有远红外技术中应用较多的远红外辐射材料，它主要是金属氧化物及非金属氧化物经研磨后，在高温下烧结而成，原料的主要成分为 SiO_2、Al_2O_3、ZrO_2、MgO 及 TiO_2 等，或掺杂少量稀土氧化物以改进它们的性能(Bidoki et al.，2005；吴银清等，2000)，如表 1-2 所示(周兆兵等，2011；廖惠仪等，1997)。

表 1-2　远红外材料种类

氧化物	碳化物	氮化物	硼化物	硅化物	其他
B_2O_3	B_4C	BN	CrB、Cr_3B_4	WSi_2	碳粉
Gr_2O_3	Cr_4C_3	CrN	TiB_2	$TiSi_2$	石墨
SiO_2	SiC	Si_3N_4	ZrB_2	—	云母
TiO_2	TiC	TiN	—	—	堇青石
ZrO_2	ZrC	ZrN	—	—	方解石
Al_2O_3	WC	AlN	—	—	麦饭石
Fe_2O_3	TaC	—	—	—	莫来石
MnO_2	MoC	—	—	—	水晶
Ni_2O_3	—	—	—	—	萤石
Co_2O_3	—	—	—	—	电气石
MgO	—	—	—	—	—

(二)远红外辐射技术在木质功能材料上的应用

红外技术发展的先导是红外探测器的发展。1800 年，赫谢耳发现红外辐射时使用的是水银温度计，这是最原始的热敏型红外探测器。1830 年以后，相继研制出温差电偶的热敏探测器、测辐射热计等。在 1940 年以前，研制成的红外探测器主要是热敏型探测器。19 世纪，科学家们使用热敏型红外探测器，认识了红外辐射的特性及其规律。30 年代，首次出现红外光谱带，并在物质分析中起着重要作用。40 年代初，光电型红外探测器问世，以硫化铅红外探测器为代表的这类探测器，其性能优良、结构牢靠。50 年代，半导体物理学的迅速发展，使光电型红外探测器得到新的推动。从 60 年代中期起，红外探测器和红外探测系统的发展体现了红外技术的现状及发展方向，如在 1～14μm 时探测器已从单元发展到多元、从多元发展到焦平面阵列；红外探测器的工作波段从近红外扩展到远红外、轻小型化，向非致冷、集成式、大面阵红外探测器方向发展；红外探测系统从单波段向多波段发展。

红外技术研究涉及的范围相当广泛，既有目标的红外辐射特性、背景特性，又有红外元、部件及系统；既有材料问题，又有应用问题。迄今为止，红外技术已在生物学、医学、通信技术、国防军事、纺织服装、食品制备及水果蔬菜保护等工程领域得到了广泛应用和不断发展(刘新永等，2007；徐松涛和徐永平，1995)。

具有远红外辐射功能的木质包装材料成为新的发展方向。为使红外技术在包装领域能得到广泛的应用，日本企业提出远红外包装材料的概念，并将远红外辐射材料添加到包装材料或包装容器中，用来延长蔬菜、水果等食品的保存期限(陈希荣，2007)。用远红外线照射食品可以起到杀菌、防腐的作用。例如，用远红外线照射刚采摘的水分含量高的新鲜橘和苹果，能降低其水分含量，减少储存过程中因水分大而造成的腐烂现象(杨华，2006)。Lee 等(2008)对纸质包装材料的远红外发射性能进行研究，在纸板上喷涂可释放远红外线的功能材料，与普通瓦楞纸板进行对比试验，结果表明随着涂布量的增加，纸板的远红外发射强度和发射率均有所增加，并且涂布量大的瓦楞纸箱对柑橘的保鲜效果相对较好。日本一家纸浆公司近年开发出一种远红外瓦楞纸水果包装箱，制造该种纸箱的瓦楞纸板是在天然木浆的瓦楞纸板表面涂上一层可释放远红外线的陶瓷，然后再涂覆一层聚乙烯膜而成(成茹，2002)。

国内对功能性包装材料的研究尚处在起步阶段，对远红外辐射材料和功能性包装材料的研究还相互独立，有提出远红外辐射功能性瓦楞纸板的研究设想，但还仅是概念性的提及，尚未进行深入的理论及试验研究。在木质功能材料方面，周兆兵等(2011)提出了一种远红外辐射功能木质材料的制造方法和对其远红外辐射热效应、透射率、反射率、吸收率等性能的测试方法，分析了材料经不同质量浓度的远红外粉/MF 处理液浸渍后的远红外辐射效果。表明这一测试原理及计算方法可以用来表征远红外木质功能材料的远红外辐射效果；随着处理液质量浓度的增加，试件表面的远红外辐射透射率和反射率有所降低，远红外辐射吸收率呈递增趋势，试件的远红外辐射性能有所提高。

主要参考文献

白钢. 2014. 抗静电阻燃木粉/聚丙烯复合材料的制备与性能研究. 哈尔滨: 东北林业大学硕士学位论文.

蔡杰, 张丹. 2005. 丝网印刷对 SMT 质量的影响及对策. 丹东纺专学报, 12(1): 11-13.

蔡旭芳, 王永松. 2002. 木炭板与木炭粉被覆木质复合板之电磁波屏蔽效应. 林产工业, 21(3): 207-216.

曹伟伟, 朱波, 王成国. 2007a. 碳纤维电热元件红外辐射特性研究. 工业加热, 36(1): 41-43.

曹伟伟, 朱波, 闫亮, 等. 2007b. 碳素材料电热元件制备工艺及电热辐射特性的探讨. 材料导报, 21(8): 19-21.

曹伟伟. 2009. 碳素电热元件的电热辐射性能研究. 济南: 山东大学博士学位论文.

陈明星, 周心怡. 2011. 一种电热地板导电连接装置及其实施方法: 中国, CN201110305771.8.

陈希荣. 2007. 国外保鲜包装箱技术的最新进展. 中国包装工业, (2): 18.

成茹. 2002. 远红外瓦楞纸水果包装箱. 中国包装工业, 93: 27.

樊振国, 吴章康, 张梓悦, 等. 2010. 纤维增强聚合物对中密度纤维板的增强效果. 西南林学院学报, 1(30): 70-72, 82.

傅峰, 华毓坤. 1994. 刨花板抗静电性能的研究. 木材工业, 8(3): 7-11.

傅峰, 华毓坤. 2001. 导电功能木质复合板材的渗滤阈值. 林业科学, 37(1): 117-120.

耿玉龙, 张涛, 徐凤娇, 等. 2016. 木粉/PVC 复合材料抗静电与力学性能研究. 广东化工, 43(9): 43-45.

郭垂根, 陈永祥, 白钢, 等. 2015. 改性炭黑/膨胀石墨/聚磷酸铵阻燃木塑复合材料的性能研究. 材料导报, 29(4): 68-73.

贺福. 2005. 碳纤维的电热性能及其应用. 化工新型材料, 33(6): 7-8, 38.

华毓坤, 傅峰. 1995. 导电胶合板的研究. 林业科学, 31(3): 254-259.

黄金田, 赵广杰. 2004. 木材的化学镀研究. 北京林业大学学报, 26(3): 88-92.

黄金田, 赵广杰. 2006. 化学镀镍单板的导电性和电磁屏蔽效能. 林产工业, 33(1): 14-17.

黄金田. 2005. 镀液组成对木材化学镀镍金属沉积速率的影响. 内蒙古农业大学学报, 26(1): 57-62.

黄耀富, 林正容. 2000. 电磁波遮蔽性纤维板之研究. 林产工业, 19(2): 209-218.

贾竹贤. 2009. 酚醛胶实木复合地板及基材有机挥发物释放. 北京: 中国林业科学研究院硕士学位论文.

李坚, 段新芳, 刘一星. 1995. 木材表面的功能性改良. 东北林业大学学报, 23(2): 95-101.

李坚, 李桂玲. 1994. 金属化木材. 中国木材, (6): 19-20.

廖惠仪, 金宗哲, 王静. 1997. 常温远红外辐射材料及其纺织保健制品的研制. 针织工业, (3): 37-43.

刘旗, 丁国斯, 庞晓忠, 等. 2008. 远红外生物效应及其保健功能鞋的研究. 西部皮革, 30(1): 56-59.

刘维良, 骆素铭. 2002. 常温远红外陶瓷粉和远红外日用陶瓷的研究. 陶瓷学报, 3(23): 4-17.

刘贤淼. 2005. 木基电磁屏蔽功能复合材料(叠层型)的工艺与性能. 北京：中国林业科学研究院硕士学位论文, 119-121.

刘新永, 蔡凤丽, 刘海. 2007. 红外技术的物理基础及其军事应用. 安徽电子信息职业技术学院学报, 6(3): 88-90.

卢克阳, 傅峰, 蔡智勇, 等. 2011.导电膜片叠层型电磁屏蔽胶合板的性能研究. 建筑材料学报, 14(2): 207-211, 235.

罗朝晖, 朱家琪. 2000. 木材/金属复合材料的研究. 木材工业, 14(6): 25-27.

马玉华, 罗朝晖. 2006. 抗静电和电磁屏蔽木材/金属复合材料的研究进展. 安徽化工, (3): 37-39.

孟大伟, 彭佳, 李东栋. 2006. 抗静电木粉/聚丙烯复合材料的研究. 塑料, 35(5): 24-27.
庞志忠. 2007. 电热地板: 中国, CN200710011665.2.
裘愉发. 2012. 远红外纺织品的现状和发展. 现代丝绸科学与技术, 27(1): 31-33.
邵千钧, 徐群芳, 范志伟, 等. 2002. 竹炭导电率及高导电率竹炭制备工艺研究. 林产化学与工业, 22(2): 54-56.
沈国先, 赵连英. 2011. 对远红外纺织品生理效应的探讨. 现代纺织技术, 19(1): 47-49.
宋永明, 谢志昆, 雷厚根, 等. 2016. 导电炭黑对木粉/PP 复合材料抗静电及力学性能的影响. 广东化工, 43(20): 76-78.
孙丽萍, 张冬妍, 张延林. 2012. 短切碳纤维增强木质功能复合材料及其制备方法: 中国, CN201210053924.9.
孙丽萍, 朱晓龙, 张冬妍. 2016. 碳纤维增强木质复合材料的制备与电学性能研究. 中国材料进展, 35(11): 880-884.
谭羽非, 赵登科. 2008. 碳纤维电热板地板辐射供暖系统热工性能测试. 煤气与热力, 28(5): 26-28.
唐建良, 陈明星, 周心怡. 2012. 一种低电压导电发热地板供暖系统的实施方法:中国, CN201210128797.4.
唐其明. 1992. 导电玻璃钢制品的制造工艺. 工程塑料应用, 20(4): 16-19.
王柏泉, 夏金童. 2007. 一种节能电热采暖远红外保健建筑装饰材料. 中国, CN200720139761.0.
王柏泉. 2011a. 包括膨胀式穿刺连接电极的电热地板: 中国, CN201110179196.1.
王柏泉. 2011b. 包括伸缩式电极的电热地板: 中国, CN201110341224.5.
王二壮. 1996. 耐水性胶合板及其生产方法: 中国, CN1119979A.
王广武. 1997. 金属板复合型材或板材的制造方法: 中国, CN97104085.0 .
王立娟, 李坚, 连爱珍. 2005. 木材化学镀镍老化镀液的再生与回用. 东北林业大学学报, 2005, 33(3): 47-48, 58
王立娟, 李坚. 2004a. 杨木单板表面化学镀镀前活化工艺. 林业科技, 29(3): 46-48.
王立娟, 李坚. 2004b. 杨木单板表面化学镀镍的工艺条件对镀层性能的影响. 东北林业大学学报, 32(3): 37-39.
吴银清, 吕峻峰, 王水菊. 2000. 镀银抗菌、远红外、抗紫外等新型纳米陶瓷棉纺织品的开发和应用. 针织工业, (5): 30-33.
吴兆春. 2012. 碳纤维电热膜复合装饰板的应用. 中国资源综合利用, 2012, 30(1): 62-63.
熊有正. 2004. 磁、远红外、负离子与健康. 上海: 东华大学出版社.
徐凤. 2011. 远红外纺织品的开发与应用. 江苏丝绸, (6): 46-48.
徐凤娇, 郝笑龙, 聂兰平, 等. 2016. 抗静电剂对木粉/PVC 复合材料性能的影响. 林业工程学报, 1(5): 45-51.
徐婧. 2012. 一种无电磁辐射单面远红外电热地板: 中国, CN201220550576.1.
徐松涛, 徐永平. 1995. 红外辐射在生物学、医学、光通信中的应用及其检测. 光电子技术与信息, 8(4): 34-38.
杨华. 2006. 远红外技术及其在食品工业上的应用和展望. 包装与食品机械, 24(3): 46-50.
于富磊. 2015. 木粉/聚丙烯复合材料的阻燃与抗静电性能研究. 哈尔滨: 东北林业大学硕士学位论文.
袁全平. 2012. 复合型电磁屏蔽纤维板的研究. 南宁: 广西大学硕士学位论文.
张冬妍, 刽洪杰, 孙丽萍, 等. 2011. 短切碳纤维木质复合材料导电性数值分析. 东北林业大学学报, 2(39): 109-111.
张丰, 虞孟起. 1999. 一种抗静电复合地板. 中国, ZL93112572.3.
张建奇, 方小平. 2004. 红外物理. 西安: 西安电子科技大学出版社, 25-50.
张文标, 华毓坤, 叶良明. 2002. 竹炭导电机理的研究. 南京林业大学(自然科学版), 26(4): 47-50.
张显权, 刘一星. 2004a. 木材纤维/铜丝网复合 MDF 的研究. 林产工业, 31(5): 15-19.
张显权, 刘一星. 2004b. 木纤维/铁丝网复合中密度纤维板. 东北林业大学学报, 32(5): 26-28.
张显权, 刘一星. 2005a. 不锈钢纤维/木纤维复合中纤板的研究. 木材工业, 19(2): 12-16.
张显权, 刘一星. 2005b. 木材纤维/铜纤维复合中密度纤维板. 东北林业大学学报, 33(1): 25-27.
张亚梅. 2010. 热处理对竹材颜色及物理力学性能影响的研究. 北京: 中国林业科学研究院硕士学位论文.
周兆, 曹建春, 汤佩钊, 等. 2000. 铝箔覆面刨花板. 木材工业, 14(1): 32-34.
周兆兵, 傅峰, 张洋. 2011. 远红外木质功能材料及其性能测试. 东北林业大学学报, 39(12): 77-79.
朱国琪. 1993. FQS 导电塑料的研制与应用. 工程塑料应用, 21(1): 31-32.
朱家琪, 罗朝晖, 黄泽恩. 2001. 金属网与木单板的复合. 木材工业, 15(3): 5-7.
柴田清孝. 1999. Electromagnetic shielding properties on the woodceramics. The 11th MRS-J Annual Meeting: New Plant Material, Japan, 30-41.

富村洋一, 铃木岩雄. 1987. 炭素纤维をコアにもつMDFの制造. 木材学会志, 33(8): 645-649.

加藤昭四郎, 黑须博司, 村山敏博. 1991. 多层层积木质系复合材料の制造とその电磁波ツールド特性及び二三のの性质. 森林综合研究所研究报告, 360:171-184.

井出勇, 石原茂久, 川井秀一, 等. 1992. 耐火性炭素复合材料の制造と开发(第二报)—グラファト·フエノール·ホルムアルデヒド树脂热硬化性粉粒体(GPS)をオーバーレイたパーテイクルボードの耐火性能と, 电磁波遮蔽性能, 及び遮音性能. 木材学会志, 38(8): 777-785.

西宫耕荣. 1999. Development of wood-metal composite by new powder sintering method. The 11th MRS-J Annual Meeting: New Plant Material, Japan, 42-45。

长泽长八郎, 梅原博行, 越崎直人, 等. 1992. 木材小片への无电解ニツケルめつきにおる前期处理工程と皮膜の析出状态变化. 木材学会志, 38(11): 1010-1016.

长泽长八郎, 梅原博行, 越崎直人, 等. 1994. 无电解ニツケルめつき单板の导电性, 电磁波遮蔽特性に及ほす树种の影响. 木材学会志, 40(10): 1092-1099.

长泽长八郎, 雄谷八百三. 1989. Niめつき木片を用いた木质系电磁波シールド材. 木材学会志, 35(12): 1092-1099.

长泽长八郎, 雄谷八百三. 1992. 前期处理工程によるニツケル被覆盖木材小片を用いた电磁波シールド材の特性变化. 木材学会志, 38(3): 256-263.

长泽长八郎, 雄谷八百三, 卜部启. 1991. Niめつき单板の导电性及び电磁波シールド特性. 木材学会志, 37(2): 158-163.

长泽长八郎, 雄谷八百三, 卜部启. 1990. Ni めつき木片をコアにもつ成形体の电磁波シールド特性の评价. 木材学会志, 36(7): 531-537.

石原茂久. 2002. 新しい机能性炭素材料炭素材としての木炭の利用. 木材工业, 51(1): 2-7.

唐沢健司, 近藤尚志, 小岛昭, 等. 1992. 炭素を用いる电磁波遮蔽性木质材料の调制. 木材工业, 47(7): 312-318

Bidoki S, McGorman D, Lewis D, et al. 2005. Ink jet printing of conductive patterns on textile fabrics, Aatcc Review, 5(6): 11-14.

Celzard A, Treusch O, Mareche, J F, et al. 2005. Electrical and elastic properties of new monolithic wood-based carbon materials. Journal of Materials Science, 40(1): 63-70.

Chung D D L. 2004. Electrical applications of carbon materials. Journal of Materials Science, 39(8): 2645-2661.

Crossman R A. 1985. Conductive composites past, present, and future. Polymer Engineering and Science, 25(8): 507-531.

Ivan M. 1996. Contribution to the electrically conductive particleboards proposal. Drevársky výskum, 41(4): 11-22.

Lambuth A L. 1989. Electrically conductive particleboard. Proceedings of the 23rd international particleboard/composite materials symposium. Pullman，WA: Washington State University, 117-128.

Lee J Y, Kim C H, Jung H G, et al. 2008. Emission of far-infrared ray in packaging paper. Journal of Korea Technical Association of the Pulp and Paper Industry, 40(5): 47-52.

Nagasawa C , Kumagai Y, Urabe K, et al. 1999. Electromagnetic shielding particleboard with nickel-plated wood particles. Journal of Porous Materials, 6(3): 247-254.

Oka H, Hojo A, Osada H, et al. 2004. Manufacturing methods and magnetic characteristics of magnetic wood. Journal of Magnetism and Magnetic Materials, 272-276(part-P_3): 2332-2334.

Oka H, Hojo A, Seki K, et al. 2002. Wood construction and magnetic characteristics of impregnated type magnetic wood. Journal of Magnetism and Magnetic Materials, 239(1-3): 617-619.

Park J Y, Seo S A. 1993. Performances improvement of medium density fiberboard by combining with various nonwood materials. The Research Reports of the Forestry Research Institute (Korea Republic), (47): 35-48.

Su C W, Yuan Q P, Gan W X, et al. 2013. The research on wood fiber/ stainless steel net electromagnetic shielding composite board. Key Engineering Materials: 525-526, 437-440.

Wang B Q. 2010. Electric heating material and laminate floor containing same and method for producing the laminate floor: KR, 10-2009-0082091.

Wang S Y, Hung C P. 2003. Electromagnetic shielding efficiency of the electric field of charcoal from six wood species. The Japan Wood Research Society, 49(5): 450-454.

Kawai S. 1990. Carbon overlaid particleboard as an electromagnetic shield and fiber resistive material. International Timber Engineering Conference, 74-79.

第二章　导电功能单元与预处理技术

导电功能单元作为木质导电功能材料的主要单元，需具备一定的导电性能，且与木质材料可通过物理或化学的途径进行良好的复合。本章主要介绍木质导电功能材料中常用导电功能单元的种类、特性，重点介绍导电木炭粉和导电膜片的制备工艺与性能以及木质电热功能材料用碳纤维纸的表面处理技术。

第一节　导电功能单元种类与特性

一、导电功能单元的种类

目前，用于制造木质导电功能材料的导电材料主要有炭黑、碳纤维、石墨、膨胀石墨、金属粉末、金属纤维、金属箔、金属网、表面镀金属碳纤维及有机导电材料等。导电功能单元主要分为金属系、碳系及导电高分子三大类。其中，金属系导电功能单元主要有金属粉末、金属纤维、金属网、金属箔或薄板等。碳系导电功能单元主要有碳纤维及其粉末、炭黑、石墨、膨胀石墨、石墨烯和碳化材料等。导电高分子导电功能单元主要有聚苯胺、聚吡咯、聚乙炔类、聚噻吩及聚苯磺酸等。

二、导电功能单元的特性

金属系导电功能单元包括金属粉末、金属纤维及金属氧化物，但金属粉末含量一般在50%(体积分数)左右时才会使材料电阻率达到导电复合材料的要求，这必然使复合材料的力学强度下降(王路，2009)。金属系几乎属于介电型吸波剂，其机理主要是依靠介质的电子极化、分子极化或界面极化等作用进行弛豫、衰减、吸收电磁波。常用的金属粉末有铝粉、铁粉、铜粉、银粉、金粉、镍粉等。铝粉价格低，但铝的活性太大，其粉末在空气中极易被氧化，形成导电性极差的 Al_2O_3 膜，即使加入量很大也不易形成导电通道。银粉、金粉虽然导电性优良，但价格昂贵，限制了其广泛使用。金属镍具有良好的化学稳定性能和抗氧化性能，且价格便宜；作为一种典型的铁磁性材料，纳米镍具有较高的矫顽力，可产生较大的磁滞损耗，有利于提高所制备复合材料的电磁波吸收性能和综合电磁屏蔽性能(龚春红等，2007)。然而，目前应用较广的导电单元是铁粉和铜粉。此外，金属纤维被认为是最有发展前景的导电单元材料和电磁屏蔽单元材料，金属纤维填充到基体聚合物中，经适当工艺成型后，可制成导电性能优异的复合材料，其体积电阻率为 10^{-3}～$10\Omega\cdot cm$(王路，2009)；金属纤维在加入量较少时，复合材料也可达到理想的导电效果，还能较大幅度地提高复合材料的强度。

碳系导电功能单元主要有碳纳米管、碳纤维、炭黑、石墨或其混合物等(张东升和刘正锋，2009)。碳系填料属于电阻型吸波剂，其主要特点是具有较高的电损耗正切角，电磁能主要衰减在电阻上(谢虎和陈国华，2009)。碳系填料具有来源广、质量轻、成本低、耐腐蚀、抗氧化、导电性良好、密度小、比强度高、化学稳定性好、成型好等优点，但也存在填量高、分散性差、频带窄及屏蔽性能低等缺点，因而其应用推广受到一定限制。因此，必须通过改性处理或改进成型工艺来提高碳系填料的导电性和分散性，并优化屏蔽材料的内部结构，通过新型复合技术和掺杂技术开发出成本低、质量轻、频带宽及性能好的电磁屏蔽材料，以适应不同场合和环境的需求(郑志锋等，2009)。例如，碳纳米管易团聚，可通过硅烷偶联剂(Jiang et al.，2007)、表面功能化(Wu et al.，2007)等方法改善表面性质，可提高其在树脂基体中的分散性。

复合型导电单元，即在导电性能较差的金属表面镀一层导电性能较好的金属及在碳系颗粒或其纤维上镀一层导电性能较好的金属，或把性能有差异的两种或多种导电屏蔽材料进行混合，包括在材料表面镀上金属、采用金属与碳系混合及金属与金属混合制备复合导电体等。Kim 等(2010)在铜表面镀一层银制成电磁屏蔽复合材料，填充量为 10%～18%时，其电磁屏蔽性能最高可达 73.3dB，而且铜的抗氧化性也得到明显提高。管登高等(2009)制备出一种新型镀镍硅酸钙镁晶须/镍粉/环氧树脂电磁波屏蔽涂料，研究发现屏蔽涂料中镀镍硅酸钙镁晶须的最佳质量分数为 4%，当涂层厚度为 0.3mm 时，涂层的体积电阻率从 2.4Ω·cm 下降至 1.4Ω·cm；在 0.3～1000MHz 时，涂层的电磁屏蔽效能提高至 35.1～41.9dB。徐铭等(2009)以镀金属铝玻璃纤维为导电填料、以热固性酚醛树脂为胶黏剂制备出电磁屏蔽复合材料，该材料具有导电性能好、屏蔽效能高及质轻价廉等特点，当镀铝玻璃纤维的填充量超过 40%后材料的屏蔽效能开始保持稳定。Kim 和 Chung(2006)在碳纤维表面镀一层金属，所制备的复合材料电磁屏蔽性能在 1.0GHz 下可达到 53.0dB，且随碳纤维表面镀金属层厚度的增加而提高。晋传贵等(2009)用纳米镍粉与微米镍粉混合研制电磁屏蔽涂料，发现 5%纳米镍+10%微米镍涂层在高频段的磁损耗比较大，具有良好的吸波特性。由此可知，不同径级的同种或不同种电磁屏蔽单元混合，可获得宽频带的屏蔽效能。

纳米导电单元，用于电磁屏蔽填充材料可以通过光解法、辐射法、化学超声法、微乳液法、多羟基法及乙醇还原法制备，其属于磁介质型吸波剂，具有较高的磁损耗正切角，依靠磁滞损耗、畴壁共振和自然共振损耗及后效损耗等磁极化机制衰减和吸收电磁波(谢虎和陈国华，2009)。晋传贵等(2009)通过化学还原法制备了单分散性的金属镍纳米粉，发现随着纳米镍粉的加入，虽然降低了整体电磁屏蔽效能，但却能提高吸收损耗。熊政专等(2005)用纳米炭黑填充 ABS 复合材料，结果显示随着纳米炭黑含量的增加，ABS 的导电性和屏蔽效能明显增强，当炭黑的质量分数为 35%时，体积电阻率降到 10^3Ω·cm，屏蔽效能增加到 6.0dB。张昌盛等(2004)对铁基合金的纳米晶铁基纤维在高频波段的电磁屏蔽效能进行研究，结果表明纳米晶铁基合金材料不仅是导电型屏蔽材料，也是磁介质型吸波材料，其磁导率比常规多晶铁基材料高 1 个数量级；该材料的电磁屏蔽效能和吸波性能相对于目前常用的电磁屏蔽材料有明显提高，在电磁屏蔽纺织材料中有很好的应用前景。刘兰香等(2007)将纳米金属 Ni-Fe 与膨胀石墨均匀分散复合，当纳米金属 Ni-Fe 含量为 20%～40%时，复合材料的电磁屏蔽效能较好；复合材料 27% Ni-3% Fe-EG 在 300kHz～1.5GHz 时的电磁屏蔽效能达到 66～110dB，电磁屏蔽性能优异。汪桃生等(2007)以纳米石墨微片作为导电填料，制备高导电性复合涂料，当填充质量分数为

30%时通过机械研磨辅以超声分散制备得到的导电涂料，电磁屏蔽效能达到38.0dB(1.5GHz)。龚春红等(2007)将纳米镍粉导电填料加入丙烯酸树脂中制成复合材料，并测试其电磁屏蔽性能，结果发现在纳米镍粉与树脂质量比为5∶1时，涂层的电磁屏蔽效能在300kHz～1.5GHz时可达到45～55dB。这表明纳米材料的应用可显著提高复合材料的屏蔽性能，尤其是电磁波的吸收部分。但是纳米金属颗粒具有较大的比表面积和较高的反应活性，易团聚和氧化，使其应用受到了较大的限制。

第二节　导电功能单元制备与性能

一、导电木炭粉的制备与性能

(一)材料

毛白杨(*Populus tomentosa* Carr)，采自河北，含水率为7%～8%，气干密度为0.41g/cm^3。杉木[*Cunninghamia lanceolata* (Lamb.) Hook.]，采自福建，含水率为7%～8%，气干密度为0.30g/cm^3。马尾松(*Pinus massoniana* Lamb)，采自福建，含水率为7%～8%，气干密度为0.51g/cm^3。催化剂：纳米氧化铁(Fe_2O_3)，外观为红棕色粉末，粒径为30nm，纯度为99.9%；纳米氧化镍(NiO)，外观为黑色粉末，粒径为30nm，纯度为99.9%；均购于北京纳辰科技发展有限责任公司。

试验前分别将毛白杨、杉木、马尾松试材在微型植物粉碎机中粉碎，筛分后获得粒径≤0.60mm(30目)的木粉，然后将其在(103±2)℃的鼓风干燥箱中烘至绝干，置于干燥器中备用。

(二)制备工艺

导电木炭粉的制备过程如下：①分别将毛白杨木粉、杉木木粉、马尾松木粉与一定量的催化剂(Fe_2O_3或NiO)混合粉末装入氧化铝坩埚中，置于管式炉炉管中部；②开启氮气瓶，调节玻璃转子气体流量计，将氮气流量控制在200ml/min，保持30min左右，确保管内空气全部排出；③进行高温炭化处理，以5℃/min的升温速率升至设定的炭化温度，并在此温度下保持一定时间，之后以5℃/min的速率降至500℃，以保护管式炉，最后随炉冷却至室温，制得导电木炭粉；④为及时带出气相产物，防止炭化过程中导电木炭粉被氧化，试验过程中始终维持氮气环境。

(三)导电木炭粉的性能测试方法

1. 导电木炭粉的得率

导电木炭粉的得率为导电木炭粉的绝干质量与原料绝干质量的比值。

高温炭化处理前，先用分析天平称量木粉或木粉与催化剂混合粉末的绝干质量(m_0)；高温炭化处理后，再称量导电木炭粉的绝干质量(m_c)，精确至0.0001g。导电木炭粉的得率按式(2-1)计算。

$$y_c = \frac{m_c}{m_0} \tag{2-1}$$

式中，y_c 为导电木炭粉的得率，%；m_c 为导电木炭粉的绝干质量，g；m_0 为木粉或木粉与催化剂混合粉末的绝干质量，g。

取两次平行测试结果的算术平均值为测定结果，保留至小数点后两位。

2. 堆积密度和表观密度

堆积密度是指粉状材料在自然堆积状态下单位体积的质量。表观密度是指在规定条件下，包含孔体积和颗粒间空隙体积的单位体积的粉状材料的质量。

将导电木炭粉烘至绝干，测试其绝干状态下的堆积密度和表观密度。首先用分析天平量取 10ml 量筒的质量(m_1)，将导电木炭粉试样缓慢通过玻璃漏斗装入量筒内，至试样的体积正好为 10ml 为止，再称量量筒与试样的总质量(m_2)，精确至 0.0001g。然后用橡皮锤轻轻敲击量筒底部，至试样的体积不再减少为止，记录此时试样的体积(V)，精确至 0.1ml。

导电木炭粉的堆积密度按式(2-2)计算。

$$\rho_b = \frac{m_2 - m_1}{10} \tag{2-2}$$

式中，ρ_b 为堆积密度，g/cm^3；m_2 为量筒与试样总质量，g；m_1 为量筒质量，g。

导电木炭粉的表观密度按式(2-3)计算。

$$\rho_a = \frac{m_2 - m_1}{V} \times 100\% \tag{2-3}$$

式中，ρ_a 为表观密度，g/cm^3；V 为试样体积，ml。

堆积密度和表观密度均取三次平行测试结果的算术平均值为测定结果，保留至小数点后三位。

3. 导电木炭粉的电阻率测试方法

电阻率是用来表示物质电阻特性的物理量，某种材料制成的长 1m、横截面积 1mm^2 的导线在常温下(20℃)的电阻，称为该种材料的电阻率。导电木炭粉的导电性能可用电阻率来表示。

测试粉体材料电阻率的方法主要有烧结法、压片法和加压法。烧结法(孙维民等，2008)是将粉体与液体混合成形后，通过加热使液体散逸，然后测量多孔体的电阻率。这种方法过程复杂，且测定结果准确性较低，使用较少。压片法(郝素娥等，2009；杜尚丰等，2006)是将粉体材料倒入不锈钢模具中以一定的压力压制成形状规则的试样，再用四探针测试仪测定其电阻率。如果需要测定粉体材料在不同压实密度下的体积电阻率，需要将粉体压制成密度不同的多个试样，步骤繁琐、耗时。加压法(刘小珍等，2008；罗柏平等，2008)是将粉体材料置于固定尺寸的容器中，并对该粉体施加压力，使粉体颗粒之间的空隙压缩到一定程度，通过测量粉体上的电压降计算电阻率，且由小至大连续改变作用于粉体材料上的压力，则可得到粉体材料电阻率随压力变化的曲线，该方法能够方便快捷且准确地测定粉体材料的电阻率。加压法测定粉体材料的电阻率时，压力大小影响粉体的密实度，即影响粉体颗粒之间的均匀接触，可见施加的压力对粉体材料电阻率的影响较大。

目前，关于木炭粉电阻率的测试研究较少，有学者采用加压法对竹炭粉的体积电阻率进行测定(郑志锋等，2010；邵千钧等，2002)，但并未研究施加的压力对竹炭粉体积电阻率的影响。本章用加压法测试导电木炭粉的电阻率，通过测定不同压力下导电木炭粉的电阻率，探讨不同树种、炭化温度、炭化时间及催化剂制备的导电木炭粉的电阻率随着压力变化的趋势，从而确定测试导电木炭粉电阻率时合适的压力值。采用加压法测试粉体材料的电阻率时，常用的电压测定方法有两端子测电压法和四端子测电压法。采用两端子测电压法时，上下电极与粉体试样之间因接触而产生接触电阻 R_0，测试电压 $U=I(R_{样}+R_0)$，测试时电流 I 不变，所以电压 U 增大，则粉体材料电阻率的测试值比真实值略高。而采用四端子测电压法时，试样高度固定后电压表的两端与试样直接接触，可以消除电极与粉体试样之间产生的接触电阻，还可以消除连接导线在测试中产生的误差，所以更接近真实值(朱洁等，2002)。本测量装置为了消除测试时电极与被测粉体之间产生的接触电阻的影响，采用“四端子电流—电压降法”电路。将 18 组不同工艺条件下制备的导电木炭粉进行体积电阻率测试，测试结果见表 2-1。

表 2-1　导电木炭粉体积电阻率(Ω·cm)的测试结果

组号	压力/MPa										
	1.50	2.25	3.00	3.75	4.50	5.25	6.00	6.75	7.50	8.25	9.00
1	0.9219	0.8152	0.7214	0.6408	0.5737	0.5168	0.4696	0.4326	0.3996	0.3745	0.3539
2	0.2445	0.1885	0.1568	0.1352	0.1198	0.1079	0.0990	0.0916	0.0855	0.0803	0.0759
3	0.1138	0.0889	0.0746	0.0647	0.0583	0.0525	0.0487	0.0450	0.0423	0.0398	0.0376
4	0.8413	0.7267	0.6304	0.5522	0.4887	0.4245	0.3771	0.3423	0.3111	0.2867	0.2665
5	0.6041	0.4813	0.3717	0.2931	0.2472	0.2119	0.1789	0.1548	0.1417	0.1250	0.1142
6	0.6263	0.5021	0.3961	0.3118	0.2604	0.2243	0.1953	0.1712	0.1524	0.1391	0.1274
7	0.4626	0.3714	0.3121	0.2706	0.2419	0.2197	0.2023	0.1884	0.1770	0.1672	0.1587
8	0.3105	0.2427	0.2001	0.1731	0.1535	0.1386	0.1270	0.1173	0.1100	0.1025	0.0970
9	0.1467	0.1129	0.0946	0.0828	0.0744	0.0677	0.0625	0.0583	0.0546	0.0518	0.0492
10	0.6725	0.5777	0.4961	0.4242	0.3759	0.3386	0.3091	0.2860	0.2666	0.2491	0.2351
11	0.2191	0.1683	0.1369	0.1184	0.1051	0.0950	0.0874	0.0811	0.0757	0.0714	0.0675
12	0.3042	0.2541	0.2100	0.1793	0.1579	0.1418	0.1292	0.1195	0.1110	0.1036	0.0975
13	1.1983	1.0425	0.9018	0.7762	0.6704	0.5811	0.5062	0.4494	0.4053	0.3695	0.3388
14	0.6715	0.5329	0.4122	0.3138	0.2500	0.2174	0.1887	0.1653	0.1470	0.1336	0.1149
15	0.2682	0.2036	0.1660	0.1372	0.1156	0.1002	0.0885	0.0798	0.0733	0.0678	0.0628
16	0.3392	0.2865	0.2435	0.2121	0.1899	0.1739	0.1607	0.1498	0.1413	0.1336	0.1271
17	0.2694	0.2083	0.1713	0.1482	0.1320	0.1195	0.1098	0.1019	0.0954	0.0899	0.0852
18	0.2597	0.2005	0.1653	0.1424	0.1261	0.1138	0.1040	0.0963	0.0898	0.0844	0.0797

由表 2-1 可知，不同工艺条件下制备的导电木炭粉的体积电阻率随着压力变化的变化趋势基本一致。随着压力增大，导电木炭粉的电阻率逐渐降低，当压力增至一定值后，电阻率值趋于恒定。这是因为最初装在粉末试料筒中的导电木炭粉之间形成许多大小不

同的孔隙，加压时炭粉颗粒产生移动，颗粒与颗粒相互挤紧，小颗粒挤入大颗粒之间的间隙中，使孔隙逐渐减少，导电木炭粉的电阻率随之减小。随着压力进一步增大，粉体表面凹凸部分被压紧，颗粒与颗粒之间从点接触变为面接触。当压力达到一定值时，颗粒与颗粒会啮合成牢固的接触状态(叶德林等，2001)。此时，继续增加压力，导电木炭粉的体积趋于恒定，电阻率也基本恒定，则这个压力值即为测试导电木炭粉电阻率时合适的压力值。当压力每增加 0.75MPa，导电木炭粉的体积电阻率变化均小于 0.02Ω·cm 时，可认为电阻率基本恒定。

(四)导电木炭粉电阻率与压力关系测试结果分析

1. 树种的影响

每种树种木材(毛白杨、杉木、马尾松)所制导电木炭粉的体积电阻率取 6 组不同工艺条件下所制试样测试结果的算术平均值。绘出不同树种木材制备的导电木炭粉的体积电阻率与施加压力的关系曲线，如图 2-1 所示。

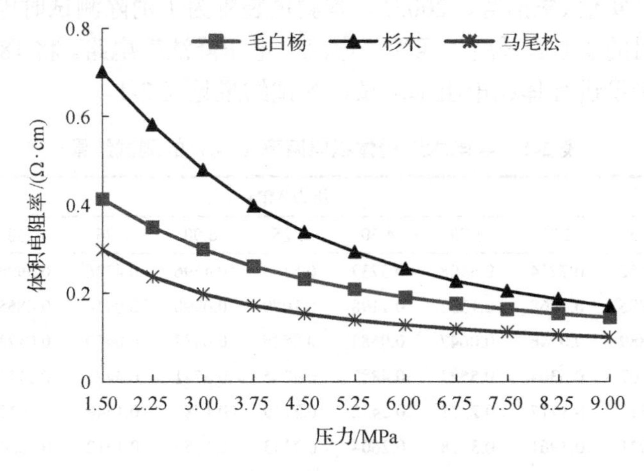

图 2-1　不同树种制备的导电木炭粉体积电阻率与压力的关系

由图 2-1 可知，随着压力增大，以杉木为原料制备的导电木炭粉的体积电阻率降低幅度增大，尤其是压力由 1.50MPa 增至 5.25MPa 时，导电木炭粉的体积电阻率基本上呈直线下降，由 0.7016Ω·cm 降为 0.2932Ω·cm，减小了 0.4084Ω·cm。以毛白杨为原料制备的导电木炭粉的体积电阻率随着压力增大逐渐减小，压力由 1.50MPa 增至 5.25MPa 时，导电木炭粉的体积电阻率由 0.4127Ω·cm 降为 0.2088Ω·cm，减小了 0.2039Ω·cm。以马尾松为原料制备的导电木炭粉的体积电阻率随着压力增大而降低的幅度最小，压力由 1.50MPa 增至 5.25MPa 时，导电木炭粉的体积电阻率由 0.2980Ω·cm 降为 0.1389Ω·cm，仅减小了 0.1591Ω·cm。这主要是因为，以杉木为原料制备的导电木炭粉的密度最小，粉末试料筒内导电木炭粉的分布非常松散，随着压力增大，导电木炭粉被压密实的程度越来越高，炭粉颗粒之间的接触越来越紧密，压力对其电阻率的影响也较大；以马尾松为原料制备的导电木炭粉的密度最大，粉末试料筒内导电木炭粉的接触较紧密。因此，压力对其电阻率的影响较小。

由图 2-1 还可以看出，当压力由 5.25MPa 增至 6.00MPa 时，以毛白杨为原料制备的导电木炭粉的体积电阻率减小了 0.0183Ω·cm，之后压力每增加 0.75MPa，体积电阻率降低的幅度均小于 0.0200Ω·cm，体积电阻率值趋于恒定。当压力由 7.50MPa 增至 8.25MPa 时，以杉木为原料制备的导电木炭粉的体积电阻率减小了 0.0182Ω·cm，之后压力每增加 0.75MPa，体积电阻率降低的幅度均小于 0.0200Ω·cm，体积电阻率值趋于恒定。当压力由 3.75MPa 增至 4.50MPa 时，以马尾松为原料制备的导电木炭粉的体积电阻率减小了 0.0186Ω·cm，之后压力每增加 0.75MPa，体积电阻率降低的幅度均小于 0.0200Ω·cm，体积电阻率值趋于恒定。因此，以毛白杨、杉木、马尾松为原料制备导电木炭粉，测试其体积电阻率时合适的压力值分别为 5.25MPa、7.50MPa、3.75MPa。

2. 炭化温度的影响

每种炭化温度(900℃、1200℃、1500℃)制备的导电木炭粉的体积电阻率取 6 组不同工艺条件下制备的试样测试结果的算术平均值。不同炭化温度制备的导电木炭粉的体积电阻率与施加压力的关系如图 2-2 所示。

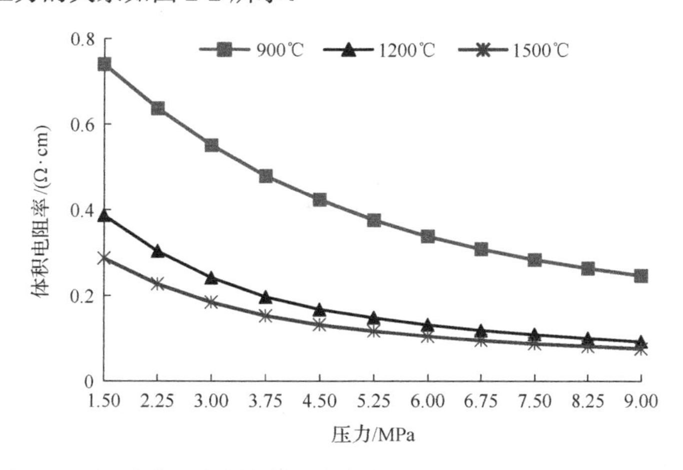

图 2-2 不同炭化温度制备的导电木炭粉的体积电阻率与压力的关系

由图 2-2 可知，炭化温度为 900℃时，制备的导电木炭粉的体积电阻率随着压力增大而大幅度下降；炭化温度为 1200℃和 1500℃时，制备的导电木炭粉的体积电阻率随着压力增大缓慢降低。压力由 1.50MPa 增至 7.50MPa 时，炭化温度为 900℃、1200℃、1500℃制备的导电木炭粉的体积电阻率分别减小了 0.4558Ω·cm、0.2773Ω·cm、0.1993Ω·cm。这是因为当炭化温度较低时，所得导电木炭粉的体积收缩率较小(Ota and Mozammel，2003；Byrne and Nagle，1997；Fuwape，1996)，则粒径较大，粉末试料筒中导电木炭粉颗粒松散程度大，随着压力增大，炭粉颗粒之间的接触变得紧密，炭粉的体积变化较大，体积电阻率值变化也较大。当炭化温度较高时，所得导电木炭粉的体积收缩率较大(Ota and Mozammel，2003；Byrne and Nagle，1997；Fuwape，1996)，粒径较小，导电木炭粉颗粒之间接触较紧密，随着压力增大，炭粉的体积变化较小，则压力对导电木炭粉体积电阻率的影响也较小。

由图 2-2 还可以看出，当压力由 7.50MPa 增至 8.25MPa 时，炭化温度为 900℃制备的导电木炭粉体积电阻率减小了 0.0199Ω·cm，之后压力每增加 0.75MPa，体积电阻率降低的幅度均小于 0.0200Ω·cm，体积电阻率值趋于恒定。当压力由 4.50MPa 增至 5.25MPa 时，炭化温度为 1200℃、1500℃制备的导电木炭粉体积电阻率分别减小了 0.0195Ω·cm、0.0154Ω·cm，之后压力每增加 0.75MPa，体积电阻率降低的幅度均小于 0.0200Ω·cm，体积电阻率值趋于恒定。因此，测试炭化温度体积 900℃制备的导电木炭粉的体积电阻率时，合适的压力值为 7.50MPa；当炭化温度为 1200℃和 1500℃时，测试导电木炭粉体积电阻率合适的压力值为 4.50MPa。

3. 炭化时间的影响

每种炭化时间(0.5h、1.0h、1.5h)制备的导电木炭粉的体积电阻率取 6 组不同工艺条件下制备的试样测试结果的算术平均值。不同炭化时间制备的导电木炭粉的体积电阻率与施加压力的关系如图 2-3 所示。

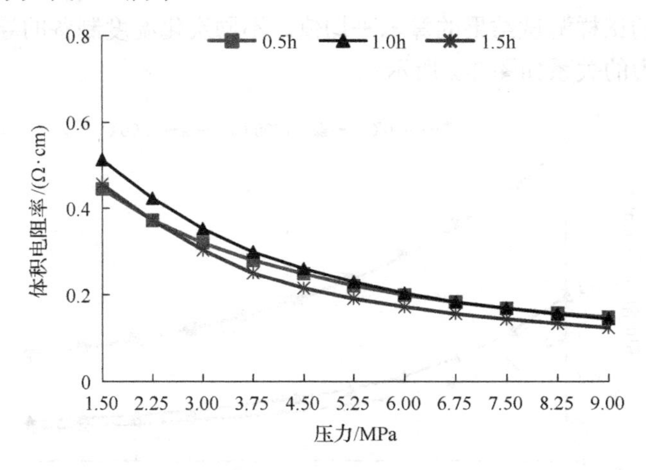

图 2-3 不同炭化时间制备的导电木炭粉的体积电阻率与压力的关系

由图 2-3 可知，不同炭化时间制备的导电木炭粉的体积电阻率随着压力变化的变化趋势基本相同，主要是因为炭化时间对导电木炭粉炭化程度的影响较小。测试体积电阻率时，不同炭化时间制备的导电木炭粉颗粒的分布情况基本相同，随着压力增大，炭粉颗粒之间的接触均变得紧密，炭粉的体积变化基本相同，体积电阻率值变化也相似。

由图 2-3 还可以看出，当压力由 6.00MPa 增至 6.75MPa 时，炭化时间为 0.5h、1.0h、1.5h 制备的导电木炭粉的体积电阻率分别减小了 0.0165Ω·cm、0.0199Ω·cm、0.0158Ω·cm，之后压力每增加 0.75MPa，体积电阻率降低的幅度均小于 0.0200Ω·cm，体积电阻率值趋于恒定。因此，测试炭化时间为 0.5h、1.0h 及 1.5h 制备的导电木炭粉的体积电阻率时，合适的压力值均为 6.00MPa。

4. 催化剂种类的影响

每种催化剂(空白、Fe_2O_3、NiO)及催化剂添加量(0、4%、8%)制备的导电木炭粉的电阻率均取 6 组不同工艺条件下制备的试样测试结果的算术平均值。不同催化剂制备的导电木炭粉的体积电阻率与施加压力的关系如图 2-4 所示。

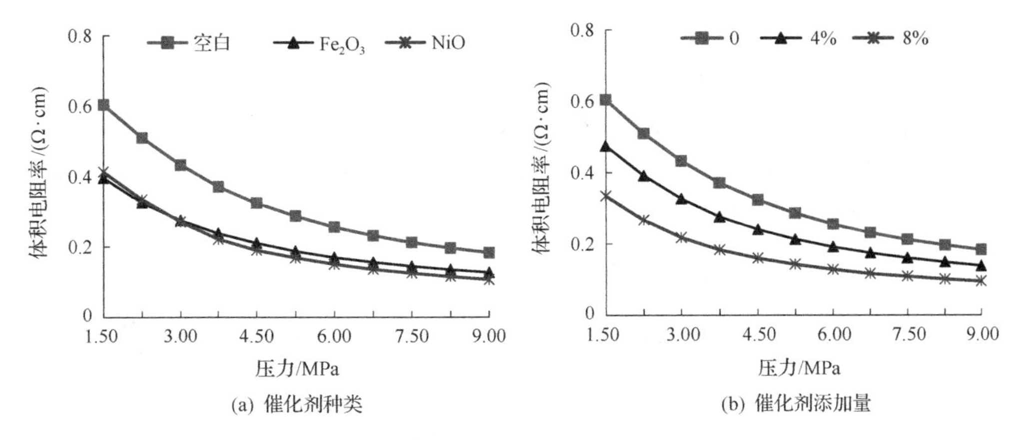

(a) 催化剂种类　　(b) 催化剂添加量

图 2-4　不同催化剂制备的导电木炭粉的体积电阻率与压力的关系

由图 2-4 可知，随着压力增大，添加 Fe_2O_3 和 NiO 催化剂制备的导电木炭粉的体积电阻率降低的幅度比未添加催化剂制备的导电木炭粉的小，且催化剂添加量越大，导电木炭粉的体积电阻率随着压力增大而降低的幅度越小。压力由 1.50MPa 增至 6.75MPa 时，未添加催化剂制备的导电木炭粉的体积电阻率减小了 0.3725Ω·cm，添加 Fe_2O_3 催化剂制备的导电木炭粉的体积电阻率减小了 0.2403Ω·cm，添加 NiO 催化剂制备的导电木炭粉的体积电阻率减小了 0.2778Ω·cm；催化剂添加量为 4%时，制备的导电木炭粉的体积电阻率减小了 0.3001Ω·cm；催化剂添加量为 8%时，制备的导电木炭粉的体积电阻率减小了 0.2180Ω·cm。这是因为添加 Fe_2O_3 和 NiO 催化剂及增加催化剂添加量均可提高导电木炭粉的炭化程度，增加导电木炭粉的体积收缩率，减小其粒径，导电木炭粉颗粒之间接触较紧密，所以压力对体积电阻率的影响较小。

由图 2-4 还可以看出，当压力由 6.75MPa 增至 7.50MPa 时，未添加催化剂制备的导电木炭粉的体积电阻率减小了 0.0197Ω·cm，之后压力每增加 0.75MPa，体积电阻率降低的幅度均小于 0.0200Ω·cm，体积电阻率值趋于恒定。当压力由 5.25MPa 增至 6.00MPa 时，添加 Fe_2O_3 和 NiO 催化剂制备的导电木炭粉的体积电阻率分别减小了 0.0177Ω·cm、0.0183Ω·cm，之后压力每增加 0.75MPa，体积电阻率降低的幅度均小于 0.0200Ω·cm，体积电阻率值趋于恒定。当压力由 6.00MPa 增至 6.75MPa 时，催化剂添加量 4%制备的导电木炭粉的体积电阻率减小了 0.0168Ω·cm，之后压力每增加 0.75MPa，体积电阻率降低的幅度均小于 0.0200Ω·cm，体积电阻率值趋于恒定。当压力由 4.50MPa 增至 5.25MPa 时，催化剂添加量 8%制备的导电木炭粉的体积电阻率减小了 0.0175Ω·cm，之后压力每增加 0.75MPa，体积电阻率降低的幅度均小于 0.0200Ω·cm，体积电阻率值趋于恒定。因此，测试未添加催化剂制备的导电木炭粉的体积电阻率时，合适的压力值为 6.75MPa；添加 Fe_2O_3 和 NiO 催化剂时，测试导电木炭粉体积电阻率合适的压力值为 5.25MPa；催化剂添加量为 4%时，合适的压力值为 6.00MPa；催化剂添加量为 8%时，合适的压力值为 4.50MPa。

综上所述，采用加压法测试不同树种、炭化温度、炭化时间及催化剂制备的导电木炭粉的体积电阻率时，合适的压力值为 3.75～7.50MPa。一般来说，当导电木炭粉的炭化程度较高时，其体积收缩率较大，粒径较小，导电木炭粉颗粒之间的接触较紧密，采用加压法测试导电木炭粉的体积电阻率时，压力对电阻率的影响较小，即随着压力增大，导电木炭粉体积电阻率的变化较小，则体积电阻率趋于恒定时所需的压力值也较小。测试不同工艺条件下制备的导电木炭粉的体积电阻率时，为了便于比较，施加的压力应使导电木炭粉的体积电阻率均基本恒定。在此基础上，本试验后续测试导电木炭粉电阻率时，施加的压力为7.50MPa。

（五）影响导电木炭粉性能的因素

测试不同工艺条件下制备的导电木炭粉的得率、堆积密度、表观密度及体积电阻率，测试结果见表2-2。

表2-2 导电木炭粉的性能

试验号	得率/%	堆积密度/(g/cm^3)	表观密度/(g/cm^3)	体积电阻率/(Ω·cm)
1	24.04	0.159	0.238	0.3996
2	24.10	0.171	0.267	0.0855
3	25.75	0.209	0.282	0.0423
4	25.24	0.052	0.081	0.3111
5	27.24	0.064	0.098	0.1417
6	23.58	0.040	0.062	0.1524
7	27.51	0.186	0.253	0.1770
8	24.42	0.175	0.229	0.1100
9	25.62	0.209	0.275	0.0546
10	24.97	0.162	0.217	0.2666
11	25.84	0.186	0.244	0.0757
12	22.72	0.151	0.194	0.1110
13	24.98	0.043	0.064	0.4053
14	24.94	0.048	0.072	0.1470
15	25.98	0.059	0.084	0.0733
16	27.42	0.164	0.218	0.1413
17	26.00	0.205	0.265	0.0954
18	23.97	0.174	0.220	0.0898

1. 树种对导电木炭粉性能的影响

树种对导电木炭粉得率、体积电阻率、堆积密度及表观密度的影响如图2-5所示。

由图2-5(a)可知，以毛白杨、杉木、马尾松为原料制备的导电木炭粉的得率依次增大，分别为24.63%、25.33%、25.94%。由于木质素热解时形成较多的固定碳，木质素含量较高的树种热解产生的固定碳含量较高、木炭得率较高(Mackay and Roberts，1982)，针叶材中木质素含量为(28±3)%，阔叶材中木质素含量为(20±4)%，针叶材中木质素含量高于阔叶材，因此，以针叶材(杉木、马尾松)为原料制备的导电木炭粉的得率比以阔叶材(毛白杨)为原料制备的高。且抽提物含量高的木材木炭得率比抽提物含量低的木材高(Di Blasi et al.，2001)，马尾松木材中的抽提物含量比杉木木材中的高，因此，以马尾松为原料制备的导电木炭粉的得率比以杉木为原料制备的高。

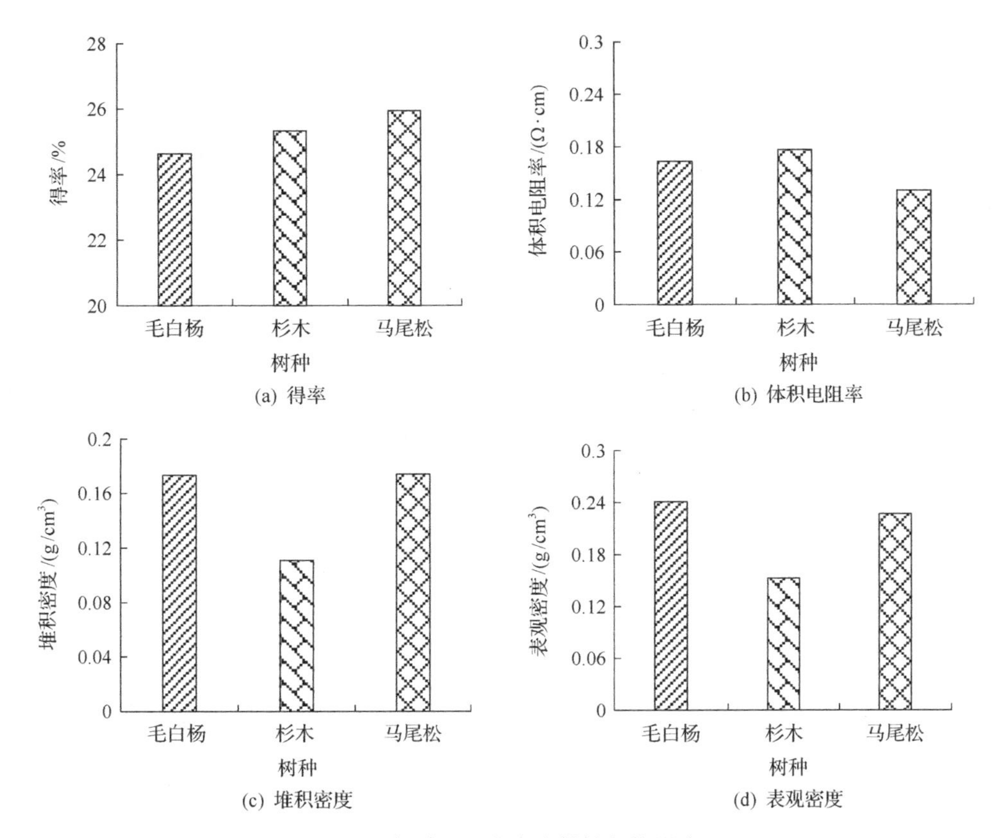

图 2-5 树种对导电木炭粉性能的影响

由图 2-5(b)可知，以毛白杨、杉木、马尾松为原料制备的导电木炭粉的体积电阻率分别为 0.1634Ω·cm、0.1764Ω·cm、0.1300Ω·cm。以马尾松为原料制备的导电木炭粉的体积电阻率较低，这是因为马尾松中木质素含量及抽提物含量较高，因此以马尾松为原料制备的导电木炭粉的固定碳含量较高，固定碳含量的增加有利于形成石墨层状晶体结构(傅秋华等，2003)，可降低导电木炭粉的体积电阻率，提高其导电性能。

由图 2-5(c)、(d)可知，以毛白杨和马尾松为原料制备的导电木炭粉的堆积密度和表观密度基本相同，而以杉木为原料制备的导电木炭粉的堆积密度和表观密度较小。

本试验中，毛白杨木粉的堆积密度为 0.220g/cm^3，表观密度为 0.274g/cm^3；马尾松木粉的堆积密度为 0.221g/cm^3，表观密度为 0.260g/cm^3；杉木木粉的堆积密度为 0.051g/cm^3，表观密度为 0.080g/cm^3。以毛白杨为原料制备的导电木炭粉的堆积密度为 0.173g/cm^3，表观密度为 0.241g/cm^3；以马尾松为原料制备的导电木炭粉的堆积密度为 0.174g/cm^3，表观密度为 0.227g/cm^3；以杉木为原料制备的导电木炭粉的堆积密度为 0.111g/cm^3，表观密度为 0.153g/cm^3。由此可见，原料的堆积密度和表观密度越大，导电木炭粉的堆积密度和表观密度也越大，这与前人的研究结果相符(Krzesinska et al.，2006；余玮和吴新华，1989)。

2. 炭化温度对导电木炭粉性能的影响

炭化温度对导电木炭粉得率、体积电阻率、堆积密度及表观密度的影响如图 2-6 所示。

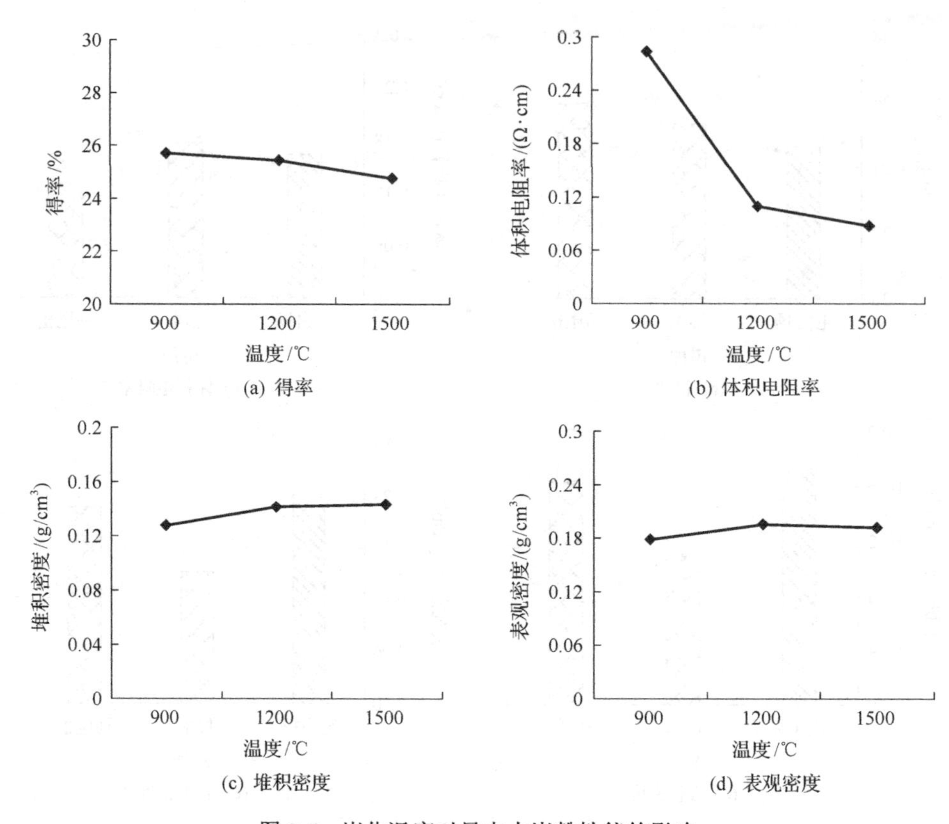

(a) 得率　　(b) 体积电阻率

(c) 堆积密度　　(d) 表观密度

图 2-6　炭化温度对导电木炭粉性能的影响

由图 2-6(a)可知，随着炭化温度升高，导电木炭粉的得率下降。炭化温度为 900℃、1200℃、1500℃时，导电木炭粉的得率分别为 25.70%、25.43%、24.76%。这与木材的热解过程有关，在木材热解的第三阶段——热解阶段(270～450℃)时，木材进行剧烈的热解反应，生成大量不凝性气体和可凝性挥发分，失重多达 70%(Prior and Gasson，1993)；在第四阶段——煅烧阶段(450℃以上)时，残留在木炭中的挥发性物质排出，木炭中的固定碳含量增加，质量损失率缓慢增加，木炭得率缓慢下降(Ota and Mozammel，2003；Byrne and Nagle，1997；Fuwape，1996；Berg，1860)。本研究中的炭化温度为 900～1500℃，属于煅烧阶段，在此阶段之前，导电木炭粉中大部分的挥发性物质已经排出，在此阶段时，导电木炭粉中残留的少部分挥发性物质继续排出，因此，导电木炭粉的得率随着炭化温度升高而缓慢下降。

由图 2-6(b)可知，随着炭化温度升高，导电木炭粉的体积电阻率减小，导电性能增强，这与前人的研究结果相符(徐铭等，2009；晋传贵等，2009；Kim and Chung，2006；熊政专等，2005)。炭化温度由 900℃升至 1200℃时，导电木炭粉的体积电阻率明显降低，由 0.2835Ω·cm 降至 0.1092Ω·cm，下降了 0.1743Ω·cm，之后继续升高温度，导电木炭粉体积电阻率下降的趋势减缓，炭化温度由 1200℃升至 1500℃时仅下降了 0.0220Ω·cm。导电木炭粉的体积电阻率随着炭化温度升高而减小，主要是由于随着炭化温度降低，在相同体积下，导电木炭粉的质量增加，根据式(2-2)和式(2-3)可知导电木炭粉的堆积密度升高，导电木炭粉中无序碳的比例减小，微晶进一步成长，微晶的取向趋于整齐一致，同时微晶重叠的方式变成规则的石墨状(熊政专等，2005；江泽慧等，2004；Ota and Mozammel，2003)，石墨化程度的提高有利于降低导电木炭粉的电阻率，提高其导电性能。

由图 2-6(c)、(d)可知，随着炭化温度升高，导电木炭粉堆积密度和表观密度稍有增加。炭化温度由900℃升至1500℃时，导电木炭粉的堆积密度由0.128g/cm^{3}增至0.143g/cm^3，增加了 0.015g/cm^3；表观密度由 0.178g/cm^3 增至 0.192g/cm^3，增加了 0.014g/cm^3。这主要是由于随着炭化温度升高，导电木炭粉的体积收缩减小(Ota and Mozammel，2003；Byrne and Nagle，1997；Fuwape，1996)，粒径减小，堆积密度和表观密度增加。

3. 炭化时间对导电木炭粉性能的影响

炭化时间对导电木炭粉得率、体积电阻率、堆积密度及表观密度的影响如图 2-7 所示。

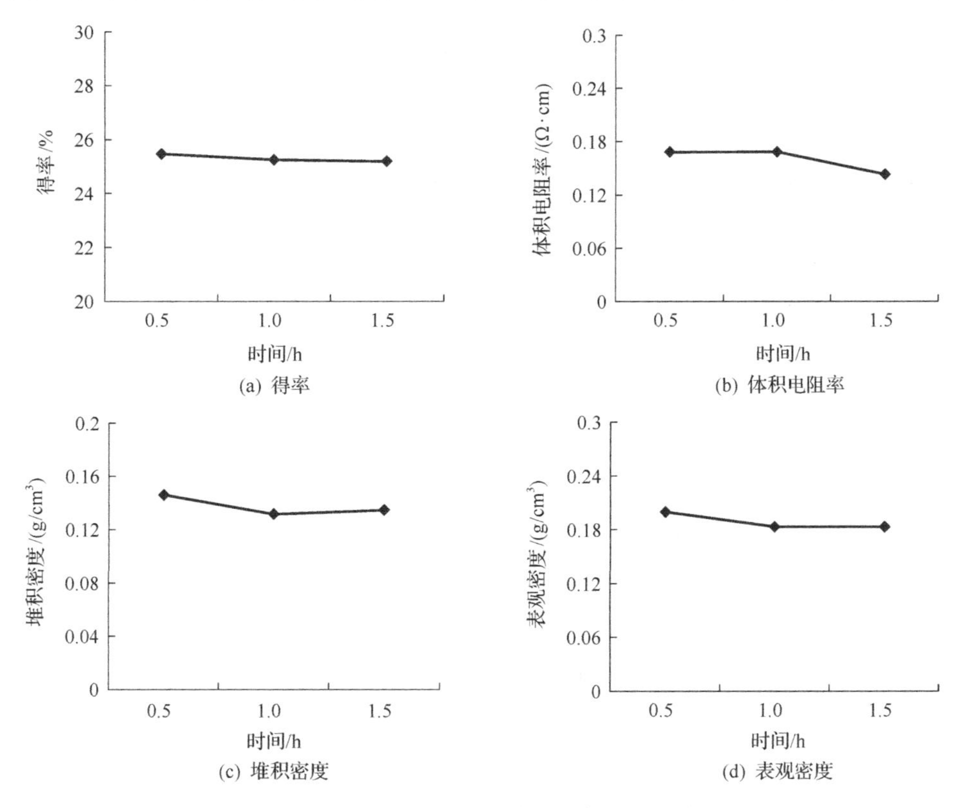

图 2-7　炭化时间对导电木炭粉性能的影响

由图 2-7(a)可知，随着炭化时间延长，导电木炭粉的得率略有下降。炭化时间由 0.5h 延长至 1.5h 时，导电木炭粉的得率由 25.46%降为 25.19%。这是由于随着炭化时间延长，导电木炭粉中的挥发性物质进一步排出，质量损失率缓慢增加(Antal and Grϕnli，2003)，因此，导电木炭粉的得率下降。

由图 2-7(b)可知，随着炭化时间延长，导电木炭粉的体积电阻率缓慢下降。炭化时间为0.5h和1.0h时，导电木炭粉的体积电阻率基本相同，分别为0.1683Ω·cm和0.1684Ω·cm；当炭化时间延长至 1.5h 时，导电木炭粉的体积电阻率降至 0.1433Ω·cm。这是因为延长炭化时间，有利于提高导电木炭粉的炭化程度，导电木炭粉中的灰分含量和固定碳含量增加(Antal and Grønli，2003)，而灰分含量和固定碳含量增加有利于降低导电木炭粉的体积电阻率(余养伦等，2007；傅秋华等，2003；叶良明等，2001)。

由图 2-7(c)、(d)可知，导电木炭粉的堆积密度和表观密度均随着炭化时间的延长而略有减小。炭化时间由 0.5h 延长至 1.0h 时，导电木炭粉的堆积密度由 0.146g/cm^3 减小至 0.132g/cm^3，减小了 0.014g/cm^3；导电木炭粉的表观密度由 0.200g/cm^3 减小至 0.182g/cm^3，减小了 0.018g/cm^3。进一步延长炭化时间至 1.5h 时，导电木炭粉的堆积密度和表观密度基本不变。

4. 催化剂种类和添加量对导电木炭粉性能的影响

催化剂种类对导电木炭粉得率、体积电阻率、堆积密度及表观密度的影响如图 2-8 所示。

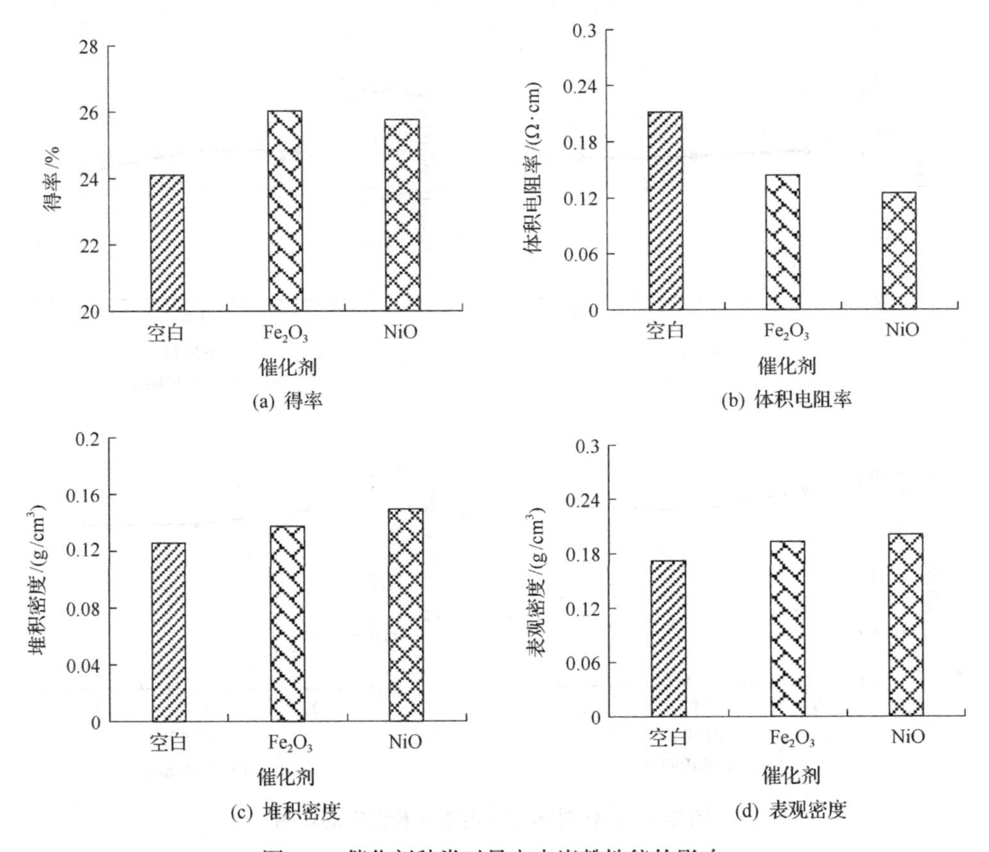

(a) 得率　(b) 体积电阻率　(c) 堆积密度　(d) 表观密度

图 2-8　催化剂种类对导电木炭粉性能的影响

由图 2-8(a)可知，未添加催化剂制备的导电木炭粉的得率为 24.11%；添加 Fe_2O_3 和 NiO 制备的导电木炭粉的得率分别为 26.03%和 25.76%。添加 Fe_2O_3 和 NiO 可提高导电木炭粉的得率，主要是因为导电木炭粉中增加了原子量较大的铁元素或镍元素，导电木炭粉的质量增加，根据式(2-1)可知，导电木炭粉的质量增加，其得率提高。

由图 2-8(b)可知，未添加催化剂时，导电木炭粉的体积电阻率为 0.2114Ω · cm；添加 Fe_2O_3 时，导电木炭粉的体积电阻率为 0.1440Ω · cm，比未添加催化剂时减小了 0.0674Ω · cm；添加 NiO 时，导电木炭粉的体积电阻率为 0.1246Ω · cm，比未添加催化剂时减小了 0.0868Ω·cm。添加 Fe_2O_3 和 NiO 可明显降低导电木炭粉的体积电阻率，一方面是由于铁基与镍基催化剂具有析氢作用，在木材炭化过程中促进了 C—H 键的断裂，提高了导电木炭粉碳结构中离子基的缔合概率；另一方面是由于 Fe_2O_3 和 NiO 可起到催化导电木炭粉中石墨状微晶结构形成的作用，提高其石墨化程度(Nishimiya et al.，2004；Suzuki et al.，2001)。

由图 2-8(c)、(d)可知，在木粉炭化过程中添加一定量的 Fe_2O_3 和 NiO 可增加导电木炭粉的堆积密度和表观密度。未添加催化剂制备的导电木炭粉的堆积密度和表观密度分别为 0.126g/cm^3 和 0.172g/cm^3；添加 Fe_2O_3 制备的导电木炭粉的堆积密度和表观密度分别为 0.137g/cm^3 和 0.193g/cm^3；添加 NiO 制备的导电木炭粉的堆积密度和表观密度分别为 0.149g/cm^3 和 0.201g/cm^3。这是因为导电木炭粉中增加了原子量较大的铁元素或镍元素，在相同体积条件下，导电木炭粉的质量增加，根据式(2-2)和式(2-3)可知导电木炭粉的堆积密度和表观密度增加。

5. 催化剂添加量对导电木炭粉性能的影响

催化剂添加量对导电木炭粉得率、体积电阻率、堆积密度及表观密度的影响如图 2-9 所示。

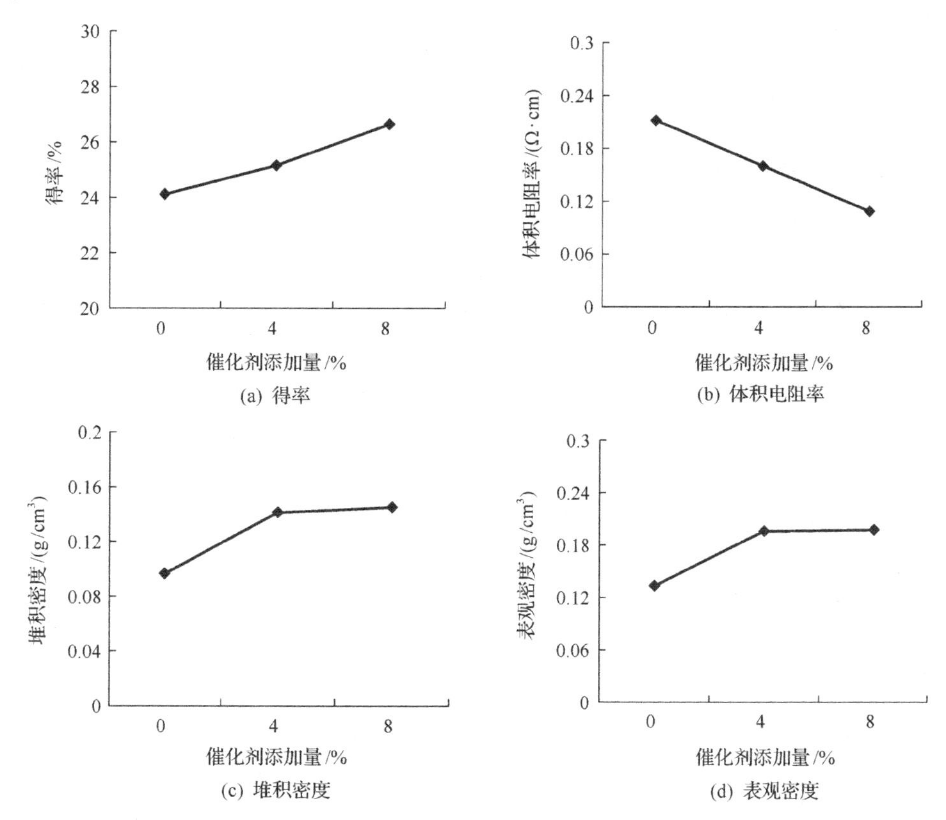

图 2-9　催化剂添加量对导电木炭粉性能的影响

由图 2-9(a)可知，随着催化剂添加量的增加，导电木炭粉的得率增加。当催化剂添加量为 0 时，导电木炭粉的得率为 24.11%；当催化剂添加量为 4%时，导电木炭粉的得率为 25.15%；当催化剂添加量为 8%时，导电木炭粉的得率增至 26.64%。这主要是由于导电木炭粉中铁元素或镍元素含量随着催化剂添加量的增加而增加，原子量较大的铁元素或镍元素的含量的增加导致导电木炭粉的质量增加，根据式(2-1)可知，导电木炭粉的质量增加，其得率提高。

由图 2-9(b)可知，随着催化剂添加量的增加，导电木炭粉的体积电阻率减小，导电性能呈现增强的趋势。当催化剂添加量由 0 增至 4%时，导电木炭粉的体积电阻率从 0.2114Ω·cm 降为 0.1600Ω·cm，降低了 0.0514Ω·cm；当催化剂添加量由 4%增至 8%时，导电木炭粉的体积电阻率降至 0.1085Ω·cm，降低了 0.0515Ω·cm。这是因为催化剂添加量的增加更有利于导电木炭粉中石墨状微晶结构的形成(Bronsveld et al.，2006)，导电木炭粉的石墨化程度提高，体积电阻率降低。

由图 2-9(c)、(d)可知，导电木炭粉的堆积密度和表观密度也随着催化剂添加量的增加而增大。当催化剂添加量由 0 增至 4%时，导电木炭粉的堆积密度和表观密度明显增大，堆积密度从 0.097g/cm^3 增至 0.141g/cm^3，增加了 0.044g/cm^3；表观密度从 0.134g/cm^3 增至 0.196g/cm^3，增加了 0.062g/cm^3。当催化剂添加量由 4%增至 8%时，导电木炭粉的堆积密度和表观密度增加的趋势减缓，堆积密度仅增加了 0.006g/cm^3；表观密度仅增加了 0.002g/cm^3。这也是由于随着催化剂添加量的增加，导电木炭粉中原子量较大的铁元素或镍元素含量增加，在相同体积条件下，导电木炭粉质量增加，根据式(2-2)和式(2-3)可知导电木炭粉的堆积密度和表观密度增加。

二、导电膜片的制备与性能

金属纤维填充聚合物复合材料作为电磁屏蔽和吸波材料具有广泛的应用前景(Chen et al.，2004；谭松庭等，1999；Toon，1990)。金属纤维长径比大，在复合材料中易相互搭接形成网络结构，大大减少了金属粉末填充时的“闲置体积”，同时由于形成网络结构时的搭接次数多，因而使接触电阻减少很多，所以用较少的金属纤维用量即可赋予复合材料优良的导电性能(于杰等，2005；范五一等，1996)。金属纤维作为制备填充型复合屏蔽材料的填料具有很大的优势。铜纤维是目前广泛用于制备复合型电磁屏蔽材料的主要材料之一，具有导电性好、价格适中、加工容易、塑性和韧性较好等优点。

本节采用拉拔技术生产的直径小、导电性好的铜纤维与脲醛树脂以及装饰板表层纸进行热压复合，制备了具有电磁屏蔽功能的导电膜片，在此基础上研究了导电膜片导电和电磁屏蔽性能，并对其相关的结构与性能关系进行了探讨。

(一)导电膜片制备工艺

铜纤维填充脲醛树脂导电膜片制备工艺流程如图 2-10 所示。先将装饰板表层纸和聚四氟乙烯薄膜(用于脱模)分别固定在木质单板上，铜纤维通过振动的筛网均匀铺撒在涂有脲醛和丙烯酸树脂的表层纸上，经闭合陈放后送入压机，陈放时间为 30min。在压板温度 120℃、单位压力 1MPa 和加压时间 6min 的工艺下，压制导电膜片。脲醛树脂胶液的施加量为 150g/m^2，丙烯酸树脂的施加量为 60g/m^2。铜纤维的施加量分为 9 个水平：10g/m^2、20g/m^2、30g/m^2、40g/m^2、50g/m^2、100g/m^2、150g/m^2、200g/m^2、250g/m^2。

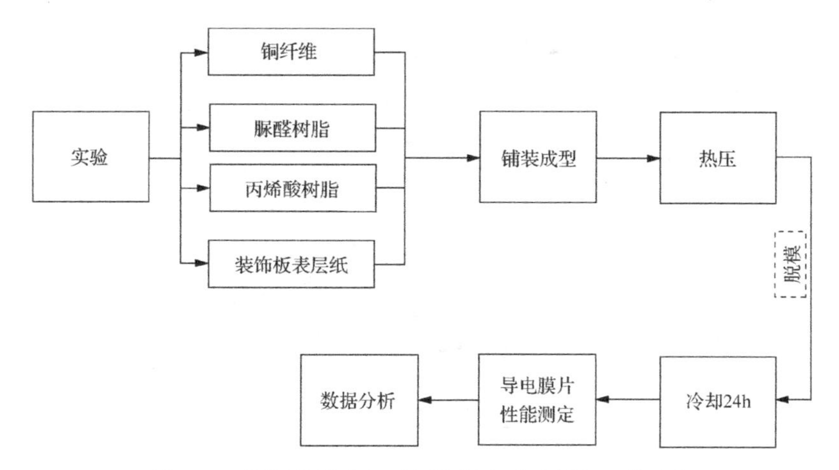

图 2-10　铜纤维填充脲醛树脂导电膜片制备工艺流程

(二)导电膜片纤维分布状态表征

1. 铜纤维在导电膜片平面方向的分布

图 2-11 是铜纤维(10mm)在导电膜片平面方向的分布图(40 倍)，随着铜纤维填充量的增加，导电膜片中纤维之间交叉排列的混乱程度不断增加。当填充量较低时(如 $10g/m^2$)，铜纤维在导电膜片中的分布很松散，几乎没有形成相互搭接。随着纤维含量的增加(如 $20\sim100g/m^2$)，铜纤维开始相互搭接形成导电网络，但网络与网络之间的距离较大，不易形成连续搭接。当填充量达到 $150g/m^2$ 以上时，铜纤维相互连接的网络之间开始贯通，并随着铜纤维含量的增加进一步完善。

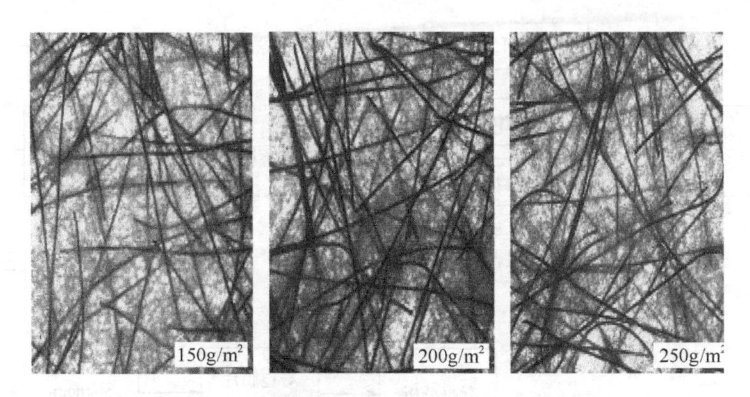

图 2-11　导电膜片(10mm)纤维平面分布图

2. 铜纤维在导电膜片断面上的分布

图 2-12 是导电膜片断面(厚度方向，200 倍)的照片，由图 2-12 可知，铜纤维填充量在 $100g/m^2$ 以下时导电膜片断面层只存在一个或两个铜纤维单列的横切面。随着铜纤维填充量的增加，纤维横切面的数量在增加，出现互相叠加的现象。当填充量为 $250g/m^2$ 时，厚度方向上纤维出现了相互交叉，导电膜片在断面上也存在导电网络，由此认为导电膜片的导电结构由“二维导电网络”逐渐发展成为“三维导电网络”。

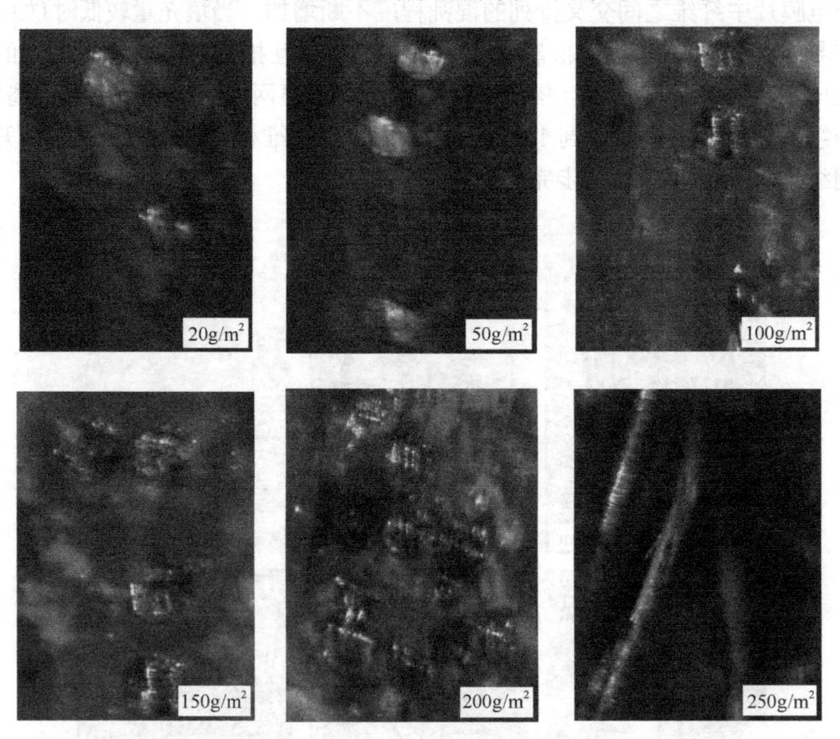

图 2-12　导电膜片纤维断面分布图

3. 导电膜片厚度分布

表 2-3 是 5mm、10mm 和 15mm 铜纤维导电膜片厚度结果分析数据，从表 2-3 中可

以看出，随着铜纤维填充量的增大，导电膜片厚度在增加。同时还可以看出，5mm 铜纤维导电膜片厚度变异系数在 5%～12%，10mm 铜纤维导电膜片厚度变异系数在 5%～15%，15mm 铜纤维导电膜片厚度变异系数在 6%～17%。三种不同长度铜纤维导电膜片厚度平均值变异系数都较小，可以认为导电膜片的厚度分布以及铜纤维在导电膜片的分布都较为均匀，这也反映了“铺撒模压”工艺较为可行。

表 2-3　导电膜片厚度平均值结果分析

填充量/(g/m²)	5#厚度			10#厚度			15#厚度		
	平均值/mm	标准差/mm	变异系数/%	平均值/mm	标准差/mm	变异系数/%	平均值/mm	标准差/mm	变异系数/%
10	0.1835	0.02	10.9	0.1575	0.02	12.7	0.1444	0.02	13.9
20	0.1714	0.02	11.7	0.1634	0.02	12.2	0.1693	0.02	11.8
30	0.1974	0.02	10.1	0.1687	0.02	11.9	0.1867	0.01	5.4
40	0.2039	0.01	4.9	0.1934	0.03	15.5	0.1863	0.01	5.4
50	0.2369	0.03	12.7	0.2076	0.02	9.6	0.1834	0.02	10.9
100	0.2744	0.02	7.3	0.2499	0.02	8.0	0.2238	0.04	17.9
150	0.2792	0.02	7.2	0.2853	0.02	7.0	0.2664	0.04	15.0
200	0.3452	0.03	8.7	0.3158	0.02	6.3	0.2829	0.03	10.6
250	0.3900	0.03	7.7	0.3545	0.03	8.5	0.3271	0.05	15.3

注：5#表示 5mm 铜纤维导电膜片，10#表示 10mm 铜纤维导电膜片，15#表示 15mm 铜纤维导电膜片

(三)导电膜片电性能与铜纤维参数的关系

1. 导电膜片电性能与铜纤维填充量的关系

导电复合材料的电阻随导电填料的增加而降低，当填料含量达到一个临界值时，复合材料的电阻在较小的导电材料填充量范围内急剧降低，此后，随导电材料填充量的进一步增大，复合材料电阻变化明显变缓，这一临界值称为“渗滤阈值”(傅峰和华毓坤，2001)。

表 2-4 反映了 5mm、10mm 及 15mm 铜纤维/脲醛树脂导电膜片薄层电阻与铜纤维含量变化的关系。在测试材料薄层电阻时，由于 TH2518B 型低电阻测试仪测试量程范围为 1μΩ～20kΩ，当材料的薄层电阻高于 20kΩ 时，该仪器无法测试，因此将此时材料的薄层电阻统一用 20kΩ 代替。

表 2-4　膜片薄层电阻与铜纤维含量变化的关系

填充量/(g/m²)		10	20	30	40	50	100	150	200	250
质量百分比/%		3.62	6.99	10.14	13.07	15.82	27.32	36.06	42.92	48.45
电阻/mΩ	5mm 厚	2×10^7	2×10^7	2×10^7	14 588.05	2 882.68	114.95	40.1	36.94	33.10
	10mm 厚	2×10^7	1 105.86	593.33	503.56	290.66	62.43	24.17	16.92	16.64
	15mm 厚	2×10^7	1 055.47	806.18	78.26	46.73	26.89	21.4	13.74	10.87

图 2-13 表示三种不同长径比铜纤维填充脲醛树脂导电膜片薄层电阻与纤维含量变化的关系。从图 2-13 中可以看到，铜纤维含量对导电膜片薄层电阻的影响非常明显。随着

铜纤维含量的增加，导电膜片的薄层电阻在铜纤维低含量范围内很大，但当铜纤维含量增至某一数值时，电阻发生突变，此时的铜纤维含量称为渗滤阈值。结合表 2-4 及图 2-13 可以得出结论：5mm 长的铜纤维填充脲醛树脂导电膜片的渗滤阈值为 13.07%（质量百分比），10mm 和 15mm 长的铜纤维填充脲醛树脂导电膜片的渗滤阈值为 6.99%（质量百分比）。

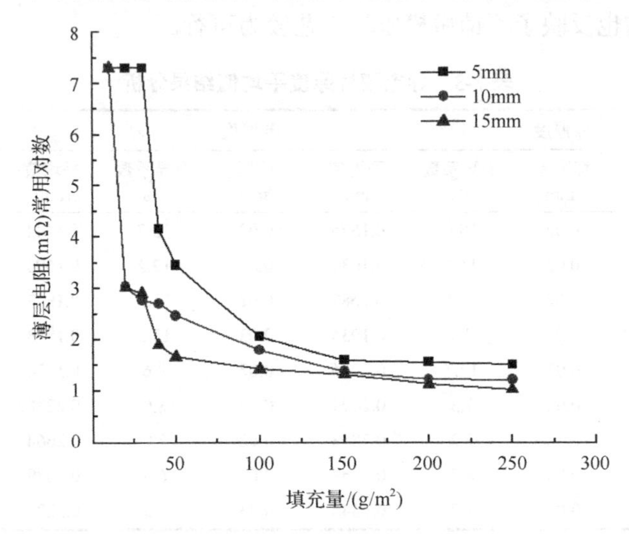

图 2-13　薄层电阻随纤维含量变化的曲线

铜纤维含量与导电膜片导电性能呈以上关系，原因与铜纤维在导电膜片中的分散状态有关。当铜纤维含量低时，铜纤维之间距离较大，难以直接相互搭接，不足以形成导电网络，或部分区域能相互搭接，但整个区域无法形成连续的导电网络，故电阻较大。当铜纤维含量达到阈值时，铜纤维之间的距离缩小至能够相互搭接，开始形成有效的导电网络，因此电阻开始发生突减，故此时的阈值也就是能否形成连续导电网络的临界值。当开始形成导电网络后，随着铜纤维含量的增加，铜纤维的搭接数目显著增加，网络数目倍增，导电网络不断完善，故电阻大大减小；当导电膜片中的导电网络数目达到在零压下的最大值时，也即零压下导电网络的最完善程度后，电阻便不再随铜纤维含量的增加而变化。

由此可见，铜纤维填充脲醛树脂导电膜片具有阈值效应，应属于渗滤体系，其结构应是网络结构，并且导电膜片的“三维导电网络”对铜纤维含量具有“临界完善程度”。

2. 导电膜片电性能与铜纤维长径比的关系

导电纤维的长径比对复合材料的导电性能有很大的影响，从图 2-13 可以看出相同含量、不同纤维长度导电膜片的电阻不同，同时不同长径比导电膜片的渗滤阈值也不同。5mm 长的铜纤维导电膜片试样电阻在填充量为 40g/m^2 时发生了突变，10mm 和 15mm 长的铜纤维导电膜片试样电阻在填充量为 20g/m^2 时就发生了突变。这是由于长径比越大，纤维之间更容易搭接，更有利于导电网络的形成，从而降低了导电膜片的渗滤阈值。当纤维含量较高时，长径比对导电性能影响较小，而且不同长径比、相同含量导电膜片的导电性能相差不大。

同时从图 2-13 中还可看出，10mm 和 15mm 长的纤维导电膜片的薄层电阻在同一填充量时发生突变，可以初步推断，当长径比达到一定值后，纤维长度对导电膜片的渗滤阈值影响不大。值得注意的是，在试验过程中发现，纤维长度越大，越不容易进行铺撒，且很容易发生结团现象，从而不易进行工艺上的控制，因此在实际生产过程中应该考虑到这方面的因素，使材料的导电性能与生产工艺达到最佳结合。

(四)导电膜片的压阻特性

表 2-5 反映了 10mm 长的铜纤维/脲醛树脂导电膜片三个不同位置(填充量为 200g/m^2)在逐步加压过程中电阻随压力变化的情况，根据表 2-5 中数据绘制导电膜片电阻随压力变化的曲线，如图 2-14 所示。

表 2-5　薄层电阻随压力变化的情况

压力/N	薄层电阻/mΩ			压力/N	薄层电阻/mΩ		
	1#位置	2#位置	3#位置		1#位置	2#位置	3#位置
50	37.85	24.08	23.73	300	20.25	19.89	19.86
100	26.41	22.28	22.13	350	19.93	19.60	19.57
150	23.30	21.23	21.12	400	19.68	19.37	19.36
200	21.41	20.57	20.49	450	19.45	19.19	19.20
250	20.71	20.16	20.19	500	19.21	19.02	19.06

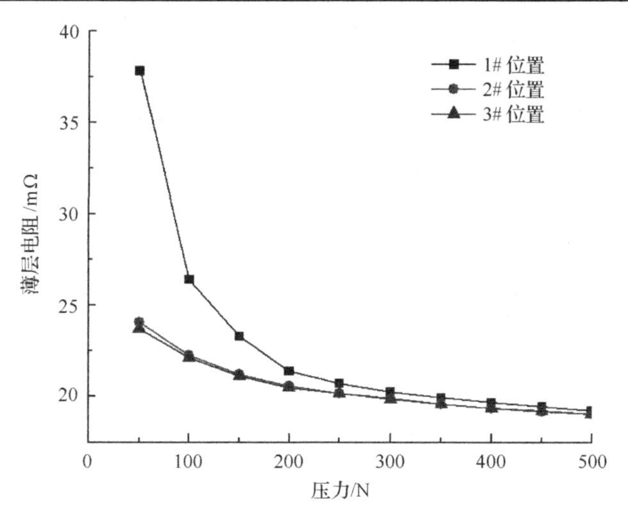

图 2-14　表面电阻随压力变化的曲线

由图 2-14 可见，随着压力的增加，导电膜片的电阻逐渐减小，即呈现“负压力系数”效应(杨小平，2001)，并且开始下降幅度很大，但达到某一确定值后，电阻随着压力的变化不再发生明显变化。分析其原因：丙烯酸树脂属于热塑性材料，受压前导电膜片的导电网络中铜纤维搭接并不紧密，压力作用下，丙烯酸树脂开始发生一定的塑性压缩，原来膜片中未接触的铜纤维间距开始缩小并产生搭接。当压力增大到一定程度时，导电网络出现了一个“临界完善程度”，低于这一临界程度时，导电膜片的导电网络随压力增大继续完善，相应地电阻也不断下降；高于这一临界程度时，随着压力的变化，导电网络的完善程度不再明显提高，导电膜片的电阻不再发生明显变化。

由压阻特性和结构表征可知，导电膜片导电结构确实应为“三维导电网络”结构，为了更加直观、形象地表示此“三维导电网络”结构，结合导电膜片的纤维分布图，现拟用如图 2-15 的结构模型来表示。

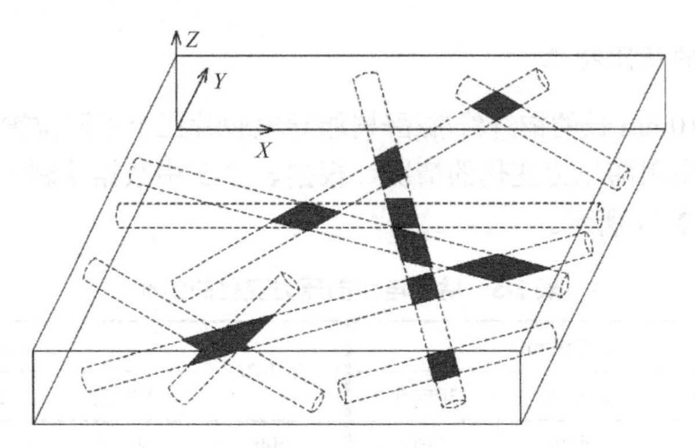

图 2-15 “三维导电网络”结构模型

在图 2-15 中，棒状图形为铜纤维，空白区为脲醛树脂和丙烯酸树脂，铜纤维相互重叠处涂成黑色的为在零压下已经搭接的接触面积，未涂黑色的表示在零压下未搭接的铜纤维。在图 2-15 设计的模型中，*Z* 方向上的导电结构完善速率明显低于 *XY* 平面，随着铜纤维含量的增加，这样的速率区别在逐渐减小。在室温、零外压的情况下，膜片体系中仅是“有效导电网络”形成导电通路；当在 *XY* 平面上施加外压时，由于搭接接触点增多，整个体系的“有效导电网络”数目增多，并且伴随着“有效导电网络”的挤紧压实，导电膜片的电阻在下降，这也是导电膜片具有压阻特性的缘故。

(五)导电膜片电阻率的预测模型

导电膜片是采用铺撒的方法将铜纤维加入脲醛树脂中进行混合后热压制备而成的。铜纤维/脲醛树脂导电膜片属于高分子导电复合材料，具有“渗滤”效应。

1. 复合型导电高分子材料的导电机理

导电高分子复合材料是由导电填料(按形状可分为颗粒状、纤维状、片状等，按成分可分为炭类、金属、金属氧化物等)加入高分子基体(单一或混杂基)，采用一定的方式(混炼、溶液法等)分散混合，再用注射、挤出或模压等工艺加工成型(卢金荣等，2004；曾戎和曾汉民，1997)。非线性导电行为是无序导电复合材料所具有的普遍特征，在渗滤阈值附近，其内部导电网络刚刚形成，非线性导电行为得到急剧增强是导电高分子复合材料导电的典型特征(林鸿飞等，2006)。

导电高分子复合材料的导电机理非常复杂，目前具有代表型的理论是：渗滤理论(益小苏，2004；Goncharenko and Venger，2004；Wu and McLachlan，1997；Ruschau et al.，1992；McLachlan et al.，1990)、有效介质理论(McLachlan et al.，2000；McLachlan，1991，1990，1987；McLachlan and Roberes，1982)、量子力学隧道效应理论(于杰，2005；Simmons，

1963)、电场发射理论(van Beek and van Pul，1962)。

(1)渗滤理论

渗滤理论主要解释电阻率与填料浓度之间的关系，它不涉及导电本质，只是从宏观角度来解释复合物的导电现象。当粒子的含量达到某一特定值时，复合材料电阻率剧减，其变化是相变型的，可以认为在这一点粒子开始形成导电链或导电网络，粒子之间有直接的物理接触，电阻率突变的点被称为渗滤阈值。渗滤阈值的大小不仅依赖于导电填料和聚合物基体的类型，而且依赖于导电填料在聚合物基体中的分散状况和聚合物基体的形态。若复合体系的渗滤阈值较高，则必须在聚合物基体中加入大量的导电填料才能使材料获得较好的导电性，而过多无机填料的加入会较大程度地破坏高分子基体的力学性能及其他原有性能。因此为了解复合材料导电能力与材料各种性能之间的关系，必须对渗滤导电机理及各组分渗滤行为进行较为深入的研究。

(2)隧道效应和场致发射效应理论

隧道效应和场致发射效应理论认为，导电依然有导电网络形成的问题，但不是靠导电粒子直接接触来导电。一些研究者认为，由于热振动而被激活的电子能够跃过很薄的聚合物界面层所形成的势垒在相邻导电粒子间跃迁产生隧道电流，这种现象在量子力学中称为隧道效应，距离很近的导电粒子间由隧道效应形成的缝隙电阻是影响复合材料电阻率的主要原因。另一些研究者认为，复合材料中导电粒子间内部电场很强时，电子将有很大的概率飞跃聚合物界面层势垒而跃迁到相邻导电粒子上，产生场致发射电流，这时聚合物界面层起着相当于内部分布电容的作用，并满足如下的近似公式(Medalia，1986)：

$$j(e) = j_0 \exp\left[-\frac{\pi x \omega \varphi}{2}\left(\frac{|e|}{e_0}\right) - 1\right]^2 \tag{2-4}$$

式中，$j(e)$为间隙电压；e 为间隙当量电导率，为 j_0 时的隧道电流；ω 为间隙宽度；$x = \left(\frac{4\pi m V_0}{h^2}\right)$ (m 为 1 个电子的质量；h 为普朗克常数)；$e_0 = \frac{4V_0}{em}$ (e 为一个电子的电荷；V_0 为势垒)。

此后 van Beek 等对其进行补充及修正，认为电子通道虽然是隧道效应的结果，但这是存在内部电场的特殊情况，即电场发射理论。其主要方程式为

$$J = AE^m \exp\left(-\frac{B}{E}\right) \tag{2-5}$$

式中，J 为电流密度；E 为电场强度；A、m、B 为复合材料的特性常数。

2. 导电高分子材料导电模型

为了预测导电复合材料的电导率，研究人员和学者们尝试建立了各种各样的理论模型，这些模型均建立在许多不同的因素之上。目前常见的模型有 4 种：统计渗滤模型、热动力学模型、几何渗滤模型、结构导向模型。

铜纤维/脲醛树脂导电膜片属于高分子导电复合材料，为了能够定量计算导电膜片的体积电阻率，以便在生产中能够快速确定导电膜片的规格和型号，通过研究铜纤维体积

含量等因素对导电薄膜导电性能的影响，借用统计渗滤模型，采用非线性最小二乘法对实验中测得的数据进行线性回归，建立导电膜片导电模型。

(1)统计渗滤模型

统计渗滤模型是文献资料中最常见的一种模型，该模型对电导率的预测建立在复合材料内部导电颗粒相互接触概率的基础上。其电导率计算方程如下：

$$\sigma = \sigma_0(\varphi - \varphi_c)^t \tag{2-6}$$

式中，σ 为复合材料电导率；σ_0 为填料电导率；φ 为填料体积分数；φ_c 为渗滤阈值体积含量；指数 t 依赖于模型中格栅网络的尺寸。

统计渗滤模型的另外一个改进的形式是由 McLachlan 提出的。该模型建立在普适有效介质方程的基础上，与统计模型有相似的形式。方程如下：

$$\frac{(1-\varphi)\left(\sigma_1^{\frac{1}{t}} - \sigma_m^{\frac{1}{t}}\right)}{\sigma_1^{\frac{1}{t}} + A\sigma_m^{\frac{1}{t}}} + \frac{\varphi\left(\sigma_h^{\frac{1}{t}} - \sigma_m^{\frac{1}{t}}\right)}{\sigma_h^{\frac{1}{t}} + A\sigma_m^{\frac{1}{t}}} = 0 \tag{2-7}$$

式中，$A = \frac{1-\varphi_c}{\varphi_c}$；$\sigma_m$ 为复合材料电导率；σ_h 为导电填料的电导率；σ_1 为基体电导率；φ 为导电填料体积分数；φ_c 为渗滤阈值体积含量；t 为临界指数，可由计算或曲线拟合确定。

(2)导电膜片体积电阻率的模型建立

导电膜片体积电阻率按照下述公式进行计算。

$$\rho = R \cdot w \tag{2-8}$$

式中，ρ 为导电膜片的体积电阻率；R 为导电膜片的薄层电阻；w 为材料的厚度。

表 2-6 是 10mm 铜纤维导电膜片质量百分比、厚度、体积百分比以及体积电阻率的数据，根据表 2-6 中数据进行非线性回归，建立体积百分比和体积电阻率的关系模型。

表 2-6　导电膜片体积电阻率回归数据

样品	质量百分比/%	填充量/(g/m²)	体积百分比/%	厚度/mm	体积电阻率/(Ω·cm)
1	3.62	10	0.42	0.157 5	315
2	6.99	20	0.83	0.163 4	0.018 07
3	10.14	30	1.24	0.168 7	0.010 01
4	13.07	40	1.65	0.193 4	0.009 74
5	15.82	50	2.06	0.207 6	0.006 03
6	27.32	100	4.03	0.249 9	0.001 56
7	36.06	150	5.93	0.285 3	0.000 69
8	42.92	200	7.75	0.315 8	0.000 53
9	48.45	250	9.50	0.354 5	0.000 59

当铜纤维含量很少时，铜纤维不能在导电膜片中形成连续的导电网络，因此导电膜片的体积电阻率很大，由于设备的局限，无法测量填充量为 10g/m^2 时导电膜片的真实电阻，故在回归过程中，假设其电阻为 20 000Ω(为设备量程最大值)。经过非线性回归所得模型方程为

$$\rho=\rho_c\Phi^{-4.9245} \tag{2-9}$$

或

$$\frac{1}{\sigma}=\frac{1}{\sigma_c}\Phi^{-4.9245} \tag{2-10}$$

式中，ρ 为导电膜片的体积电阻率，Ω·cm；ρ_c 为导电膜片的临界体积电阻率，也即阈值时的体积电阻率，Ω·cm；σ 为导电膜片的电导率，s/m；σ_c 为导电膜片的临界电导率，也即阈值时的电导率，s/m；Φ 为导电膜片的体积含量，%。

经过计算，10mm 铜纤维导电膜片的渗滤阈值为 $\Phi_c=1\%$，对应填充量为 24g/m^2，此时 $\rho_c=0.93\Omega\cdot\text{cm}$。由式(2-9)计算所得的理论数据(表 2-7)与实际实验中的数据相比较如图 2-16 所示，从图 2-16 中可以看出，在现有实验条件下，理论值与实验值吻合得较好。从图 2-16 中还可以看出，当填充量为 10g/m^2(0.67vol%)时理论值和实验值相差较大，分析其原因主要是：在回归过程中假设其电阻为 20 000Ω 不是真实电阻而造成的误差。

表 2-7　铜纤维(10mm)导电膜片体积电阻率理论值与实验值的比较

样品	体积百分比/%	理论体积电阻率/(Ω·cm)	实际体积电阻率/(Ω·cm)
1	0.42	31.1065	315
2	0.83	1.9342	0.0181
3	1.24	0.3836	0.0100
4	1.65	0.1223	0.0097
5	2.06	0.0506	0.0060
6	4.03	0.0034	0.0016
7	5.93	0.0007	0.0007
8	7.75	0.0002	0.0005
9	9.50	0.0001	0.0006

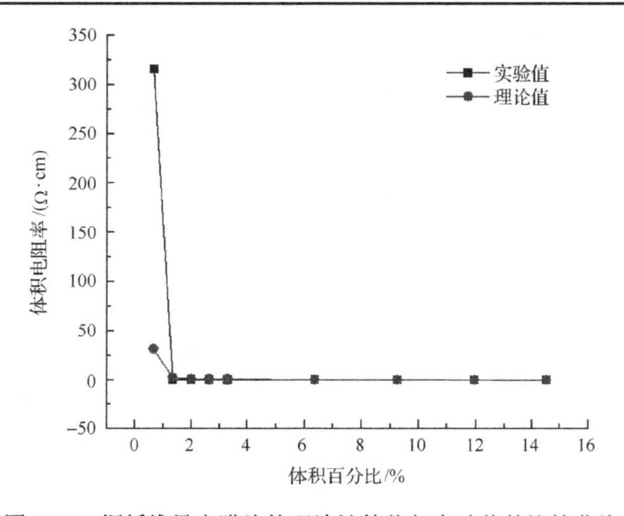

图 2-16　铜纤维导电膜片的理论计算值与实验值的比较曲线

由此可见，铜纤维/脲醛树脂复合导电膜片的体积电阻率与渗滤阈值时的体积电阻率有关。导电膜片的体积电阻率和铜纤维体积含量进行非线性回归得到的关联模型与设计体系吻合得较好，为确定导电膜片的电阻提供了理论依据。

第三节 导电功能单元的预处理

导电功能单元在制备和储存过程中因表面污染而导致表面活性较低，不利于与木质材料形成牢固且稳定的胶合。碳纤维(carbon fiber，CF)是由片状石墨微晶等沿纤维轴方向堆砌而成，经碳化处理而得到的高强度纤维材料。由于经过高温碳化处理，其本身碳含量在95%以上。碳纤维密度为1.78g/cm^3，远低于金属铝、铁等，但是比强度远高于钢铁，具有典型的“外柔内刚”特性，并且具有耐腐蚀、高模量的特性，在民用和国防方面应用非常广。根据原料制备不同，碳纤维可分为聚丙烯腈碳纤维、黏胶丝和沥青纤维三种。聚丙烯腈碳纤维力学性能较好，产率较高，可达50%～60%，目前占碳纤维产量的95%。以黏胶丝制备的碳纤维得率只有20%～30%，力学性能不高，由于碱金属含量低，特别适宜作烧蚀材料。以沥青纤维制备的碳纤维得率在80%以上，成本最低，力学性能没有聚丙烯腈碳纤维高。碳纤维具有优良物理性能，无蠕变，非氧化环境下耐超高温、耐疲劳性好，导电性能良好，热膨胀系数小且具有各向异性，耐腐蚀性好等优点。可用作防静电包装纸、面状发热材料、电磁波屏蔽材料、质子交换膜燃料电池用气体扩散层材料等(Song et al.，2016，2015a，2015b；Li et al.，2014)。

但是碳纤维经高温碳化后，碳碳之间主要以非极性共价键连接，其表面的羟基等极性基团大大减少，具有较低的表面能，因而与其他高分子材料界面的结合性能较差，从而导致物理性能下降。另外，碳纤维表面有沟槽和明显的裂隙，表面粗糙，使纤维间摩擦力较大而难以离散为单根纤维。因此碳纤维很难被水润湿，在水中分散性能差，易絮聚。此外，纤维素间很容易形成氢键，但是单根碳纤维之间并不存在强烈的相互作用，纤维间无结合强度，很难造纸。如何使碳纤维均匀分散于水中并提高碳纤维纸的强度是碳纤维制备的关键技术。因此，国内外众多学者对碳纤维的表面进行化学或物理方法处理，以增强碳纤维与基体的界面性能，促进其在基体中的分散。

碳纤维纸已被广泛用于电热地板的电热层材料，且通过调控碳纤维含量可获得不同电阻率的碳纤维纸，其电热功率可根据欧姆定律[式(2-11)]进行计算。

$$P = U \times I = \frac{U^2}{R} \tag{2-11}$$

式中，P为输入功率，W；U为输入电压，V；I为电流，A；R为电热层材料电阻，Ω。

由于碳纤维纸的电热转换效率高达97%，因此可以认为输入的电能几乎都转换成热量。根据式(2-11)可知，电热材料的工作功率在很大程度上取决于电热层材料的电阻和输入的电压。在输入电压不变的情况下，电阻越低，电热地板的功率越高，表面温度和温升速率越高，但考虑到材料的耐热性能、使用安全性能及能耗问题，电热层的体积电阻率一般以0.1～10 000Ω·cm为宜(Song et al.，2015a，2015b)。

本节采用等离子体方法对碳纤维表面进行改性，并采用水性聚氨酯使碳纤维与纤维素紧密结合，增强力学性能，降低碳纤维纸的电阻率，以制备符合电热地板要求的碳纤维纸电热材料；同时借助 X 射线光电子能谱(XPS)、扫描电子显微镜(SEM)及傅里叶红外光谱仪(FTIR)等对碳纤维纸的化学性质和结构形貌等进行表征分析。

一、预处理试验材料及主要设备

(一)试验材料

聚丙烯腈基碳纤维：直径 7μm，长度 10mm，南京纬达复合材料有限公司；水性聚氨酯涂料：30%固含量，东莞市星航涂料科技有限公司；固化剂：已二异氰酸酯，Bayhydur®XP2487/1，德国拜耳公司；漂白硫酸盐针叶木浆：福建优兰发纸业集团提供。

(二)主要设备及仪器

等离子体处理器：OSKUN-PR60L，深圳市奥坤鑫科技有限公司；傅里叶红外光谱仪：Nicolet380，美国热电公司；X 射线光电子能谱：ESCALAB-250，美国热电公司；扫描电子显微镜：Quanta 200，美国 FEI 公司；纸张拉力测试仪：DCP-KZ(W)300，四川长江造纸仪器有限责任公司；纸张破裂强度试验仪：DCP-NPY1200，四川长江造纸仪器有限责任公司；电阻测试仪：VC480C+，深圳维希特科技有限公司。

二、导电功能单元预处理试验方法

(一)碳纤维等离子体处理

将碳纤维置于真空干燥箱中干燥 12h，温度控制在 60℃。然后将碳纤维转移至等离子体处理器中，在氮气保护下进行等离子体处理，真空度 7Pa，功率控制在 100W，时间 60s。

(二)碳纤维纸制备工艺

为了评价等离子体和水性聚氨酯对碳纤维分散和纸张性能的影响，本试验做了 4 组试样，如表 2-8 所示。

表 2-8　碳纤维纸配方及物理性能

性能	CF1	CF2	CF3	CF4
木浆含量/%	90	66.9	90	66.9
未改性碳纤维(CF)/%	10	10	—	—
改性碳纤维(CF)/%	—	—	10	10
水性聚氨酯含量(WPU)/%	—	23.1	—	23.1
抗张指数/(N·m/g)	76.19	85.60	84.14	96.48
纸张厚度/mm	0.08	0.08	0.08	0.08
抗张能量吸收指数/(J/g)	0.82	1.07	1.03	1.29
耐破指数/(kPa·m²/g)	5.49	6.27	6.15	6.50
面电阻/(Ω/□)	0.68	0.51	0.61	0.44

(三)性能测试方法与标准

1. FTIR 分析

为研究碳纤维表面经等离子体处理后的结构变化，借助傅里叶红外光谱仪(Nicolet 380，美国热电公司)对碳纤维表面结构进行了表征。样品扫描范围为 400～4000cm^{-1}，仪器分辨率为 4cm^{-1}。改性前后的碳纤维切成小段，然后与干燥后的溴化钾混合，在 5MPa 压力下制成红外光谱用的小圆片。

2. X 射线光电子能谱(XPS)分析

通过 X 射线光电子能谱来验证，经等离子体处理后的碳纤维表面元素种类及含量变化。X 射线光电子能谱仪(ESCALAB-250，美国热电公司生产)配有 Al 靶，工作功率 150W。

3. 扫描电子显微电镜(SEM)分析

碳纤维纸的表面形态观察在美国 PEI 公司生产的扫面电镜 Quanta 200 上进行，操作电压 20kV。试验前碳纤维表面经喷金处理以减少静电。

4. 力学性能测试方法

水性聚氨酯和等离子体处理会改善碳纤维的表面性质，进而影响其与纤维素之间的界面性能，从而使整个碳纤维纸的力学性能获得提高。为此对碳纤维纸的抗张强度和耐破指数进行表征分析。抗张强度的测量是根据国家标准 GB/T 12914—2008 进行的。拉伸速率为 7mm/min，测量温度为 20℃。耐破指数测量则根据国家标准 GB/T 454—2002 进行。

5. 电阻测试方法

碳纤维纸的电阻采用深圳维希特科技有限公司生产的微欧计(VC480C+)进行测量。碳纤维纸张尺寸为 80mm×40mm×0.08mm。

三、导电功能单元预处理结果与分析

(一)FTIR 分析结果

对于有机物来讲，组成其化学键或官能团的原子处于不断振动的状态。当用红外线辐射这些原子时，若原子的振动频率与红外线的振动频率相当，便会产生强烈的吸收，表现在红外光谱图上出现较强的吸收峰。不同原子在不同位置会产生吸收峰；同种原子所处的化学环境不同也会导致吸收峰强度和位置的改变，从而可获得有机化合物中的分子结构信息。

图 2-17 是经等离子体处理前后碳纤维的红外光谱图。从低波数到高波数，在 721cm^{-1}、1378cm^{-1}、1459cm^{-1}、1626cm^{-1}、2852cm^{-1}、2923cm^{-1} 和 3428cm^{-1} 处有几个很强的红外吸收峰。其中，721cm^{-1} 的吸收峰来源于亚甲基(—CH_2—)弯曲振动；在 1378cm^{-1} 和 1459cm^{-1} 处的吸收峰则是由甲基(—CH_3)和次甲基(—CH—)所引起；2852cm^{-1} 和 2923cm^{-1} 红外吸收峰是—CH 的伸缩振动导致的；1626cm^{-1} 吸收峰则归因于碳碳双键(C═C)或者 C═N 基团的伸缩振动；3428cm^{-1} 吸收峰是羟基(—OH)的伸缩振动吸收峰。

上述红外吸收峰强度经等离子体处理后开始下降。另外，碳纤维的 3428cm^{-1} 吸收峰也开始变宽，这是由于碳纤维表面形成了更多的—NH 结构。上述结果表明，碳纤维表面的非极性基团数量开始减少，极性基团含量则大幅度增加。

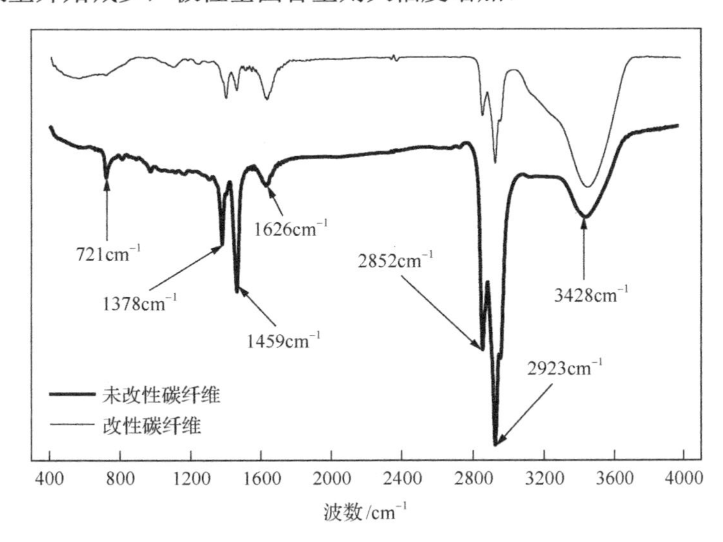

图 2-17　等离子体处理后的碳纤维红外光谱图

（二）X 射线光电子能谱分析结果

为进一步确定等离子体对碳纤维表面性质的影响，采用 X 射线光电子能谱探究碳纤维表面极性基团种类和含量的变化。X 射线光电子能谱由激发源发出的具有一定能量的 X 射线、电子束、紫外线、离子束或中子束作用于样品表面时，将待测试样表面原子中不同能级的电子激发出来，产生光电子或俄歇电子，并根据这些自由电子所带的样品表面信息，确定表面结构的变化。McLeod 等（2006）通过 X 射线光电子能谱分析研究了羟基磷灰石涂层对双磷酸盐的吸附情况以及双磷酸盐在羟基磷灰石上的扩散行为。结果证明双磷酸盐与羟基磷灰石中的钙有很强的结合力，这个特性对于骨的生长和移植具有重要作用。Wang 等（2011）通过氧等离子体技术，在碳纳米管上引入了极性基团，采用 X 射线光电子能谱分析表征，证实了碳纳米管表面的氧元素质量分数从 1.90%增加到 7.47%。Øiseth 等（2002）研究了高密度聚乙烯（HDPE）表面经氩和氧等离子体处理后的表面结构变化。在氩气条件下，HDPE 表面并没有出现新的基团，证明氩等离子体并不能改变 HDPE 的表面性质；而在氧等离子体作用下，仅 10s 内，HDPE 表面氧元素含量就达到了 10%。

图 2-18 是经氮气等离子体处理后碳纤维表面化学性质的变化。未经等离子体处理的碳纤维在 401eV 附近出现强的结合峰，这是由 N1s 引起的。当碳纤维经氮气等离子体处理后，发现 N1s 吸收峰分裂成两个吸收峰，分别位于 401eV 处和 399eV 处。其中 401eV 处的吸收峰来源于自由的氨基（—NH_2）；399eV 处的吸收峰则是与 N 原子形成氢键的氨基（—NH_2）所致。这些结果证明，越来越多的 N 原子被引入到了碳纤维表面，即氮气等

离子体处理碳纤维，可有效改善碳纤维的表面性质。

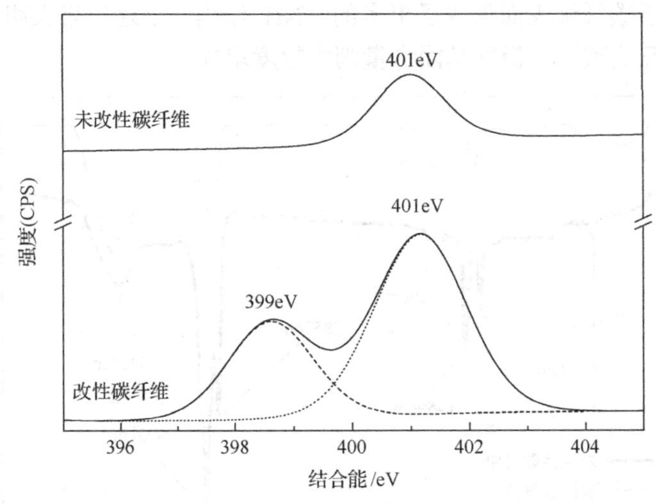

图 2-18　氮等离子体处理前后碳纤维的 N1s 的 X 射线光电子能谱分析图谱

（三）SEM 分析结果

为了研究经氮气等离子体和水性聚氨酯改性的碳纤维对纸张的性能影响，对不同改性方法的碳纤维纸的表观形态进行了表征。

图 2-19 是不同方法制备的碳纤维纸的表面形态。由图 2-19 中 CF1 发现，未经等离子体和水性聚氨酯处理的碳纤维，其表面光滑平整，且与纤维素之间并没有联系，表明碳纤维与纤维素之间的界面性能较差；图 2-19 中 CF2 是碳纤维纸在水性聚氨酯作用下的 SEM 微观结构，碳纤维与纤维素之间存在很多丝状物，这种形态的出现证明经水性聚氨酯处理后，碳纤维与纤维素表面之间的界面状况得到了一定的改善；对于等离子体处理的碳纤维（CF3），不难发现碳纤维表面与纤维素之间存在相对较多的连接物，但是分布不均匀，证明碳纤维纸的性能得到了增强；并发现经等离子体和水性聚氨酯处理的碳纤维纸（CF4），碳纤维与纤维素之间存在大量的丝状物，且碳纤维与纤维素之间的界面变得模糊不清。这些形貌结果表明碳纤维纸的物理性能获得了较大提升。

（四）力学性能分析结果

经等离子体和水性聚氨酯处理后的碳纤维纸的力学性能产生变化。表 2-8 列出了不同碳纤维纸的抗张指数、抗张能量吸收指数及耐破指数。

对于未改性碳纤维制备的纸张（CF1），碳纤维表面仅仅存有少量的含羟基偶联剂，这使得碳纤维与纤维素之间的相互作用力较弱。这导致了碳纤维纸的抗张指数较低，仅为 76.19N·m/g。当碳纤维纸经水性聚氨酯处理后（CF2），碳纤维纸的抗张指数获得了一定的提高，达到 85.60N·m/g。这是由于聚氨酯中的异氰酸酯基团（—NCO）与碳纤维表面的羟基及纤维素上的羟基发生了作用，如图 2-20(a) 所示，有效连接碳纤维和纤维素，大大改善了界面性能，提高了物理性能。

与碳纤维纸 CF1 和 CF2 相比，碳纤维纸 CF3 的抗张指数远高于 CF1。这是由于经等离子体处理后，碳纤维表面的氨基数量大大增加，红外光谱结果也证实了这一结论。这些新生成的氨基与纤维素之间形成了更多的氢键[图 2-20(b)]，因而导致碳纤维纸 CF3 的抗张指数高于 CF1。同时从表 2-8 中可知，水性聚氨酯处理的碳纤维纸(CF2)的抗张指数略高于等离子体处理的碳纤维纸(CF3)。这一结果暗示在力学性能方面，水性聚氨酯处理碳纤维要比等离子体处理碳纤维更有效。碳纤维纸 CF4 是经过等离子体和水性聚氨酯处理的，这种碳纤维纸张具有最高的抗张指数，达到了 96.48N·m/g，与 CF1 相比，抗张指数提高了 26.6%。表明碳纤维与纤维素之间的界面得到进一步增强[图 2-20(c)]。

抗张能量吸收指数用来描述纸张的韧性，抗张能量吸收指数越高，纸张的韧性越好。表 2-8 中列出了不同纸张的抗张能量吸收指数。CF1 的抗张能量吸收指数为 0.82J/g，经聚氨酯、等离子体和聚氨酯/等离子体处理后的碳纤维纸的抗张能量吸收指数分别为 1.07J/g、1.03J/g 和 1.29J/g，表明处理后的碳纤维与纤维素之间的界面得到了改善。

耐破指数与抗张指数呈现相似的变化。经聚氨酯和等离子体处理后的碳纤维纸的耐破指数分别达到了 6.27kPa·m^2/g 和 6.15kPa·m^2/g，远高于未处理的碳纤维纸的耐破指数(5.49kPa·m^2/g)。而经过该两种方法共同处理的碳纤维纸(CF4)的耐破指数达到了 6.50kPa·m^2/g，比未处理的碳纤维纸高 18.4%。

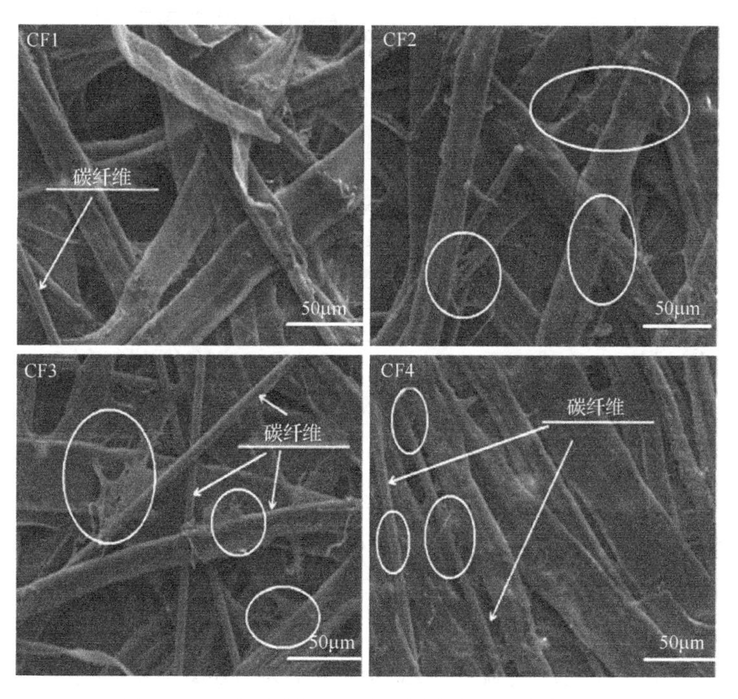

图 2-19　不同方法处理的碳纤维在纸张中的分布

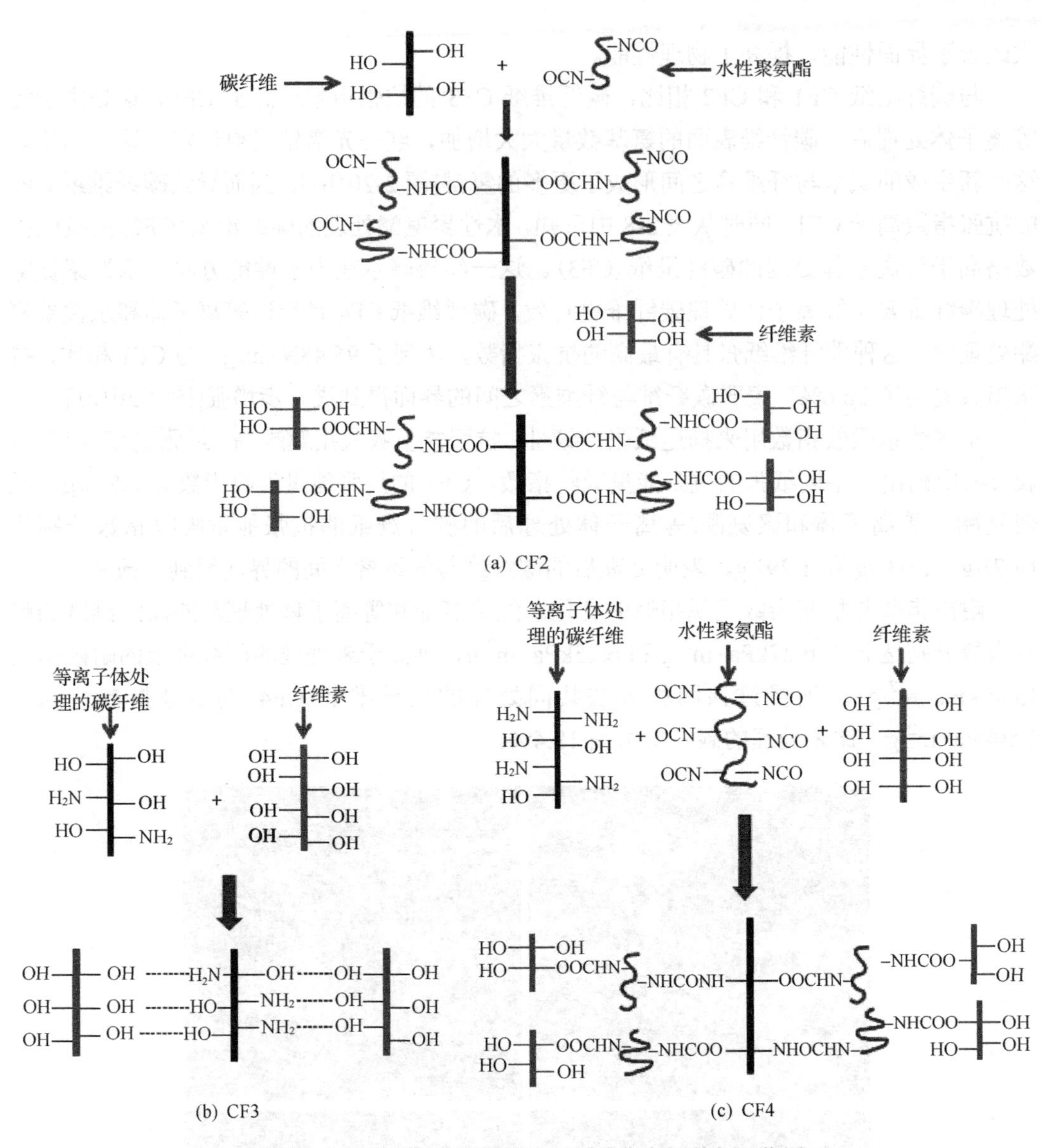

(a) CF2

(b) CF3

(c) CF4

图 2-20　碳纤维纸中的碳纤维与纤维素之间的相互作用

(五)面电阻测试结果

电热地板的电热层材料需具有良好的导电性能，研究表明电热层材料需具有适宜的体积电阻率为 0.1～10 000Ω·cm。

众所周知，碳纤维纸的面电阻很大程度上依赖于导电填料的分散性能、形状及界面性能。表 2-8 中指出，未处理的碳纤维纸的面电阻为 0.68Ω/□，经水性聚氨酯和等离子体处理的碳纤维纸的面电阻分别提高到 0.51Ω/□和 0.61Ω/□。碳纤维纸导电性能的提高来源于碳纤维与纤维素之间界面性能的改善。导电性能最好的是碳纤维纸 CF4，面电阻最低达到 0.44Ω/□。

主要参考文献

杜尚丰, 高卫民, 刘建, 等. 2006. Ga^{3+}掺杂对纳米氧化锌粉体导电性能的影响. 稀有金属材料和工程, 35(7): 1139-1142.

范五一, 黄锐, 蔡碧华. 1996. 铜纤维长径比的分布对复合材料性能的影响. 现代塑料加工应用, 8(3): 7-11.

傅峰, 华毓坤. 2001. 导电功能木质复合板材的渗滤阈值. 林业科学, 37(1): 117-120.

傅秋华, 翁益明, 张文标, 等. 2003. 竹炭电阻率与其理化性能间的关系. 浙江林业科技, 23(4): 15-17.

龚春红, 田俊涛, 张治军. 2007. 高浓度纳米镍的制备及其电磁屏蔽性能的研究. 功能材料信息, 5(4): 55.

管登高, 孙传敏, 林金辉, 等. 2009. 镀 Ni 硅酸钙镁晶须对屏蔽涂料电磁性能的影响. 电子元件与材料, 29(7): 9-11.

郝素娥, 王威力, 王春艳, 等. 2009. 稀土改性 $BaTiO_3$ 粉体的制备及其导电性分析. 无机化学学报, 25(6): 1062-1066.

江泽慧, 张东升, 费本华, 等. 2004. 炭化温度对竹炭微观结构及电性能的影响. 新型炭材料, 19(4): 249-253.

晋传贵, 段好伟, 朱国辉. 2009. 纳米镍粉的制备及其电磁屏蔽效能的研究. 材料导报, 23(9): 22-24.

林鸿飞, 卢伟, 陈国华. 2006. 聚合物复合材料非线性导电行为研究进展. 华侨大学学报(自然科学版), 27(3): 225-229.

刘兰香, 黄玉安, 黄润生, 等. 2007. 纳米镍-铁合金/膨胀石墨复合材料的制备、表征及其电磁屏蔽性能. 无机化学学报, 23(9): 1667-1670.

刘小珍, 桑文斌, 陈捷, 等. 2008. Nd 和 Sb 掺杂 SnO_2 纳米导电粉体的性能研究. 光谱实验室, 22(2): 407-409.

卢金荣, 吴大军, 陈国华. 2004. 聚合物基导电复合材料几种导电理论的评述. 塑料, 33(5): 43-47, 69.

罗柏平, 郭红霞, 王群. 2008. 新型导电有机纤维粉的制备与性能研究. 表面技术, 37(1): 11-13.

邵千钧, 徐群芳, 范志伟, 等. 2002. 竹炭导电率及高导电率竹炭制备工艺研究. 林产化学与工业, 22(2): 54-56.

孙维民, 张毅, 郑卓, 等. 2008. Cu 纳米粉的制备及其导电性能研究. 稀有金属材料和工程, 37(2): 304-307.

谭松庭, 章明秋, 容敏智, 等. 1999. 金属纤维填充聚合物复合材料的导电性能和电磁屏蔽性能. 材料工程, (12): 3-5, 38.

汪桃生, 吴大军, 吴翠玲, 等. 2007. 纳米石墨基导电复合涂料的电磁屏蔽性能. 华侨大学学报(自然科学版), 28(3): 278-281.

王路. 2009. 电磁屏蔽导电复合材料. 材料开发与应用, 23(4): 72-76.

谢虎, 陈国华. 2009. 水泥基纳米石墨复合材料的电磁屏蔽性能.功能材料, 40(7): 1219-1221, 1225.

熊政专, 段海平, 段玉平. 2005. 纳米炭粉/ABS 复合材料屏蔽效能的研究.塑料工业, 33 (7): 46-48.

徐铭, 马眷荣, 鲍红权. 2009. 电磁屏蔽用镀铝玻纤复合材料的性能初探. 武汉理工大学学报, 31(22): 95-97, 102.

杨小平. 2001. 炭纤维层压导电复合材料及其活性炭纤维纸功能化的研究与应用. 北京: 北京化工大学博士学位论文.

叶德林, 章聪, 曹海芳. 2001. 粉末导电材料电阻率的评估. 炭素, (1): 37-42.

叶良明, 张文标, 李文珠. 2001. 竹炭的烧制工艺与理化性能关系初探. 竹子研究汇刊, 20(3): 44-47.

益小苏. 2004. 复合导电高分子材料的功能原理. 北京: 国防工业出版社.

于杰, 王继辉, 王钧. 2005. 碳纤维/树脂基复合材料导电性能研究, 武汉理工大学学报, 27(5): 24-26.

于杰. 2005. 碳纤维/树脂基复合材料导电性能研究. 武汉: 武汉理工大学硕士学位论文, 31-40.

余玮, 吴新华. 1989. 八种原料及其主成份热解的研究—木材热解机理初探. 林产化学与工业, 9(3): 13-22.

余养伦, 叶良明, 于文吉. 2007. 竹炭理化性能的测试和分析. 林业科学, 43(11): 98-102.

曾戎, 曾汉民. 1997. 导电高分子复合材料导电通路的形成. 材料工程, (10): 9-13.

张昌盛, 齐红星, 罗振华, 等. 2004. 铁基纳米晶微丝在电磁屏蔽纺织材料中的性能.华东师范大学学报, (1): 99-102.

张东升, 刘正锋. 2009. 碳系填充型电磁屏蔽材料的研究进展.材料导报, 23(8): 13-18.

郑志锋, 蒋剑春, 戴伟娣, 等. 2009. 碳系电磁屏蔽材料的研究进展.材料导报, 23(9): 23-26.

郑志锋, 蒋剑春, 孙康, 等. 2010. 竹炭超微粉制备与性能结构初步研究. 西南林学院学报, 30(4): 72-74.

朱洁, 郝晶远, 王晶. 2002. 影响粉末电阻率测定结果的因素. 炭素技术, (3): 45-47.

Antal M J, Grønli M. 2003. The art, science, and technology of charcoal production. Industrial and Engineering Chemistry Research, 42(8): 1619-1640.

Berg C H E. 1860. Anleitung zum verkohlen des holzes: Ein handbuch fur forstmanner, huttenbeamte, technologen und cameralisten. Darmstadt, Germany: Verlag von Eduard Zernin.

Bronsveld P, Hata T, Vystavel T, et al. 2006. Comparison between carbonization of conductive wood charcoal with Al-triisopropoxide and Alumina. Journal of the European Ceramic Society, 26 (4-5) : 719-723.

Byrne C E, Nagle D C. 1997. Carbonized wood monoliths—characterization. Carbon, 35 (2) : 267-273.

Chen G, Wu B, Chen Z F. 2004. Shielding performance of metal fiber composites. Transactions of Nonferrous Metals Society of China, 14 (z1) : 493-496.

Di Blasi C, Branca C, Santoro A, et al. 2001. Pyrolytic behavior and products of some wood varieties. Combustion and Flame, 124 (1/2) : 165-177.

Fuwape J A. 1996. Effects of carbonisation temperature on charcoal from some tropical trees. Bioresource Technology, 57 (1) : 91-94.

Goncharenko A V, Venger E F. 2004. Percolation threshold for Bruggeman composites. Physical Review E, 70 (5) : 1-4.

Jiang M J, Dang Z M, Xu H P. 2007. Enhanced electrical conductivity in chemically modified carbon nanotube/methylvinyl silicone rubber nanocomposite. European Polymer Journal, 43 (12) : 4924.

Kim J J, Lee H W, Dabhade V V, et al. 2010. Electromagnetic interference shielding characteristic of silver coated copper powder. Metals and Materials International, 16 (3) : 469-475.

Kim T, Chung D D L. 2006. Mats and fabrics for electromagnetic interference shielding. Journal of Materials Engineering and Performance, 15 (3) :295-298.

Krzesinska M, Pilawa B, Pusz S, et al. 2006. Physical characteristics of carbon materials derived from pyrolysed vascular plants. Biomass and Bioenergy, 30 (2) : 166-176.

Li Z, Wu S, Zhao Z, Xu L, 2014. Influence of surface properties on the interfacial adhesion in carbon fiber/epoxy composites. Surface and Interface Analysis, 46 (1) : 16-23.

Mackay D M, Roberts P V. 1982. The dependence of char and carbon yield on lignocellulosic precursor composition. Carbon, 20 (2) : 87-94.

McLachlan D S, Blaszkiewicz M, Newnham R E. 1990. Electrical resistivity of composites. Journal of the American Ceramic Society, 73 (8) : 2187-2203.

McLachlan D S, Cai K F, Chiteme C, et al. 2000. An analysis of dispersion measurements in percolative metal-insulator systems using ananlytic scaling functions. Physica B, 279 (1-3) : 66-68.

McLachlan D S. 1985. Equation for the conductivity of mental-insulator mixtures. J Phys C: Solid State Phys, 18 (9) : 1891-1897.

McLachlan D S. 1987. An equation for the conductivity of binary mixtures with anisotropic grain structures. J Phys C: Solid State Phys, 20 (7) : 865-877.

McLachlan D S. 1990. A quantitative analysis of the volume fraction dependence of the resistivity of cermets using a general effective media equation. J Appl Phys, 68 (1) : 195-199.

McLachlan D S. 1991. A grain consolidation model for the critical or percolation volume fraction in conductor-insulator mixtures. J Appl Phys, 70 (7) : 3681-3682.

McLeod K, Kumar S, Smart R, et al. 2006. XPS and bioactivity study of the bisphosphonate pamidronate adsorbed onto plasma sprayed hydroxyapatite coatings. Appl Surf Sci, 253 (5) : 2644-2651.

Medalia A I. 1986. Electrical conduction in carbon black composites. Rubber Chem Tech, 59 (3) : 432-454.

Nishimiya K, Hata T, Kikuchi H, et al. 2004. Effect of aluminum compound addition on graphitization of conductive wood charcoal by direct electric heating method. Journal of Wood Science, 50 (2) : 177-181.

Øiseth S, Krozer A, Kasemo B, et al. 2002. Surface modification of spin-coated high-density polyethylene films by argon and oxygen glow discharge plasma treatments. Appl Surf Sci, 202 (1-2) : 92-103.

Ota M, Mozammel H M. 2003. Chemical kinetics of Japanese cedar, cypress, fir, and spruce and characterization of charcoal. Journal of Wood Science, 49 (3) : 248-254.

Prior J, Gasson P. 1993. Anatomical changes on charring six african hardwoods. IAWA Journal, 14 (1) : 77-86.

Ruschau G R, Yoshikawa S, Newnham R E. 1992. Resistivities of conductive composites. J Appl Phys, 72 (3) : 953-959.

Simmons J G. 1963. Generalized formula for the electric tunnel effect between similar electrodes separated by a thin insulating film. J Appl Phys, 34(6): 1793.

Song J B, Liu X S, Zhang Y, et al. 2016. Carbon fiber reinforced acrylonitrile-styrene-acrylate (ASA) composites: mechanical, rheological properties and electrical resistivity. J Appl Polym Sci, 133(13): 43252.

Song J B, Yuan Q P, Zhang H L, et al. 2015a. Elevated conductivity and electromagnetic interference shielding effectiveness of PVDF/PETG/carbon fiber composites through incorporating carbon black. J Polym Res, 22(8): 158.

Song J, Yuan Q, Liu X S, et al. 2015b. Combination of nitrogen plasma modification and waterborne polyurethane treatment of carbon fiber paper used for electric heating wood floors. Bioresources, 10(3): 5820-5829.

Suzuki, T , Yamada, T, Okazaki, N, et al. 2001. Electromagnetic shielding capacity of wood char loaded with nickel. Materials Science Research International, 7(3): 206-212.

Toon J J. 1990. Metal fibers and fabrics as shielding materials for composites, missiles and airframes//IEEE.IEEE International Symposium on Electromagnetic Compatibility.Washington, USA.

van Beek L K H, van Pul B I C F. 1962. Internal field emission in carbon black-loaded natural rubber vulcanizates. Journal of Applied Polymer Science, 6(24): 651-655.

Wang W, Huang B, Wang L, et al. 2011. Oxidative treatment of multiwall carbon nanotubes with oxygen dielectric barrier discharge plasma. Surf Coat Tech, 205(21): 4896-4901.

Wu H L, Wang C H, Ma C C M, et al. 2007. Preparations and properties of maleic acid and maleic anhydride functionalized multiwall carbon nanotube/poly (urea urethane) nanocomposites. Comps Sci Techn, 67(9): 1854.

Wu J J, McLachlan D S. 1997. Percolation exponents and thresholds in two nearly ideal anisotropic continuum systems. Physical A, 241(1-2): 360-366.

第三章　木质电磁屏蔽功能材料制备技术

通过将木质单元与其他材料单元(合成高聚物、金属、非金属等)复合或高温碳化可得到各种木质电磁屏蔽功能材料，能够克服木材在使用性能上的局限性，提高木材性能，有效地解决木质材料的本身缺陷，赋予木质材料所不具备的结构、电磁屏蔽功能或装饰性能(傅峰，1994，1999a，1999b)，从而拓宽木材与其他材料复合的研究领域。

高科技电子产品在给人们带来便利和享受的同时所产生的电磁辐射问题也日益严重，随着人们对电磁污染认识的提高，木质电磁屏蔽功能材料逐渐被应用到实际建筑中，如 Oka(2002)和 Bansal(2004)制得的磁化木材可以用于饭店、宾馆及戏剧院等。在现代城市建设中，高层建筑之间很容易造成电磁波的多次反射和干扰，将木质电磁屏蔽功能材料开发成为具备装饰、电磁污染防护、室内电磁信号泄密失密防护功能的产品将具有较好的发展潜力。

第一节　电磁屏蔽理论及测试技术

一、电磁屏蔽理论概述

(一)电磁屏蔽机理

电磁屏蔽是抑制以场的形式造成干扰的有效方法之一(白同云和吕晓德，2001)。所谓电磁屏蔽就是以某种材料(导电或导磁材料)制成的屏蔽壳体(实体或非实体的)将需要屏蔽的区域封闭起来，形成电磁隔离，即其内的电磁场不能越出这一区域，而外来的辐射电磁场不能进入这一区域(或进出该区域的电磁能量将受到很大的衰减)。

电磁屏蔽的作用是利用屏蔽体的反射、吸收、衰减等减弱辐射源的电磁场效应。当电磁波入射到屏蔽材料时，电磁波在屏蔽材料内会发生吸收、反射、透射(图 3-1)。用屏蔽效能(shielding effectiveness，SE)评价屏蔽材料的屏蔽性能，根据 Schelkunoff 电磁屏蔽理论(徐鹏根，1996)，屏蔽效能分为反射消耗、吸收消耗和多重反射消耗 3 部分，用式(3-1)表示为

$$\mathrm{SE} = A + R + B \tag{3-1}$$

式中，R 为电磁波到达屏蔽体表面时，由波阻抗突变引起的电磁波单次反射损耗；A 为未被电屏蔽体表面反射而进入屏蔽材料内部的电磁波，不断被屏蔽材料吸收和衰减而引起的电磁波吸收损耗；B 为在屏蔽材料内部尚未损耗掉的电磁波在屏蔽体的两个界面间多次反射而引起的电磁波多次反射损耗。

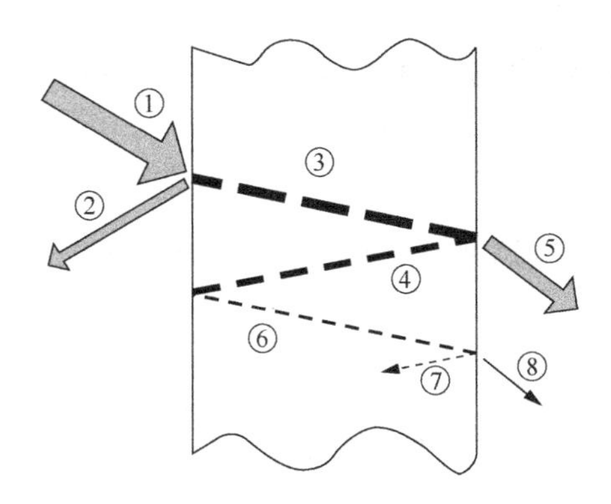

图 3-1　电磁波的吸收与反射

①入射电磁波；②第一界面反射电磁波；③④⑥⑦内部多次反射与吸收；⑤⑧透射电磁波

当 A>10dB 时，B 可忽略不计。式(3-1)可表示为

$$\mathrm{SE}=R+A \tag{3-2}$$

其中，

$$R=168-10\lg(\mu_{\mathrm{r}}f/\sigma_{\mathrm{r}}) \tag{3-3}$$

$$A=1.31t(f\mu_{\mathrm{r}}\sigma_{\mathrm{r}})^{1/2} \tag{3-4}$$

式中，μ_{r} 为相对磁导率；σ_{r} 为相对电导率；f 为频率，Hz。

(二) 多层型电磁屏蔽理论

目前较为成熟的多层屏蔽理论为谢昆诺夫(S.A.Schelkunoff)多层屏蔽理论和瓦陶林多层屏蔽理论。前者是从路的角度出发，运用等效传输线原理而得出 S.A.Schelkunoff (S.A.S)屏蔽理论；后者从场的角度出发，求解 Maxwell 方程得出电磁场理论。

1. S.A.S 多层屏蔽理论

等效传输线法(Kunkel，1992；Schelkunoff，1943，1937)是将平面电磁波通过无限大平板屏蔽体的传输过程与电流及电压在传输线上传播过程类比得出的。该理论物理概念清晰、直观，已经在工程上广泛采用。n 层平板材料屏蔽电磁波的理论式(3-5)～式(3-9)如下：

$$\mathrm{SE}=-20\lg|T| \tag{3-5}$$

$$T=p\left[\prod_{m=1}^{n}(1-q_m\mathrm{e}^{-2\Gamma_m l_m})\right]^{-1}\mathrm{e}^{-\Gamma_1 l_1-\Gamma_2 l_2\cdots-\Gamma_n l_n} \tag{3-6}$$

$$p=\frac{2K_0 2K_1 2K_2\cdots 2K_N}{(K_0+K_1)(K_1+K_2)(K_2+K_3)\cdots[K_n+Z(l_m)]} \tag{3-7}$$

$$q_n=\frac{(K_n-K_{n-1})[K_n-Z(l_m)]}{(K_n+K_{n-1})[K_n+Z(l_m)]} \tag{3-8}$$

$$Z(l_m)=K_m\frac{Z(l_{m+1})\cos h(\Gamma_m l_m)+K_m\sin h(\Gamma_m l_m)}{K_m\cos h(\Gamma_m l_m)+Z(l_{m+1})\sin h(\Gamma_m+l_m)},\quad m=1,2,\cdots,n+1 \tag{3-9}$$

式中，K_n为第 n 层材料的本征阻抗；Γ_n为第 n 层材料的传播常数；$Z(l_m)$为第 m 层材料的开始端界向右看过去的阻抗；l_m为第 m 层厚度。

2. 瓦陶林多层屏蔽理论

苏联学者瓦陶林利用电磁场理论的波动法精确计算了三层屏蔽体计算公式，总结如下(高攸刚，2004；张晓宁，2000)：

(1)双层屏蔽体

$$\mathrm{SE}=8.68\ln\left|\frac{1}{S}\right| \tag{3-10}$$

$$S=\frac{1}{\cos h\gamma_1 t_1\cos h\gamma_2 t_2}\left(\frac{1}{T}\right) \tag{3-11}$$

$$T=1+\frac{1}{2}\left(N_1+\frac{1}{N_1}\right)\mathrm{tg}h\gamma_1 t_1+\frac{1}{2}\left(N_2+\frac{1}{N_2}\right)\mathrm{tg}h\gamma_2 t_2+\frac{1}{2}\left(\frac{N_1}{N_2}+\frac{N_2}{N_1}\right)\mathrm{tg}h\gamma_1 t_1\mathrm{tg}h\gamma_2 t_2 \tag{3-12}$$

式中，S为屏蔽系数；γ_1、γ_2为第一层、第二层的涡流系数；N_1、N_2为介质波阻抗与第一层、第二层屏蔽体波阻抗之比；t_1、t_2为第一层、第二层屏蔽体的厚度。

其中，

$$\gamma_1=\sqrt{j\omega\mu_1\sigma_1},\quad \gamma_2=\sqrt{j\omega\mu_2\sigma_2} \tag{3-13}$$

式中，j为虚数单位；ω为角速度；μ为磁导率；σ为电导率。

$$N_1=\frac{Z_d}{Z_{m_1}}=\frac{Z_d}{\sqrt{j\omega\mu_1\sigma_1}},\quad N_2=\frac{Z_d}{Z_{m_2}}=\frac{Z_d}{\sqrt{j\omega\mu_2\sigma_2}} \tag{3-14}$$

式中，Z_d为介质波阻抗；Z_{m_1}为第一层屏蔽体波阻抗；Z_{m_2}为第二层屏蔽体波阻抗。

(2)三层屏蔽体

$$\mathrm{SE}=8.68\ln\left|\frac{1}{S}\right| \tag{3-15}$$

$$S=\frac{1}{\cos h\gamma_1 t_1\cos h\gamma_2 t_2\cos h\gamma_3 t_3}\left(\frac{1}{T}\right) \tag{3-16}$$

$$\begin{aligned}T=&1+\frac{1}{2}\left(N_1+\frac{1}{N_1}\right)\mathrm{tg}h\gamma_1 t_1+\frac{1}{2}\left(N_2+\frac{1}{N_2}\right)\mathrm{tg}h\gamma_2 t_2+\frac{1}{2}\left(N_3+\frac{1}{N_3}\right)\mathrm{tg}h\gamma_3 t_3\\&+\frac{1}{2}\left(\frac{N_1}{N_2}+\frac{N_2}{N_1}\right)\mathrm{tg}h\gamma_1 t_1\mathrm{tg}h\gamma_2 t_2+\frac{1}{2}\left(\frac{N_1}{N_3}+\frac{N_3}{N_1}\right)\mathrm{tg}h\gamma_1 t_1\mathrm{tg}h\gamma_3 t_3\\&+\frac{1}{2}\left(\frac{N_3}{N_2}+\frac{N_2}{N_3}\right)\mathrm{tg}h\gamma_2 t_2\mathrm{tg}h\gamma_3 t_3+\frac{1}{2}\left(\frac{N_1N_3}{N_2}+\frac{N_2}{N_1N_3}\right)\mathrm{tg}h\gamma_1 t_1\mathrm{tg}h\gamma_2 t_2\mathrm{tg}h\gamma_3 t_3\end{aligned} \tag{3-17}$$

式中，S为屏蔽系数；γ_1、γ_2、γ_3为第一层、第二层、第三层的涡流系数；N_1、N_2、N_3为介质波阻抗与第一、第二、第三层屏蔽体波阻抗之比；t_1、t_2、t_3为第一、第二、第三层屏蔽体的厚度。

其中，$\gamma_1=\sqrt{j\omega\mu_1\sigma_1}$，$\gamma_2=\sqrt{j\omega\mu_2\sigma_2}$，$\gamma_3=\sqrt{j\omega\mu_3\sigma_3}$；$N_1=\dfrac{Z_d}{Z_{m_1}}=\dfrac{Z_d}{\sqrt{j\omega\mu_1/\sigma_1}}$，$N_2=\dfrac{Z_d}{Z_{m_2}}=\dfrac{Z_d}{\sqrt{j\omega\mu_2/\sigma_2}}$，$N_3=\dfrac{Z_d}{Z_{m_3}}=\dfrac{Z_d}{\sqrt{j\omega\mu_3/\sigma_3}}$。

3. 夹层复合屏蔽体模型

北京工业大学张晓宁在双层屏蔽体和三层屏蔽体的理论基础上，建立了两层导电屏蔽体中间夹介质层的夹层复合体模型(张晓宁等，2003，2002)，虽然，这两种模型的总厚度相同，但经优化了的夹层模型较前者多了两个导电屏蔽体与介质的界面，组成这两个界面的材料阻抗匹配都很大，因而产生了屏蔽效能的增量。其增量模型如下：

$$\Delta\mathrm{SE}=20\lg\left[N\sqrt{2\left(M+\frac{1}{2}\right)^2+\frac{1}{2}}\right] \tag{3-18}$$

式中，$M=\dfrac{2\pi l_2'\sqrt{fg_0}}{10^7\sqrt{\mu_0}}$；$N=\dfrac{2\sqrt{\varepsilon_\mathrm{r}}}{1+\sqrt{\varepsilon_\mathrm{r}}}$。

二、电磁屏蔽性能测试方法

(一)同轴法屏蔽效能测试

按照测试标准《材料屏蔽效能的测量方法》(SJ 20524—1995)(中国电子标准化研究所，1995)，采用同轴线法(李刚等，1995)，使用东南大学研制的 DN 15115 型立式法兰同轴测试装置对试件进行电磁屏蔽效能测量。连接 HP E7401A 电磁兼容分析仪，主要性能为：工作频率 100kHz～1.5GHz，特性阻抗 50Ω，测量屏蔽效能的动态范围不小于100dB。测试装置如图 3-2 所示。

图 3-2　电磁屏蔽效能测试系统

（二）屏蔽室窗口法屏蔽效能测试

按照 GB 12190—1990（中华人民共和国机械电子部电子标准化研究所，1990）中 6.2 条配置方法，结合 MIL-DTL-83528C（U.S.Department of Defense，2001）和 IEEE Std 299（Standards Committee of the IEEE Electromagnetic Compatibility Society，1997）标准进行 30～1000MHz 的测试。试样安装在屏蔽室壁面的测试孔上，在试样两侧配置发射天线和接收天线，见图 3-3。调整射频信号与接收机，保持信号输出不变，在未安装被测试样的情况下，测出接收场强 E_0，再在安装试样后测出穿透场强 E_1。被测试样的屏蔽效能 SE，见式（3-19）。

$$SE=E_0-E_1 \tag{3-19}$$

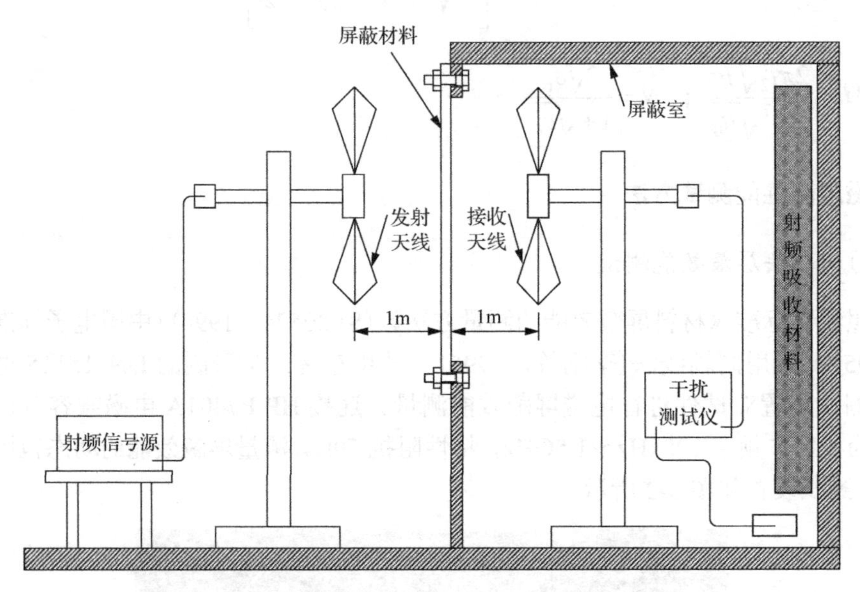

图 3-3　屏蔽室窗口法

（三）球形天线法整体屏蔽效能测试

结合 IEC61000-5-7（International Electrotechnical Commission，2001）和 IEC/TS 61587-3（International Electrotechnical Commission，1999）标准，参照 GJB 5240（东南大学等，2004）配置方法进行 30～1000MHz 的测试。如图 3-4 所示安装球形偶极子天线和接收天线，调整射频信号与接收机，保持信号输出不变，在未安装被测机箱的情况下，测出接收场强 E_1，再在安装被测机箱后测出穿透场强 E_2。被测试样的屏蔽效能 SE 见式（3-20）。

$$SE=E_1-E_2 \tag{3-20}$$

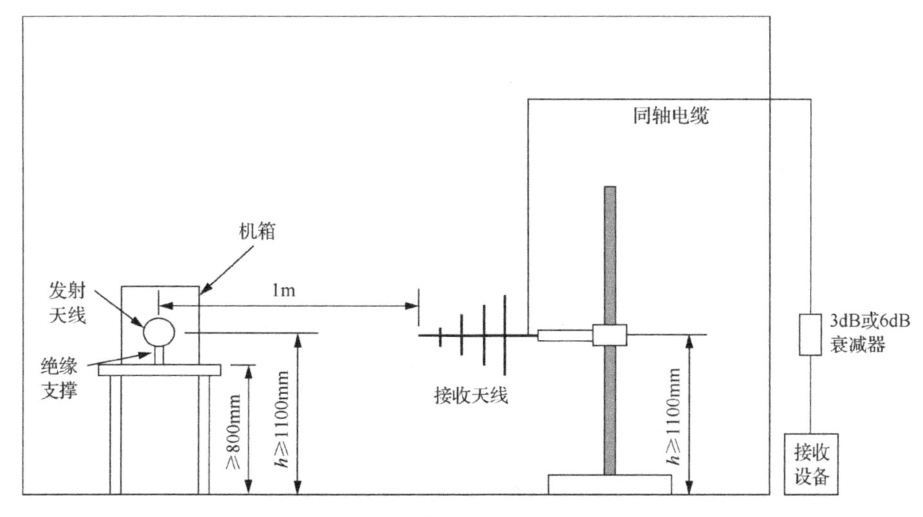

图 3-4　机箱整体屏蔽效能测试

三、电磁屏蔽性能同轴测试法的改进

随着电磁兼容技术的发展，各种新型的屏蔽材料被开发出来，从原来的纯金属材料发展为现在的金属丝纺织物、金属纤维填充塑料、镀膜塑料、镀膜玻璃及叠层形式的复合材料等(Sudarshan et al.，2002；Catrysse et al.，1992)。屏蔽材料的性能指标一般用屏蔽效能表示，这一指标反映屏蔽材料屏蔽电磁波的能力。屏蔽效能通常用屏蔽室窗口法、球形偶极子天线法、同轴线法等测量方法测试得到，其中同轴线法依据 SJ 2052(中国电子标准化研究所，1995)。同轴线法测量频段一般是 100kHz～1.5GHz，这种方法测量数据准确、测量重复性好，但频率低，通常在 1.5GHz 以下测量平面材料屏蔽效能多采用这一方法(王素英，1995；ASTM Committee，1989；中国航天工业总公司二院七〇六所，1996)。

电磁屏蔽胶合板(刘贤淼等，2005)是通过导电单元与木质单元的叠层复合、混杂复合、柔性加压等工艺所开发出来的具有电磁波屏蔽功能的木基复合材料。本试验采用自制导电膜片与木材单板层积制备胶合板，其特点是导电层不在材料的表面，按照常规的试样制备和检测方法，其电磁屏蔽效能测试曲线很不规则，测试值出现复现性差和误差大的缺点。本试验采用改进型法兰同轴测试装置，在 100kHz～1.5GHz 频段以及远场条件下研究电磁屏蔽胶合板同轴线测试的合理方法。

(一)试验方法

电磁屏蔽胶合板是采用单层导电膜片和三层落叶松单板层积热压所得，工艺流程如图 3-5 所示。

由于导电膜片较薄，不会引起胶合板的变形。将脲醛胶涂布于平整的芯板两侧以及表板和底板的内侧，导电膜片与落叶松单板叠层放置(图 3-6)，板坯经闭合陈放 30min 后送入压机，在压板温度 120℃、单位压力 1MPa 和加压时间(6±1)min 的常规工艺下，压制出具有电磁屏蔽功能的胶合板。

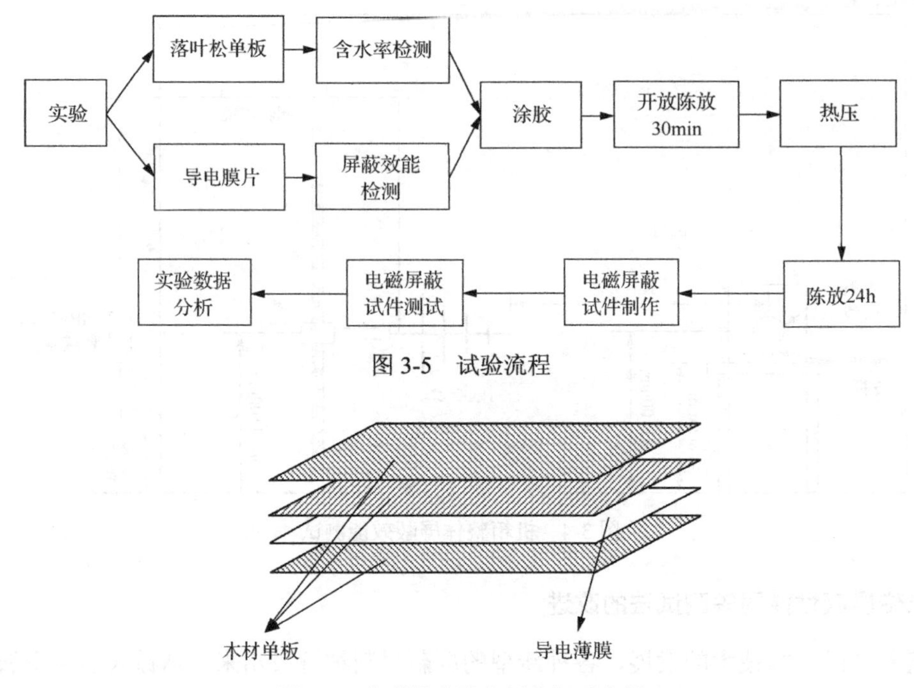

图 3-5　试验流程

图 3-6　电磁屏蔽胶合板组坯示意图

（二）测试试样的制备

胶合板电磁屏蔽效能测试试样采用两种方法来制备。一种是常规试样制备方法：将胶合板制备成外径$115_{-0.5}^{0}$ mm 和内孔直径$12_{0}^{+0.5}$ mm 的标准圆盘试样；另一种是将上述试样采用导电涂料进行内外封边，如图 3-7 所示，导电涂料涂覆于胶合板试样的内外孔边缘，涂布的直径分别为 35mm 和 82mm，与同轴测试装置内外导体尺寸保持一致。同时将单层导电膜片制备成外径$115_{-0.5}^{0}$ mm 标准圆盘试样。导电膜片中铜纤维填充量为 200g/m^2。试样编号如表 3-1 所示，样品取值为 8 个相同制备条件下样品的平均值。

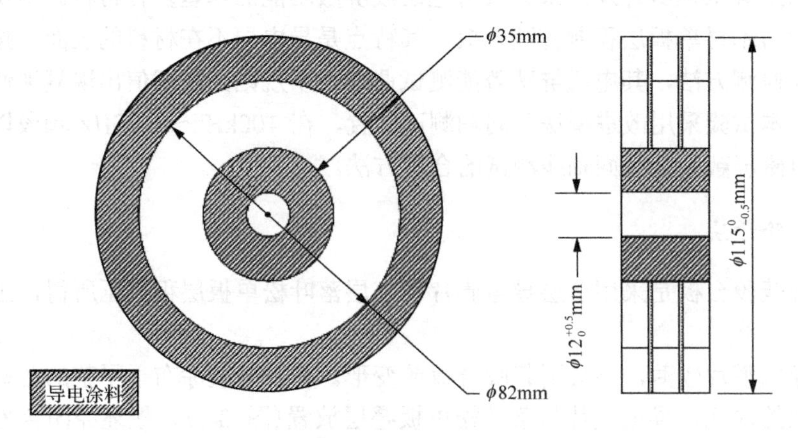

图 3-7　涂有导电涂料的试样示意图

表 3-1　电磁屏蔽效能测试试样编号

样品号	试样	试样说明
1	屏蔽胶合板 1 (200g/m²)	无导电涂料封边
2	屏蔽胶合板 1 (200g/m²)	有导电涂料封边
3	导电膜片 (200g/m²)	表面砂光
4	普通胶合板(无导电膜片叠层)	有导电涂料封边

(三)电磁屏蔽性能测试

1. 同轴线法屏蔽效能测量原理

同轴线测试方法是(李刚等，1995)利用如图 3-8 所示的屏蔽材料同轴测试装置对平板型屏蔽材料的远场电磁屏蔽性能进行测试。测试装置由两段同轴线构成，其内、外导体横截面均为圆形，两段同轴线的外导体通过螺纹结构连接，内导体通过弹性栓塞和被测试样的中心孔进行可靠连接(若被测试样为良导体，则试样中心可不开孔)，以保证在测试频段内同轴线内、外导体之间传输均匀、稳定的横电磁波。被测试样置于两段同轴线之间，由同轴装置输入、输出端口之间的功率差值得到屏蔽材料的电磁屏蔽效能值。

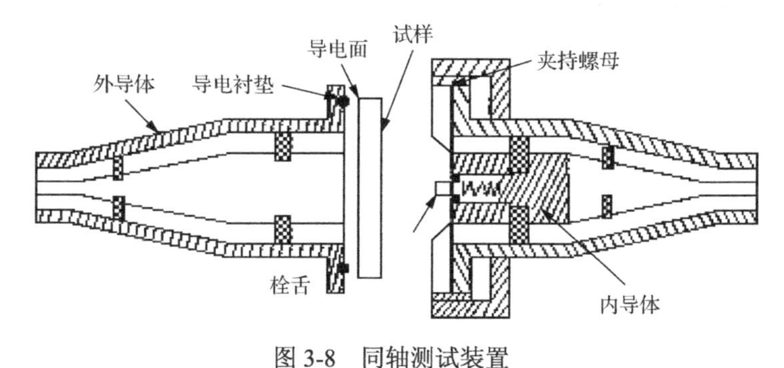

图 3-8　同轴测试装置

2. 同轴线法测试的基本原理

图 3-9 是同轴线法测试的基本原理(Catrysse，2002；Sudarshan et al.，2002；Badic and Marinescu，2002，2000；BakerJarvis and Janezic，1996；Wilson and Ma，1988；Kinningham and Yenni，1988)，经其等效电路图分析可得：

$$SE = 20\lg\left|1+\frac{Z_0}{2(Z_L+Z_C)}\right| \tag{3-21}$$

按照常规制备试样测试时要求 $Z_C \ll Z_L$，

$$SE = 20\lg\left|1+\frac{Z_0}{2Z_L}\right| \tag{3-22}$$

式中，Z_0 为传输线的特性阻抗；Z_L 为试样阻抗；Z_C 为试样与传输线的接触阻抗。

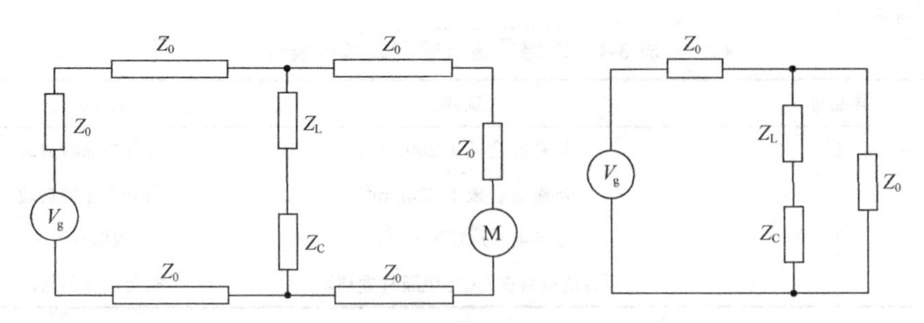

图 3-9　同轴线法测试原理图

V_g. 电压源；M. 测量仪表

3. 导电膜片和电磁屏蔽胶合板电磁屏蔽效能的测试

按照上述同轴线法进行电磁屏蔽效能测试。

(四)试样与内外导体的接触阻抗对测试结果的影响分析

图 3-10 是胶合板(样品 1)常规测试试样的电磁屏蔽效能测试曲线，从图 3-10 中可以看出，常规胶合板试样在测试时电磁屏蔽效能曲线出现了一个尖峰，其值随着电磁波频率的增大呈先急增后急减的趋势。因此，可认为其测试结果明显不准确。

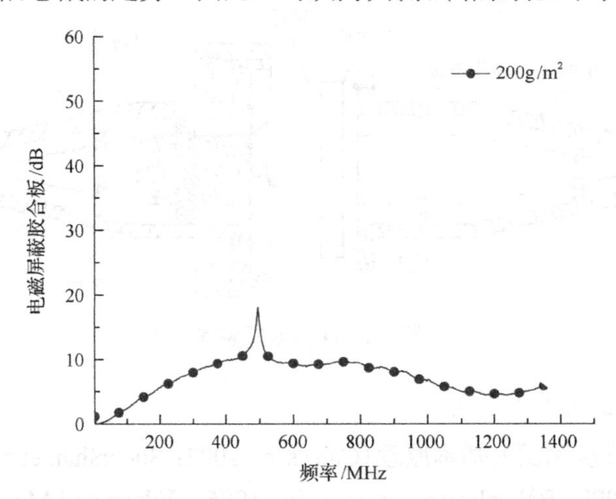

图 3-10　常规测试试样的电磁屏蔽效能测试曲线

分析其原因：从同轴线法测试原理图可以看出，试样与同轴测试装置内、外导体的接触阻抗 Z_C 影响着测试的准确性。图 3-11 是常规试样在测试时与装置接触的剖面图，结合电磁屏蔽胶合板组坯示意图可以看出：胶合板上、下两层为木材单板，其表面可视为绝缘，中间的导电层无法与同轴内外导体产生电接触，此时可以近似认为 $Z_C \gg Z_L$，胶合板电磁屏蔽效能值 $SE = 20\lg\left|1+\frac{Z_0}{2(Z_L+Z_C)}\right|$ 变为 $SE = 20\lg\left|1+\frac{Z_0}{2Z_C}\right|$。在低频时，SE 为零。在高频时，对于装置外导体，位移电流通过分布电容的耦合穿过木材使导电层与其产生电连接。对于装置内导体，由于胶合板的导电层是导电纤维填充所得，其栓舌与导电层的接触属于不连续的点接触，高频时同样由于位移电流使它们之间有了射频电连接。

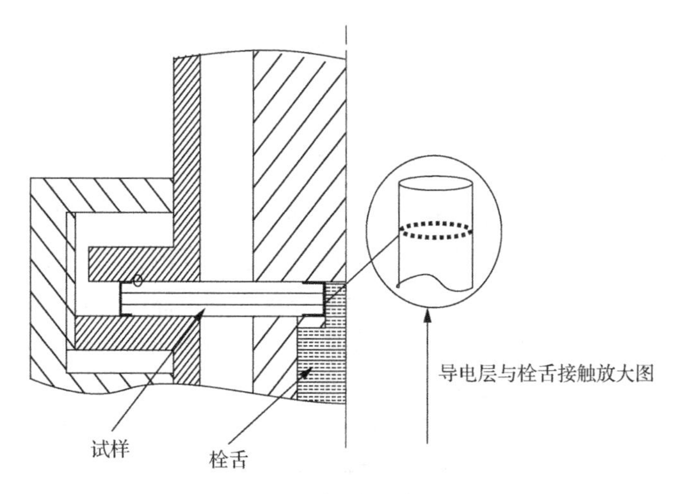

图 3-11　常规试样与装置接触的剖面图

用一个等效电路图来模拟常规试样测试时的情况，如图 3-12 所示，Z_{C1} 表示内导体和试样的接触阻抗，Z_{C2}、Z_{C3} 表示外导体和试样的接触阻抗，这些阻抗都可以看成容性阻抗、电感及电阻的组合。由电路知识可知，由于容性阻抗的存在，此等效电路图存在谐振，在谐振频率点上，接触阻抗 Z 达到最小(图 3-13)，此时试样屏蔽效能值达到最大。在谐振频率点以外，接触阻抗较大，其屏蔽效能值将低于材料真实的测试值。也就是说随着测试频率的增大，材料屏蔽效能值先急增后急减，出现了一个尖峰。

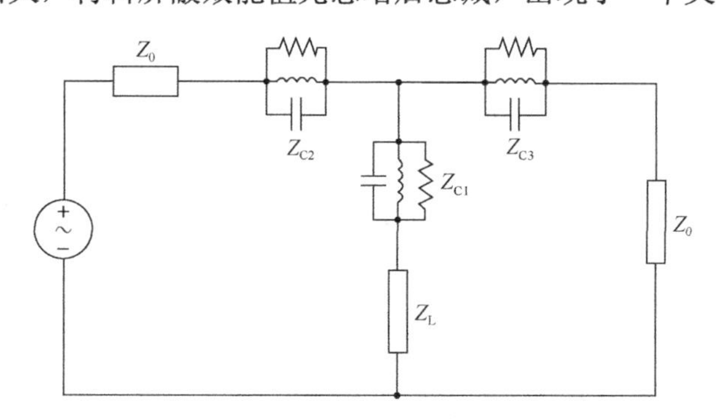

图 3-12　常规试样测试等效电路图

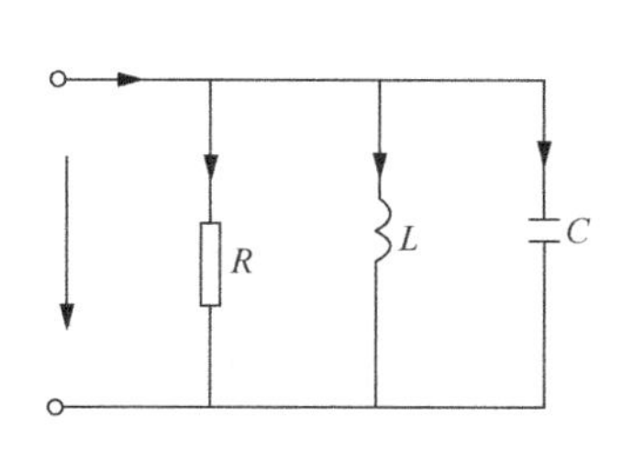

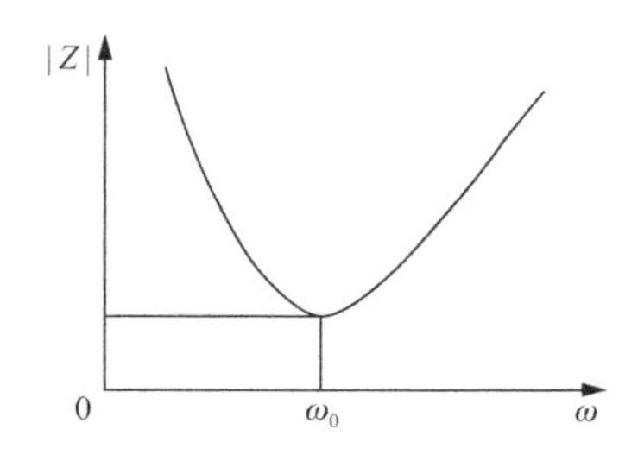

图 3-13　RLC 并联谐振电路图

由此得出结论：常规测试试样测试值不能够完全反映材料本身的屏蔽效能，这样将导致测试结果出现复现性差、误差大的问题。同时由于胶合板导电层不在材料表面，常规方法制备的测试试样与同轴测试装置之间存在较大的接触阻抗，导致测试值低于材料真实的屏蔽效能值。

（五）导电涂料封边对测试结果的影响分析

图 3-14 是胶合板（不同方法制备试样）电磁屏蔽效能值的对比曲线。从图 3-14 中可以看出，导电膜片的测试值与常规方法制备的胶合板试样测试值存在较大的差异，差值最大值为 64.68dB、最小值为 16.24dB。样品 2 是经过导电涂料封边处理过的胶合板测试试样，从测试值曲线可以看出其屏蔽效能值随着频率的增大呈总体下降的趋势，与相对应的导电膜片的屏蔽效能值曲线基本吻合。导电膜片与导电涂料处理后的试样测试值存在着较小的差异，其差值最大值为 6.22dB、最小值为 0.01dB。分析其主要原因是：首先，导电涂料与导电层之间存在一定大小的接触阻抗；其次，在胶合板制备过程中，导电薄膜中导电纤维的位置发生移动，因此导电薄膜的导电性能发生变化。样品 4 是普通胶合板电磁屏蔽效能测试值曲线，可以看出单板对电磁波基本没有屏蔽作用。对于电磁屏蔽胶合板，用于叠层的导电膜片反映了胶合板真实的屏蔽性能，其电磁屏蔽效能值代表了胶合板实际的屏蔽效能值。由上可知，导电膜片的屏蔽效能值在数值和变化趋势基本上与其叠层制备的胶合板相似，可以认为试样经过导电涂料封边后测试值能够较为真实地表示胶合板的屏蔽效能。

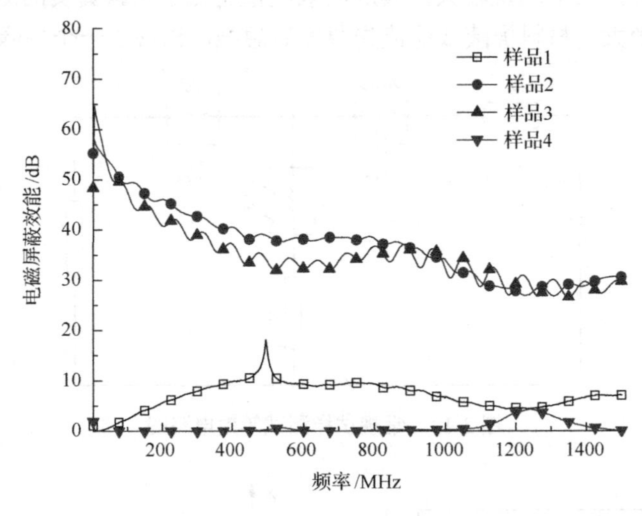

图 3-14　不同测试试样电磁屏蔽效能对比曲线

对于常规方法制备的胶合板测试试样，其内孔侧边导电层中露出的导电纤维和同轴内导体只是点接触，其外周无法与测试装置的外导体产生电连接，这将导致它们之间出现很大的接触阻抗。本实验将测试试样的内孔和外周采用导电涂料封边，导电涂料能使导电层与内导体由点接触变为面接触，其较高的导电性能减小了它们之间的接触阻抗。同轴测试装置外导体通过导电涂料也与测试试样的外周产生了很好的电接触。导电涂料的封边使得内、外导体与试样的接触阻抗保持最小，减小了它对测试结果产生的影响。

由此得到结论：对于胶合板，常规方法制备的测试试样与同轴测试装置之间较大的接触阻抗导致了测试结果的不准确，需对试样进行导电涂料封边后再进行测试。

1）试样与同轴内、外导体的接触阻抗影响材料电磁屏蔽效能测试的准确性。由于胶合板导电层不在材料表面，常规方法制备的测试试样与同轴测试装置之间较大的接触阻抗导致了测试值低于材料真实的屏蔽效能值，屏蔽效能差值最大值为 64.68dB、最小值为 16.24dB。

2）胶合板试样经导电涂料封边后进行测试，其电磁屏蔽效能值基本与相对应的导电膜片电磁屏蔽效能值相同，差值最大值为 6.22dB、最小值为 0.01dB，在实验误差范围内。可以看出，导电涂料封边的方法减小了试样与内、外导体的接触阻抗，使胶合板测试值基本接近其真实的屏蔽效能值。由此认为胶合板试样经过导电涂料封边后再测试是较为合理的测试方法。

四、电磁屏蔽性能的评价标准

电磁屏蔽性能以电磁屏蔽效能来评价（区健昌，2003）。屏蔽效能的定义是：对于给定外来源进行屏蔽时，在某一点上屏蔽体安装前后的电场强度或磁场强度的比值，即

$$\mathrm{SE}=\frac{E_0}{E_\mathrm{t}}\text{或}\mathrm{SE}=\frac{H_0}{H_\mathrm{t}} \tag{3-23}$$

式中，SE 为屏蔽效能（倍数）；E_0、H_0 分别为无屏蔽时某一点的电场强度或磁场强度；E_t、H_t 分别为安放屏蔽体后同一点的电场强度或磁场强度。

由于屏蔽效能的数值范围很宽，在工程上屏蔽效能一般用分贝（dB）表示：

$$\mathrm{SE}_\mathrm{dB}=20\lg\left(\frac{E_0}{E_\mathrm{t}}\right)\text{或}\mathrm{SE}=20\lg\left(\frac{H_0}{H_\mathrm{t}}\right) \tag{3-24}$$

通常，屏蔽效果的具体分类为（杜仕国等，2000）：0～10dB 几乎没有屏蔽作用；10～30dB 有较小的屏蔽作用；30～60dB 为中等屏蔽效果，可用于一般工业或商业用电子设备；60～90dB 屏蔽效果较高，可用于航空航天及军用仪器设备的屏蔽；90dB 以上的屏蔽材料则具有最佳屏蔽效果，适用于要求苛刻的高精度、高敏感度产品。根据实用需要，对于大多数电子产品的屏蔽材料，在 30～1000MHz 时其 SE 至少达到 35dB 以上（相对应的体积电阻率在 10Ω·cm 以下）才被认为是有效的屏蔽。

第二节　金属基/木质电磁屏蔽功能材料制备技术

一、金属基导电胶复合胶合板的制备与性能

（一）材料与方法

1. 试验材料

落叶松单板：落叶松（*Larix* spp.）主要分布在东北、华北地区，是我国主要的人工林

用材树种之一。落叶松木材略重、硬度中等、纹理通直、结构粗、力学强度高、树脂含量高(林立民等，1999)。按正常工艺条件生产的落叶松胶合板胶合强度在 1.4～1.8MPa，明显高于其他树种胶合板(王戈等，1993)。本试验所用落叶松单板来自内蒙古根河林业局，规格：630mm×630mm×2mm，密度 0.67g/cm^3，含水率 9%～10%，裁成规格为 200mm×200mm×2mm 的小单板。

超细铜类粉末(Cu)：呈浅红树枝状粉末，在潮湿空气中易氧化，能溶于热硫酸或硝酸；粒度 400 目，密度 8.9g/cm^3，松装密度 1.8g/cm^3，体积电阻率 1.7×10^{-3}Ω·m；含铁、铂等杂质，杂质总和不大于 0.3%，购自有色金属研究总院。

超细镍类粉末(Ni)：呈暗灰色树枝状粉末；粒度 400 目，密度 8.6g/cm^3，体积电阻率 6.8×10^{-3}Ω·m；含铁、钴等杂质，杂质总和不大于 0.5%，购自有色金属研究总院。

石墨类粉末(CP)：呈黑色粉末；粒度 7μm，密度 2.3g/cm^3，体积电阻率 50Ω·m，纯度 99.99%，上海胶体化学厂生产。

铁类纤维(SF)：直径 30μm，密度 8.6g/cm^3，体积电阻率 9.7×10^{-3}Ω·m，含铬 18.5%、镍 11.2%及其他微量杂质，购自河北安平金属网厂，裁剪长度为 6～7mm。

铜类纤维(CF)：直径 60μm，密度 8.6g/cm^3，体积电阻率 1.7×10^{-3}Ω·m；含铜 60%～70%、含锌 30%～40%，购自河北安平金属网厂，裁剪长度为 6～7mm 备用。

胶黏剂：环保型胶合板用低毒脲醛胶(UF，30-902)，固含量 50%，黏度 110～170cps(30℃)，游离醛低于 0.2%，pH8.5～9.5，购自北京太尔化工有限公司。

2. 试验方法

本试验通过热板干燥展平、导电材料与胶黏剂混炼及柔性加压等工艺制备金属基导电复合胶合板，具体试验流程见图 3-15。

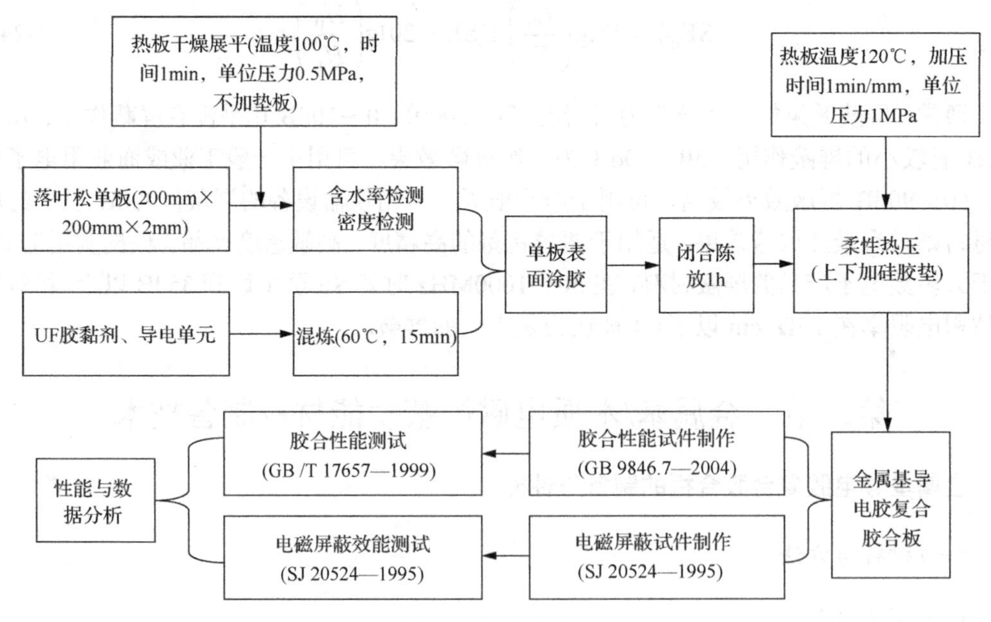

图 3-15 试验流程

(1)热板干燥展平

热板干燥展平(plate-drying)工艺：温度100℃，时间1min，单位压力0.5MPa，不加垫板。试验用单板的含水率为9%～10%，干燥展平后含水率为5%～6%。热板干燥时单板处于受压状态可以削弱单板内部的生长应力、含水率应力和干缩应力，干燥后单板平整度好，能保证组坯时芯板紧密接触，热压后产品翘曲度下降(华毓坤和傅峰，1994)。采用热板展平可以增加单板平整度，减少胶液对单板的过分渗透，使胶黏剂在单板表面形成均匀的胶膜，有利于提高胶合强度(林立民等，1999)。

(2)混炼

欲获得具有较高导电能力的脲醛树脂复合体，则必须使导电粒子在树脂中形成尽可能多的导电网络(华毓坤和傅峰，1994)。要保证这一目的实现，首先要保证导电粒子在树脂中均匀的分散，这一个过程相当于制造导电胶合板中调制导电脲醛树脂的过程，在此称为混炼(傅峰，1995)。试验中选用的导电粒子粒度较小，具有较大比表面积，如400目零维金属导电单元的比表面积达15m^2/g，而石墨类粉末更是高达2000m^2/g。试验中以高速搅拌来提供足够的剪切力，并采用水浴加热的方法，控制树脂在50～60℃的条件下混炼，进一步降低树脂黏度，有利于分散。参考塑料工业上的混炼工艺并通过摸索，混炼时间以15min为好，时间短不利于分散，时间长有可能破坏粒子的导电结构，电阻值随混炼时间增加急速降低，达到一个最低值后，又逆向升高(傅峰，1995；马敏生等，1992)。

(3)涂胶及导电单元施加

零维导电单元：在一定工艺条件下往脲醛树脂中调入不同种类和数量的导电单元，搅拌均匀后加入1%的氯化铵固化剂，再以毛刷对芯板的双面涂布混合胶液。涂胶后的表板、芯板、背板垂直组配成三层板坯，并闭合陈放1h。

一维导电单元：往脲醛树脂中加入1%的氯化铵固化剂，搅拌均匀后以毛刷先对芯板涂胶，因为一维金属导电单元无法在液体中分散，所以用手工施加一维金属导电单元，尽量保证均匀，然后垂直组坯，并闭合陈放1h。涂胶量与导电单元施加量按单板面积计算，均为双面施加量。

(4)柔性加压

柔性加压，即将板坯夹于耐热硅橡胶板中央，上下各配以抛光垫板，再推入压机热压。工艺参数：热板温度120℃，加压时间1min/mm，单位压力1MPa。柔性加压的结果，可缓冲加压时由于单板厚度偏差和板面各处应力差产生的应力传递，降低胶合板的压缩率，使胶层厚度分布均匀，达到均匀导电的效果(傅峰，1995；蒋华堂和华毓坤，1991)。

(5)电磁屏蔽性能测试

本试验的试件制作及屏蔽效能的测量按照SJ 2052(中国电子标准化研究所，1995)进行。测试9kHz～1.5GHz的电磁屏蔽效能(SE)的最小值、最大值及其对应频率；平均值，每个单独试件的平均SE取400个数值点的平均值。同一条件压制2张板，每张板上取2个试件，共4个试件(A1、A2、B1、B2)进行测试。试样的外径为$115^{0}_{-0.5}$ mm、开孔孔径是$12^{+0.5}_{0}$ mm。使用DN 15115型立式法兰同轴测试装置连接HP E7401A EMC频谱分析仪，法兰同轴测试装置内部场分布见图 3-16，在 9kHz～1.5GHz 对试件进行屏蔽电磁波效能评价与测试。

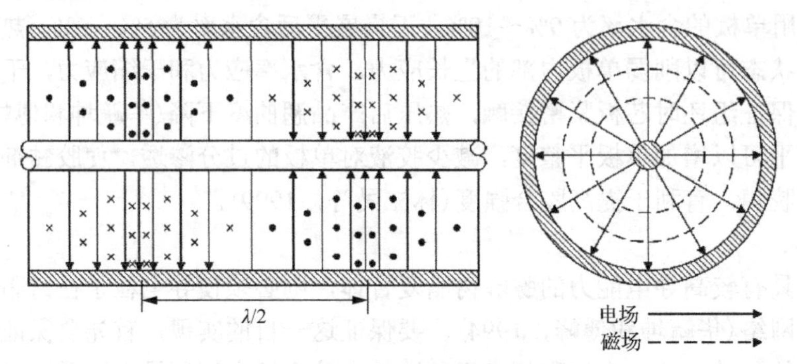

图 3-16　法兰同轴测试装置内部场分布

测试可以分为两个步骤：第一步，在空载(无试件)的条件下设置好各个参数，打开信号源，仪器屏幕显示一条抖动的水平曲线，即为在该参数条件下的电磁屏蔽效能曲线(图 3-17 中上方的线)，固定该曲线；第二步，保持第一步的参数不变进行加载(有试件)测试，旋开同轴法兰，放入试件后旋紧，打开信号源出现扫描线(图 3-17 中下方的线)，固定该曲线，此时两线之差就为试件的屏蔽效能，见图 3-17。

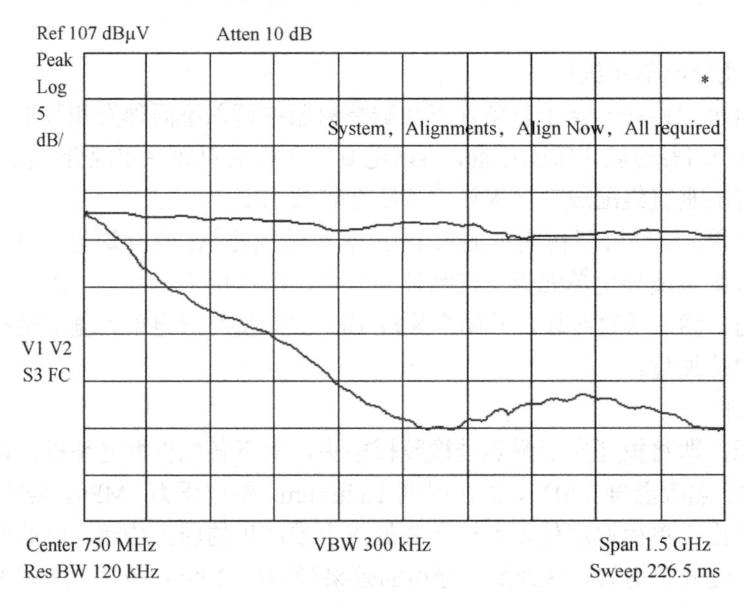

图 3-17　电磁屏蔽效能曲线

(6)胶合性能测试

胶合剪切强度试件制作按照 GB/T 9846.7(中国林业科学研究院木材工业研究所，2004b)进行，槽口深度锯过芯板到胶层为止，有效测试面积为 25mm×25mm，见图 3-18。同一条件压制 2 张板(与电磁屏蔽性能试件取处相同)，每张板上取 2 个试件进行测试。

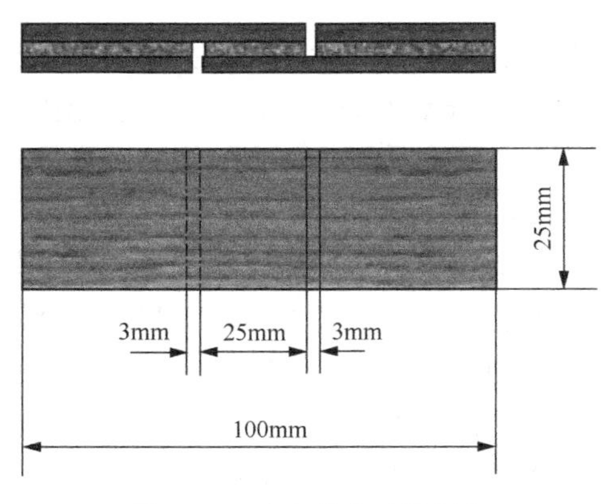

图 3-18　胶合强度试件制作

胶合强度测试参照 GB/T 9846.3（中国林业科学研究院木材工业研究所，2004a）中Ⅱ类胶合板标准。试件在（63±3）℃的热水中浸渍 3h，取出后在室温下冷却 10min。浸渍时试件应全部浸入热水中。

（7）试验安排

1）粉末导电单元对材料性能的影响：研究不同性质（金属、非金属）粉末（零维）导电单元在固化后脲醛树脂（三维）的分布以及不同涂胶量对材料电磁屏蔽性能和胶合性能的影响，确定合理的导电单元施加量和涂胶量。

2）一维金属导电单元对材料性能的影响：研究不同一维金属导电单元在固化后脲醛树脂（三维）的分布以及不同施胶量对材料电磁屏蔽性能和胶合性能的影响，确定合理的导电单元施加量和涂胶量。

3）铁类纤维与粉末导电单元混合作用对材料电磁屏蔽性能和胶合性能的影响。

4）铜类纤维与粉末导电单元混合作用对材料电磁屏蔽性能和胶合性能的影响。

5）不同长度的一维金属导电单元对材料电磁屏蔽性能和胶合性能的影响。

（二）结果与分析

1. 铜类粉末导电胶复合胶合板

涂胶量与导电单元施加量见表 3-2。

表 3-2　涂胶量及铜类粉末施加量

编号	标记号	涂胶量/(g/m^2)	导电单元施加量/(g/m^2)
1	Cu 25-40	250	40
2	Cu 25-80	250	80
3	Cu 25-100	250	100
4	Cu 25-120	250	120
5	Cu 40-40	400	40
6	Cu 40-80	400	80
7	Cu 40-100	400	100
8	Cu 40-120	400	120

在本试验范围内即使是铜类粉末施加量达到最大值 120g/m^2，材料的电磁屏蔽几乎还是零，如图 3-19 所示，两条曲线基本上重合。分析主要原因有以下两个：①铜类粉末容易氧化，特别是在潮湿空气中更容易氧化，如何解决铜类粉末的抗氧化问题是铜系材料应用的一个关键(于彩霞，2003；何益艳等，2002)。铜类粉末氧化是导致本试验电磁屏蔽效能极差的最主要原因；②铜类粉末施加比例过小，本试验考虑到铜类粉末对胶合强度的影响，铜类粉末比例不能太高，最高为 Cu 25-120，即涂胶量 250g 导电单元施加量为 120g 时，铜类粉末占固化后胶的比例为 120∶125，接近 50%。北京工业大学的研究表明，粉末金属导电材料的比例达到 65%～85%时才能获得较好的屏蔽效能，当铜类粉末的施加量达到 50%时，屏蔽效能小于 5dB(葛凯勇，2002；黄婉霞，1997)。

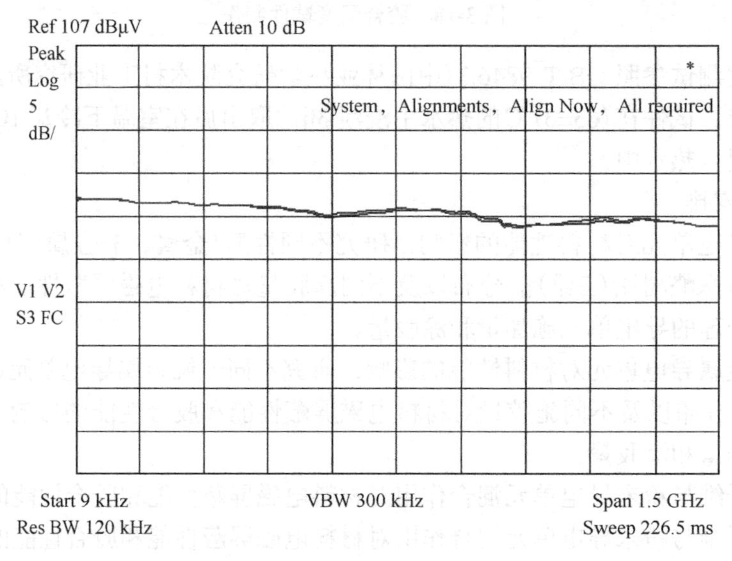

图 3-19　试件电磁屏蔽效能曲线

本试验所制备的铜类粉末导电复合胶合板几乎没有屏蔽效能，所以没有系统测试所有试件的胶合强度，仅挑选铜类粉末施加比例最小(Cu 40-40)和最大(Cu 25-120)的两类试件测试，得到两类试件的胶合强度平均值分别为 1.1MPa 和 1.3MPa，木破率分别为 30%和 40%。这说明在试验范围内，胶合强度满足相关标准要求。

2. 镍类粉末对材料性能的影响

涂胶量与导电单元施加量见表 3-3。SE 测试结果见表 3-4。

表 3-3　涂胶量及镍类粉末施加量

编号	标记号	涂胶量/(g/m^2)	导电单元施加量/(g/m^2)	编号	标记号	涂胶量/(g/m^2)	导电单元施加量/(g/m^2)
1	N25-40	250	40	6	N40-40	400	40
2	N25-80	250	80	7	N40-80	400	80
3	N25-100	250	100	8	N40-100	400	100
4	N25-120	250	120	9	N40-120	400	120
5	N25-140	250	140	10	N40-140	400	140

表 3-4　镍类粉末 SE 测试结果

编号		标记号	最大值/dB	对应频率/MHz	最小值/dB	对应频率/MHz	平均值/dB
A1	1	N25-40	0.00	0	0.00	0	0.00
	2	N25-80	1.17	941	0.02	3	0.44
	3	N25-100	3.89	1338	0.22	3	1.55
	4	N25-120	7.15	933	0.01	3	3.99
	5	N25-140	10.10	870	0.02	11	5.45
	6	N40-40	0.00	0	0.00	0	0.00
	7	N40-80	0.59	1462	0.00	30	0.12
	8	N40-100	10.18	997	0.04	11	5.76
	9	N40-120	9.65	866	0.05	7	5.43
	10	N40-140	10.21	933	0.05	7	5.62
A2	1	N25-40	0.00	0	0.00	0	0.00
	2	N25-80	1.17	941	0.02	3	0.44
	3	N25-100	5.43	1245	0.00	12	1.35
	4	N25-120	6.82	941	0.00	18	3.88
	5	N25-140	10.59	1499	0.07	3	5.41
	6	N40-40	0.00	0	0.00	0	0.00
	7	N40-80	1.84	1473	0.00	30	0.53
	8	N40-100	5.73	866	0.05	4	2.92
	9	N40-120	11.31	870	0.05	4	6.60
	10	N40-140	15.51	1200	0.05	4	6.90
B1	1	N25-40	0.00	0	0.00	0	0.00
	2	N25-80	2.27	937	0.00	4	0.95
	3	N25-100	3.89	1338	0.22	3	1.55
	4	N25-120	7.15	933	0.01	3	3.99
	5	N25-140	10.25	870	0.03	11	5.80
	6	N40-40	0.00	0	0.00	0	0.00
	7	N40-80	6.09	1072	0.05	4	2.31
	8	N40-100	7.80	870	0.05	7	4.42
	9	N40-120	10.54	870	0.05	7	6.05
	10	N40-140	10.38	870	0.05	7	5.96
B2	1	N25-40	0.00	0	0.00	0	0.00
	2	N25-80	2.22	941	0.00	3	0.80
	3	N25-100	5.43	1245	0.00	12	1.35
	4	N25-120	6.82	941	0.00	18	3.88
	5	N25-140	10.86	937	0.04	7	5.68
	6	N40-40	0.00	0	0.00	0	0.00
	7	N40-80	2.30	937	0.00	30	0.88
	8	N40-100	8.96	870	0.04	4	5.00
	9	N40-120	8.9	870	0.03	4	4.88
	10	N40-140	8.5	933	0.04	4	4.94

以 N40-140A2 为例，图 3-20 为其电磁屏蔽效能测试结果。可以看出，镍类粉末的填充材料，其电磁屏蔽性能最小值均出现在低频率段(<30MHz)，随着频率的上升，电磁屏蔽效能逐渐上升，然后再下降。这是由于材料的反射损耗 R_d=168–10lg($\mu_r \cdot f/\sigma_r$)，吸收损耗 A=1.31$t(f \cdot \mu_r \cdot \sigma_r)^{1/2}$。当其他因素一定时，吸收损耗 A 随频率 f 增加而增加，而反射损耗 R_d 随频率 f 增加而减少，吸收损耗增加的速度大于反射损耗减少的速度，表现为材料电磁屏蔽效能随频率的上升而上升。但随着频率的再上升，电磁波通过非金属颗粒处的“孔洞”泄漏增加，使电磁屏蔽效能下降(黄婉霞，1997)。这是因为掺和型的脲醛树脂微观结构中存在大量非导电的高分子树脂区，而高分子本身对电磁波是“透明”的，虽然金属导电单元已经构成导电网络，但这些树脂类似各种“孔洞”，根据电磁波与“孔洞”的交互作用可知，随着频率增加，电磁波通过“孔洞”泄漏程度更加严重(黄婉霞，1997)。

在频率较低的时候，这种影响不明显，但频率升高到一定程度后，这种影响增加，因而在高频段出现电磁屏蔽效能有所下降的现象(黄婉霞，1997)。在低频段，材料电磁屏蔽效能数值很小，导致变异系数较大。由于在低频段材料的电磁屏蔽效能非常小，材料电磁屏蔽效能的最大值出现在中高频率段，因此可以利用最大值来屏蔽特定频率段的电磁波，如图 3-20 所示，在 1.1～1.3GHz 电磁屏蔽效能大于 12dB(相当于屏蔽了 75%电磁波功率)，因此该材料在此范围内具有良好的屏蔽性能。试件电磁屏蔽效能的平均值为 400 个数值点的平均值，也就是 9kHz～1.5GHz 的平均电磁屏蔽效能。

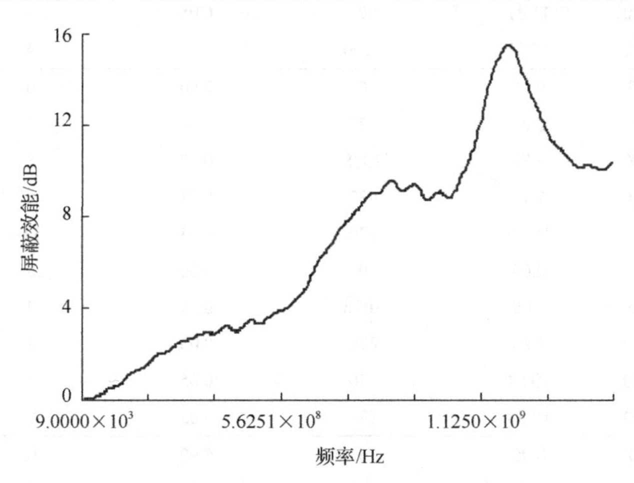

图 3-20　镍类粉末试件电磁屏蔽效能曲线

根据测得的 4 个试件的电磁屏蔽效能，算出每个条件下电磁屏蔽效能的最大值、最小值和平均值，分析结果见表 3-5。

胶合强度和木破率的结果分析见表 3-6，可看出材料的胶合强度均超过国标 GB/T 9846.3(中国林业科学研究院木材工业研究所，2004a) II 类胶合板标准所规定的落叶松单板最低胶合强度 0.8MPa，且变异系数较小。材料的木破率均较小，变异系数普遍较大，并且木破率变化没有规律性。

表 3-5　镍类粉末 SE 测试结果分析

编号	标记号	最小值			最大值			平均值		
		平均值/dB	标准差/dB	变异系数/%	平均值/dB	标准差/dB	变异系数/%	平均值/dB	标准差/dB	变异系数/%
1	N25-40	0.00	0.00	0.0	0.00	0.00	0.0	0.00	0.00	0.0
2	N25-80	0.01	0.01	115.4	1.71	0.62	36.5	0.66	0.26	39.1
3	N25-100	0.11	0.13	115.4	4.66	0.89	19.1	1.45	0.11	7.9
4	N25-120	0.01	0.01	115.4	6.99	0.19	2.7	3.93	0.06	1.5
5	N25-140	0.04	0.02	54.0	10.45	0.34	3.3	5.59	0.19	3.3
6	N40-40	0.00	0.00	0.0	0.00	0.00	0.0	0.00	0.00	0.0
7	N40-80	0.00	0.00	0.0	2.19	0.23	10.5	0.79	0.18	22.2
8	N40-100	0.05	0.01	12.8	8.17	1.89	23.2	4.52	1.20	26.6
9	N40-120	0.05	0.01	22.2	10.10	1.05	10.4	5.74	0.75	14.0
10	N40-140	0.05	0.01	10.5	11.15	3.03	27.2	5.86	0.81	14.0

表 3-6　镍类粉末试件胶合强度和木破率结果分析

编号	标记号	胶合强度			木破率		
		平均值/MPa	标准差/MPa	变异系数/%	平均值/%	标准差/%	变异系数/%
1	N25-40	1.29	0.20	15.8	55.0	37.0	67.2
2	N25-80	1.24	0.31	24.6	10.0	0.0	0.0
3	N25-100	1.17	0.07	5.8	45.0	5.8	12.8
4	N25-120	1.11	0.15	13.5	30.0	0.0	0.0
5	N25-140	0.85	0.08	9.1	17.5	9.6	54.7
6	N40-40	1.36	0.55	40.0	13.3	5.8	43.3
7	N40-80	1.24	0.19	15.0	60.0	29.4	49.1
8	N40-100	1.15	0.20	17.2	22.5	12.6	55.9
9	N40-120	1.11	0.20	18.2	25.0	19.1	76.6
10	N40-140	0.88	0.14	16.5	27.5	20.6	75.0

3. 材料性能分析

从显著性检验结果看，施加量对材料电磁屏蔽性能最大值影响差异非常显著；涂胶量对材料电磁屏蔽性能最大值影响差异显著。从表 3-7 组内显著性检验结果看，导电单元施加量对材料电磁屏蔽效能最大值、平均值及胶合强度均有显著影响，而涂胶量对材料各项性能均没有显著影响。如在导电单元施加量为 40g/m^2、80g/m^2、100g/m^2 时各电磁屏蔽效能最大值没有显著差异；在导电单元施加量为 100g/m^2、120g/m^2 时没有显著差异，120g/m^2 和 140g/m^2 施加量时电磁屏蔽效能最大值也未见有显著差异；而在导电单元施加量为 40g/m^2、80g/m^2 时分别与导电单元施加量为 120g/m^2、140g/m^2 时有显著差异；导电单元施加量为 100g/m^2 时与 140g/m^2 时有显著差异。

表 3-7　镍类粉末不同因素各水平性能比较

因素	水平/(g/m²)	试件数量	SE 最大值/dB	SE 平均值/dB	胶合强度/MPa
导电单元施加量	40	2	0.0 C	0.0 A	1.3 A
	80	2	1.9 CB	0.7 AB	1.2 AB
	100	2	6.4 AB	2.9 CAB	1.1 CB
	120	2	8.5 A	4.8 CB	1.1 C
	140	2	10.8 A	5.7 C	0.8 D
涂胶量	250	5	4.7 A	2.3 A	1.1 A
	400	5	6.3 A	3.3 A	1.1 A

注：表中字母表示在 Tukey's 检验中，在 α=0.05 水平下，相同字母表示统计上无显著差异，不同字母表示统计上有显著差异，下同

表 3-8 为采用多元回归分析方法建立的相关数学模型，各项指标的相关系数都在 0.84 以上，模型显著水平均超过 0.01，说明在试验范围内，模型能够对材料的各项性能进行预测，为下一步深入研究提供理论依据。导电单元对材料电磁屏蔽效能最大值、平均值和胶合强度影响较大，而涂胶量对材料各项性能影响较小。

表 3-8　镍类粉末相关回归方程模型

指标	相关模型	相关系数	显著水平
SE_{Max}	$y = 0.113\,976\,x_1 + 0.010\,400\,x_2 - 8.779\,730$	0.921 9	0.000 1
SE_{Min}	$y = 0.062\,209x_1 + 0.007\,040\,x_2 - 5.406\,108$	0.866 2	0.000 9
ST	$y = -0.004\,172x_1 + 0.000\,107\,x_2 + 1.505\,874$	0.842 5	0.001 6

注：表中 x_1 代表导电单元施加量，x_2 代表涂胶量

4. 导电单元施加量对材料性能的影响

从图 3-21～图 3-24（SE 为电磁屏蔽效能，ST 为剪切胶合强度）可以看出，随着导电单元加入量的增加，材料的电磁屏蔽效能也上升，而材料的胶合强度刚好相反，呈下降趋势。电磁屏蔽效能平均值和最大值具有相同的变化趋势。从图 3-21、图 3-22 可以看出，导电单元施加量从 120g/m^2 增加到 140g/m^2 时，材料的电磁屏蔽效能平均值和最大值分别从 3.94dB 和 6.99dB 上升到 5.59dB 和 10.45dB，均有明显上升的趋势，但由于胶合强度已经下降到 0.85MPa，接近相关标准最低值 0.8MPa，所以不能再增加导电单元的施加量，因此在涂胶量为 250g/m^2 时，最佳的导电单元施加量为 140g/m^2。从图 3-23、图 3-24 可以看出，导电单元施加量从 120g/m^2 增加到 140g/m^2 时，材料的电磁屏蔽效能平均值和最大值均没有明显上升的趋势，而胶合强度由 1.11MPa 下降到 0.88MPa，接近标准最低值 0.8MPa，所以不能再增加导电单元的施加量，因此在涂胶量为 400g/m^2 时，最佳的导电单元施加量为 120g/m^2。导电材料的加入对材料电磁屏蔽效能平均值、最大值和胶合强度均有明显影响。

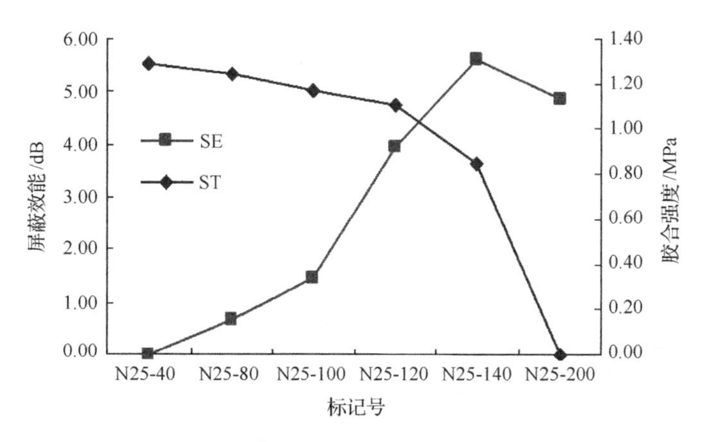

图 3-21　涂胶量为 250g/m^2 时镍类粉末电磁屏蔽效能平均值和胶合强度

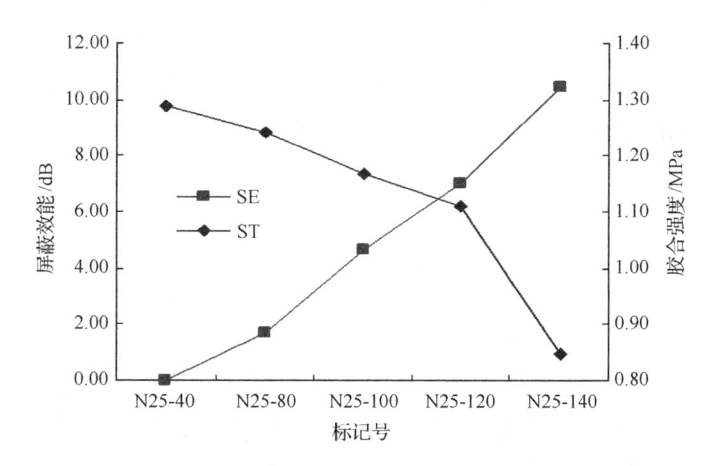

图 3-22　涂胶量为 250g/m^2 时镍类粉末电磁屏蔽效能最大值和胶合强度

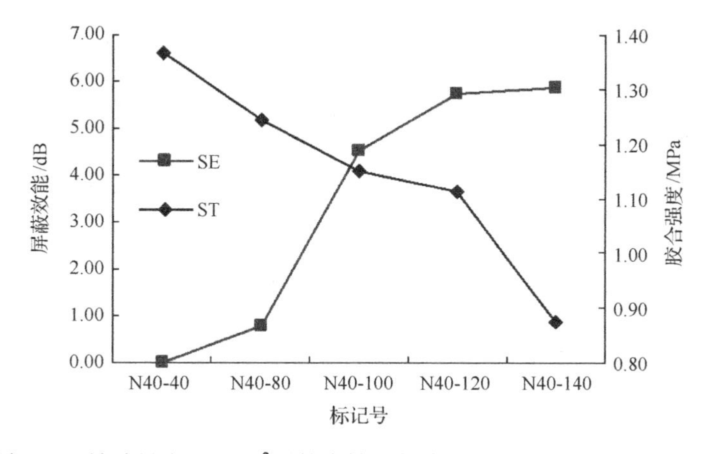

图 3-23　涂胶量为 400g/m^2 时镍类粉末电磁屏蔽效能平均值和胶合强度

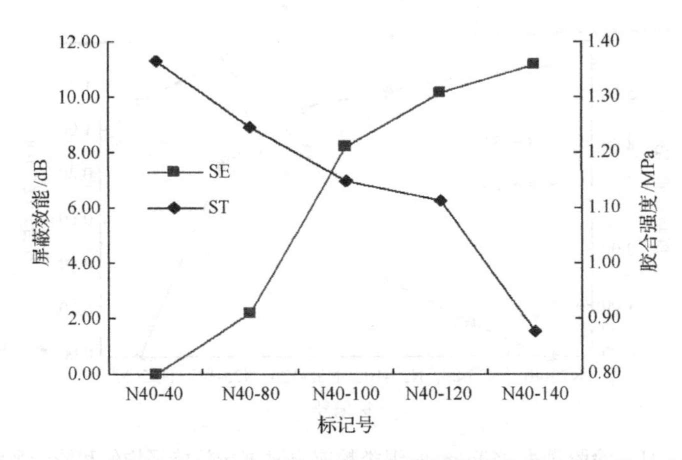

图 3-24　涂胶量为 400g/m² 时镍类粉末电磁屏蔽效能最大值和胶合强度

材料的电磁屏蔽效能主要是由导电胶层的导电性决定的，当导电物质加入量太少时，复合材料内部不能形成有效的导电网络，只有加入足够的导电物质才能使复合材料内部形成导电网络，网络的网链多、网眼密，复合材料导电性就好(连宁和范顺宝，1991)。Aharoni 采用导电粒子的平均接触数来讨论构成导电网络的概率大小，他认为导电涂层的电阻率下降与粒子平均接触数目 m 有关(m 表示一个导电粒子与周围其他导电粒子相接触的平均数目)。当导电单元少时，m 也小；当 $m>1$ 时，开始形成断续网络，电阻率下降；当 m 为 1.3～1.5 时，网络形成，电阻率急剧下降；当 $m \geq 2$ 时，连续网络形成，导电单元量再上升，电阻率的变化也不大(黄婉霞，1997)。因此随着导电单元加入量的增加，材料的电磁屏蔽效能平均值和最大值也上升；而材料的胶合强度刚好相反，呈下降趋势，这是由于加入过量的导电单元影响了脲胶之间以及脲胶与单板之间的胶合性能，特别是导电单元是无机物而脲胶是有机物，根据“相似者相溶”原理，大量零维金属导电单元的存在对胶合强度有不利影响。

5. 涂胶量对材料性能的影响

从图 3-25～图 3-27 可以看出，随着涂胶量的增加，材料的电磁屏蔽效能也上升，而材料的胶合强度则基本不变。电磁屏蔽效能平均值和最大值均随着涂胶量的增加而上升。涂胶量对材料电磁屏蔽效能平均值、最大值和胶合强度均没有显著影响。

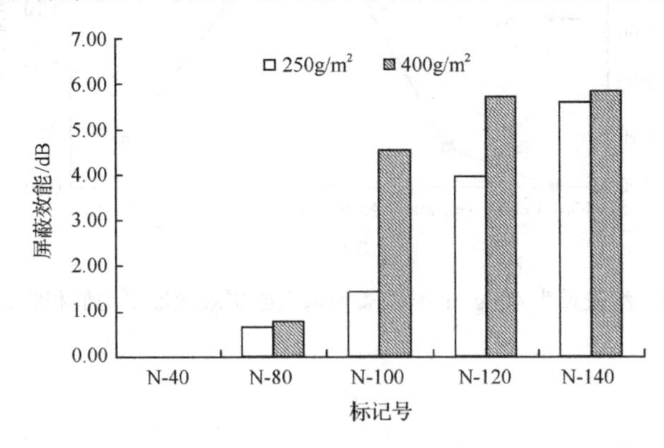

图 3-25　涂胶量和镍类粉末施加量对材料电磁屏蔽效能平均值的影响

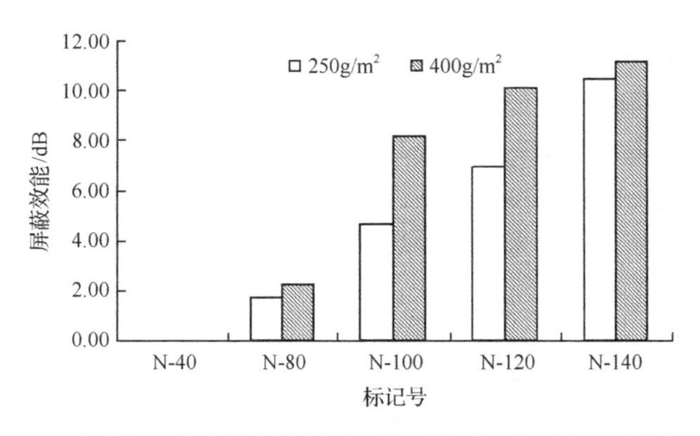

图 3-26　涂胶量和镍类粉末施加量对材料电磁屏蔽效能最大值的影响

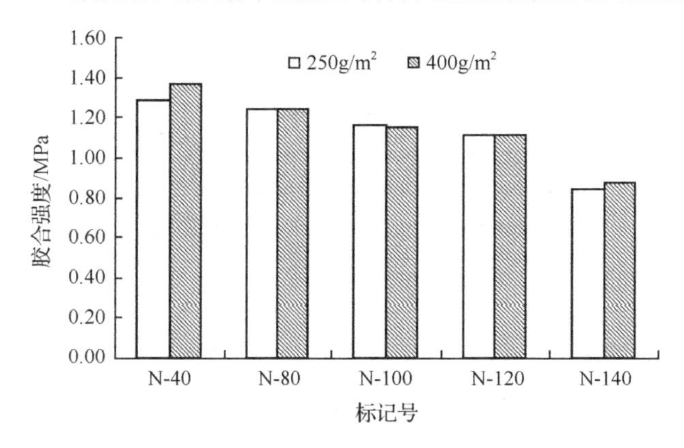

图 3-27　涂胶量和镍类粉末施加量对材料胶合强度的影响

材料的反射损耗 $R_d=168-10\lg(\mu_r \cdot f/\sigma_r)$，吸收损耗 $A=1.31t(f \cdot \mu_r \cdot \sigma_r)^{1/2}$。涂胶量的增加一方面使材料导电性下降，材料的反射损耗下降；另一方面使胶层厚度 t 增大，有利于提高吸收损耗。超细金属属于磁介质型吸波材料，具有较高的磁损耗正切角，即在外界磁场作用下，材料磁偶矩产生引起的损耗比较大，材料主要依靠磁滞损耗、自然共振、后效损耗等极化机制衰减、吸收电磁波(赵鹤云等，2002)。无论哪种材料，当频率增大到某一界限后，其屏蔽效能将主要取决于吸收损耗，这一频率界限值对于非磁性金属大约是 1MHz(陈穷，1993)，镍是非磁性金属，且测试频率范围为 9kHz～1.5GHz，绝大多数频段超过 1MHz，同时低频段的电磁屏蔽效能极差。因此镍类粉末填充的材料电磁屏蔽性能主要取决于吸收损耗，吸收损耗的增加超过了因导电性略微下降所产生反射损耗的降低，电磁屏蔽效能总和仍然有所上升。

从图 3-27 可以看出，随着涂胶量的增加，材料的胶合强度则基本不变，原因可能是镍类粉末密度较大，在施加质量一定的情况下，镍类粉末体积较小，使用较少量胶黏剂 250g/m^2 即可胶合。这可能因为镍类粉末表面具有极性基团，可改善其与胶黏剂的界面相容性，相关机理有待于进一步研究。

二、金属基导电膜片复合胶合板的制备与性能

现阶段国内外主要采用金属箔和金属网叠层复合以及金属或非金属导电填料填充的

方法来制备电磁屏蔽胶合板，其中导电纤维填充制备的电磁屏蔽胶合板因工艺简单、成本低、屏蔽性能稳定等特点而成为此类研究的主要方向。导电纤维填充制备电磁屏蔽胶合板主要通过提高导电纤维填充量来提高其屏蔽效能，然而单一的增加填充量将使胶合板胶合强度大大降低，胶合强度与屏蔽性能互相制约，材料表现出屏蔽效能低和频带窄的缺点，本节针对上述问题，采用“叠层复合”工艺制备新型电磁屏蔽胶合板，提高了电磁屏蔽效能、展宽了屏蔽频带。

(一) 叠层型电磁屏蔽胶合板结构物理模型

基于以上屏蔽理论，参照夹层复合体屏蔽模型设计叠层型电磁屏蔽胶合板，其结构如图 3-28 所示。

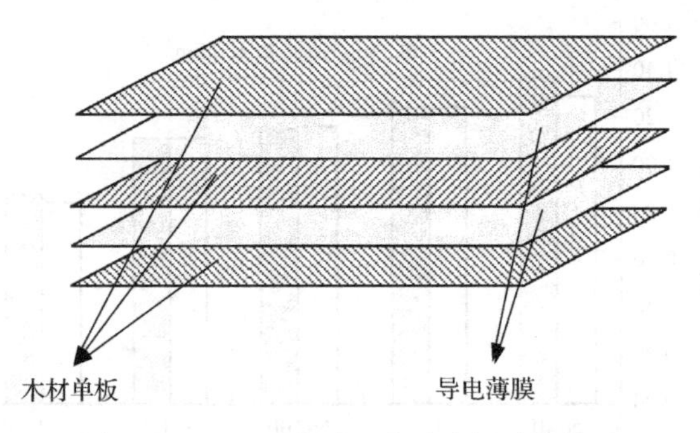

图 3-28　叠层型电磁屏蔽胶合板结构模型

(二) 试验材料

1) 落叶松单板：购自内蒙古根河林业局，幅面为 630mm×630mm，厚度为(2.0±0.3) mm，密度为 0.67g/cm^3，含水率为 9%～10%。

2) 导电膜片：采用自制的导电膜片，10mm 铜纤维填充，填充量分别为 12.5g/m^2、25.0g/m^2、50.0g/m^2、100.0g/m^2、200.0g/m^2。

3) 胶黏剂：环保型胶合板用脲醛胶(30-910)，固含量为 52%，黏度为 110～170cps (30℃)，游离醛低于 0.2%，密度为 1.2g/cm^3，pH 为 8.5～9.5，购于北京太尔化工有限公司。

(三) 试验方法

试验采用叠层复合工艺制备电磁屏蔽胶合板。导电膜片和落叶松单板按照图 3-28 所示进行涂胶再叠层组坯，经闭合陈放后送入压机，陈放时间为 30min。在压板温度 120℃、单位压力 1MPa 和加压时间 6min 的工艺下，压制具有单层或双层导电膜片叠加的电磁屏蔽胶合板。脲醛树脂胶液的施加量为 150g/m^2 (单面)。工艺流程见图 3-29。

落叶松单板组坯前需进行热板展平工艺，目的是削弱单板内部的生长应力和干缩应力，保证单板平整度，提高胶合板胶合强度(刘贤淼，2005；华毓坤和傅峰，1994)。热板温度为 100℃，热压时间为 1min/mm，单位压力为 0.5MPa，不加垫板。单板的含水率为 9%～10%，干燥展平后含水率为 5%～6%。

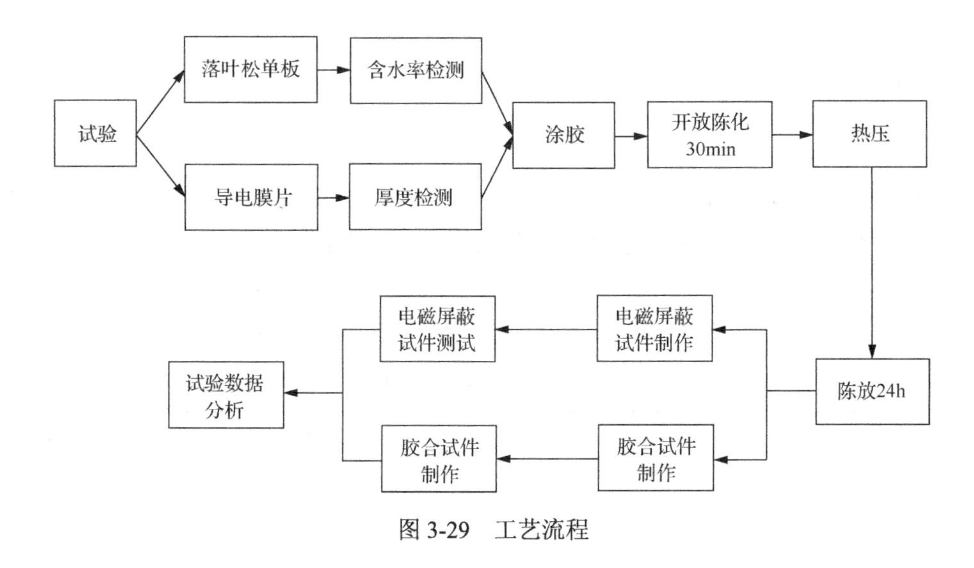

图 3-29　工艺流程

1. 测试试样的制备

电磁屏蔽胶合板冷却 24h 后制成外径$115_{-0.5}^{0}$ mm 和内孔直径$15_{0}^{+0.5}$ mm 的标准圆盘试样，并将试样采用导电涂料进行内外封边。试件样品取值为 8 个相同制备条件下样品的平均值。

胶合剪切强度试件制作按照 GB/T 9846.7（中国林业科学研究院木材工业研究所，2004b）进行，槽口深度锯过芯板到胶层为止，有效测试面积为 25mm×25mm。同一条件压制 4 张板（与电磁屏蔽效能试件取处相同），每张板上取 4 个试件进行测试。

2. 性能测试

(1) 屏蔽效能测试

按照本章第一节中改进的同轴法进行电磁屏蔽效能测试。

(2) 胶合强度测试

胶合强度测试参照 GB/T 17657（中国林业科学研究院木材工业研究所，1999）中 II 类胶合板标准。试件在(63±3)℃的热水中浸渍 3h，取出后在室温下冷却 10min。浸渍时试件应全部浸入热水中。

(3) 厚度测试

膜片厚度测试：厚度仪无法测试大幅面膜片中间厚度，将膜片裁取成小试样进行测试。

250mm×250mm 幅面的导电膜片取 3 张，每张裁取 25 块 5mm×5mm 幅面的小试样。每个小试样测试 5 个点，再取其平均值。

500mm×500mm 幅面的导电膜片取两张，每张裁取 100 块 5mm×5mm 幅面的小试样，每个小试样测试 5 个点，再取其平均值。

胶合板厚度测试：胶合板在锯制成圆盘试样后进行厚度测试，每个试样取 5 个点，然后取其平均值。

(四) 结果与分析

1. 填充量对膜片厚度分布的影响

表 3-9 是导电膜片厚度的分析结果，从表 3-9 中可以看出随着填充量的增加，膜片厚度随之增加。同时导电膜片厚度变异系数较小，并且随着铜纤维填充量的增加而变小。分析其原因，铺撒的不均匀引起了厚度变异，在低填充量时，该不均匀性比较突出，但随着填充量增加，厚度上的不均匀性会逐渐降低，由此变异性将变小。

表 3-9　膜片厚度结果分析

样品幅面规格	填充量/(g/m^2)	平均值/mm	标准差/mm	变异系数/%
250mm×250mm	12.5	0.190	0.042	22.1
	25	0.207	0.035	16.7
	50	0.231	0.035	15.0
	100	0.259	0.032	12.5
	200	0.335	0.040	12.0
500mm×500mm	200	0.322	0.040	12.3

从表 3-9 中还可以看出 500mm×500mm 与 250mm×250mm 幅面导电膜片的厚度相差 0.013mm，厚度在微米级上变化，其变异性在试验误差范围内。导电膜片制备幅面的增大并没有使其厚度变异增大，铜纤维在导电膜片中的分布较为均匀。由此得到结论：铺撒模压为较优的制备工艺。

2. 填充量对胶合板厚度的影响

表 3-10 是胶合板的厚度结果分析，从表 3-10 中可以看出随着填充量的增加，胶合板厚度变化没有规律。胶合板厚度的变异系数都比较小，分析其原因：单板之间厚度差异很大(毫米级)，导电膜片之间厚度差异很小(微米级)，导电膜片厚度相对单板厚度来说很小，膜片厚度增量无法在叠层后胶合板中体现，因此胶合板厚度变化没有规律。同时由于单板在热板展平后板面很平整，压制后胶合板厚度变异系数较小。

表 3-10　胶合板厚度结果分析

样品规格	填充量/(g/m^2)	平均值/mm	标准差/mm	变异系数/%
单层导电膜片叠加	12.5	5.010	0.080	1.6
	25	5.475	0.187	3.4
	50	5.178	0.210	4.1
	100	5.141	0.117	2.3
	200	5.428	0.126	2.3
双层导电膜片叠加	12.5	5.540	0.466	8.4
	25	5.799	0.306	5.3
	50	5.320	0.065	1.2
	100	5.817	0.254	4.4
	200	5.616	0.085	1.5
普通胶合板	0	5.255	0.066	1.3

3. 填充量对单层导电膜片叠层胶合板电磁屏蔽性能的影响

图 3-30 是单层导电膜片叠层胶合板电磁屏蔽效能变化曲线，图 3-31 是单层导电膜片叠层胶合板电磁屏蔽效能平均值曲线。从图 3-30 和图 3-31 中可以看出随着导电膜片中铜纤维填充量的增加，胶合板屏蔽效能值及屏蔽效能平均值在增大。也可知普通胶合板对电磁波几乎没有屏蔽作用，主要起屏蔽作用的是导电膜片，导电膜片的电磁屏蔽效能随着填充量的增加而增大，因此导电膜片叠层胶合板的电磁屏蔽效能将随着铜纤维填充量的增加而增大。

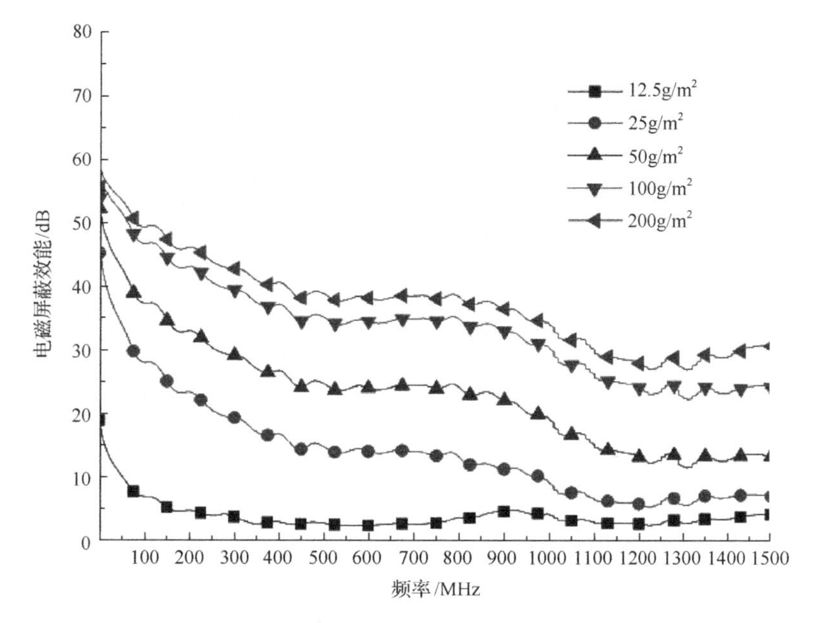

图 3-30　单层导电膜片叠层胶合板电磁屏蔽效能变化曲线

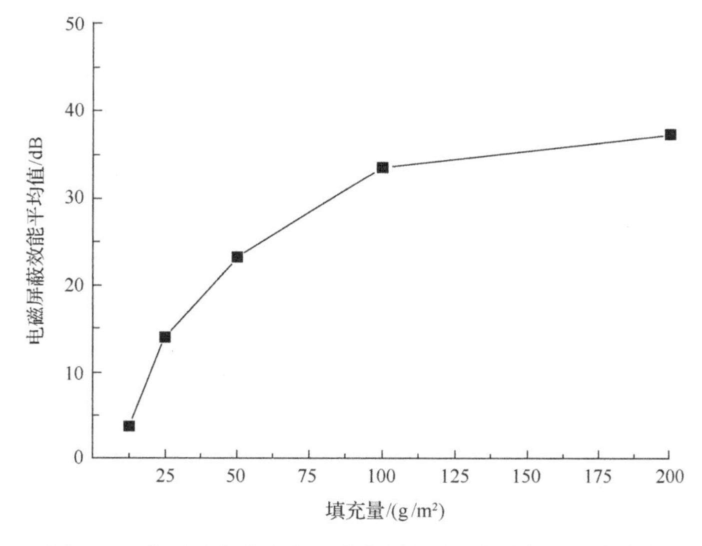

图 3-31　单层导电膜片叠层胶合板电磁屏蔽效能平均值曲线

4. 填充量对双层导电膜片叠层胶合板电磁屏蔽性能的影响

图 3-32 是双层导电膜片叠层胶合板电磁屏蔽效能变化曲线，图 3-33 是双层导电膜片叠层胶合板电磁屏蔽效能平均值曲线。从图 3-32 和图 3-33 中可以看出随着导电膜片铜纤维填充量的增大，胶合板屏蔽效能值及屏蔽效能平均值在增加。其原因与单层导电膜片叠层胶合板相似，这里不再具体讨论。

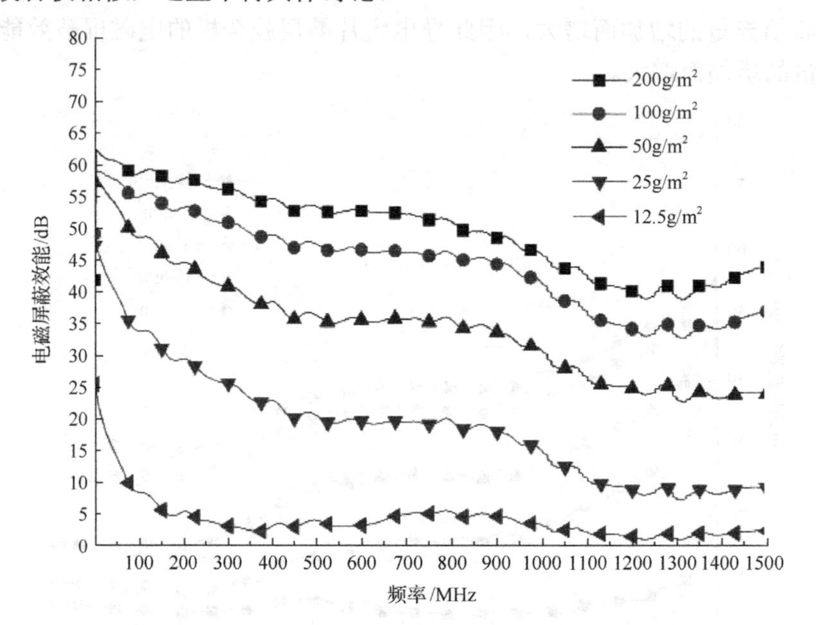

图 3-32　双层导电膜片叠层胶合板电磁屏蔽效能变化曲线

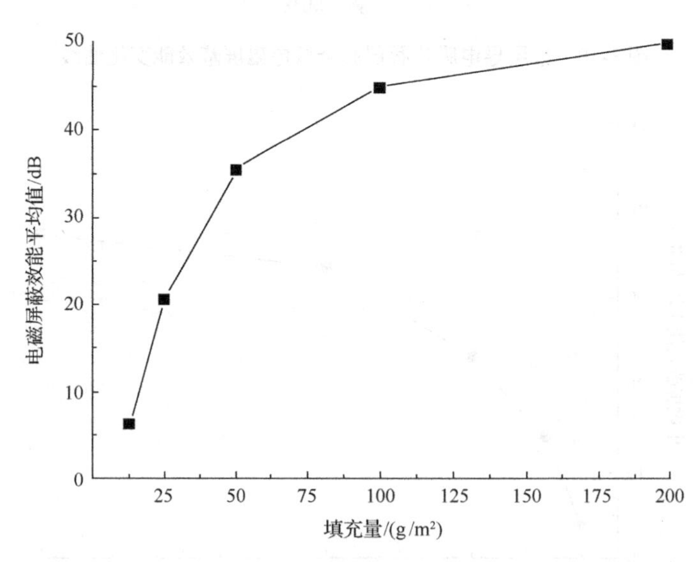

图 3-33　双层导电膜片叠层胶合板电磁屏蔽效能平均值曲线

5. 单层和双层导电膜片叠层胶合板电磁屏蔽性能比较

图 3-34 是 12.5g/m^2 单层、12.5g/m^2 双层及 25g/m^2 单层导电膜片叠层胶合板电磁屏蔽

效能曲线。从图 3-34 中可以看出，12.5g/m^2 单层和双层叠层胶合板电磁屏蔽效能差值不大（平均电磁屏蔽效能差值为 2.53dB），12.5g/m^2 双层叠层胶合板的电磁屏蔽效能比 25g/m^2 单层叠层的低。分析其原因：导电膜片在渗滤阈值前几乎没有屏蔽效果，由第二章可知导电膜片渗滤阈值为 20g/m^2。对于 12.5g/m^2 的导电膜片其填充量低于渗滤阈值，导电膜片几乎没有屏蔽效果，双层导电膜片即使在叠层后胶合板电磁屏蔽效能不会增加很大，同时也使得其电磁屏蔽效能比相同填充量（25g/m^2）单层导电膜片叠层胶合板低。

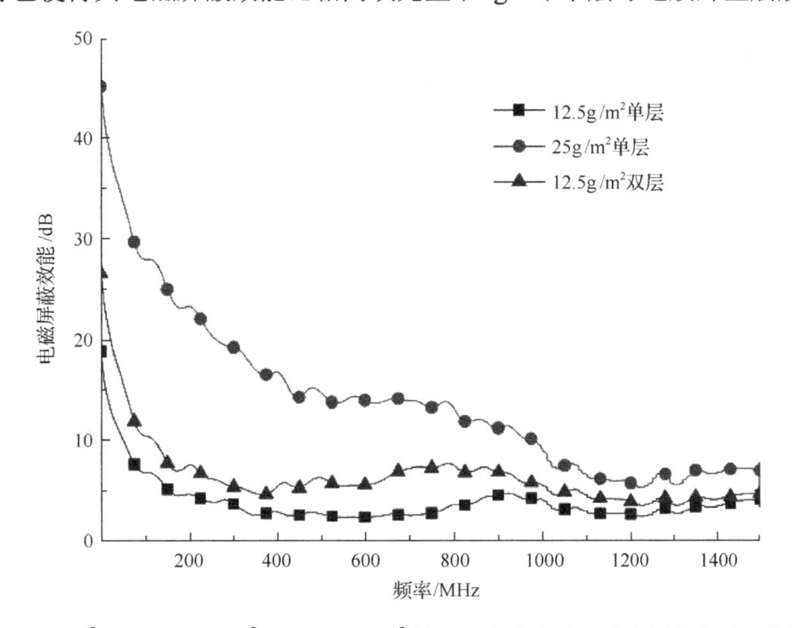

图 3-34　12.5g/m^2 单层、12.5g/m^2 双层及 25g/m^2 单层导电膜片叠层胶合板的电磁屏蔽效能曲线

图 3-35 是 25g/m^2 单层、25g/m^2 双层及 50g/m^2 单层导电膜片叠层胶合板电磁屏蔽效能曲线。图 3-36 是 50g/m^2 单层、50g/m^2 双层及 100g/m^2 单层导电膜片叠层胶合板电磁屏蔽效能曲线。图 3-37 是 100g/m^2 单层、100g/m^2 双层及 200g/m^2 单层导电膜片叠层胶合板电磁屏蔽效能曲线。图 3-38 是 200g/m^2 单层和 200g/m^2 双层导电膜片叠层胶合板的电磁屏蔽效能曲线。从图 3-35～图 3-38 中可以看出，25g/m^2 单层和双层叠层胶合板电磁屏蔽效能平均差值为 6.47dB。50g/m^2 单层和双层叠层胶合板平均电磁屏蔽效能差值为 12.12dB。100g/m^2 单层和双层叠层胶合板平均电磁屏蔽效能差值为 11.08dB。200g/m^2 单层和双层叠层胶合板平均电磁屏蔽效能差值为 12.36dB，其中 200g/m^2 双层导电膜片叠层胶合板屏蔽效能在 39.3～61.75dB，平均值为 49.65dB，屏蔽效果中等。双层导电膜片叠层屏蔽性能优于单层，证实了本研究提出的叠层型电磁屏蔽胶合板结构物理模型的可行性。

同时从图 3-35～图 3-38 中还可以看出，25g/m^2 双层叠层胶合板电磁屏蔽效能比 50g/m^2 单层叠层胶合板低，其平均电磁屏蔽效能差值为 2.56dB。50g/m^2 双层叠层胶合板的电磁屏蔽效能比 100g/m^2 单层叠层胶合板略高，其平均电磁屏蔽效能差值为 1.69dB。100g/m^2 双层叠层胶合板的电磁屏蔽效能比 200g/m^2 单层叠层胶合板高，其平均电磁屏蔽效能差值为 7.32dB。分析其原因：25g/m^2 导电膜片电磁屏蔽效能比较小，电磁波在穿透第一屏蔽层时电磁能量没有得到很大地减弱，很容易穿透第二层，双层导电膜片叠层胶

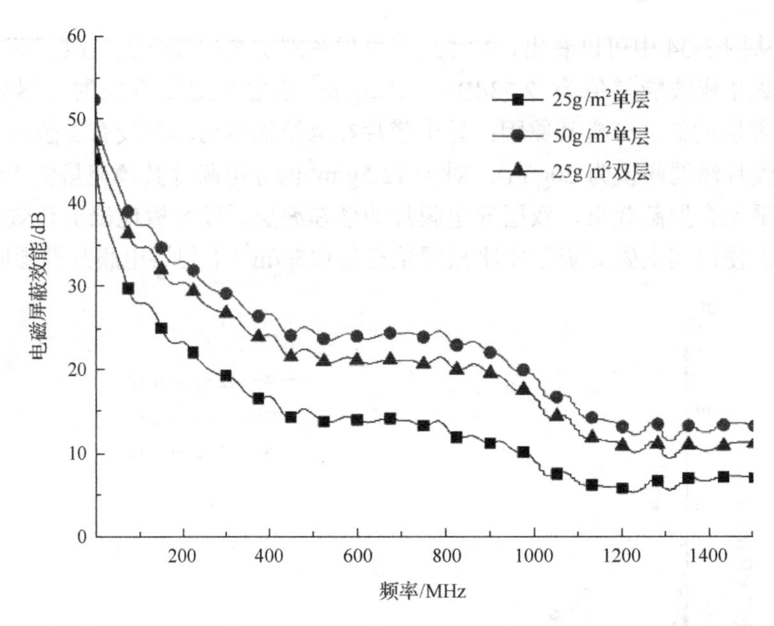

图 3-35　25g/m² 单层、25g/m² 双层及 50g/m² 单层导电膜片叠层胶合板的电磁屏蔽效能曲线

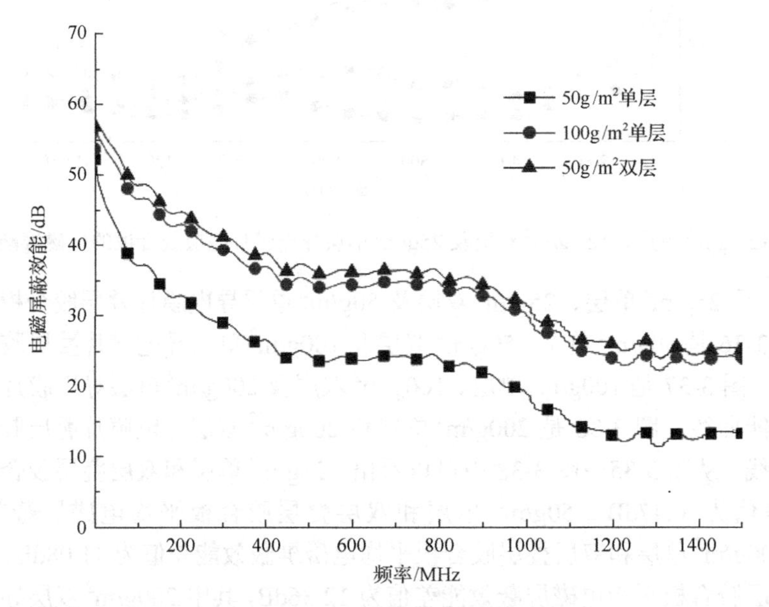

图 3-36　50g/m² 单层、50g/m² 双层及 100g/m² 单层导电膜片叠层胶合板的电磁屏蔽效能曲线

合板的(总填充量为 50g/m²)屏蔽效能大于单层导电膜片(25g/m²)胶合板，但仍低于相同填充量(50g/m²)单层导电膜片胶合板。随着填充量的增大，单层导电膜片屏蔽效能开始增加，穿透第一层屏蔽层的电磁能量在逐渐减小，到达第二层后继续被衰减，两层导电膜片总屏蔽效能开始大于单层导电膜片(总填充量相同)，其增量随着填充量的增加而增大。此时填充量称为“纤维填充量双层屏蔽逆转点”。在此逆转点以上以及总填充量相同的前提下，双层导电膜片叠层胶合板的屏蔽性能要比单层导电膜片叠层胶合板好。本研究中铜纤维填充量逆转点为 50g/m²，这对实际生产具有指导价值。

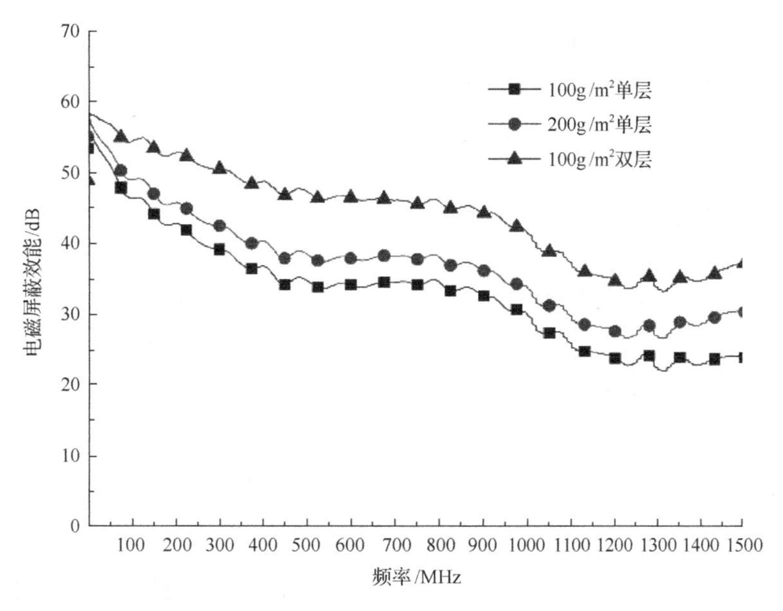

图 3-37　100g/m² 单层、100g/m² 双层及 200g/m² 单层导电膜片叠层胶合板的电磁屏蔽效能曲线

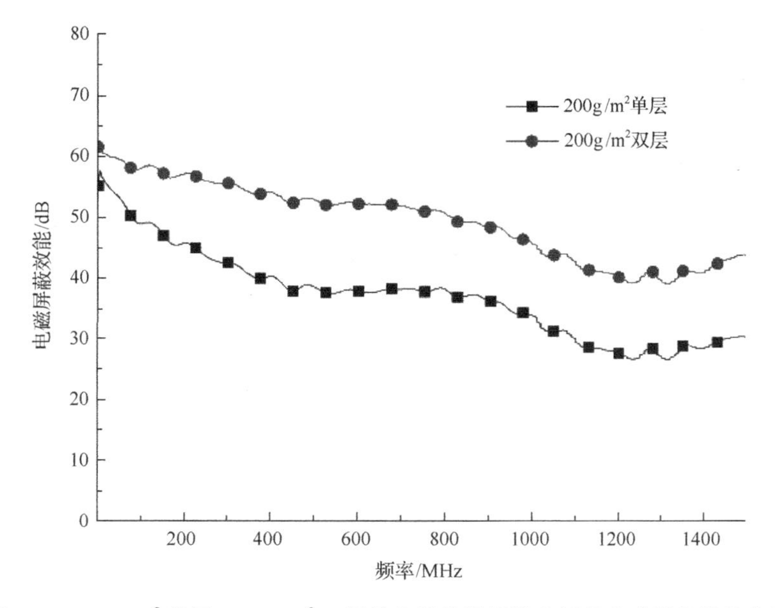

图 3-38　200g/m² 单层、200g/m² 双层导电膜片叠层胶合板的电磁屏蔽效能曲线

6. 双层与 2 倍单层叠层胶合板电磁屏蔽性能比较

图 3-39 是双层 200g/m² 导电膜片叠层胶合板与 2 倍 200g/m² 单层导电膜片叠层胶合板电磁屏蔽效能对比曲线，从图 3-39 中可以看出，双层导电膜片叠层胶合板屏蔽效能小于两个单层导电膜片叠层胶合板屏蔽效能之和。电磁波在木材中传播衰减非常小，基本与空气相同，所以借用金属双层屏蔽(夹层为空气)原理(杨克俊，2004；蔡仁刚，1997；陈穷，1993)来解释，如图 3-40 所示，设两屏蔽层为同一实体金属、厚度相等并

相互平行，同时间距为 h，其屏蔽效能为 SE_{dB}。按照单层屏蔽原理的分析方法，透过第二层的总电场为

$$E_t = E_3 + E_7 + E_{11} + \cdots \tag{3-25}$$

总的屏蔽效能为

$$SE = \frac{E_0}{E_t} SE_{dB} \cdot SE_{dB} e^{k_0 h} \left[1 - \left(\frac{1-N}{1+N} \right)^2 e^{-2k_0 h} \right] \tag{3-26}$$

用分贝表示双层屏蔽体的屏蔽效能为

$$SE = 2SE_{dB} + j8.68 \frac{2\pi}{\lambda} h + \lg \left[1 - \left(\frac{1-N}{1+N} \right)^2 e^{-\frac{4\pi}{\lambda} h} \right] \tag{3-27}$$

式中，k_0 为电磁波在空气中的传播系数；N 为空气波阻抗和金属特性阻抗的比值。

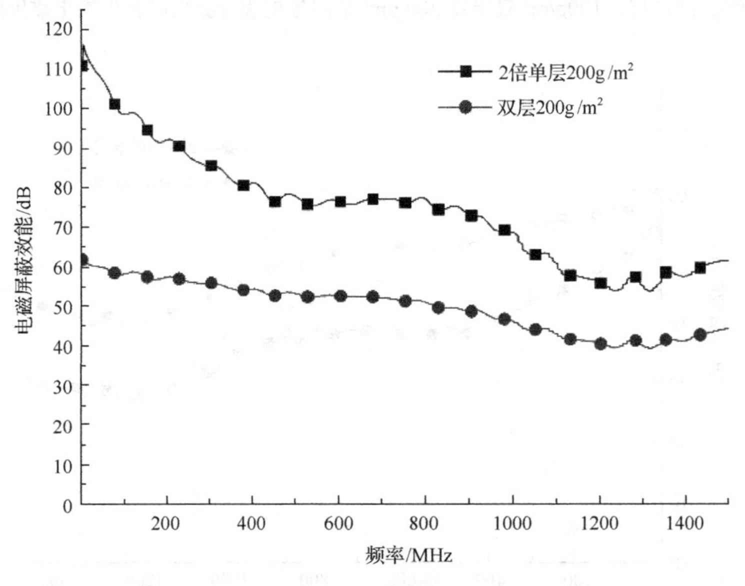

图 3-39　200g/m² 单层(2 倍)、200g/m² 双层导电膜片叠层胶合板的电磁屏蔽效能曲线

在式(3-27)中，$j8.68 \frac{2\pi}{\lambda} h + \lg \left[1 - \left(\frac{1-N}{1+N} \right)^2 e^{-\frac{4\pi}{\lambda} h} \right]$ 项在很宽的频率范围内是负值，说明双层总屏蔽效能小于两个单层屏蔽效能之和。这是因为穿透第一层的电磁能量在两层之间的空间多次反射，致使相当一部分电磁波穿过第二屏蔽层进入屏蔽空间，增强了剩余场强，造成了屏蔽效能的降低。其他填充量的导电膜片情况相同，这里不再单独列举讨论。

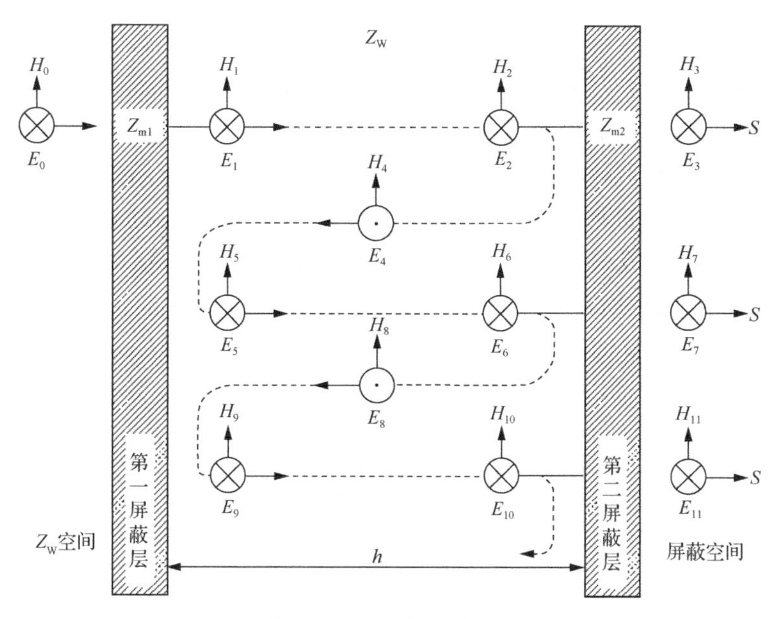

图 3-40　双层屏蔽原理

三、电磁屏蔽性能的持久性

屏蔽性能持久性是影响电磁屏蔽胶合板功能特性的重要因素。目前此类研究很少，也没有建立相关标准来评价电磁屏蔽性能的持久性。本节根据电磁屏蔽胶合板自身特点设计试验，进行屏蔽性能持久性的研究，探讨其电磁屏蔽性能和胶合强度失效的关系。

(一)屏蔽性能的持久性评价试验设计

电磁屏蔽胶合板的屏蔽功能主要来源于导电膜片。导电膜片由铜纤维填充脲醛树脂制备而成，其屏蔽作用主要依靠铜纤维相互搭接构成的具有优良导电性能的网络结构。导电膜片屏蔽效能降低主要有两个方面的原因：一方面导电膜片中铜纤维氧化，纤维之间的搭接电阻增大，整体导电膜片电阻增大，屏蔽效能降低；另一方面铜纤维之间的松动破坏了相互的搭接，整体导电膜片电阻增大，屏蔽效能降低。

电磁屏蔽胶合板将主要用做室内装修材料，根据其特点，导电膜片中的铜纤维基本不可能由于周围的环境因素而氧化，主要可能是胶合板在使用过程中胶层的破坏使得铜纤维之间产生了松动导致电磁屏蔽效能降低。胶层直接反映着胶合板的胶合质量，本节参照胶合板胶合强度标准，通过测试浸渍(63℃热水)各个阶段试件的胶合性能和屏蔽性能，分析研究电磁屏蔽胶合板强度与功能失效的关系。

(二)试验材料与方法

自制电磁屏蔽胶合板，双层导电膜片(200g/m^2)叠层。

试验设备：木材力学实验机，AGS-500B，日本三洋公司；恒温水浴锅，DK500 型，日本 YAMATO 科技公司；立式法兰同轴，DN15115 型，中国东南大学；频谱分析仪，

HP E7401A，美国惠普公司。

电磁屏蔽胶合板屏蔽性能持久性试验流程如图 3-41 所示。将电磁屏蔽测试试件和胶合强度剪切试件放在(63±3)℃的热水中浸渍 3h 后，拿出部分电磁屏蔽测试试件和胶合强度剪切试件，电磁屏蔽试件在低温 50℃条件下烘干后进行同轴法测试，剪切试件取出后在室温下冷却 10min 后进行胶合强度测试。将浸渍 6h、9h 的电磁屏蔽测试试件和胶合强度剪切试件按照上述方法进行测试。同时按照上述试验步骤测试普通胶合板(无导电膜片叠层)的胶合强度，与电磁屏蔽胶合板胶合强度进行对比。

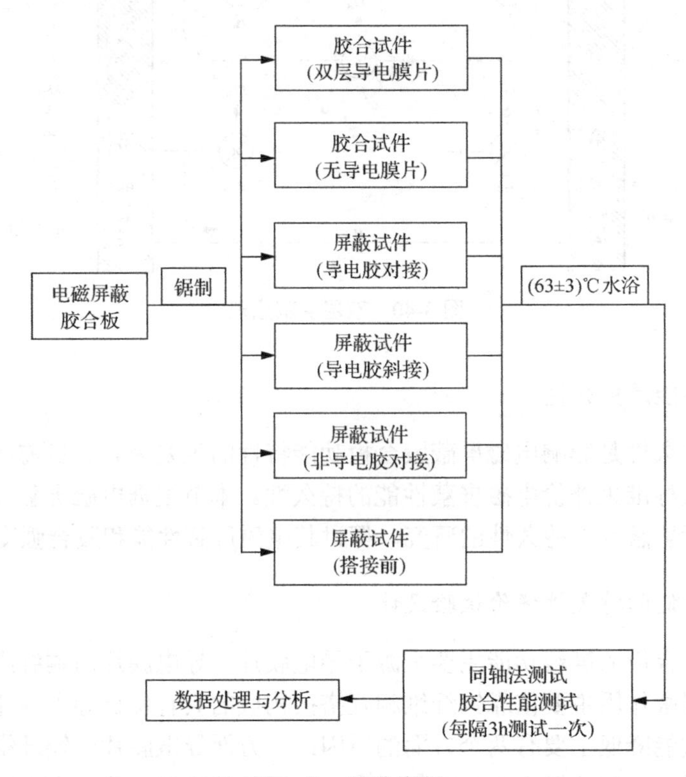

图 3-41　试验流程

电磁屏蔽效能测试试件分为两类，一是没有经过接缝搭接，二是经过接缝搭接。

将搭接前后的电磁屏蔽胶合板制备成外径$115_{-0.5}^{0}$ mm 和内孔直径$12_{0}^{+0.5}$ mm 的标准圆盘试样，试样采用导电涂料进行内外封边。试件样品取值为 2 个相同制备条件下样品的平均值。

胶合强度试件制作按照 GB/T 9846.7(中国林业科学研究院木材工业研究所，2004b)进行，槽口深度锯过芯板到胶层为止，有效测试面积为 25mm×25mm。每个阶段测试 8 个试件的胶合强度，然后取其平均值。

按照上述同轴法进行电磁屏蔽效能测试；按照 GB/T 9846.3(中国林业科学研究院木材工业研究所，2004a)标准Ⅱ类胶合板测试方法进行胶合强度测试。

（三）结果与分析

1. 浸渍后材料表面和边缘特征

表 3-11 是材料在分段浸渍过程中表面和边缘的特征。从表 3-11 中可以看出，在分段浸渍过程中，3h、6h 及 9h 后材料的表面形态没有变化。材料在浸渍 6h 和 9h 后边缘开始出现裂缝，如图 3-42 所示。

表 3-11　浸渍过程试件表面和边缘的特征

样品	浸渍时间					
	试件表面特征			试件边缘特征		
	3h	6h	9h	3h	6h	9h
P1	无裂缝	—	—	无裂缝	—	—
P4	无裂缝	—	—	无裂缝	—	—
P2	—	无裂缝	—	—	无裂缝	—
P5	—	无裂缝	—	—	无裂缝	—
P3	—	—	无裂缝	—	—	无裂缝
P6	—	—	无裂缝	—	—	无裂缝
DD1	无裂缝	—	—	无裂缝	—	—
DD4	无裂缝	—	—	无裂缝	—	—
DD2	—	无裂缝	—	—	有裂缝	—
DD5	—	无裂缝	—	—	无裂缝	—
DD3	—	—	无裂缝	—	—	无裂缝
DD6	—	—	无裂缝	—	—	有裂缝
DX1	无裂缝	—	—	无裂缝	—	—
DX4	无裂缝	—	—	无裂缝	—	—
DX2	—	无裂缝	—	—	无裂缝	—
DX5	—	无裂缝	—	—	无裂缝	—
DX3	—	—	无裂缝	—	—	无裂缝
DX6	—	—	无裂缝	—	—	无裂缝
F1	无裂缝	—	—	无裂缝	—	—
F4	无裂缝	—	—	无裂缝	—	—
F2	—	无裂缝	—	—	有裂缝	—
F5	—	无裂缝	—	—	有裂缝	—
F3	—	—	无裂缝	—	—	无裂缝
F6	—	—	无裂缝	—	—	有裂缝

注：P 表示没有经过接缝搭接的屏蔽试件；DD 表示导电胶对接的屏蔽试件；DX 表示导电胶斜接的屏蔽试件；F 表示非导电胶连接试件。试件 1 和 4 表示浸渍 3h，试件 2 和 5 表示浸渍 6h，试件 3 和 6 表示浸渍 9h。表 3-12 同

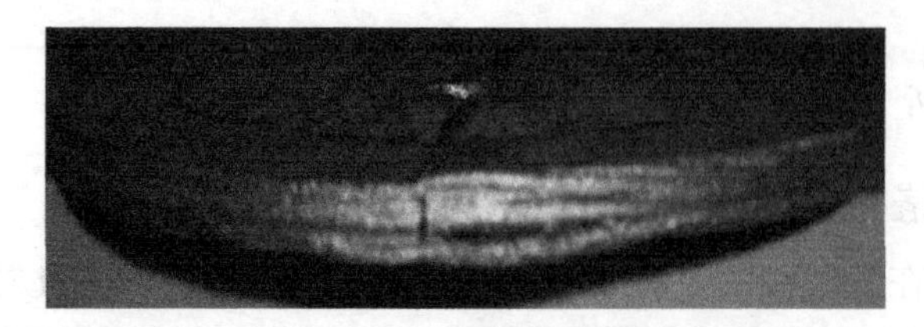

图 3-42 材料在浸渍后边缘出现的裂缝

2. 干燥后材料表面和边缘特征

将浸渍后的试件放入烘箱低温(50℃)干燥至恒重。表 3-12 是材料在干燥后表面和边缘的特征。从表 3-12 中可以看出材料表面都出现细表裂现象，如图 3-43 所示。材料边缘的裂缝总体增多，同时也出现了严重开裂现象，如图 3-44 所示。分析其原因：胶合板表板在干燥初期由于表面水分蒸发速率大于木材内部，表面的拉应力大于木材横纹极限应力时导致了表裂。同时在干燥过程中，浸渍后胶合板胶合强度的下降以及木材弦向干缩大于径向干缩两方面的原因造成了胶合板出现严重开裂的现象。

表 3-12 试件干燥后表面和边缘的特征

样品	浸渍时间					
	试件表面特征			试件边缘特征		
	3h	6h	9h	3h	6h	9h
P1	细表裂	—	—	有裂缝	—	—
P4	细表裂	—	—	无裂缝	—	—
P2	—	细表裂	—	—	无裂缝	—
P5	—	细表裂	—	—	无裂缝	—
P3	—	—	细表裂	—	—	无裂缝
P6	—	—	细表裂	—	—	无裂缝
DD1	细表裂	—	—	无裂缝	—	—
DD4	细表裂	—	—	无裂缝	—	—
DD2	—	细表裂	—	—	12cm 严重开裂	—
DD5	—	细表裂	—	—	无裂缝	—
DD3	—	—	细表裂	—	—	7.5cm 严重开裂
DD6	—	—	细表裂	—	—	7.5cm 严重开裂
DX1	细表裂	—	—	无裂缝	—	—
DX4	细表裂	—	—	有裂缝	—	—
DX2	—	细表裂	—	—	无裂缝	—
DX5	—	细表裂	—	—	8cm 严重开裂	—
DX3	—	—	细表裂	—	—	8cm 严重开裂
DX6	—	—	细表裂	—	—	无裂缝
F1	细表裂	—	—	无裂缝	—	—
F4	细表裂	—	—	有裂缝	—	—
F2	—	细表裂	—	—	9cm 严重开裂	—
F5	—	细表裂	—	—	6cm 严重开裂	—
F3	—	—	细表裂	—	—	无裂缝
F6	—	—	细表裂	—	—	有裂缝

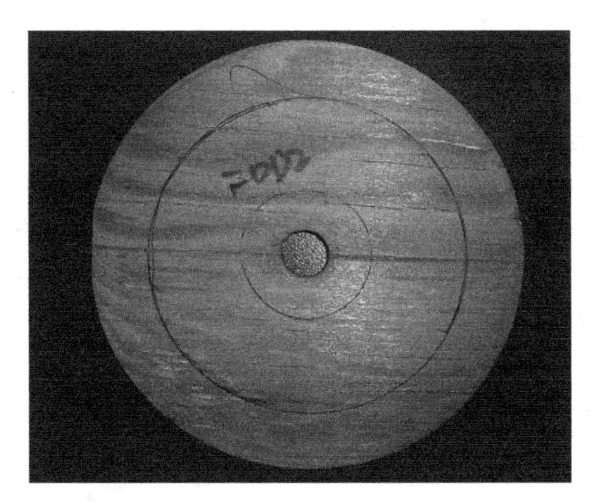

图 3-43　干燥后材料表面的裂缝

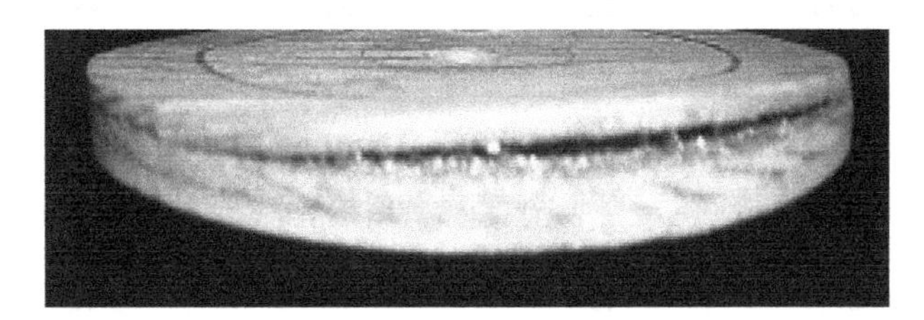

图 3-44　干燥后材料边缘的严重开裂

3. 浸渍后材料的胶合性能

表 3-13 是导电膜片叠层胶合板在浸渍后胶合强度和木破率的结果分析，从表 3-13 中可以看出，胶合板的胶合性能随着水浴时间增加而降低。在浸渍 3h 后，其胶合强度超过 0.8MPa，满足国家标准要求；在浸渍 6h 后，其胶合强度下降为 0.25MPa，低于国家标准要求；在浸渍 9h 以后，其胶合强度降至 0.08MPa，基本没有胶合强度；无导电膜片叠层胶合板在浸渍过程中，胶合强度都超过 0.8MPa，虽然有所下降，但仍满足国家标准要求。由此可以看出，导电膜片的叠加使胶合板的胶合性能下降。分析其原因：首先是胶层中金属铜纤维和脲醛树脂胶黏剂胶合强度低，其次是导电膜片叠层胶合板胶层不均匀导致胶合性能降低。

表 3-13　材料浸渍后胶合强度和木破率的结果分析

试件	浸渍时间/h	胶合强度			木破率		
		平均值/MPa	标准差/MPa	变异系数/%	平均值/%	标准差/%	变异系数/%
导电膜片叠层胶合板	3	1.39	0.37	26.6	0.63	0.52	82.5
	6	0.25	0.20	80.0	0.00	0.00	0.0
	9	0.08	0.00	0.0	0.00	0.00	0.0
无导电膜片叠层胶合板	3	1.44	0.57	39.6	0.96	0.09	9.4
	6	1.39	0.18	12.9	0.99	0.04	4.0
	9	1.27	0.29	22.8	0.68	0.36	52.9

4. 浸渍后材料的电磁屏蔽性能

导电膜片叠层胶合板在浸渍过程中胶层和搭接口会遭到破坏，电磁屏蔽性能会下降。4 种类型胶合板中一种是无接缝类型，在浸渍过程中，胶层在水浴时产生破坏；其他三种为接缝搭接类型，因其接缝搭接所用胶黏剂为耐水胶黏剂，接缝接口不受水浴影响，主要还是来自胶层的破坏。所以 4 种类型胶合板在整个浸渍过程中只存在胶层的破坏，水浴对胶层的破坏可以认为是等同的。表 3-14 反映了导电膜片叠层胶合板浸渍后电磁屏蔽效能平均值的变化情况。

表 3-14 材料浸渍后电磁屏蔽效能平均值

样品	无接缝	导电胶对接	导电胶斜接	非导电胶连接	平均值
未浸渍/dB	45.53	39.67	42.5	36.84	41.14
浸渍 3h/dB	41.76	36.71	40.54	35.36	38.59
差值/dB	3.76	2.96	1.96	1.48	2.54
下降比例/%	8.3	7.5	4.6	4.0	6.2
未浸渍/dB	53.72	47.27	49.58	45.61	49.05
浸渍 6h/dB	38.75	39.9	39.93	40.62	39.8
差值/dB	14.97	7.37	9.65	4.99	9.25
下降比例/%	27.9	15.6	19.5	10.9	18.9
未浸渍/dB	45.28	46.75	41.13	42.99	44.04
浸渍 9h/dB	41.68	39.2	37.42	35.5	38.45
差值/dB	3.61	7.54	3.71	7.49	5.59
下降比例/%	8.0	16.1	9.0	17.4	12.7

绘制胶合板电磁屏蔽效能平均值随浸渍时间的变化曲线，如图 3-45～图 3-47 所示。结合表 3-13、表 3-14 可以看出，4 种类型胶合板在浸渍后电磁屏蔽效能平均值都在 35dB 以上，屏蔽效果中等。电磁屏蔽效能平均值分别下降为 2.54dB(6.2%)、9.25dB(18.9%)和 5.59dB(12.7%)，可以看出材料在强度完全损失的情况下，屏蔽效能下降不大，仍具有一定的屏蔽性能。下面分别从胶合板强度失效前后两个阶段来分析其原因：首先，浸渍 3h 后胶合板胶合强度达到国家标准要求，胶层结构破坏很小，只是纤维之间相对距离的增大。结合表 3-12 可以看出，屏蔽试件在干燥后表面及边缘没有出现裂缝，干燥使浸渍所造成的纤维和纤维之间的距离变小，胶层的导电性能下降很小，屏蔽效能下降不大。其次，浸渍 6h 和 9h 后胶合板强度损失很大，尤其是浸渍 9h 以后几乎没有胶合强度。结合表 3-11 可以知道胶合板在浸渍 6h 和 9h 后边缘出现裂缝，但中间区域(Φ82cm 内，电磁屏蔽效能测试区域)的胶层仍基本保持完整。浸渍时间的增长使胶层膨胀增大，纤维之间距离增大，但没有出现不可恢复的分离。在经过低温干燥后，虽然胶合板的边缘出现不同程度的开裂，但测试区域的胶层仍保持完好。干燥使胶层中铜纤维之间的距离变小，其导电性能下降较小，屏蔽效能下降不大。

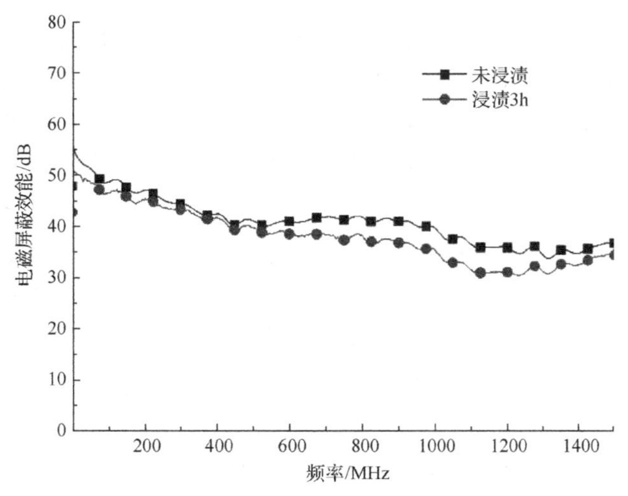

图 3-45　浸渍 3h 后胶合板的电磁屏蔽效能曲线

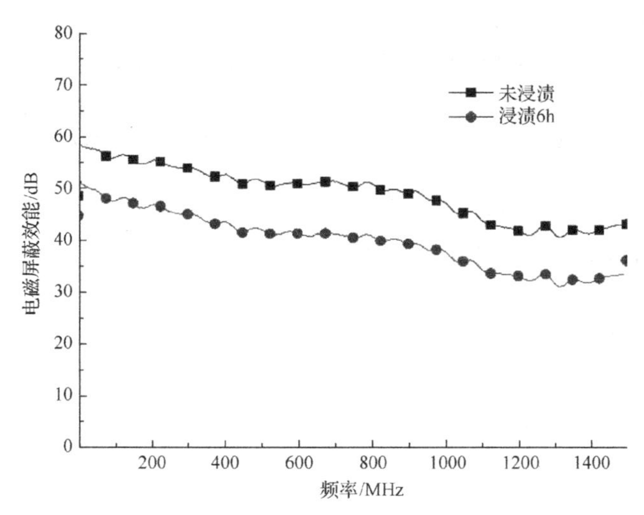

图 3-46　浸渍 6h 后胶合板的电磁屏蔽效能曲线

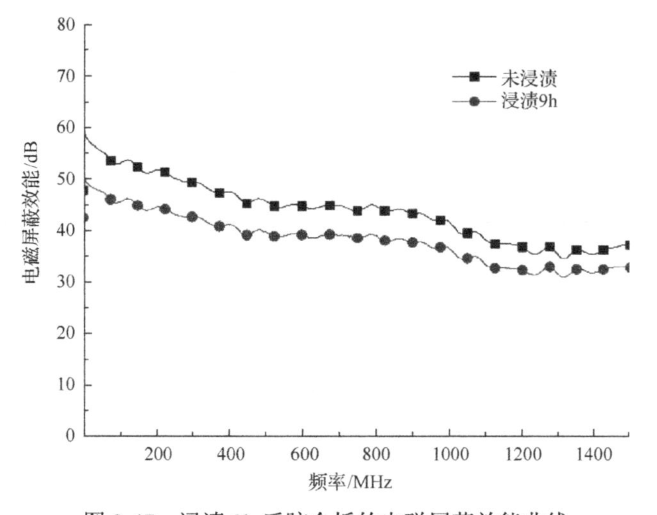

图 3-47　浸渍 9h 后胶合板的电磁屏蔽效能曲线

胶合板在强度损失的情况下仍具有中等屏蔽效果反映出导电膜片屏蔽性能的稳定性。屏蔽性能的稳定源于导电结构的稳定，木材单板及导电膜片上、下两层装饰纸的固定使膜片中纤维之间的导电网络结构没有因为浸渍和干燥作用而产生较大破坏，仍保持相对完整，由此表明本试验制备的电磁屏蔽胶合板在功能稳定性上具有很大的优势。

从表 3-14 中还可以看出，4 种类型的胶合板在浸渍 6h 和 9h 后电磁屏蔽效能平均值下降比浸渍 3h 的胶合板大。分析其原因：首先，浸渍 3h 胶层的破坏程度较浸渍 6h 和 9h 的小；其次浸渍 6h 和 9h 的胶合板在干燥后出现了边缘的严重开裂，造成测试值有一定降低。

第三节　碳基/木质电磁屏蔽功能材料的制备技术

碳基/木质电磁屏蔽功能材料主要采用石墨、，炭黑、短切碳纤维、碳纤维纸及碳纤维毡等碳基材料与木质材料进行叠层和混杂复合，具有良好的反射和损耗电磁波性能。此外，碳基材料具有优异的强重比，已逐步成为木质电磁屏蔽功能材料的主要功能单元。其中，石墨烯因其优异的电性能，已在电磁屏蔽功能木塑复合材料中得到进一步应用（Karteri et al.，2017；Chen et al.，2016）。

一、石墨基电磁屏蔽胶合板的制备与性能

（一）材料与方法

石墨类粉末（CP）：呈黑色；粒度 7μm，密度 2.3g/cm^3，体积电阻率 50Ω·m，纯度 99.99%，上海胶体化学厂生产。其他相关材料及相关的方法见本章第二节。其中，涂胶量及石墨类粉末施加量参数如表 3-15 所示。

表 3-15　涂胶量及石墨类粉末施加量

编号	标记号	涂胶量/(g/m^2)	导电单元施加量/(g/m^2)	编号	标记号	涂胶量/(g/m^2)	导电单元施加量/(g/m^2)
1	CP25-40	250	40	5	CP40-40	400	40
2	CP25-80	250	80	6	CP40-80	400	80
3	CP25-100	250	100	7	CP40-100	400	100
4	CP25-120	250	120	8	CP40-120	400	120

（二）结果分析

1. 电磁屏蔽效能

石墨类粉末 SE 测试结果见表 3-16。根据测得 4 个试件的电磁屏蔽效能，算出每个条件下电磁屏蔽效能的最大值、最小值和平均值，分析结果见表 3-17。

表 3-16　石墨类粉末 SE 测试结果

样本	标记号	SE 测试结果					样本	标记号	SE 测试结果				
		最大值/dB	对应频率/MHz	最小值/dB	对应频率/MHz	平均值/dB			最大值/dB	对应频率/MHz	最小值/dB	对应频率/MHz	平均值/dB
A1	CP25-40	4.56	937	0.02	4	2.31	B1	CP25-40	8.97	1323	0.07	4	4.43
	CP25-80	9.11	866	0.00	4	5.10		CP25-80	13.91	1417	0.03	4	7.10
	CP25-100	16.32	1342	0.02	7	6.69		CP25-100	9.86	933	0.28	4	6.49
	CP25-120	14.23	1125	0.18	30	6.56		CP25-120	8.49	930	0.27	30	5.10
	CP40-40	6.13	870	0.00	11	3.40		CP40-40	4.44	1297	0.04	4	2.67
	CP40-80	9.58	866	0.02	4	5.51		CP40-80	9.48	866	0.06	4	5.29
	CP40-100	13.37	1200	0.32	4	7.85		CP40-100	12.52	937	0.21	1	6.97
	CP40-120	10.51	930	0.38	4	6.23		CP40-120	10.40	937	0.35	4	6.58
A2	CP25-40	3.49	930	0.00	4	1.80	B2	CP25-40	5.47	1499	0.05	4	2.44
	CP25-80	9.42	873	0.02	4	5.32		CP25-80	9.90	1499	0.08	4	5.34
	CP25-100	15.56	1398	0.32	4	7.31		CP25-100	9.86	933	0.28	4	6.49
	CP25-120	9.36	933	0.20	30	5.27		CP25-120	10.03	930	0.30	4	6.61
	CP40-40	6.36	1413	0.04	4	2.61		CP40-40	4.17	873	0.01	4	2.23
	CP40-80	9.41	870	0.02	4	5.32		CP40-80	9.32	866	0.08	7	5.25
	CP40-100	13.37	1200	0.32	4	7.85		CP40-100	13.25	937	0.35	4	8.77
	CP40-120	15.93	1432	0.15	1	11.06		CP40-120	10.55	930	0.11	1	6.34

表 3-17　石墨类粉末 SE 测试结果分析

编号	标记号	最小值			最大值			平均值		
		平均值/dB	标准差/dB	变异系数/%	平均值/dB	标准差/dB	变异系数/%	平均值/dB	标准差/dB	变异系数/%
1	CP25-40	0.04	0.03	88.83	5.62	2.37	42.2	2.74	1.16	42.1
2	CP25-80	0.03	0.03	104.72	10.59	2.24	21.2	5.72	0.93	16.3
3	CP25-100	0.23	0.14	61.32	12.90	3.52	27.3	6.75	0.39	5.7
4	CP25-120	0.24	0.06	23.91	10.53	2.55	24.2	5.89	0.81	13.8
5	CP40-40	0.02	0.02	91.62	5.28	1.13	21.4	2.73	0.49	18.0
6	CP40-80	0.04	0.03	66.67	9.45	0.11	1.2	5.34	0.11	2.1
7	CP40-100	0.30	0.06	20.55	13.13	0.41	3.1	7.86	0.74	9.4
8	CP40-120	0.25	0.14	55.44	11.85	2.72	23.0	7.55	2.34	31.0

从表 3-16、表 3-17、图 3-48(以 CP25-100A1 为例)可以看出，石墨类粉末填充材料的电磁屏蔽效能最小值均出现在低频率段(<30MHz)，随着频率的上升，电磁屏蔽效能逐渐上升，然后再下降。其原因与镍类粉末的一样(参照本章第二节中镍类粉末制备复合胶合板的 SE 测试结果)。在低频段，材料电磁屏蔽效能数值很小，导致变异系数较大。材料电磁屏蔽效能的最大值出现在中高频率段，因此可以利用最大值来屏蔽特定频率段的电磁波，如图 3-48 所示，在 1.2～1.4GHz 电磁屏蔽效能大于 12dB(相当于屏蔽了 75%电磁波功率)，因此该材料在此范围内就具有良好的屏蔽性能。试件的平均值为 400 个数

值点的平均值，表示试件在 9kHz～1.5GHz 的平均电磁屏蔽效能。

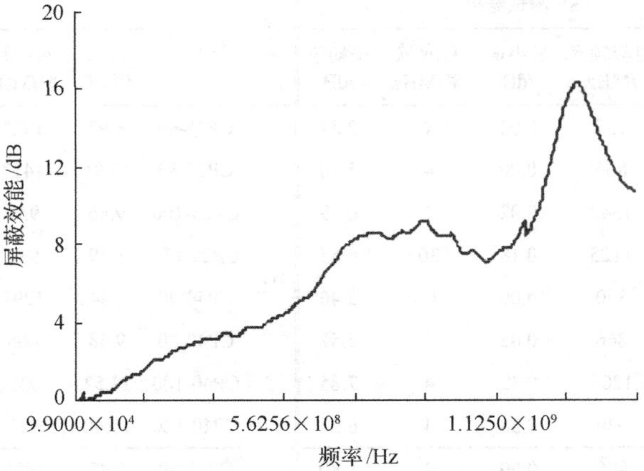

图 3-48 石墨类粉末试件屏蔽效能曲线

2. 胶合性能分析

胶合强度和木破率的分析结果见表 3-18。从表 3-18 可以看出材料的胶合强度均超过国标 GB/T 9846.3（中国林业科学研究院木材工业研究所，2004a）中Ⅱ类胶合板标准所规定的落叶松单板最低胶合强度 0.8MPa，且变异系数较小。材料的木破率较小，变异系数普遍较大，并且木破率变化没有规律性。

表 3-18 石墨类粉末胶合强度和木破率结果分析

编号	标记号	胶合强度			木破率		
		平均值/MPa	标准差/MPa	变异系数/%	平均值/%	标准差/%	变异系数/%
1	CP25-40	1.46	0.16	10.8	87.5	18.9	21.6
2	CP25-80	1.26	0.27	21.5	62.5	43.5	69.6
3	CP25-100	1.19	0.17	14.5	32.5	5.0	15.4
4	CP25-120	0.96	0.20	20.4	26.7	5.8	21.7
5	CP40-40	1.64	0.29	17.5	87.5	22.8	26.1
6	CP40-80	1.58	0.21	13.2	40.0	0.0	0.0
7	CP40-100	1.35	0.16	12.0	60.0	46.9	78.2
8	CP40-120	1.29	0.05	3.8	35.0	10.0	28.6

3. 材料性能分析

从显著性检验结果看，导电单元施加量对材料电磁屏蔽效能最大值影响非常显著，涂胶量对材料电磁屏蔽性能最大值影响不显著；导电单元施加量对材料电磁屏蔽性能平均值影响一般显著，涂胶量对材料电磁屏蔽效能平均值影响不显著；导电单元施加量和涂胶量对材料胶合强度影响均一般显著。从表 3-19 组内显著性检验结果来看，导电单元施加量对材料电磁屏蔽效能最大值、平均值及胶合强度均有显著影响，而涂胶量对材料各项性能均无显著影响。

表 3-19　石墨类粉末不同因素各水平性能比较

因素	水平/(g/m^2)	试件数量	SE 最大值/dB	SE 平均值/dB	胶合强度/MPa
导电单元量	40	2	5.4B	2.7B	1.5A
	80	2	10.0A	5.5AB	1.4BA
	100	2	13.0A	7.3A	1.2BA
	120	2	11.1A	6.7A	1.1B
涂胶量	250	4	9.9A	5.2A	1.1A
	400	4	9.9A	5.8A	1.1A

表 3-20 为采用多元回归分析方法建立的相关数学模型，各项指标的相关系数都在 0.75 以上，说明在试验范围内，模型能够对材料的各项性能进行早期预测，为下一步深入研究提供理论依据。

表 3-20　石墨类粉末相关回归方程模型

指标	相关模型	相关系数	显著水平
SE_{Max}	y=0.083 293x_1+0.000 117x_2+2.800 940	0.759 2	0.028 5
SE_{Min}	y=0.055 443x_1+0.003 967x_2–0.429 310	0.829 0	0.012 1
ST	y= –0.005 264x_1+0.001 650x_2+1.252 464	0.936 7	0.001

注：x_1 表示导电单元施加量，x_2 表示涂胶量

4. 导电单元施加量对材料性能的影响

从图 3-49、图 3-50 可以看出，随着导电单元施加量的增加，材料的电磁屏蔽效能先上升后下降，而材料的胶合强度呈完全下降的趋势。电磁屏蔽效能平均值和最大值具有相同的变化趋势。导电材料的加入对材料电磁屏蔽效能平均值、最大值和胶合强度均有显著影响。

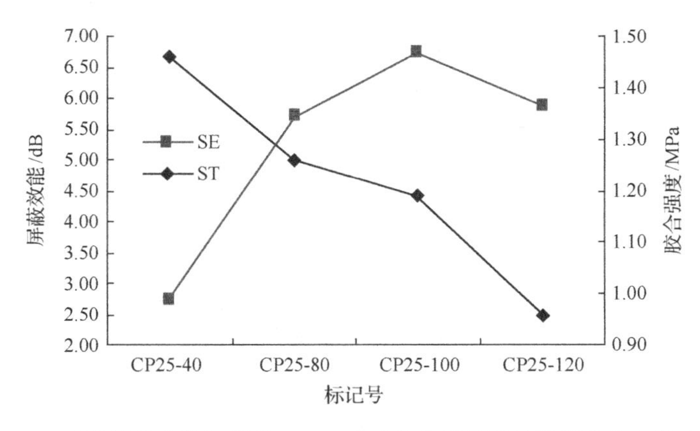

图 3-49　石墨类粉末涂胶量为 $250g/m^2$ 时的电磁屏蔽效能平均值和胶合强度

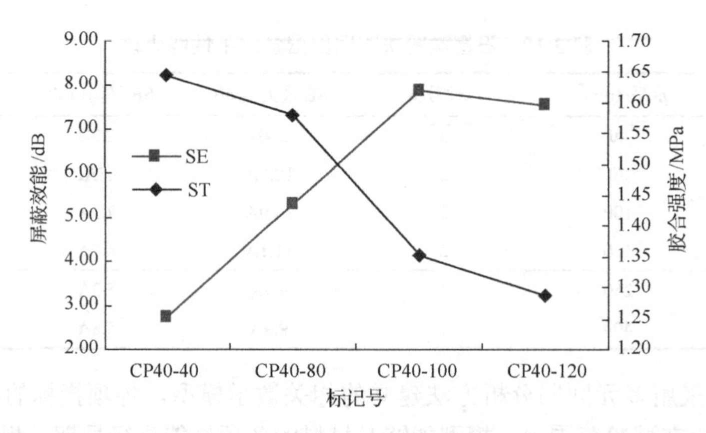

图 3-50　石墨类粉末涂胶量为 400g/m² 时的电磁屏蔽效能平均值和胶合强度

随着导电单元加入量的增加，材料的电磁屏蔽效能平均值和最大值也增大；而材料的胶合强度刚好相反，呈下降趋势，其原因与镍类粉末一样(参照本章第二节中镍类粉末制备导电胶复合胶合板中分析结果)。但随导电单元施加量增加，材料电磁屏蔽效能平均值和最大值到最高值后随导电单元的增加又有所下降，其原因是外界压力与电阻呈一定的比例关系，当压力上升时导电单元之间的空隙变小，粉末之间可能由点接触变成面接触，由松散的结合变为紧密的结合(叶德林等，2001)。电流流过两个导体接触部分的电阻称为接触电阻，其产生原因有两个方面：①会聚电阻，因为两接触面并不绝对平行，所以真正接触面比看到的要小，电流通过小的截面必然产生电阻，称为会聚电阻，也称为收缩电阻。同种导体相互接触，相互作用在弹性极限内，则会聚电阻 $R=\rho/2(\pi\sigma_e/nF)^{1/2}$，式中 ρ 为材料电阻率，σ_e 为弹性极限，n 为接触点数，F 为接触力。因此可知，在弹性极限内，若接触力越大，导体的电阻率越小(田莳，2001；长泽长八郎和雄谷八百三，1989)；随导电单元施加量增加，导体间接触点数 n 上升，材料电阻率下降，这也解释了随着导电单元施加量的增加，材料的电磁屏蔽效能平均值和最大值也上升的原因。②过渡电阻，无论金属表面怎样干净，总是有异物形成的膜，因此在一般情况下，接触金属表面时首先接触到的是异物膜，像这种由于膜的存在而引起的电阻称为过渡金属。这类薄膜如果非常薄，在几十个纳米到数百个纳米量级，由于自由电子的隧道效应，电子还是比较容易从金属一面到另一面的，因此过渡电阻大体上影响较小。相反，如果膜的厚度增加，特别达到 1μm 以上，过渡电阻非常大，近乎绝缘，这种情况下只有当接触力破坏了该膜，导体才开始有导电性(田莳，2001)。同理，如果金属之间膜厚度下降，可能造成缺胶，对材料胶合强度有不利影响。导电单元施加量的增加使得金属之间的脲胶相对减少，膜层变薄，这也解释了随着导电单元施加量的增加，材料的胶合强度下降的原因。导电单元的加入一方面有利于导电网链的形成，另一方面对胶合强度有不利影响，进而不利于材料的导电性。因此，材料的电磁屏蔽性能是这两个方面综合作用的结果，若导电网链形成作用大于胶合强度下降带来的不利影响，则材料电磁屏蔽效能上升；反之，则电磁屏蔽效能下降。

5. 涂胶量对材料性能的影响

从图 3-51 和图 3-52 可以看出，随着涂胶量的增加材料的电磁屏蔽效能略有变化，而材料的胶合强度则随涂胶量的增加而有明显上升。涂胶量对材料电磁屏蔽效能平均值没有明显影响，但对材料胶合强度有明显影响。

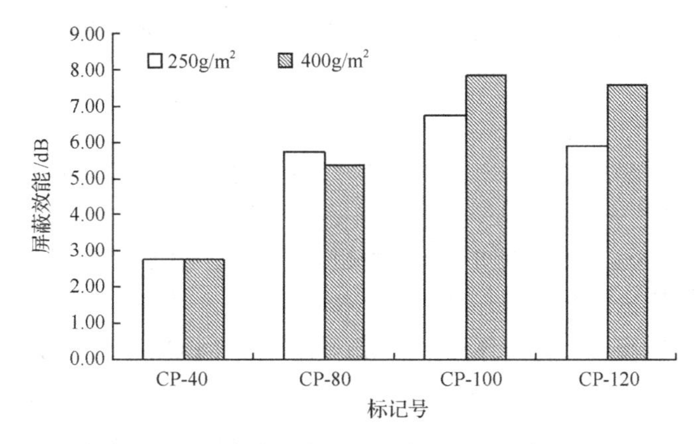

图 3-51　涂胶量和石墨类粉末施加量对材料电磁屏蔽效能平均值的影响

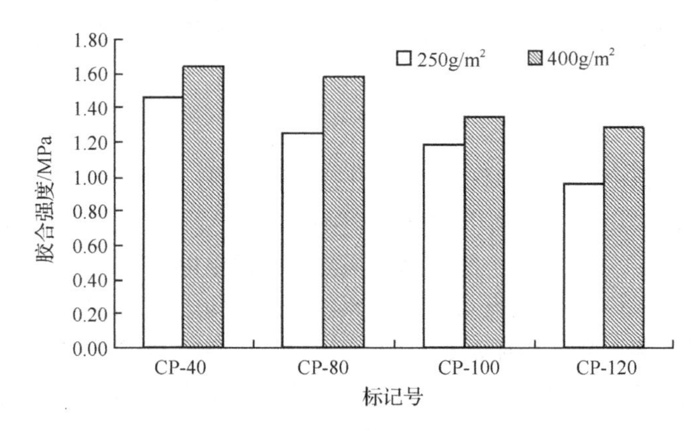

图 3-52　涂胶量和石墨类粉末施加量对材料胶合强度的影响

二、碳纤维/木纤维电磁屏蔽功能材料的制备与性能

(一)碳纤维/木纤维电磁屏蔽功能材料的导电性能

碳纤维是一种长径比大、导电性能良好、质量轻、强度高、模量高和膨胀系数小的非金属纤维，具有较好的柔软性和可加工性，是填充型电磁屏蔽复合材料较理想的增强材料。采用合理的复合技术可以将碳纤维与木纤维均匀混合并制备具有电磁屏蔽功能的纤维板。目前，国内外主要通过将碳纤维与木纤维分别施胶后再混合制备具有电磁屏蔽功能的纤维板。该方法对碳纤维和木纤维分别施加不同性质的胶黏剂，不利于两种纤维的胶合且耗胶量较大，胶黏剂的利用率低。此外，碳纤维难以在纤维板中均匀分布并形成高效的导电网络，导致碳纤维的掺杂效率低，电磁屏蔽纤维板的导电均匀性差、屏蔽性能差，力学强度偏低。其中，史广伟(2011)的研究证实了填充型碳纤维木质复合材料中存在碳纤维成束分布现象，且碳纤维填充量越高，成束现象越严重。

本节将碳纤维与木纤维在溶液中高速搅拌均匀混合，并施胶热压制备碳基电磁屏蔽纤维板。探究了表面预处理对碳纤维表面特性的影响、碳纤维在板材平面与断面内的搭接状况，以及碳纤维长度、填充量与板材厚度对电磁屏蔽纤维板导电性能的影响。本节还对碳纤维在电磁屏蔽纤维板中的分布均匀性和电磁屏蔽纤维板的导电均匀性进行统计分析以表征碳纤维的掺杂效率。

1. 试验材料

碳纤维：聚丙烯腈基碳纤维短切丝，长度分别为2mm、5mm和10mm，单丝直径为7.0～10μm，抗拉强度范围为3.6～3.8GPa，抗伸模量范围为240～280GPa，含碳量高于95%，伸长率约为1.5%，体积电阻率为$1.5\times10^{-3}\Omega\cdot cm$，密度为1.6～1.76g/cm^3，颜色为灰黑色，购自南京纬达复合材料有限公司；木纤维：桉木纤维，含水率为8%，取自广西丰林木业集团股份有限公司；异氰酸酯胶(改性MDI，I-BOND MDF EM 4330)：一种具有乳化特性的二苯甲烷二异氰酸酯(MDI)改质物(聚氨基甲酸酯)，棕黄色液体，固含量为100%，密度为1.24g/cm^3(25℃)，黏度为275cps(25℃)，闪点为222℃(根据克利夫兰开口杯ASTM D92测定)，购自上海亨斯迈聚氨酯有限公司；无水乙醇：级别AR、购自北京化工厂；聚四氟乙烯脱模纸：厚度为0.25mm，耐温温度为260℃，购于北京友龙福科技有限公司。

2. 试验设备

200L导电材料混合机：北京瑞纳旭邦科技有限公司；鼓风干燥箱：DHG-9145A型，上海一恒科技有限公司；喷枪：华江PQ-2型喷枪；电子天平：量程范围是20g～3kg，上海友声衡器有限公司；热压机：上海人造板机器厂；恒温恒湿箱：LHL-113型，施都凯仪器设备(上海)有限公司；电磁屏蔽效能测试系统(HP E7401A＋立式法兰同轴)，惠普公司(美国)、东南大学；表面接触电阻测试系统：分为绝缘高电阻测试仪(TH2683)和直流低电阻测试仪(TH2512)，东南大学定制；扫描电子显微镜：SEM S-4800型，日本日立(HITACHI)公司；超景深三维显微分析系统：VHX-1000 型，日本基恩士(KEYENCE)公司；数字显示游标卡尺：量程范围是0～200mm，产于日本三丰(MITUTOYO)公司；高精度螺旋测微器：量程范围是0～20mm，分度值是0.01mm。

3. 试验方法

电磁屏蔽纤维板的制备工艺流程如图3-53所示，具体的制备工序如下：

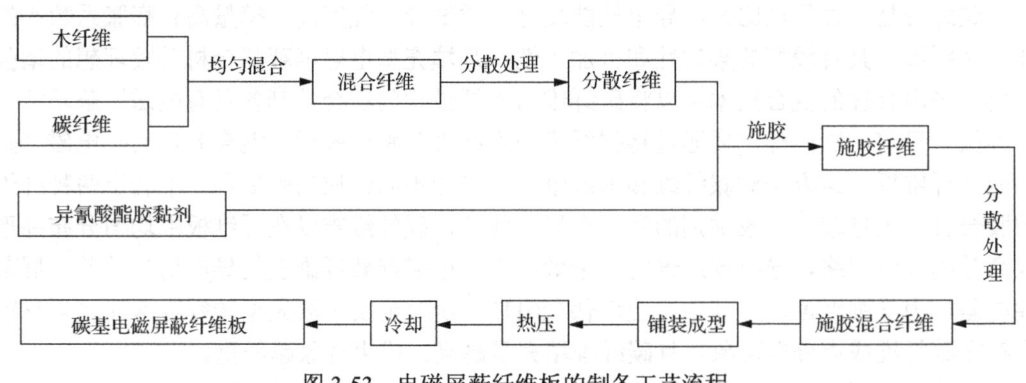

图3-53　电磁屏蔽纤维板的制备工艺流程

1) 碳纤维预处理：将碳纤维置于无水乙醇中浸泡 4h 以溶解其表面的上浆剂，过滤后用自来水冲洗干净并置于温度为(103±1)℃的鼓风干燥箱内烘至绝干。

2) 碳纤维和木纤维均匀混合与分散处理：采用溶液共混法将碳纤维与木纤维按照预设的质量比例依次加入 200L 导电材料混合机中高速搅拌均匀并过滤，然后将混合纤维置于温度为(103±1)℃的鼓风干燥箱内烘至含水率为 8%～10%并备用。其中，200L 导电材料混合机的搅拌转速为 500～800 转/min，搅拌时间为 10～30min。

3) 混合纤维施胶与分散处理：按照电磁屏蔽纤维板的预设参数称取混合纤维与异氰酸胶黏剂，通过喷枪施胶并将异氰酸酯胶与混合纤维在拌胶机内高速搅拌均匀混合，然后经分散处理得施胶混合纤维。

4) 电磁屏蔽纤维板制备：将施胶混合纤维在成型框内均匀铺装后热压制备碳基电磁屏蔽纤维板。

本节按照上述方法制备两种类型的电磁屏蔽纤维板：①电磁屏蔽纤维板的尺寸规格为 36cm×34cm×0.3cm，预设密度为 0.65g/cm^3，碳纤维长度和填充量按表 3-21 实施进行试验；②电磁屏蔽纤维板的幅面尺寸为 36cm×34cm，板材的厚度依次为 3mm、6mm 和 9mm(板材的厚度由厚度规控制)，电磁屏蔽纤维板的预设密度为 0.85g/cm^3，碳纤维的填充量为 5%，碳纤维的长度为 5mm。

热压工艺参数如下：单位压力为 2MPa(板坯厚度由厚度规控制)，热压时间为 1.5min/mm，热压温度为 150℃，施胶量为 10%，混合纤维的含水率为 8%～10%。具体的工艺条件如表 3-21 所示。

表 3-21　电磁屏蔽纤维板的工艺条件

因子水平	1	2	3	4	5	6	7	8	9	10	11	12
碳纤维长度/mm	2	5*	10*									
碳纤维填充量/%	0	0.25	0.5	0.75	1	1.25	1.5	1.75	2	5	10	20

*长度为 5mm 和 10mm 的碳纤维填充的电磁屏蔽纤维板不包含 1.25%、1.5%和 1.75%这三个填充量

4. 性能测试

(1) 碳纤维的表面形貌表征

采用扫描电镜(HITACHI S-4800 SEM)在×10 000 的放大倍率下观察预处理前后碳纤维表面形貌的变化。

(2) 电磁屏蔽纤维板的微观结构表征

采用扫描电镜(HITACHI S-4800 SEM)在×400 的放大倍率下观察碳纤维在纤维板断面内的分布状态。采用超景深三维显微分析系统(KEYENCE VHX-1000)在×500 的放大倍率下观察碳纤维在纤维板平面内的分布状况。

(3) 电磁屏蔽纤维板的体积电阻率测试

采用图 3-54 所示的表面接触电阻测试系统分别测试电磁屏蔽纤维板的绝缘高电阻与直流低电阻。其中，绝缘高电阻的测试采用三电极法进行，其测试电极参照 ASTM-D257 标准设计。绝缘高电阻测试仪电阻测试范围为 10^5～$10^{13}\Omega$。而直流低电阻的测试采用四电极法进行，其测试电极参照美国军用标准 MIL-DTL-83528C 开发而成；直流低电阻测试仪的电阻测试范围为 1μΩ～2MΩ，分辨力为 0.001mΩ。

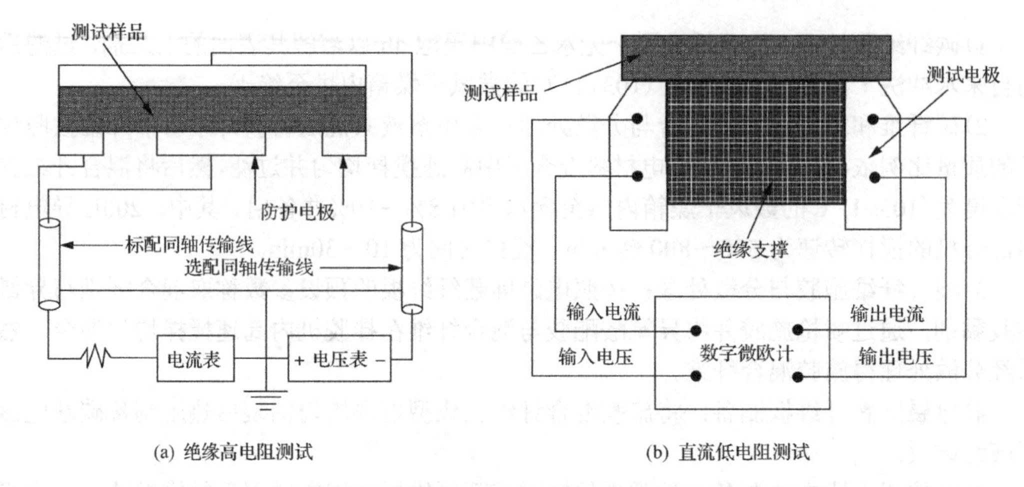

图 3-54　电磁屏蔽纤维板的绝缘高电阻(a)与直流低电阻(b)测试

将电磁屏蔽纤维板在室温下放置24h后从不同位置取4个尺寸为50mm×50mm的方块并用 120 目的砂纸砂光处理，将所得试样置于相对湿度为(65±5)%、温度为(20±2)℃的恒温恒湿箱中处理至平衡状态，然后采用表面接触电阻测试系统测试其电阻。具体的测试过程是将待测样品放在表面接触电阻测试系统的样品台上，然后记录样品在不同外加压力作用下的电阻。所设置的压力范围为 0.2～2.1MPa。同一条件下重复测试 3 次。测试结果取 12 个样品电阻的平均值。最后根据式(3-28)计算电磁屏蔽纤维板的体积电阻率：

$$\rho_{\mathrm{V}} = \frac{R_{\mathrm{V}} \times A}{L} \tag{3-28}$$

式中，ρ_{V}为电磁屏蔽纤维板的体积电阻率，Ω·cm；R_{V}为采用表面接触电阻测试系统测得的电磁屏蔽纤维板电阻，Ω；A 为两个测试电极之间所占的有效测试面积，cm^2；L 为两个电极之间的距离，cm。

5. 结果与分析

(1)预处理对碳纤维表面形貌的影响

图 3-55 是预处理前后碳纤维的表面形貌对比。从图 3-55(a)中可以看出，未经预处理的碳纤维沿长度方向存在一些深浅不一的沟槽和裂纹，但沟槽和裂纹的尺寸较小。而图 3-55(b)中经无水乙醇溶液浸泡并清洗后碳纤维表面上的上浆剂被除去，产生了清晰的沟槽和裂纹。这些沟槽和裂纹的深度较大且比较均匀，有利于增加碳纤维的比表面积，提高碳纤维的表面浸润性，使碳纤维-胶黏剂-碳纤维以及碳纤维-胶黏剂-木纤维之间形成性能良好的胶合界面，增强电磁屏蔽纤维板的力学强度(郭慧，2009)。其中，刘诚等(2013)把浓硝酸改性处理的碳纤维与木纤维混合制备碳纤维增强纤维板，填充改性处理碳纤维的纤维板与填充未改性处理碳纤维的纤维板相比，板材的静曲强度 MOR 和内结合强度 IB 分别提高了 8.6%和 15.0%。高喜泉等(2014)采用丙酮对 T700 碳纤维织物进行表面处理，复合材料的拉伸强度和弯曲强度分别提高了 10.5%和 37.9%。碳纤维的表面预处理不仅有利于增强其与基体材料的胶合性能，而且有利于提高其导电性能。陈红燕等(2014)将采用钛酸酯偶联剂处理的碳纤维与环氧树脂复合制备碳纤维导电复合材料。研究结果

表明，钛酸酯偶联剂处理使得复合材料的电导率显著提高。从图 3-55(b)中还可以看出，去除上浆剂后的碳纤维表面有少量黏附物和圆形污斑，这可能是 PAN 原丝纺丝过程中液滴在纤维表面形成了圆斑，再经预氧化和碳化而残留下碳质圆斑，也有可能是处理不完全遗留下来的少量上浆剂。

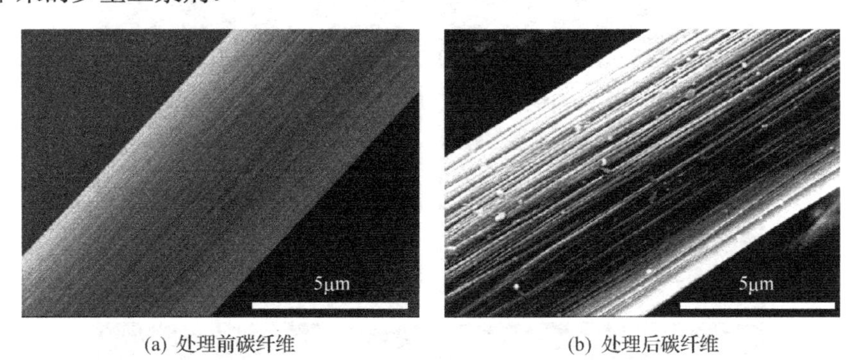

(a) 处理前碳纤维 (b) 处理后碳纤维

图 3-55 碳纤维预处理前后的表面形貌

(2)碳纤维/木纤维电磁屏蔽功能材料的微观结构分析

图 3-56 是不同碳纤维(长度为 5mm)填充量下混合纤维的实物图，混合纤维的颜色随着碳纤维填充量的增加而逐渐变深，进而影响碳基电磁屏蔽纤维板的外观质量。图 3-57 和图 3-58 分别为长度为 5mm 的碳纤维在电磁屏蔽纤维板平面与断面内的分布状况图。从图 3-57 中可以看出，随着碳纤维填充量的增加，碳纤维在纤维板平面内以随机排列的形式相互交织形成了二维导电网络。当碳纤维填充量增加到 20%时，碳纤维开始在电磁屏蔽纤维板断面内相互搭接形成二维的导电网络(图 3-58)，电磁屏蔽纤维板内开始形成交联导电网络结构。从图 3-57 也可以看出碳纤维填充量为 10%和 20%的电磁屏蔽纤维板中出现了碳纤维缠结和团聚的现象而难以均匀搭接。此外，长度为 2mm 和 10mm 的碳纤维填充电磁屏蔽纤维板内部也形成了类似的碳纤维交联导电网络结构。

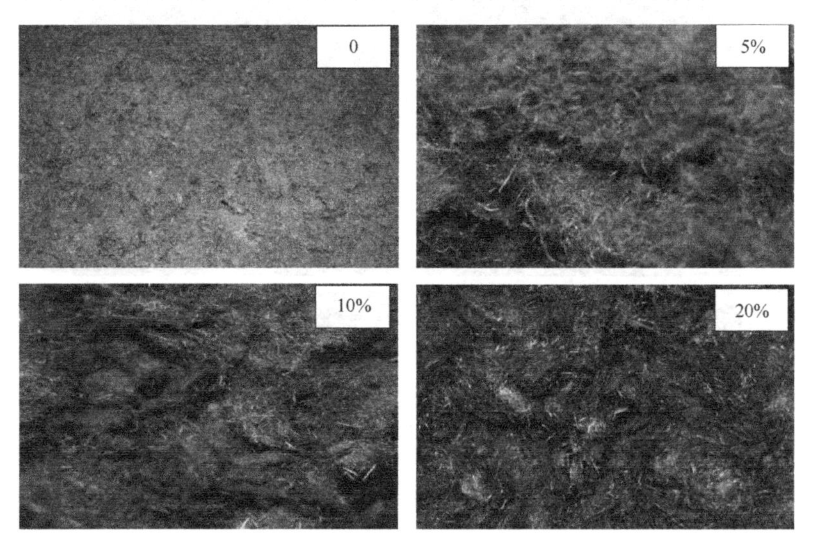

图 3-56 不同碳纤维填充量的混合纤维

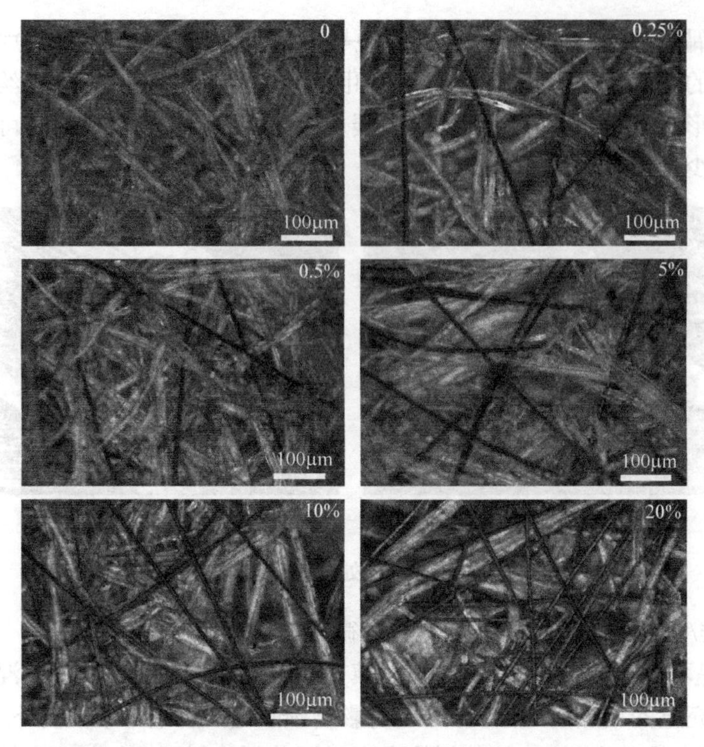

图 3-57　碳纤维在电磁屏蔽纤维板平面内的分布状况

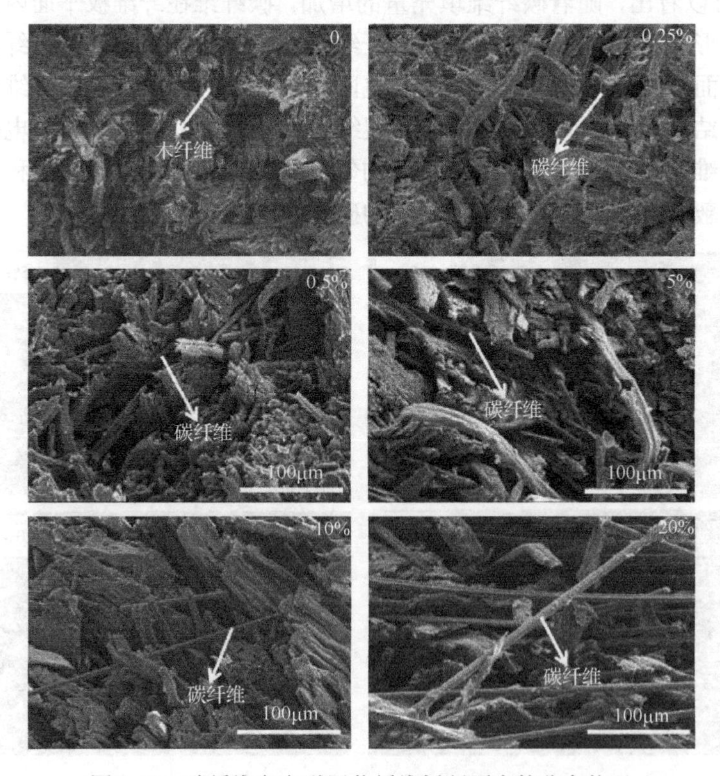

图 3-58　碳纤维在电磁屏蔽纤维板断面内的分布状况

(3)碳纤维在碳基电磁屏蔽纤维板中的分布规律

本节选取碳纤维长度为5mm、填充量为5%的电磁屏蔽纤维板进行碳纤维分布均匀性的研究，采用超景深三维显微分析系统观察碳纤维在碳基电磁屏蔽纤维板平面内的分布状况，从所拍摄的碳纤维在电磁屏蔽纤维板平面内的分布图片中选取100张进行碳纤维分布均匀性分析。对每张图片中的碳纤维数目进行统计并对其进行正态分布曲线拟合和正态 *Q-Q* 图检验以分析碳纤维分布均匀性。对应的正态分布拟合曲线和 *Q-Q* 检验结果分别如图3-59和图3-60所示。所得碳纤维在电磁屏蔽纤维板中的分布规律为式(3-29)。

$$y = 0.0059 + 0.248 \times \exp\left[-0.5 \times \left(\frac{x - 11.125}{3.096}\right)^2\right] \tag{3-29}$$

式中，y 为电磁屏蔽纤维板中具体的碳纤维数目出现的频率；x 为每张照片中电磁屏蔽纤维板内的碳纤维数目。

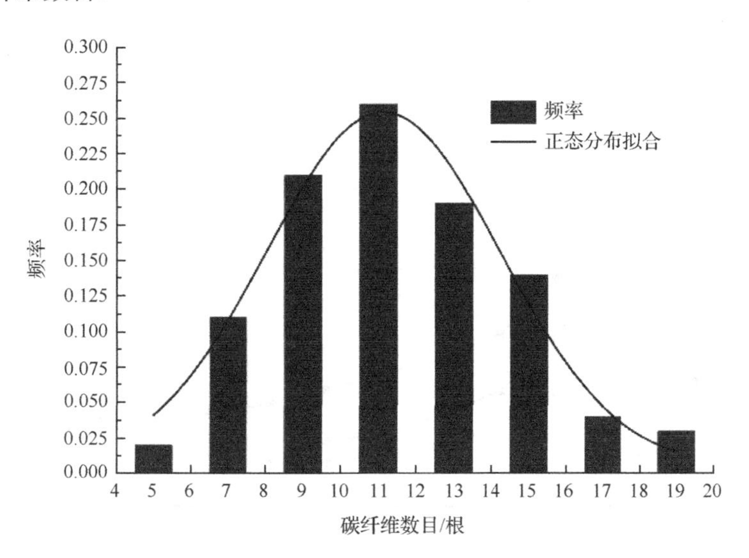

图3-59 电磁屏蔽纤维板中碳纤维的分布规律统计结果

根据式(3-29)可知，碳纤维在电磁屏蔽纤维板中的分布满足正态分布规律，能够均匀地分布在电磁屏蔽纤维板内。此外，拟合得到的碳纤维数目(11.125)与实际统计的碳纤维数目(10.960)之间的差异很小。此外，*Q-Q* 检验图中各观测点近似呈直线分布，也证实了溶液共混法能够将碳纤维与木纤维均匀混合，使碳纤维高效掺杂。

(4)碳纤维/木纤维电磁屏蔽功能材料的压阻特性分析

本节选取碳纤维填充量为5%、板材厚度为3mm的电磁屏蔽纤维板进行压阻特性的研究，采用表面接触电阻测试系统测试电磁屏蔽纤维板的电阻。其原理是测试电磁屏蔽纤维板在不同外界压力作用下的电阻变化曲线，然后选取电磁屏蔽纤维板电阻的稳定值作为其最终测试结果。电磁屏蔽纤维板的压阻特性曲线如图3-61所示。

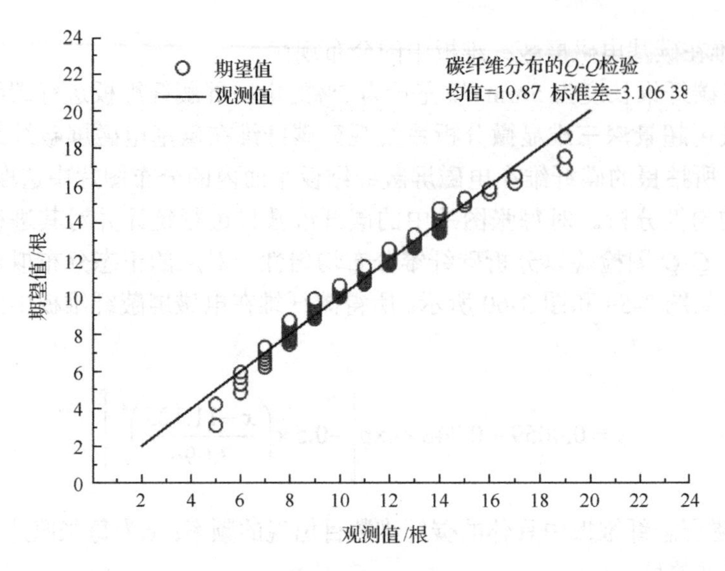

图 3-60　电磁屏蔽纤维板中碳纤维分布的 Q-Q 检验图

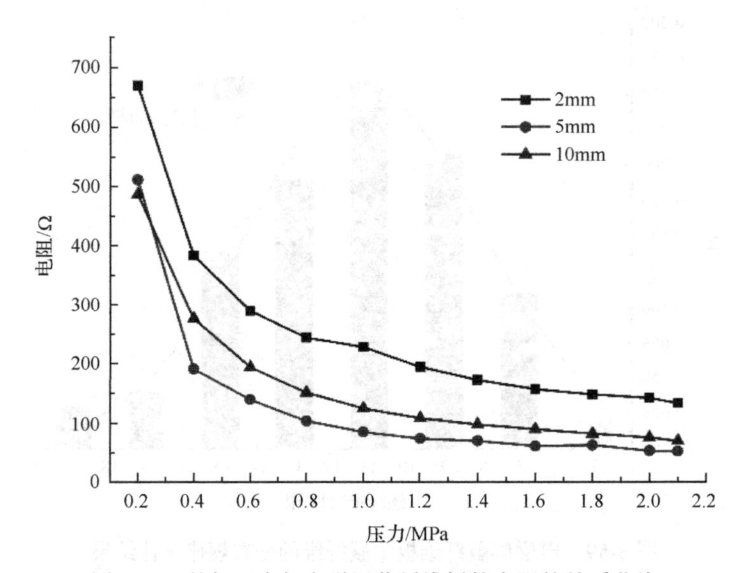

图 3-61　外加压力与电磁屏蔽纤维板的电阻的关系曲线

碳基电磁屏蔽纤维的导电性能是由碳纤维在其内部形成的导电网络决定的，而导电网络的形成取决于碳纤维之间的搭接率。在忽略碳纤维宽度和边界效应影响的条件下，碳纤维在电磁屏蔽纤维板内的搭接率由式(3-30)(刘贤淼和傅峰，2008a，2008b)决定。

$$P=\frac{2\times N\times L^2}{\pi\times S} \tag{3-30}$$

式中，P 为碳纤维的搭接率；N 为碳纤维的数量；L 为碳纤维的长度；S 为电磁屏蔽纤维板的面积。

电磁屏蔽纤维板的电阻与外加压力有一定的比例关系。随着外加压力的不断增加，碳纤维之间的空隙变小，其接触方式可能由点接触变成面接触，使碳纤维搭接率大幅度增加。在实际测试过程中，电流流过两个碳纤维接触部分的电阻称为接触电阻，对于同一种导体的相互搭接，其在弹性极限内的接触电阻由式(3-31)决定(刘贤淼和傅峰，2008a，2008b)。

$$R=\frac{\rho\times\pi\times\sigma_{\mathrm{e}}}{4\times n\times F} \tag{3-31}$$

式中，ρ 为材料电阻率；σ_{e} 为弹性极限；n 为接触点数；F 为外加压力。

由图 3-61 可得，电磁屏蔽纤维板的电阻随着外加压力的增加而逐渐减小，表现出较好的压阻效应并呈现负压力系数效应。在外加压力的作用下，板材产生一定量的压缩，碳纤维之间的距离减小并开始形成有效的搭接。当外加压力很小(本研究中的压力范围为 0.2～0.6MPa)时，板材内碳纤维的搭接率随着外加压力的增加而急剧增大并使电阻急剧降低[式(3-30)和式(3-31)]。当外加压力增加到 1.4MPa 时，板材的压缩接近其弹性极限，板材电阻的降低不再显著。

本节还选取碳纤维填充量为 5%，板材厚度为 3mm、6mm 和 9mm 的电磁屏蔽纤维板进行压阻特性分析。图 3-62 是不同厚度的电磁屏蔽纤维板在外加压力作用下的电阻曲线。在外加压力的作用下，板材产生一定量的压缩，碳纤维之间的距离减小并开始形成有效的搭接。外加压力越大，板材的压缩量越大，碳纤维的搭接率越高，板材的电阻率越小。当外加压力增加到 1.4MPa 时，板材的压缩接近其弹性极限，板材的电阻趋于稳定。电磁屏蔽纤维板的稳定电阻随着厚度的增加而逐渐增大。分析其原因，板材的厚度越大，其自身的弹性极限 σ_{e} 就越大，板材的稳定电阻也越大[式(3-31)]。

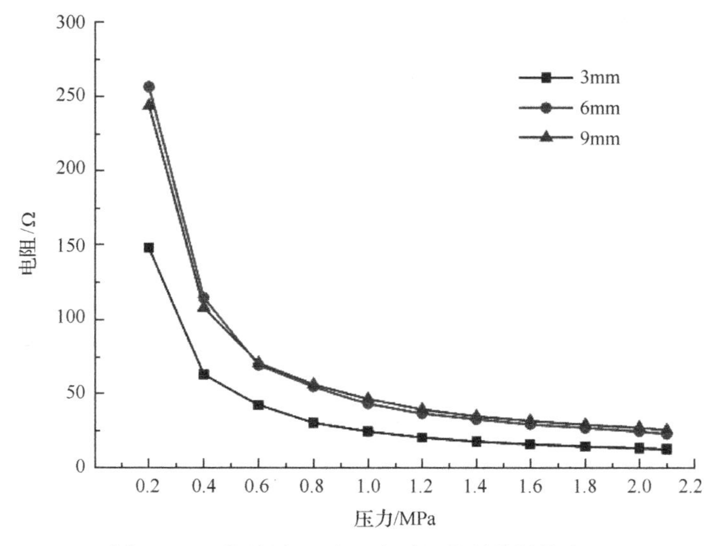

图 3-62　不同外加压力下电磁屏蔽纤维板的电阻

(5) 碳纤维/木纤维电磁屏蔽功能材料的导电均匀性分析

本节选取碳纤维填充量为 5%、板材厚度为 3mm 的电磁屏蔽纤维板进行导电均匀性分析，对应板材的电阻分布状况与统计曲线分别如图 3-63～图 3-66 所示。从所制备板材的不同位置上裁取 16 个样品进行板材导电均匀性分析。对所测板材电阻进行频率统计并采用正态分布拟合曲线分析板材的导电均匀性，所得电磁屏蔽纤维板的电阻分布规律为式(3-32)～式(3-34)。

$$y = 0.065 + 0.256 \times \exp\left[-0.5 \times \left(\frac{x - 132.08}{19.21}\right)^2\right] \tag{3-32}$$

$$y = 0.032 + 0.456 \times \exp\left[-0.5 \times \left(\frac{x - 38.73}{6.80}\right)^2\right] \tag{3-33}$$

$$y = 0.125 + 0.375 \times \exp\left[-0.5 \times \left(\frac{x - 90.00}{3.86}\right)^2\right] \tag{3-34}$$

综合上述曲线可得，电磁屏蔽纤维板在外加压力作用下的电阻变化曲线为

$$y = y_0 + A \times \exp\left[-0.5 \times \left(\frac{x - x_c}{w}\right)^2\right] \tag{3-35}$$

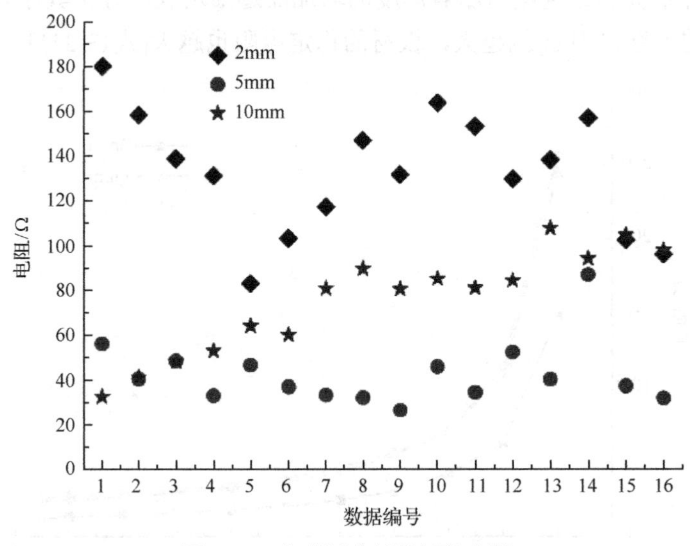

图 3-63　电磁屏蔽纤维板的电阻

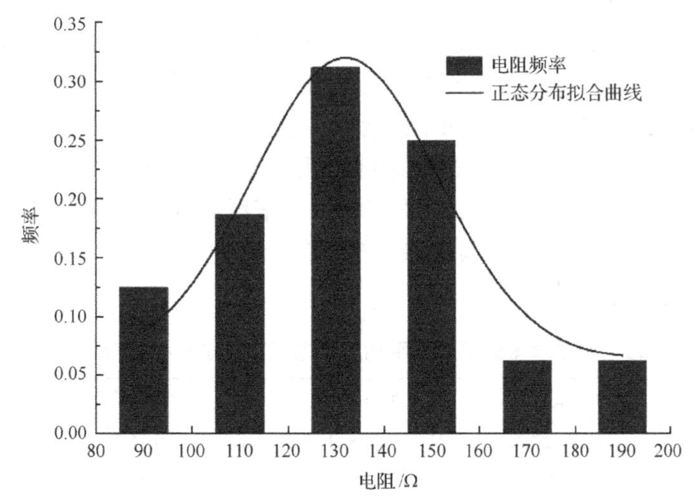

图 3-64　电磁屏蔽纤维板电阻(2mm)的统计分析结果

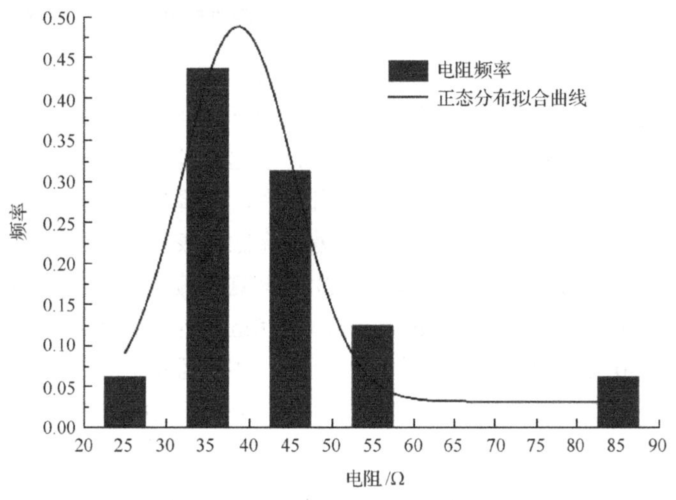

图 3-65　电磁屏蔽纤维板电阻(5mm)的统计分析结果

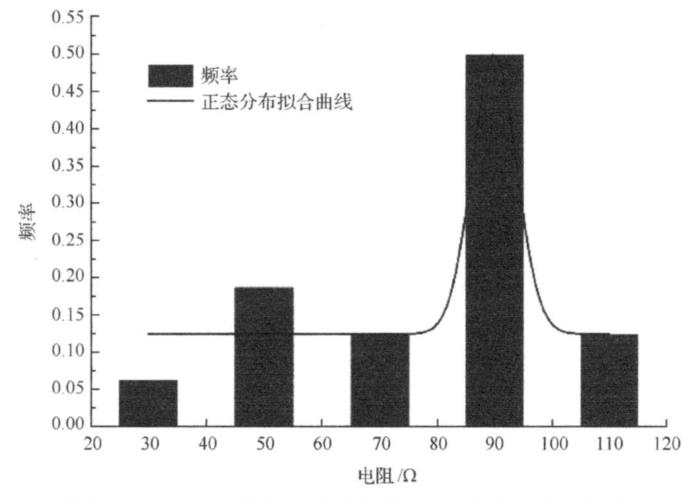

图 3-66　电磁屏蔽纤维板电阻(10mm)的统计分析结果

当碳纤维填充量为 5%时，长度为 2mm、5mm 和 10mm 碳纤维填充电磁屏蔽纤维板的测试平均电阻与正态分布拟合得到的平均电阻如表 3-22 所示。根据式(3-32)～式(3-35)可知，电磁屏蔽纤维板的测试电阻分布近似满足正态分布规律，说明电磁屏蔽纤维板的电阻分布较均匀。结合本节有关电磁屏蔽纤维板微观结构分析结果可知，碳纤维在电磁屏蔽纤维板中的分布较均匀。因此，碳基电磁屏蔽纤维板具有较好的导电均匀性。由表 3-22 可得，板材的测试平均值与正态分布拟合所得的电阻相差无几，也说明了电磁屏蔽纤维板具有较好的导电均匀性。

表 3-22　电磁屏蔽纤维板的平均测试电阻与正态分布拟合平均电阻

碳纤维长度/mm	测试电阻/Ω	拟合电阻/Ω	变异系数*a/%	概率＜W
2	133.23±27.00	132.08±3.36	0.323	0.876 42**b
5	42.67±14.00	38.73±1.03	9.233	0.003 12**b
10	75.33±22.90	90.00±0.84	19.474	0.416 71**b

注：*a 表示正态分布拟合所得板材平均电阻相对于测试所得板材电阻的变异性；**b 表示在 0.0001 水平下影响显著

(6)碳纤维长度对电磁屏蔽纤维板体积电阻率的影响

图 3-67 是电磁屏蔽纤维板体积电阻率的对数变化曲线。由图 3-67 可得，电磁屏蔽纤维板的体积电阻率不是随着碳纤维的填充量成正比例地下降，而是当碳纤维的填充量增大到某一临界值时，其体积电阻率突然急剧下降，其降低幅度为 10^4～$10^{10}\Omega\cdot$cm。此后，随着碳纤维填充量的增加其体积电阻率缓慢降低，表现为渗滤效应，相应的碳纤维填充量的临界值称为渗滤阈值(卢克阳，2007)。电磁屏蔽纤维板的渗滤阈值随着碳纤维长度的增加而逐渐减小，长度为 2mm、5mm 和 10mm 的碳纤维填充纤维板对应的渗滤阈值依次为 1.5%、0.75%和 0.50%。分析其原因，碳纤维的长度越大，碳纤维之间距离减小，使得邻近纤维的接触概率增加，碳纤维的搭接率随之增大，板材体积电阻率降低。

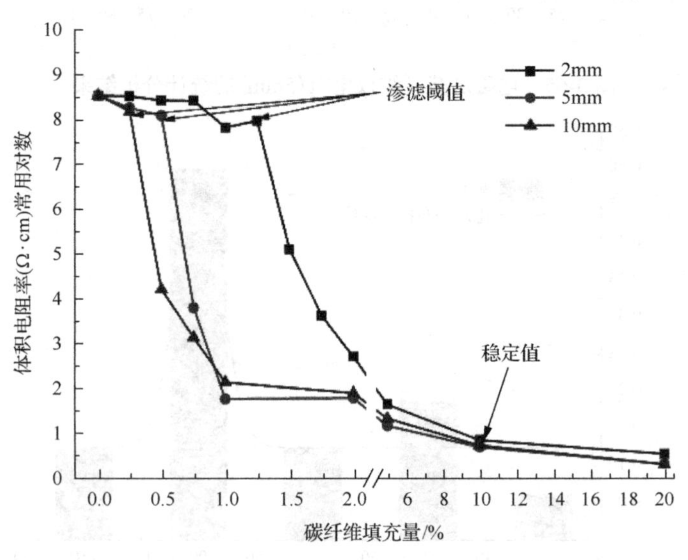

图 3-67　电磁屏蔽纤维板的体积电阻率(对数)变化曲线

此外，碳纤维长度越大，越有利于其分散与搭接，使得其在很低的填充量下就能相互搭接形成高效的导电网络，导致板材的体积电阻率在较小的碳纤维填充量范围内急剧下降(本研究中电磁屏蔽纤维板的体积电阻率下降了4～5阶)。但当碳纤维的长度过小(2mm)时，碳纤维之间的间隙很大，即使偶有碳纤维间搭接，也很难形成很好的导电网络，因此需要较大的填充量才能出现渗滤效应。

由图3-67还可以看出，电磁屏蔽纤维板的体积电阻率随着碳纤维长度的增加而逐渐降低。但当碳纤维填充量增加到渗滤阈值(0.75%)后，电磁屏蔽纤维板的体积电阻率随着碳纤维长度的增加先减小后增大；而填充量继续增加到稳定值(10%)后，不同长度的碳纤维填充的电磁屏蔽纤维板的体积电阻率相互接近。分析原因，当碳纤维的填充量低于渗滤阈值时，碳纤维在高速搅拌时很容易与木纤维均匀混合，碳纤维越长，其在相同填充量下的搭接率越高[式(3-30)]，电磁屏蔽纤维板的体积电阻率越低，就越容易出现渗滤效应。当碳纤维的填充量增加到渗滤阈值以后，碳纤维的体积电阻率随着其长度的增加先减小后增大，长度为5mm的碳纤维填充的电磁屏蔽纤维板表现出明显的导电性能优势。分析其原因，碳纤维越长，其在高速搅拌过程中越容易结团。在本研究中，长度为10mm的碳纤维在高速搅拌过程中因容易结团而难以均匀搭接并形成高效的导电网络，而长度为2mm的碳纤维因太短而难以相互搭接形成高效的导电网络。因此，长度为5mm的碳纤维能在板材中形成更完善的导电网络，有效地改善了板材的导电性能。直到碳纤维的填充量增加到稳定值以后，不同长度的碳纤维在电磁屏蔽纤维板中形成的导电网络非常完善并相互接近，长度对电磁屏蔽纤维板的导电性能影响很小。郭领军等(2003)的研究结果也表明碳纤维的长度在5mm左右时，碳纤维的最大掺量低于1%时，其混合均匀性最好。当碳纤维填充量在渗滤阈值(0.75%)与稳定值(10%)之间增加时，长度为5mm的碳纤维填充的纤维板具有较明显的导电性能优势。

(7)碳纤维填充量对电磁屏蔽纤维板体积电阻率的影响

由图3-67可得，电磁屏蔽纤维板的体积电阻率随着碳纤维填充量的增加而逐渐降低。分析其原因，电磁屏蔽纤维板的体积电阻率主要取决于碳纤维所形成的导电网络，导电网络越完善，相应电磁屏蔽纤维板的体积电阻率就越低。随着碳纤维填充量的不断增加，其分布密度逐渐增大，碳纤维之间的距离减小，其搭接率随之增大，在电磁屏蔽纤维板内形成的导电网络也逐步完善，对应的板材体积电阻率降低[式(3-31)]。从图3-67中还可以看出，当碳纤维的填充量增加到稳定值以后，不同碳纤维填充量的电磁屏蔽纤维板的体积电阻率非常接近。这是因为不同填充量的碳纤维在电磁屏蔽纤维板中形成的导电网络已相对完善，填充量对电磁屏蔽纤维板的导电性能影响很小。

(8)板材厚度对电磁屏蔽纤维板电阻和体积电阻率的影响

图3-68是不同厚度下电磁屏蔽纤维板的电阻率与体积电阻变化曲线。图3-69是不同厚度碳基电磁屏纤维板的平均密度变化曲线。表3-23为不同厚度下电磁屏蔽纤维板体积电阻率的分布均匀性分析。电磁屏蔽纤维板的平均密度随着纤维板厚度的增加而线性减小，其线性拟合方程为

$$y = -0.012x + 0.818 \tag{3-36}$$

电磁屏蔽纤维板的电阻和体积电阻率均随着纤维板厚度的增加而逐渐增大，且后者线性增加，其线性拟合方程为

$$y = 3.173x - 5.752 \tag{3-37}$$

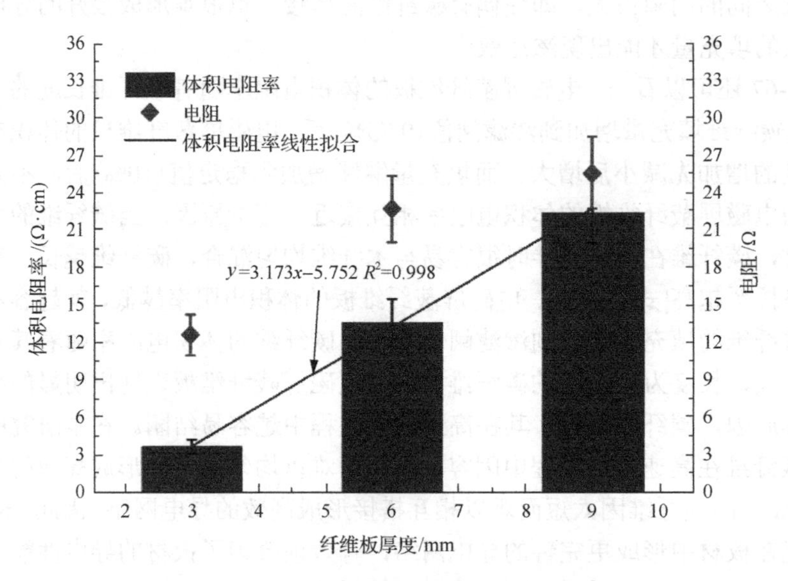

图 3-68　电磁屏蔽纤维板的电阻和体积电阻率

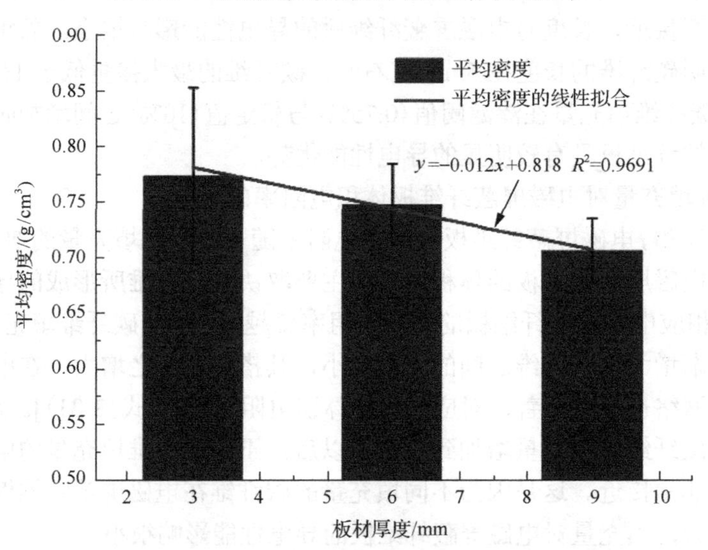

图 3-69　电磁屏蔽纤维板的平均密度

表 3-23　碳基电磁屏蔽纤维板的体积电阻率统计结果

厚度/mm	电阻/Ω	变异系数/%	体积电阻率/(Ω·cm)	变异系数/%
3	12.67±1.63	12.87	3.75±0.55	14.57
6	22.75±2.68	11.78	13.76±1.88	13.66
9	25.52±2.87	11.24	22.47±2.47	10.99

分析其原因，电磁屏蔽纤维板的密度随着板材厚度的增加而降低，电磁屏蔽纤维板的密度越大，电磁屏蔽纤维板内部的空隙越小，板材内部的碳纤维越容易搭接形成有效的导电网络并引起板材体积电阻率的降低。此外，根据本节有关碳纤维在电磁屏蔽纤维板中的分布规律和导电均匀性的研究结果并结合表 3-23 中的统计结果可得，溶液共混法可以将碳纤维与木纤维在水溶液中高速搅拌均匀混合，使其具有良好的导电均匀性。此外，板材的密度随着其厚度的增加而线性降低，板材的体积电阻率也近似线性增大。

(二)碳纤维/木纤维电磁屏蔽功能材料的电磁屏蔽性能

目前主要通过开发金属材料、非金属导电材料和导电复合材料进行电磁防护。但常用的金属单元如金属箔、金属网及铜纤维等都具有密度大、难以胶合、所制成的导电单元与木单板复合所得板材存在易开裂等缺点。因此，急需选择一种电磁屏蔽性能与金属单元相近、轻质高强且易于胶合的导电材料来制备电磁屏蔽纤维板。碳纤维由于其良好的导电性能、轻质高强、耐腐蚀、韧性好等优点而在电磁屏蔽复合材料开发领域受到广泛关注，在电磁屏蔽领域是一种替代金属材料的理想电磁屏蔽材料。采用合理的复合技术可以将碳纤维与木纤维均匀混合并制备具有电磁屏蔽功能的纤维板。

本节利用 DN 15115 型立式法兰同轴测试装置测定不同长度、填充量与板材厚度条件下碳纤维填充电磁屏蔽纤维板的电磁屏蔽效能曲线，探究碳纤维长度、填充量与板材厚度对电磁屏蔽纤维板导电性能及电磁屏蔽性能的影响。

1. 试验材料与方法

所用两种类型的碳基电磁屏蔽纤维板为：①不同长度和填充量的碳纤维填充的电磁屏蔽纤维板，尺寸规格为 36cm×34cm×0.3cm，预设密度为 0.65g/cm^3；②厚度为 3mm、6mm 和 9mm 的碳基电磁屏蔽纤维板，具体的幅面尺寸为 36cm×34cm，预设密度为 0.85g/cm^3。

电磁屏蔽纤维板冷却 24h 后用圆锯裁成直径为(115±0.5)mm 的标准圆盘试样。参照标准 SJ 20524(中国电子标准化研究化，1995)，采用同轴测试法(图 3-70)，采用 DN 15115 型立式法兰同轴测试装置测试电磁屏蔽纤维板的电磁屏蔽效能。测试频率为 100kHz～1.5GHz，设备特性阻抗为 50Ω，对应电磁屏蔽效能的动态测量范围不小于 100dB。测试结果取 8 个相同制备条件下纤维板电磁屏蔽效能的平均值。

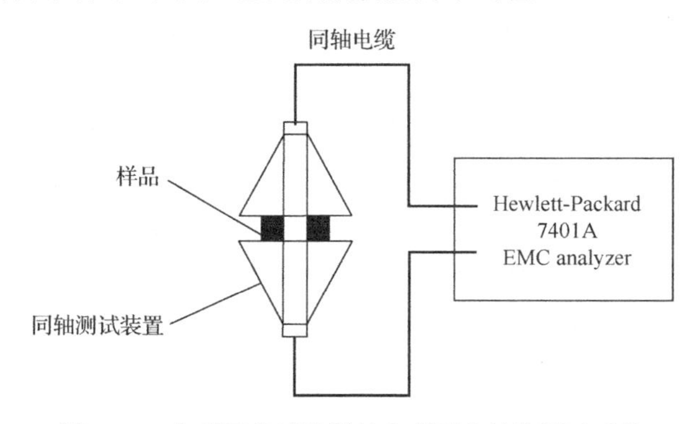

图 3-70　电磁屏蔽纤维板的电磁屏蔽效能测试系统

2. 结果与分析

(1)碳纤维长度对碳基电磁屏蔽纤维板电磁屏蔽效能的影响

根据电磁屏蔽的基本原理，电磁屏蔽材料对平面波辐射源的电磁屏蔽效能 SE 分为反射型损耗 R、吸收型损耗 A 和多重反射型损耗 B。通常当 $A>10$dB 时，B 可以忽略不计，其电磁屏蔽效能的计算公式为(Tan et al.，2001)：

$$\mathrm{SE}=R+A \tag{3-38}$$

$$R=168-10\lg\left(\frac{f\cdot\mu_\mathrm{r}}{\sigma_\mathrm{r}}\right) \tag{3-39}$$

$$A=1.31t(f\cdot\mu_\mathrm{r}\cdot\sigma_\mathrm{r})^{\frac{1}{2}} \tag{3-40}$$

式中，t 为电磁屏蔽材料的厚度，cm；f 为频率，Hz；μ_r 为电磁屏蔽材料的相对磁导率；σ_r 为电磁屏蔽材料的相对电导率。

对于非铁质的电磁屏蔽复合材料，通常取相对磁导率 μ_r 为 1，则其电磁屏蔽效能的近似公式为(Wu and Chung，2008)：

$$\mathrm{SE}=50-10\lg(\rho\cdot f)+1.7t\left(\frac{f}{\rho}\right)^{\frac{1}{2}} \tag{3-41}$$

式中，ρ 为屏蔽材料的体积电阻率，Ω·cm；f 为频率，MHz。

图 3-71～图 3-73 是不同长度与填充量的碳纤维填充的电磁屏蔽纤维板的屏蔽效能。图 3-74 是电磁屏蔽纤维板的平均电磁屏蔽效能变化曲线。当碳纤维的填充量相同时，电磁屏蔽纤维板的电磁屏蔽效能和平均电磁屏蔽效能均随着碳纤维长度的增加先增大后减小。当碳纤维填充量在渗流阈值(0.75%)与稳定值(10%)之间增大时，长度为 5mm 的碳纤维填充的纤维板具有较明显的电磁屏蔽效能优势。分析其原因，根据式(3-29)，碳纤维越长，其搭接率越大。碳纤维搭接率的增加显著地提高了板材的导电性能[式(3-30)]，导电性能的增大提高了纤维板对电磁波的反射，使其反射损耗随之增大，进而提高其电磁屏蔽效能。根据有关碳纤维填充量对电磁屏蔽纤维板体积电阻率的影响分析结果可得，当碳纤维填充量增加到渗滤阈值后，长度为 5mm 的碳纤维填充电磁屏蔽纤维板具有更高的电导率，对电磁波产生了较大的反射损耗，进而提高了纤维板的屏蔽效能。

此外，当碳纤维的填充量增加到稳定值以后，三种碳纤维填充纤维板的电导率差异很小，不同长度碳纤维填充的电磁屏蔽纤维板的电磁屏蔽效能之间的差异也较小。分析其原因，当碳纤维的填充量达到稳定值时，不同长度的碳纤维均能相互搭接形成高效的导电网络，不同类型电磁屏蔽纤维板的电磁屏蔽效能之间的差异很小。

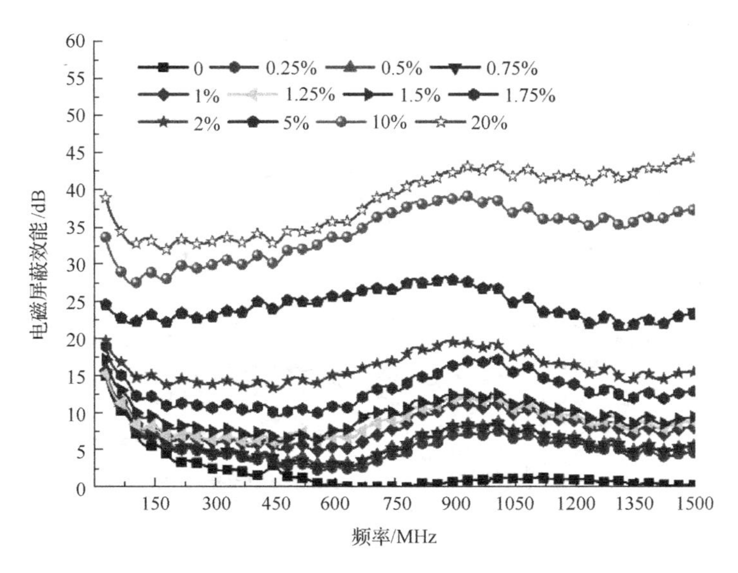

图 3-71　电磁屏蔽纤维板(2mm)的电磁屏蔽效能变化曲线(彩图请扫封底二维码)

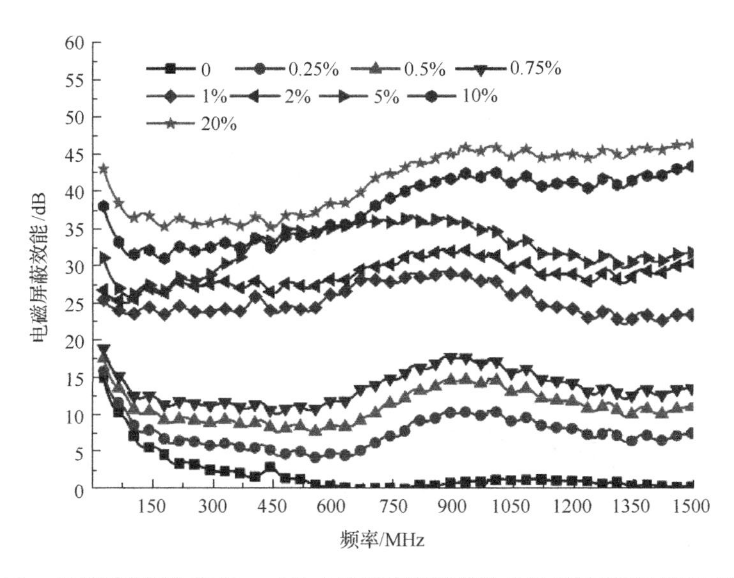

图 3-72　电磁屏蔽纤维板(5mm)的电磁屏蔽效能变化曲线(彩图请扫封底二维码)

(2)碳纤维填充量对碳基电磁屏蔽纤维板电磁屏蔽效能的影响

当碳纤维的长度相同时，电磁屏蔽纤维板的电磁屏蔽效能随着碳纤维填充量的增加而逐渐增大。分析其原因，碳纤维的填充量越大，其分布密度越大，导电网络越密集，电磁屏蔽纤维板的电导率越高，电磁屏蔽纤维板导电性能的增大提高了其对电磁波的反射率，使其反射损耗随之增大。随着碳纤维填充量的增加，碳纤维的搭接率[式(3-30)]逐渐增大并在纤维板内形成了交联导电网络结构(图 3-57 和图 3-58)，反射后的残余电磁波进入纤维板内部产生较大的涡流吸收损耗与多重反射损耗，电磁纤维板的电磁屏蔽效能随之升高。

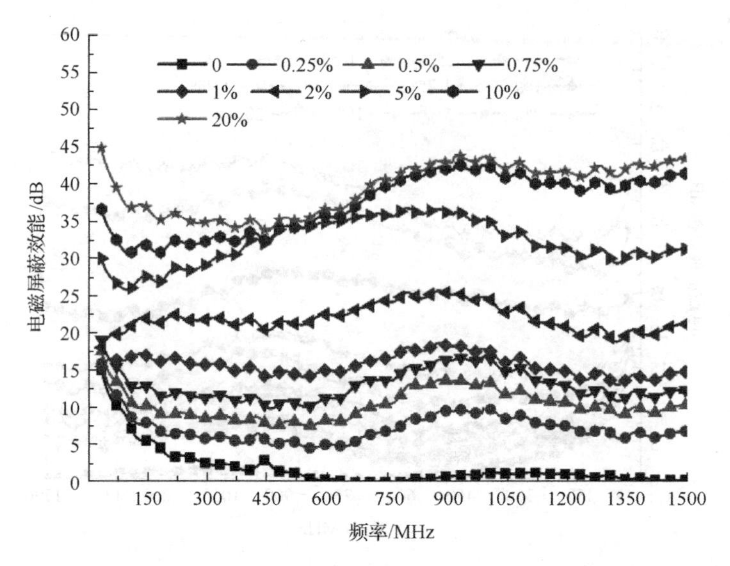

图 3-73　电磁屏蔽纤维板(10mm)的电磁屏蔽效能变化曲线(彩图请扫封底二维码)

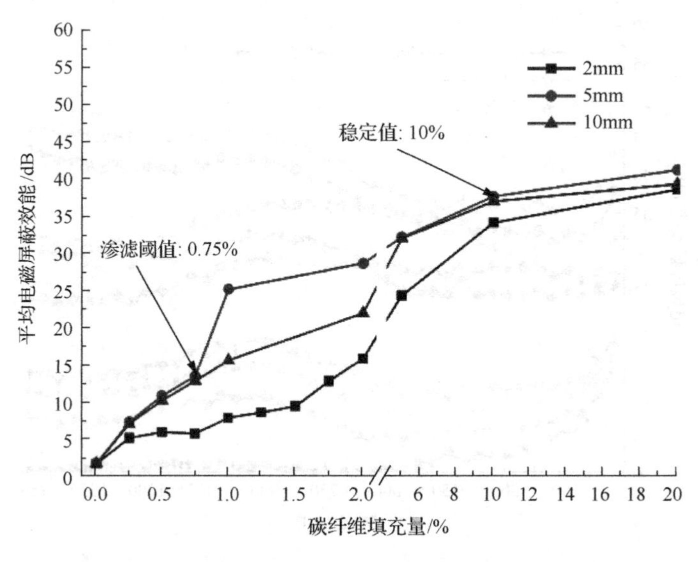

图 3-74　电磁屏蔽纤维板的平均电磁屏蔽效能变化曲线

(3) 板材厚度对碳基电磁屏蔽纤维板电磁屏蔽效能的影响

图 3-75 是不同厚度下电磁屏蔽纤维板的电磁屏蔽效能曲线。电磁屏蔽纤维板的电磁屏蔽效能随着其厚度的增加而逐渐增大。其中，厚度为 3mm、6mm 和 9mm 的电磁屏蔽纤维板电磁屏蔽效能分别为 27.48～39.10dB、28.61～41.87dB 和 28.63～43.74dB，达到中等屏蔽水平，可用于对电磁兼容要求较高的场合。根据式(3-40)和式(3-41)可得，电磁屏蔽材料对电磁波的吸收损耗 A 随其厚度的增加而增大，纤维板的电磁屏蔽效能也随之增大。分析其原因，在碳纤维填充量相同的条件下，纤维板的厚度越大，进入板材内部的电磁辐射能量受到的吸收损耗就越大，板材的屏蔽效能逐渐增大。但根据板材厚度对电磁屏蔽纤维板体积电阻和体积电阻率的影响分析结果，电磁屏蔽纤维板的体积电阻

率随着板材厚度的增加而逐渐增大。根据式(3-39)和式(3-40)可得，电磁屏蔽材料对电磁辐射的反射损耗随其体积电阻率的增加而降低。当板材的厚度逐渐增大时，6mm厚和9mm厚的板材体积电阻率分别增加为3mm的3.65倍和5.99倍，体积电阻率的增大导致板材电磁屏蔽效能降低。此外，采用同轴法测得的电磁屏蔽纤维板电磁屏蔽效能以反射损耗为主，吸收损耗占的比例较小，而采用式(3-40)和式(3-41)计算的电磁屏蔽纤维板屏蔽效能中吸收损耗占很大的比例。因此，所测电磁屏蔽纤维板的电磁屏蔽效能随其厚度的增加而增大的幅度较小。

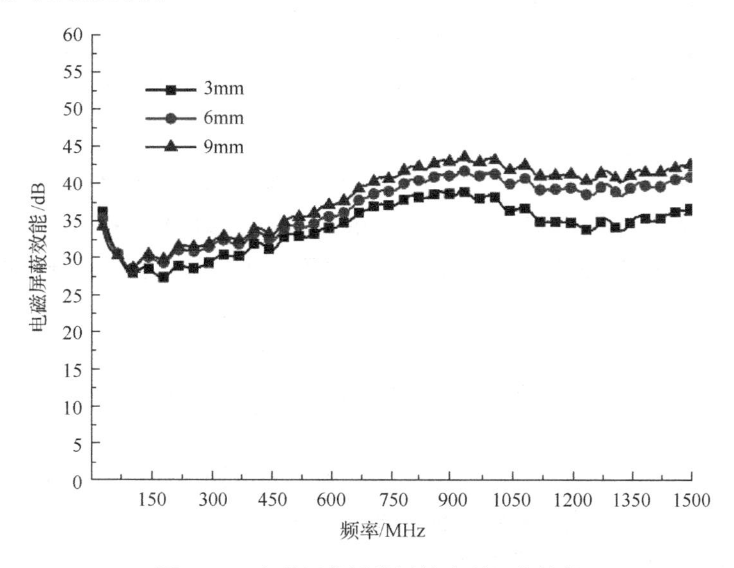

图3-75　电磁屏蔽纤维板的电磁屏蔽效能

(三)碳纤维/木纤维电磁屏蔽功能材料的力学性能

聚丙烯腈(PAN)基碳纤维的密度仅为1.6～1.76g/cm^3，其抗拉强度高达3.6～3.8GPa、拉伸模量也在240～280GPa范围内。它的填充可以在纤维板内部形成碳纤维网络，不仅可以有效地提高复合材料的导电性能和电磁屏蔽性能，而且有助于提高板材的力学性能。杨玉等(2012)研究了聚丙烯腈基碳纤维的掺杂对中密度纤维板(MDF)力学性能的影响，当聚丙烯腈基碳纤维的添加质量分数为7%时，与对照组相比，MDF的弹性模量(MOE)和内结合强度(IB)分别提高了28%和20%。然而为了获得理想的导电性能和屏蔽效能，通常需要填充大量的碳纤维。碳纤维的填充量过高会使板材的力学性能大幅度下降。潘汇和张海泉(2014)将纺织短纤维废料与棉纤维复合制备纤维板，纤维板的力学强度随着碳纤维长度的增加先增大后减小。因此，选择合适的碳纤维填充量不仅有利于提高电磁屏蔽纤维板的综合性能，而且可以降低生产成本，促进其产业化生产和工程应用。

本小节以碳纤维的长度、填充量和板材厚度为工艺因子探究其对电磁屏蔽纤维板物理力学性能的影响。

1. 试验材料与方法

所用两种类型的碳基电磁屏蔽纤维板：①不同长度和填充量碳纤维制备的电磁屏蔽

纤维板，具体的尺寸规格为 36cm×34cm×0.3cm，预设密度为 0.65g/cm³；②厚度为 3mm、6mm 和 9mm 的碳基电磁屏蔽纤维板，具体的幅面尺寸为 36cm×34cm，预设密度为 0.85g/cm³。

2. 电磁屏蔽纤维板的物理力学性能测试

按照 GB/T 11718—2009 制备用于测试电磁屏蔽纤维板静曲强度(MOR)、MOE、24h 吸水厚度膨胀率(TS)和 IB 的样品，然后置于相对湿度为(65±5)%、温度为(20±2)℃的恒温恒湿箱中处理至平衡。根据 GB/T 17657(中国林业科学研究院木材工业研究所，2013)对不同长度和填充量碳纤维填充电磁屏蔽纤维板的 MOR、MOE 和 TS 进行测定。此外，对不同厚度碳纤维填充电磁屏蔽纤维板的实际密度、MOR、MOE、TS 及 IB 进行测定。

3. 碳纤维长度对电磁屏蔽纤维板物理力学性能影响的分析结果

(1)碳纤维长度对电磁屏蔽纤维板的 MOR 和 MOE 影响的分析

图 3-76 和图 3-77 是不同长度和填充量的碳纤维填充电磁屏蔽纤维板的 MOR 和 MOE。当碳纤维填充量相同时，电磁屏蔽纤维板的 MOR 和 MOE 均随着碳纤维长度的增加先增大后减小，5mm 碳纤维填充的电磁屏蔽纤维板具有最大的 MOR。但当碳纤维的填充量增加到 2%以后，10mm 碳纤维填充电磁屏蔽纤维板的 MOE 大于 2mm 碳纤维填充电磁屏蔽纤维板的 MOE。分析其原因，当碳纤维很短时，碳纤维难以在电磁屏蔽纤维板内形成连续的搭接网络，其对电磁屏蔽纤维板的增韧性能较差。随着碳纤维长度的增加(5mm)，碳纤维在电磁屏蔽纤维板内部形成网络，电磁屏蔽纤维板在受压断裂过程中的摩擦阻力逐渐增大，碳纤维能够有效地分担电磁屏蔽纤维板承受的载荷，使电磁屏蔽纤维板的 MOR 和 MOE 增大。当碳纤维的长度增加到 10mm 时，碳纤维在电磁屏蔽纤维板中出现缠结与团聚，难以均匀分散，使其在电磁屏蔽纤维板承受载荷时不能发挥应有的桥联和增韧作用，导致电磁屏蔽纤维板 MOR 和 MOE 降低。

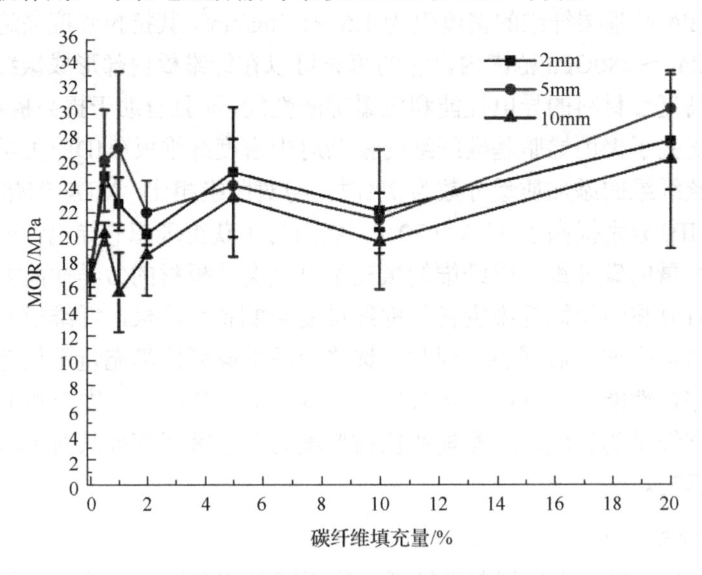

图 3-76　电磁屏蔽纤维板的 MOR

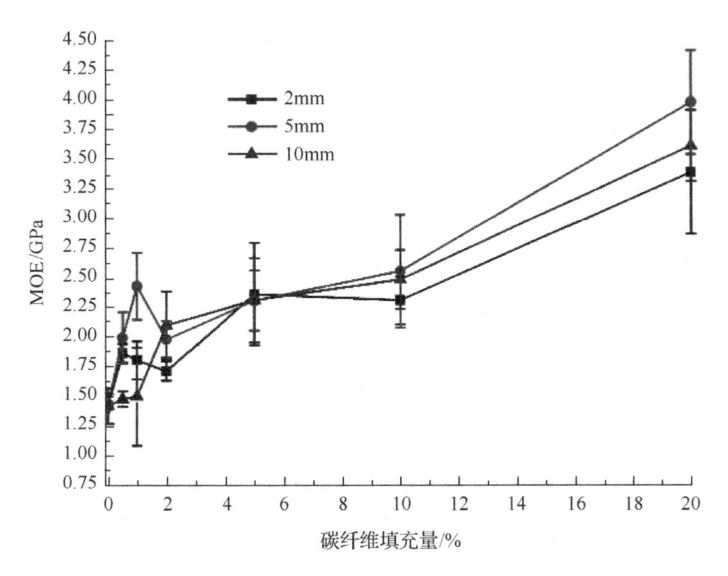

图 3-77 电磁屏蔽纤维板的 MOE

(2) 碳纤维长度对碳基电磁屏蔽纤维板 TS 的影响

图 3-78 是不同长度和填充量的碳纤维填充电磁屏蔽纤维板的 TS。从图 3-78 中可以看出，当碳纤维填充量相同时，电磁屏蔽纤维板的 TS 随着碳纤维长度的增加而逐渐增大。分析其原因，碳纤维的长度越大，相同填充量的碳纤维在板材中产生团聚和缠结的概率越大，引起电磁屏蔽纤维板的吸水膨胀均匀性差，导致板材 TS 的增加。

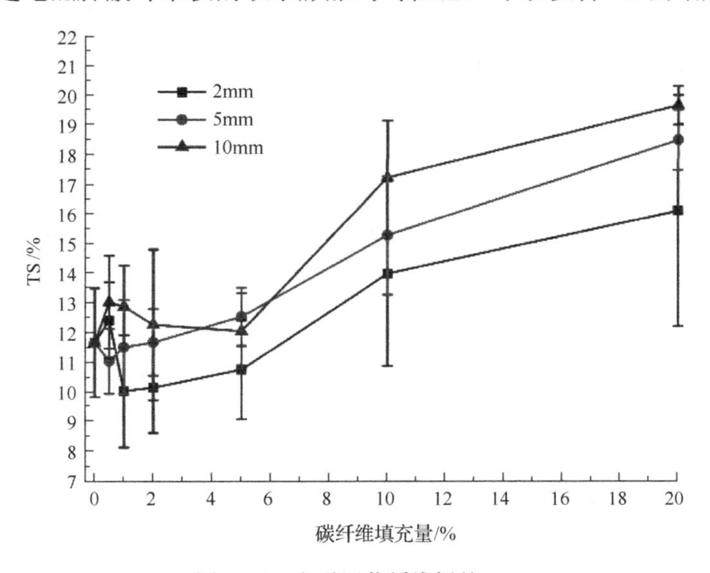

图 3-78 电磁屏蔽纤维板的 TS

4. 碳纤维填充量对电磁屏蔽纤维板物理力学性能影响的分析

(1) 碳纤维填充量对碳基电磁屏蔽纤维板 MOR 和 MOE 的影响

当碳纤维的填充量在 0～2%时，电磁屏蔽纤维板的 MOR 和 MOE 随着碳纤维填充量的增加先增大后减小。分析其原因，少量的碳纤维填充有助于提高电磁屏蔽纤维板的 MOR 和 MOE，碳纤维在电磁屏蔽纤维板中具有承载和传递应力的功能，其填充量越高，电磁屏蔽纤维板的 MOR 和 MOE 越大。随着碳纤维填充量的继续增加，碳纤维容易在电磁屏蔽纤维板中团聚和缠结，分散性能变差，难以均匀地承载和传递应力，导致电磁屏蔽纤维板的 MOR 和 MOE 降低。潘汇和张海泉(2014)将废旧聚丙烯(PP)纤维和聚酯(PET)纤维与棉纤维复合制备纤维板并探究了废纤维长度对其力学性能的影响。研究结果表明，所得纤维板的力学性能随着纺织废纤维长度的增加先增大后减小。

此外，当碳纤维的填充量从 2%增加到 20%时，电磁屏蔽纤维板的 MOR 和 MOE 逐渐增大。分析其原因，电磁屏蔽纤维板热压过程中的传热速率受碳纤维导热性能的影响，碳纤维填充量越大，板坯的导热性能越好，使得板材芯层达到胶黏剂固化温度的时间越短，有利于促进板材中胶黏剂的固化并使碳纤维-胶黏剂-碳纤维以及碳纤维-胶黏剂-木纤维之间形成力学强度更高的胶合界面，有利于提高电磁屏蔽纤维板的 MOR 和 MOE(焦慧杨等，2013)。

(2)碳纤维填充量对碳基电磁屏蔽纤维板 TS 的影响

当碳纤维的长度相同、碳纤维的填充量在 0～2%时，电磁屏蔽纤维板的 TS 随着碳纤维填充量的增加而先增大后减小。分析其原因，短切碳纤维是疏水性材料，吸水膨胀主要发生在电磁屏蔽纤维板的木纤维中，当碳纤维填充量较少时，板材中的木纤维填充量随着碳纤维填充量的增加而减少，电磁屏蔽纤维板的吸水性能因木纤维填充量的减少而变差。随着碳纤维填充量的增加，碳纤维在电磁屏蔽纤维板中均匀分布并形成了良好的交联结构网络，有效地抑制了电磁屏蔽纤维板的吸水膨胀，故电磁屏蔽纤维板的吸水厚度膨胀率逐渐减小。此外，当碳纤维的填充量从 2%增加到 20%时，电磁屏蔽纤维板的 TS 逐渐增大。分析其原因，随着碳纤维填充量的继续增加，碳纤维容易在板材中产生团聚和缠结现象，难以在电磁屏蔽纤维板中均匀分布，使得木纤维在电磁屏蔽纤维板中也难以均匀分布，引起电磁屏蔽纤维板的吸水膨胀均匀性差，导致电磁屏蔽纤维板 TS 的增大(Farsheh et al.，2011)。

5. 板材厚度对电磁屏蔽纤维板物理力学性能的影响

(1)板材厚度对碳基电磁屏蔽纤维板 MOR 和 MOE 的影响

表 3-24 为电磁屏蔽纤维板的力学性能参数。图 3-79 为电磁屏蔽纤维板的 MOE。

表 3-24 电磁屏蔽纤维板的力学性能参数

厚度/mm	密度/(g/cm^3)	MOR/MPa	标准规定的 MOR/MPa	MOE/MPa	标准规定的 MOE/MPa
3	0.774±0.0792	38.3±12.50	36.00	3844±741	3100
6	0.748±0.0367	36.72±3.66	34.00	3416±166	3000
9	0.707±0.0287	36.46±4.57	34.00	3050±316	3000

注：GB/T 11718—2009《中密度纤维板》

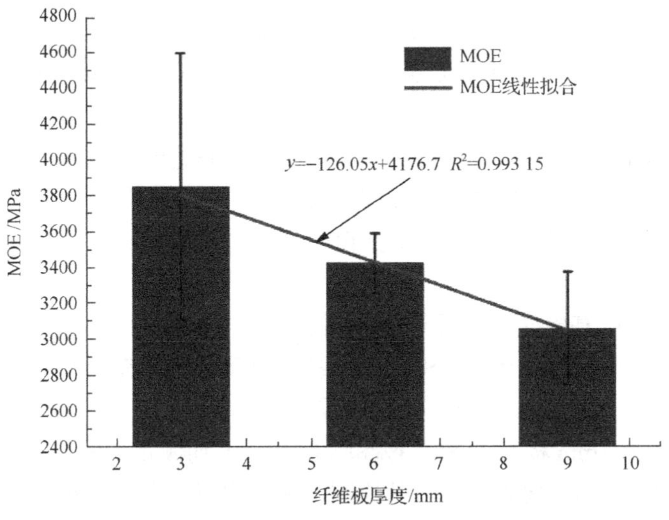

图 3-79 不同厚度电磁屏蔽纤维板的 MOE

根据表 3-24 和图 3-79 所示的结果，在碳纤维填充量相同的条件下，电磁屏蔽纤维板的 MOR 随其厚度的增加而逐渐降低，而电磁屏蔽纤维板的 MOE 呈线性降低。从表 3-24 中可以看出，不同厚度电磁屏蔽纤维板的 MOR 和 MOE 均满足 GB/T 11718—2009 所规定的承重 MDF 的力学性能要求。当板材厚度增加为 6mm 和 9mm 时，电磁屏蔽纤维板的 MOR 分别降低了 4.8%和 4.1%，而其 MOE 分别降低了 10.9%和 20.6%。分析其原因，电磁屏蔽纤维板厚度越大，热压过程中相同时间内传输到芯层的热量越少，胶黏剂的固化程度越低，厚板芯层密度较低。电磁屏蔽纤维板的剪切破坏出现在密度较低的芯层，电磁屏蔽纤维板厚度越大，芯层密度越低，相应地电磁屏蔽纤维板 MOR 越小。董明洪等(2013)的研究结果表明，厚度为 1.40mm 碳纤维复合材料的抗拉强度和 MOE 比厚度为 3.00mm 碳纤维复合材料的分别提高了 65%和 8.8%。

(2)板材厚度对电磁屏蔽纤维板 IB 的影响

图 3-80 是不同厚度电磁屏蔽纤维板的 IB。由图 3-80 可知，电磁屏蔽纤维板的 IB 随

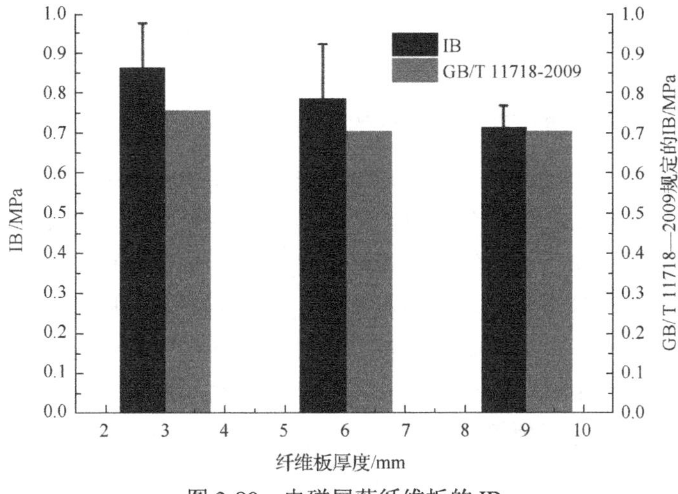

图 3-80 电磁屏蔽纤维板的 IB

着厚度的增加而逐渐减小。当板材厚度增加为 6mm 和 9mm 时，板材的 IB 分别降低了 40.0%和 35.4%，但其 IB 值均满足 GB/T 11718—2009 所规定的承重 MDF 的 IB 值。分析其原因，板材厚度越大，热压过程中相同时间内传输到芯层的热量越少，胶黏剂的固化程度越低，导致厚板的芯层密度和强度越低。板材在垂直于表面方向的拉伸力作用下越容易从芯层开裂，引起板材 IB 的减小。此外，由图 3-69 可得，电磁屏蔽纤维板的平均密度随着厚度增加而逐渐降低且都低于预设密度，电磁屏蔽纤维板平均密度的降低也导致其 IB 减小。

(3) 板材厚度对碳基电磁屏蔽纤维板 TS 的影响

图 3-81 是电磁屏蔽纤维板的 TS 变化曲线。当碳纤维填充量相同时，电磁屏蔽纤维板的 TS 随着其厚度的增加而减小。当板材厚度增加为 6mm 和 9mm 时，电磁屏蔽纤维板的 TS 分别降低为 3mm 板材的 85.63%和 49.5%，但均满足 GB/T 11718—2009 所规定的高湿状态下 MDF 的 TS 要求。分析其原因，随着电磁屏蔽纤维板厚度的增大，浸入电磁屏蔽纤维板的水分减少，且异氰酸酯胶黏剂具有很好的防水性能，不利于水分在电磁屏蔽纤维板内的传输，故电磁屏蔽纤维板的 TS 逐渐减小。

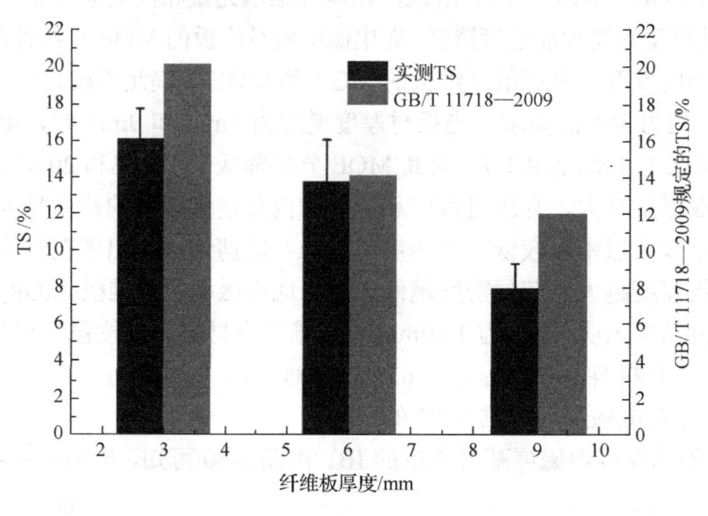

图 3-81 电磁屏蔽纤维板的 TS

三、碳纤维毡叠层型电磁屏蔽功能胶合板的制备与性能

电磁屏蔽胶合板是将导电单元与木质单元采用叠层复合、混杂复合及柔性加压等工艺开发出来的一种新型电磁屏蔽复合材料，具有电磁屏蔽性能稳定和绿色环保等优势。目前，主要通过将金属网、金属箔、金属纤维填充膜片等导电单元与木单板叠层复合，或将石墨粉、金属纤维等导电填料与胶黏剂均匀混合后与木单板复合制备电磁屏蔽胶合板，其中金属单元复合的电磁屏蔽胶合板因电磁屏蔽性能较高而成为电磁屏蔽胶合板生产的主导产品。但金属单元如金属箔、金属网及铜纤维等都具有密度大、难以胶合、所制成的电磁屏蔽胶合板易开裂等缺点，因此，急需选择一种电磁屏蔽性能与金属单元相近、轻质高强且易于胶合的导电材料来制备电磁屏蔽胶合板。

碳纤维由于其良好的导电性能、轻质高强、耐腐蚀、韧性好等优点，在电磁屏蔽复合材料开发领域受到广泛关注(Khan et al.，2013；Matsumoto and Naim，2009)。在电磁屏蔽领域，由碳纤维针刺而成的电磁屏蔽碳毡具有质量轻、易于加工及电导率高等特性，是一种替代金属材料的理想电磁屏蔽材料(Jou，2004；Wang et al.，1998)。将电磁屏蔽碳毡作为电磁屏蔽单元与木质单元(木单板、木质纤维板等)复合可以制得屏蔽性能良好的电磁屏蔽复合材料。本节根据叠层型电磁屏蔽结构模型，将电磁屏蔽碳毡与杨木单板叠层复合制备电磁屏蔽碳毡叠层型胶合板。电磁屏蔽碳毡与木单板的复合不仅有利于克服金属导电材料密度大、难以胶合、复合板材易开裂等缺陷，而且有利于改善电磁屏蔽胶合板的屏蔽性能。以下研究了电磁屏蔽碳毡的微观结构与屏蔽性能，而后探究了胶合板的屏蔽性能、胶合性能及叠层结构模型对其屏蔽性能的影响。

(一)试验材料

杨木单板：幅面尺寸为 40cm×40cm，厚度为(2.0±0.3)mm，含水率为 7%～10%，购自北京市木材厂；电磁屏蔽碳毡：碳纤维填充量分别为 10g/m^2、15g/m^2、20g/m^2、25g/m^2、30g/m^2，购于南通跻虎碳纤维制品有限公司；碳纤维胶 AK-JST：系 A、B 双组分环氧类胶黏剂，A 组分为淡黄色清澈透明液体，B 组分为深褐色液体，2 种组分的混合比例(质量比)A∶B=2∶1，混后胶黏剂密度为(1.05±0.1)g/cm^3，固含量≥99%，操作时间 25℃为 40min，购于北京赛东科技发展有限公司。

(二)试验方法

1. 制备工艺

将电磁屏蔽碳毡与杨木单板按照图 3-82 所示的单层、双层电磁屏蔽碳毡叠层复合结构进行涂胶与叠层组坯，经闭合陈放后送入压机冷压制备叠层型电磁屏蔽碳毡胶合板。其中，单位压力为 1MPa，加压时间为 30min。碳纤维胶 AK-JST 的施加量为 100g/m^2(单面)。由于电磁屏蔽碳毡碳纤维的最大填充量为 30g/m^2，因此在试验过程中将碳纤维填充量为 30g/m^2 的电磁屏蔽碳毡涂布碳纤维胶黏剂后层积复合(每一层电磁屏蔽碳毡均涂布等量的碳纤维胶黏剂)制备碳纤维填充量为 60g/m^2、120g/m^2 和 240g/m^2 的电磁屏蔽碳毡，然后作为独立的电磁屏蔽单元与杨木单板叠层复合制备电磁屏蔽碳毡叠层型胶合板。

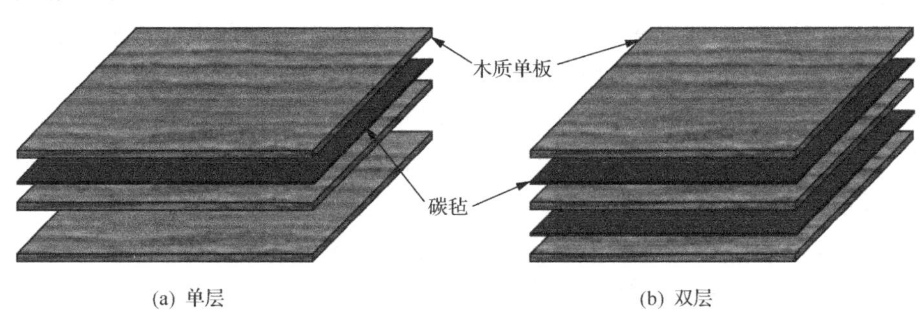

(a) 单层　(b) 双层

图 3-82　叠层型胶合板结构模型

2. 电磁屏蔽碳毡的微观结构表征

将不同碳纤维填充量的电磁屏蔽碳毡裁成2cm×2cm的小样，用金相显微镜(型号：UM230i)观察碳纤维在碳毡的平面(40倍)和断面(200倍)分布状况。

3. 电磁屏蔽碳毡叠层型胶合板的电磁屏蔽效能测试

将电磁屏蔽碳毡叠层型胶合板放置 24h 后锯成外径为$115_{-0.5}^{0}$ mm、内孔直径为$12_{0}^{+0.5}$ mm 的标准圆盘试样，并用导电涂料将标准圆盘试样内外封边(卢克阳和傅峰，2008)。取9个相同制备条件下试样的平均值作为测试结果。按照测试标准 SJ 20524(中国电子标准化研究所，1995)进行，采用同轴线法，结合东南大学研制的 DN 15115 型立式法兰同轴测试装置测试叠层电磁屏蔽碳毡胶合板的电磁屏蔽效能。连接 HP E7401A 电磁兼容分析仪，主要性能为：工作频率 100kHz～1.5GHz，特性阻抗 50Ω，电磁屏蔽效能的动态测量范围不小于 100dB。

4. 电磁屏蔽碳毡叠层型胶合板的胶合性能测试

按照 GB/T 17657(中国林业科学研究院木材工业研究所，1999)中Ⅰ类胶合板标准测试单层与双层电磁屏蔽碳毡叠层型胶合板的胶合强度。将试件放入沸水中煮 4h，然后将试件分开平放在(63±3)℃的空气对流干燥箱中干燥 20h，再在沸水中煮 4h，取出后在室温下冷却 10min。在煮试件时，应将试件全部浸入沸水中。胶合强度试件制备参照 GB/T 9846.7(中国林业科学研究院木材工业研究所，2004b)进行，取 12 个相同制备条件下试件的胶合强度平均值作为测试结果。

(三)结果与分析

1. 电磁屏蔽碳毡的电磁屏蔽网络与电磁屏蔽性能分析

图 3-83 是不同填充量的碳纤维在电磁屏蔽碳毡平面(a)和断面(b)内的碳纤维分布状况。电磁屏蔽碳毡“三维电磁屏蔽网络”与第二章导电膜片基本一致，如图 2-15 所示(图中白色的虚线圆柱体为碳纤维，空白区域为碳纤维胶黏剂，黑色区域为碳纤维相互重叠形成的搭接区域)。从图 3-83 中可知，当碳纤维填充量从 $10g/m^2$ 增加到 $30g/m^2$ 时，碳纤维在电磁屏蔽碳毡平面内以随机排列的形式相互交织形成了电磁屏蔽网络。当碳纤维填充量增加到 $25g/m^2$ 时，电磁屏蔽碳毡断面内的碳纤维接触点数目显著增加，电磁屏蔽网络数目增加，电磁屏蔽碳毡内部形成了“三维电磁屏蔽网络”。

图 3-84 是不同碳纤维填充量($10～30g/m^2$)下电磁屏蔽碳毡的电磁屏蔽效能曲线。由图可得，随着碳纤维填充量的增加，电磁屏蔽碳毡的电磁屏蔽效能逐渐增大。这是因为随着碳纤维填充量的增加，碳纤维相互交叉形成的搭接点数逐渐增多，电磁屏蔽碳毡的电磁屏蔽网络逐渐完善。当电磁波辐射到电磁屏蔽碳毡表面时，碳纤维导电网络使其产生较大的反射衰减。反射衰减后的残余电磁波进入电磁屏蔽碳毡内部形成涡流并产生较大的吸收损耗(卢克阳等，2009)，电磁屏蔽碳毡的电磁屏蔽网络越完善，对电磁波的反射损耗和吸收损耗越大，其电磁屏蔽效能就越高。

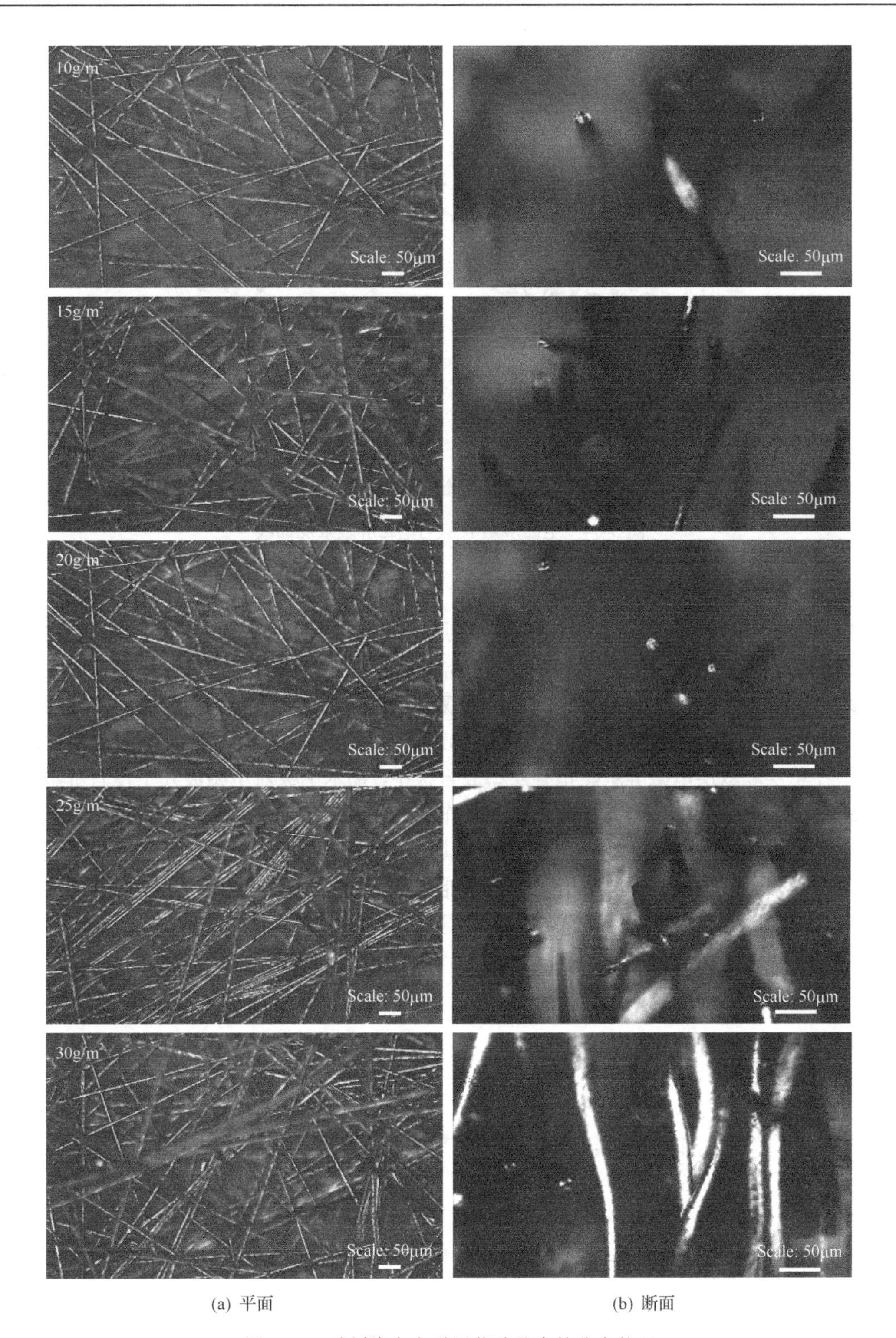

(a) 平面　　(b) 断面

图 3-83　碳纤维在电磁屏蔽碳毡中的分布状况

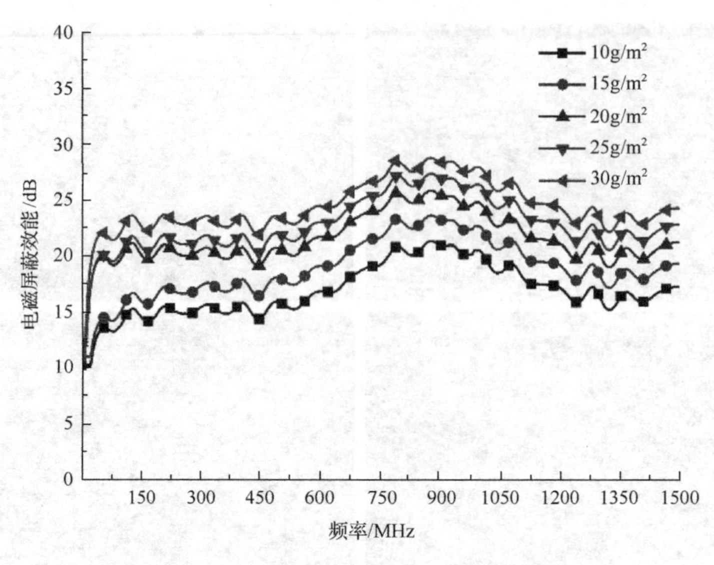

图 3-84　电磁屏蔽碳毡的电磁屏蔽效能曲线

2. 单层与双层电磁屏蔽碳毡叠层型胶合板的电磁屏蔽性能分析

图3-85和图3-86分别为单层和双层电磁屏蔽碳毡叠层型胶合板的电磁屏蔽效能曲线。随着碳纤维填充量的增加，单层和双层电磁屏蔽碳毡叠层型胶合板的电磁屏蔽效能逐渐增大。其中碳纤维填充量为60g/m^{2}和120g/m^{2}双层电磁屏蔽碳毡叠层型胶合板的电磁屏蔽效能依次为45.62～65.45dB和52.61～68.37dB，它们的屏蔽效能均达到中等屏蔽效果60～90dB。在单层和双层电磁屏蔽碳毡叠层型胶合板中，杨木单板对电磁波几乎没有屏蔽作用（Lu et al.，2013；王立娟等，2006），起屏蔽作用的主要是电磁屏蔽碳毡。碳纤维填充量越大，电磁屏蔽碳毡的电磁屏蔽网络越完善，其导电性能就越好，电磁波受到的反射衰减和吸收衰减越强，电磁屏蔽碳毡的电磁屏蔽效能就越大(图3-84)，因此，单层和双层电磁屏蔽碳毡叠层型胶合板的电磁屏蔽效能随着碳纤维填充量的增加而逐渐增大。

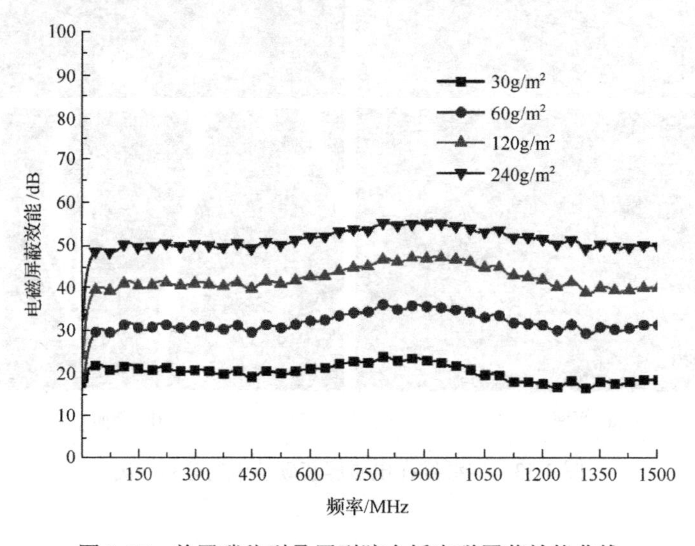

图 3-85　单层碳毡型叠层型胶合板电磁屏蔽效能曲线

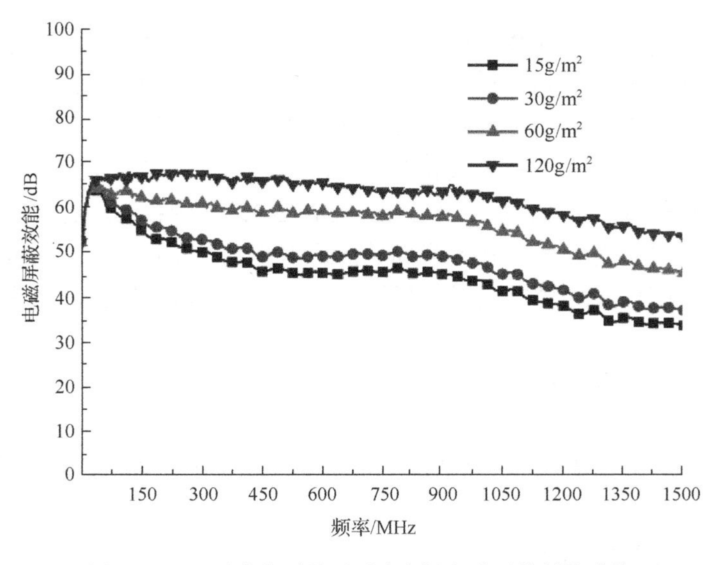

图 3-86　双层碳毡型叠层型胶合板电磁屏蔽效能曲线

3. 单层与双层电磁屏蔽碳毡叠层型胶合板的电磁屏蔽性能对比

图 3-87 是电磁屏蔽碳毡叠层型胶合板的电磁屏蔽效能增量变化曲线。其中，电磁屏蔽效能增量(ΔSE)是指在相同的测试频率和碳纤维填充量下，双层电磁屏蔽碳毡叠层型胶合板的电磁屏蔽效能与单层电磁屏蔽碳毡叠层型胶合板电磁屏蔽效能的差值。当碳纤维填充量为 30g/m^2 时，电磁屏蔽效能增量为 18.79～45.4dB。当碳纤维填充量分别为 60g/m^2、120g/m^2 和 240g/m^2 时，对应的电磁屏蔽效能增量依次为 5.7～38.2dB、5.52～28.34dB 和 3.48～20.11dB。由此可得，当碳纤维填充量相同时，双层叠层型电磁屏蔽碳毡胶合板的电磁屏蔽性能优于单层。

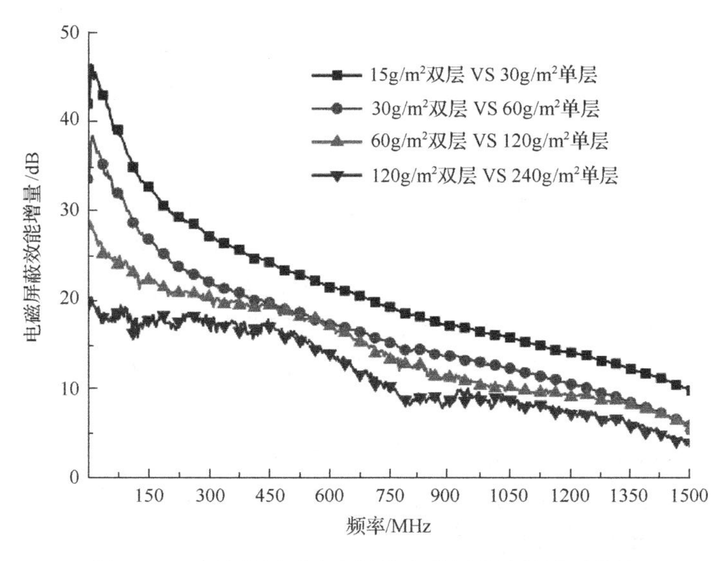

图 3-87　碳毡叠层型胶合板的电磁屏蔽效能增量曲线

图 3-88 是电磁屏蔽材料的单层和双层屏蔽物理模型。引用图 3-88 所示的电磁屏蔽

结构模型分析叠层型电磁屏蔽碳毡胶合板电磁屏蔽效能增量的产生机理(张晓宁，2000)，其中模型 I(左图)是将单一的屏蔽层与基材复合形成一个完整的屏蔽体；而模型 II(右图)则将模型 I 中的屏蔽层等厚分割，然后将基材夹在 2 个厚度等分的屏蔽层中，形成一个双层屏蔽体。根据 Schelkunoff 屏蔽理论和平面波电磁屏蔽效能公式对图 3-88 进行分析，双层屏蔽体的电磁屏蔽效能增量：$\Delta SE=\Delta A+\Delta R+\Delta B$。其中：$\Delta A$ 是电磁波在屏蔽层中的吸收损耗增量；ΔR 是电磁波在两界面处的反射损耗增量；ΔB 是电磁波在两屏蔽层界面之间的多次反射损耗增量。双层屏蔽体各部分的电磁屏蔽效能增量由式(3-42)和式(3-43)决定。

(1)吸收损耗增量 SE/ΔA

$$A_C - A_I = 20\lg\left|\frac{e^{\Gamma_1' l_1' + \Gamma_2' l_2' + \Gamma_3' l_3'}}{e^{\Gamma_1' l_1 + \Gamma_2' l_2}}\right| = 20\lg 1 = 0 \tag{3-42}$$

(2)反射损耗增量 SE/ΔR

$$R_{II} - R_I = 20\lg\left|\frac{(K_0+K_2)(K_1+K_2)}{2K_2(K_0+K_1)}\right| \tag{3-43}$$

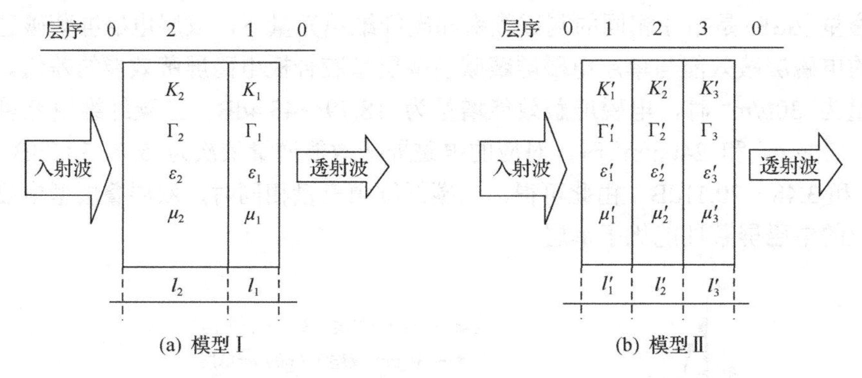

图 3-88　单层屏蔽(a)和双层屏蔽(b)物理模型

由式(3-42)可得，双层屏蔽结构对电磁波在屏蔽层中的吸收损耗没有影响。同时，由式(3-43)可知，由于自由空间的波阻抗和非金属绝缘介质的本征阻抗远远大于非金属导电材料的本征阻抗，反射损耗增量 SE/ΔR 恒为正值，表明反射损耗在双层屏蔽结构的综合屏蔽效能评价中起主导作用。因此，电磁屏蔽效能增量恒为正值，即双层电磁屏蔽碳毡叠层型胶合板的电磁屏蔽效能大于单层电磁屏蔽碳毡叠层型胶合板的电磁屏蔽效能。

从图 3-87 可以看出，电磁屏蔽效能增量随着碳纤维填充量和测试频率的增加而逐渐减小，双层叠层型电磁屏蔽结构的电磁屏蔽优势也随之减弱。当碳纤维填充量分别为 30g/m^2、60g/m^2、120g/m^2 和 240g/m^2 时，对应的平均电磁屏蔽效能增量依次为 28.03dB、16.56dB、14.55dB 和 11.66dB。这是因为随着碳纤维填充量的增加，电磁屏蔽碳毡的电磁屏蔽网络逐渐完善，电磁波受到的反射衰减和吸收衰减不再显著增加，电磁屏蔽碳毡的电磁屏蔽效能也不再显著变化。此外，电磁屏蔽效能增量随着测试频率的增加而逐渐减小。分析其原因，高频电磁波很容易穿透第一屏蔽层，然后在两屏蔽层之间的空间内形成多次反射，使得相当一部分电磁波穿透第二屏蔽层后进入屏蔽空间并增强其剩余场强。电磁波的频率越高，透过第二屏蔽层的电磁波越多，剩余场强也越大，双层电磁屏蔽碳毡叠层型胶合板的电磁屏蔽效能越小(卢克阳等，2011)，其电磁屏蔽效能增量越小。

4. 单层与双层电磁屏蔽碳毡叠层型胶合板的胶合性能分析

表 3-25 是单层与双层电磁屏蔽碳毡叠层型胶合板的胶合强度和木破率的分析结果。从表 3-25 可以看出，单层与双层叠电磁屏蔽碳毡叠层型胶合板的胶合强度均超过 GB/T 9846.3(中国林业科学研究院木材工业研究所，2004a)中Ⅰ类胶合板标准所规定的杨木单板最低胶合强度(0.7MPa)，其胶合强度的变异系数较小。单层电磁屏蔽碳毡叠层型胶合板和空白样品均从杨木单板之间的胶合界面处裂开，两者的胶合强度接近；而电磁屏蔽碳毡与杨木单板之间的胶层强度大于杨木单板之间的胶层强度。分析其原因，胶液在杨木单板与电磁屏蔽碳毡之间流动，部分胶液通过网孔浸入电磁屏蔽碳毡内部并在单板与电磁屏蔽碳毡之间形成了一层完整的胶层。此外，双层电磁屏蔽碳毡叠层型胶合板胶合强度和木破率的变化没有规律性。分析其原因，电磁屏蔽碳毡是网状材料，部分胶液通过网孔浸入电磁屏蔽碳毡内部引起胶层的不均匀程度增大，电磁屏蔽碳毡厚度越大，胶层的不均匀程度就越大，板材的胶合强度与木破率的变异系数也越大。

表 3-25　单层与双层电磁屏蔽碳毡叠层型胶合板的胶合强度和木破率分析

样品	填充量/(g/m^2)	胶合强度/MPa	木破率/%
单层	0	1.47±0.22	86±13
	10	1.40±0.36	94±9
	30	1.26±0.19	98±4
	60	1.51±0.22	93±12
	120	1.47±0.18	95±8
	240	1.55±0.28	88±3
双层	10	1.82±0.21	50±26
	30	1.52±0.12	55±30
	60	1.88±0.19	23±14
	120	1.77±0.31	27±33
	240	1.82±0.31	8±12

四、碳基/木质电磁屏蔽功能材料的优点

(一)镍类粉末和石墨类粉末对材料性能影响对比

图 3-89 分别表示涂胶量为 250g/m^2 时，相同导电单元施加量的镍类粉末和石墨类粉末对材料平均电磁屏蔽效能和胶合强度的影响。图 3-90 分别表示涂胶量为 400g/m^2 时，相同导电单元施加量的镍类粉末和石墨类粉末对材料平均电磁屏蔽效能和胶合强度的影响。很明显可以看出，在相同条件下，施加石墨类粉末比镍类粉末更有利于材料电磁屏

蔽效能的提高。这是由于镍类粉末密度高、粒度大(30μm)，在相同施加量情况下，石墨类粉末的体积是镍类粉末的 3.7 倍，虽然镍类粉末的导电性要比石墨好，但是由于石墨类粉末的数量比镍类粉末多，接触面积大，因此施加石墨类粉末更有利于电磁屏蔽效能提高。在相同条件下，施加石墨类粉末比镍类粉末更有利于胶合强度的提高，这是由于石墨类粉末粒度小(7μm)，表面含有极性基团，因此有利于与胶液混合，这对胶合强度有利(黄兴，2000；傅峰，1999)，但在涂胶量为 250g/m^2，导电单元施加量达到 120g/m^2 时，导电单元施加量过大，显著降低了胶合强度，此时混合胶液在常温下已经丧失流动性，只有在加热混炼的条件下才能均匀地涂胶，但随着涂胶量增大到 400g/m^2 时，这种不利影响大大减少。从图 3-90 可以看出，材料的胶合强度随涂胶量的增加而显著上升，由于石墨密度相对低，粒度小；相对来说，比表面积也大，是镍类粉末的 60～70 倍，因此需要更多的施胶量。

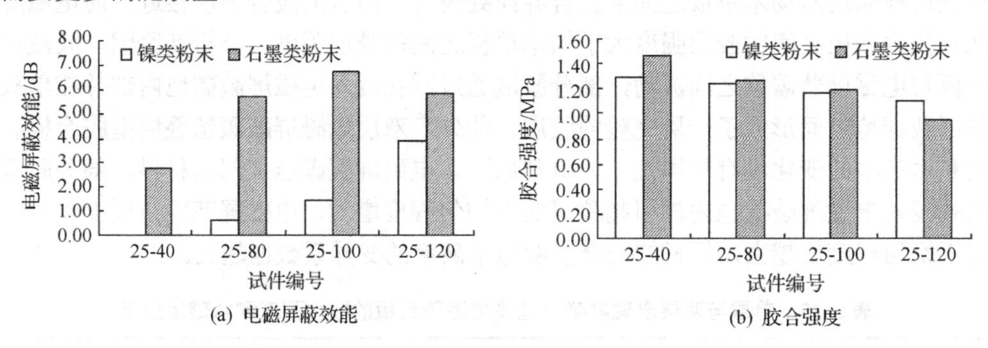

图 3-89　涂胶量 250g/m^2 时镍类与石墨类粉末平均电磁屏蔽效能和胶合强度

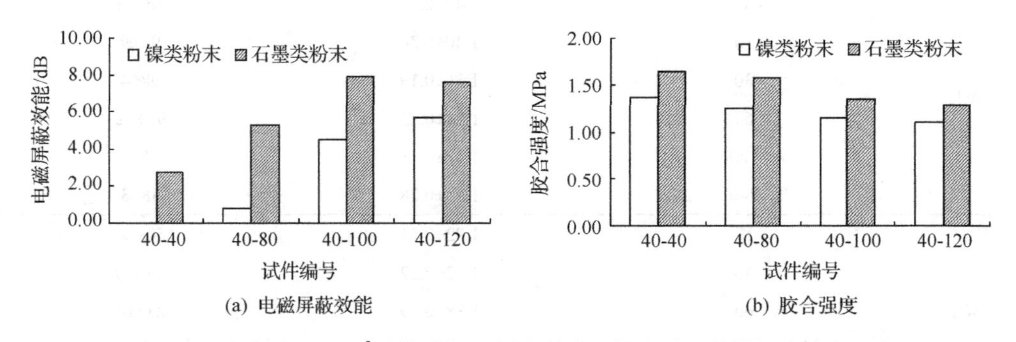

图 3-90　涂胶量 400g/m^2 时镍类与石墨类粉末平均电磁屏蔽效能和胶合强度

(二)粉末的体积填充率对材料性能的影响

1. 导电材料的渗滤阈值

导电材料和绝缘材料复合时，复合材料的电阻率随导电材料掺量的增加而缓慢下降；当导电材料的体积分数(导电材料的体积占复合材料总体积的百分比)达到临界值后，复合材料电阻率的下降趋于平缓，这种现象被称为渗滤，此时导电材料的临界体积分数称为渗滤阈值(何益艳等，2002；傅峰等，2001；黄兴，2000；彭勃等，2000)。无限网链理论认为，当导电材料的掺量较少时，导电材料孤立地分散在绝缘材料中，导电作用不大；随着导电材料掺量进一步增加，导电链迅速上升到渗滤阈值时，材料电阻率急剧下降；导电单元粒子平均接触数目 $m \geqslant 2$ 时(m 表示一个导电粒子与周围其他导电粒子接触的平均数目)，导电网链完全形成(彭勃等，2000；黄婉霞，1997)。平衡效应理论认为，分散有球状导电微粒的聚合物，其有效电导率 σ_e 与构成复合物的两种单体的电导率 σ_1 和 σ_2 及这两种单体的体积份数 v_1 和 v_2 之间存在如下关系：$v_1(\sigma_1-\sigma_e)/(\sigma_1+2\sigma_e)+v_2(\sigma_2-\sigma_e)/(\sigma_2+2\sigma_e)=0$。由此可知，随着导电粒子增加，等效电导率 σ_e 增加(黄婉霞，1997)。当导电网链贯穿形成后，增加导电材料的掺量形成更多的导电通路，导电链增多，因而材料的电阻率随导电材料掺量有利于增加而下降，但是下降速率大大降低(彭勃等，2000)。

2. 零维导电单元填充型电磁屏蔽胶合板的渗滤阈值

一般工业用电磁屏蔽涂料不需要考虑胶合强度问题；而导电功能电磁屏蔽胶合板除了要考虑功能性，即电磁波屏蔽性外，还必须同时考虑胶合板的基本性质，最主要的就是胶合强度，而胶合强度又反过来对材料电磁屏蔽性能有明显影响。由于每种导电单元对电磁波的屏蔽机理虽然都有利于导电性的一面，但又有所不同，如超细金属粉末导电材料等属于磁介质型吸波材料，具有较高的磁损耗正切角，依靠磁滞损耗、自然共振、后效损耗等极化机制衰减吸收电磁波；各种导电性石墨类粉末属于电阻型吸波材料，其主要特点是具有较高的电损耗正切角，电磁能主要衰减在电阻上(赵鹤云等，2002)。另外，在相应的频率范围内，材料电磁屏蔽的吸收损耗与材料的厚度成正比。因此，材料的电磁屏蔽性能影响因素众多，机理复杂。材料的体积分数表征材料中导电粒子的密度，也就是将导电粒子的体积与脲醛树脂的体积综合考虑，虽然不能完全说明材料的电磁屏蔽性能，但是有一定的指导意义，镍类粉末和石墨类粉末的体积填充率见表 3-26。

表 3-26　镍类粉末和石墨类粉末的体积填充率

涂胶量/(g/m^2)	体积填充率/%								
	镍施加量/(g/m^2)					石墨施加量/(g/m^2)			
	40	80	100	120	140	40	80	100	120
250	5.3	10.0	12.2	14.3	16.3	17.3	29.4	34.3	38.5
400	3.4	6.5	8.0	9.5	10.9	11.5	20.7	24.6	28.1

从图 3-91 看出，在涂胶量为 250g/m^2 时，随着导电单元体积填充率的上升，材料电磁屏蔽效能逐渐上升，电磁屏蔽效能平均值和最大值分别由体积填充率为 5.3%时的 0.00dB 和 0.00dB 增加到体积填充率为 16.3%时的 5.59dB 和 10.45dB。在体积填充率为 5.3%～16.3%时，未出现电磁屏蔽效能随体积填充率上升而增加缓慢的情况，由此可知，在涂胶量为 250g/m^2 时，材料的电磁屏蔽效能平均值和最大值的渗滤阈值大于或等于 16.3%。但由于在导电单元体积电阻率达到 16.3%时，材料的胶合强度只要 0.85MPa，已经接近于国标规定的最小值 0.8MPa，为保证材料的基本性能合格，不宜继续提高导电单元的体积填充率。在涂胶量为 400g/m^2 时，随着导电单元体积填充率的上升，材料电磁屏蔽效能逐渐上升，电磁屏蔽效能平均值和最大值由体积填充率为 3.4%时的 0.00dB 和

0.00dB 分别增加到体积填充率为 10.9%时的 5.86dB 和 11.15dB。在体积填充率为 5.3%～9.5%时电磁屏蔽效能增加迅速，而 9.5%～10.9%增长比较缓慢。由此可知，对于电磁屏蔽效能的平均值和最大值，其渗滤阈值均为 9.5%～10.9%。

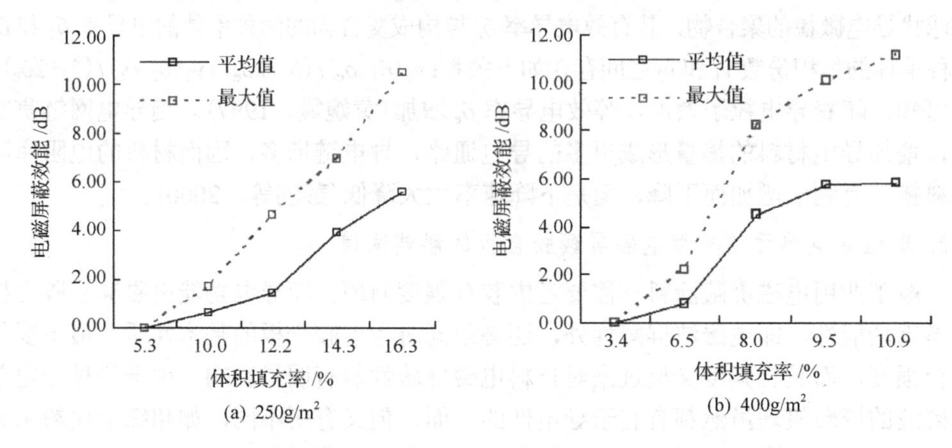

图 3-91 涂胶量 $250g/m^2$ 和 $400g/m^2$ 时镍类粉末电磁屏蔽效能

图 3-92 表示涂胶量为 $250g/m^2$ 和 $400g/m^2$ 时镍类粉末综合体积填充率对材料电磁屏蔽性能平均值和最大值的影响，可以看出随着材料体积填充率的增大，材料电磁屏蔽效能平均值和最大值都呈现波动趋势，但总体上呈上升趋势。在涂胶量多的情况下电磁屏蔽效能也高，如在体积填充率较小为 10.9%(涂胶量 $400g/m^2$)时的电磁屏蔽效能比体积填充率为 12.2%(涂胶量 $250g/m^2$)时还高。由此可知，材料电磁屏蔽效能不仅取决于导电单元的体积填充率，还与胶层厚度有关。材料对电磁波的吸收损耗 $A=1.31t(f\cdot\mu_r\cdot\sigma_r)^{1/2}$，可见在其他条件相同的情况下，胶层厚度与电磁波吸收损耗呈正相关。

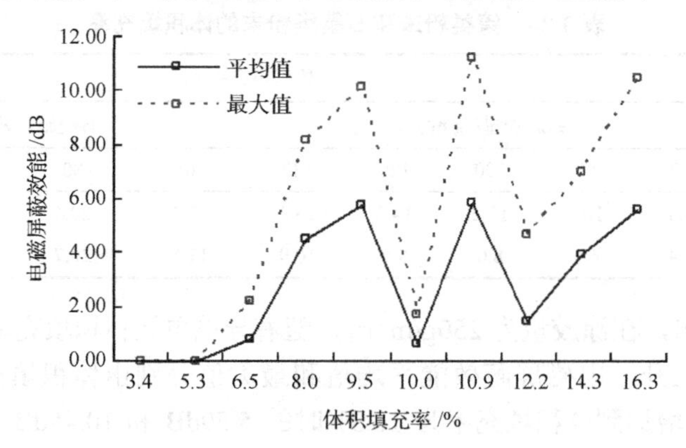

图 3-92 镍类粉末综合电磁屏蔽效能

从图 3-93 可以看出，在涂胶量为 $250g/m^2$ 时，随着导电单元体积填充率的上升，材料电磁屏蔽效能先上升后下降，电磁屏蔽效能平均值和最大值分别由体积填充率为 17.3%时的 2.74dB 和 5.62dB 增加到体积填充率为 34.3%时的 6.75dB 和 12.90dB；在体积填充率为 34.3%～38.5%时，又下降为 5.89dB 和 10.53dB。因此在涂胶量为 $250g/m^2$ 时，材料的电磁屏蔽效能平均值和最大值的渗滤阈值为 34.3%～38.5%。在此范围由于导电单元体积电阻率上升使胶合强度降低，导致电磁屏蔽效能的下降。在涂胶量为400g/m^{2}时，随着导电单元体积填充率的上升，材料电磁屏蔽效能先上升后下降，电磁屏蔽效能的平均值和最大值分别由体积填充率为11.5%时的2.73dB和5.28dB增加到体积填充率为24.6%时的7.83dB和13.13dB，在体积填充率为24.6%～28.1%时又下降到5.89dB和10.53dB。因此在涂胶量为400g/m^{2}时，材料的电磁屏蔽效能平均值和最大值的渗滤阈值为24.6%～28.1%。在此范围由于导电单元体积电阻率上升使胶合强度降低，导致电磁屏蔽效能下降。

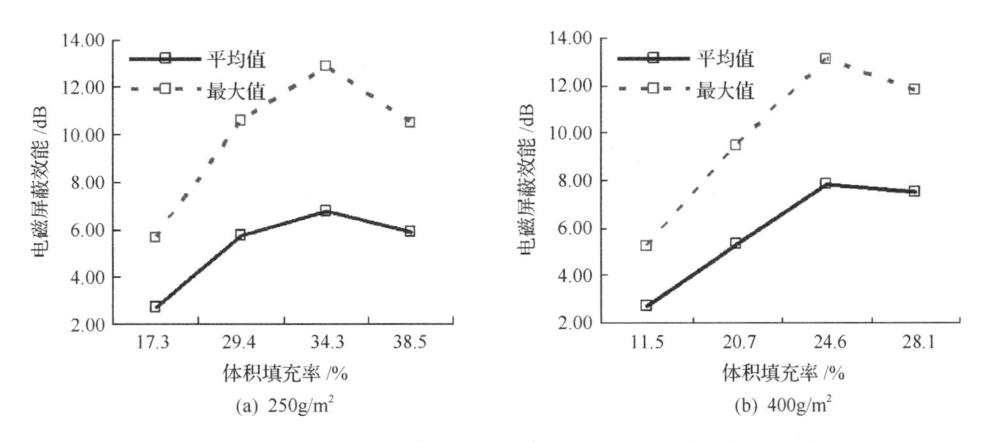

图3-93　涂胶量250g/m^{2}和400g/m^{2}时石墨类粉末电磁屏蔽效能

图3-94表示涂胶量为250g/m^{2}和400g/m^{2}时，石墨类粉末综合体积填充率对材料电磁屏蔽性能平均值和最大值的影响。材料电磁屏蔽效能平均值和最大值都呈现波动趋势，但总体呈上升趋势。在涂胶量多的情况下电磁屏蔽效能也高，如在体积填充率较小为24.6%(涂胶量400g/m^2)时的电磁屏蔽效能比体积填充率为29.4%(涂胶量250g/m^2)时还高。由此可知，材料电磁屏蔽效能不仅取决于导电单元的体积填充率，还与胶层厚度和胶合强度有关系。材料对电磁波的吸收损耗$A=1.31t(f\cdot\mu_r\cdot\sigma_r)^{1/2}$，可见在其他条件相同的情况下，胶层厚度与电磁波吸收损耗呈正相关，胶合强度对材料的电磁屏蔽性能的贡献前面已经明确论述。

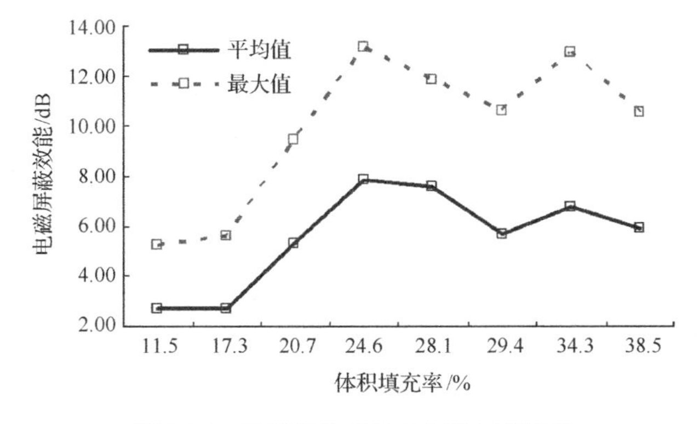

图3-94　石墨类粉末综合电磁屏蔽效能

材料电磁屏蔽效能的渗滤阈值比导电性的渗滤阈值普遍要大，有学者研究碳系材料填充导电胶合板的导电性渗滤阈值为 8%～14%(傅峰等，2001)，由此也可知，材料的电磁屏蔽性能不仅与材料的导电性有关，还与胶合强度、胶层厚度、电磁波频率、导电材料的电磁特性、导电材料的物理状态等因素有关，因此相关机理十分复杂，有待于进一步研究。对镍类粉末和石墨类粉末来说，胶层厚度大、胶合强度好的材料，电磁屏蔽效能的渗滤阈值也比较小，也就是说在一定程度可以用增加涂胶量的方法来提高材料的电磁屏蔽性能，这对于将来扩大材料的应用范围、降低材料成本具有显著意义。

在相同涂胶量和导电单元施加量条件下，镍类粉末的电磁屏蔽渗滤阈值比石墨类粉末要小很多；在相同体积填充率的条件下，镍类粉末的电磁屏蔽性能比石墨类粉末大很多；主要是因为镍类粉末的导电性(体积电阻率 $6.8\times10^{-3}\Omega\cdot m$)比石墨类粉末(体积电阻率 $50\Omega\cdot m$)好很多。金属导电是由于晶体间电子的移动，金属晶体之间距离短，自由电子多；石墨导电是由于碳原子中未杂化电子在层状分子间的移动，显然金属中的电子云密度要大于石墨。

主要参考文献

白同云，吕晓德. 2001. 电磁兼容设计. 北京：北京邮电大学出版社.
蔡仁刚. 1997. 电磁兼容原理、设计和预测技术. 北京：航空航天大学出版社.
陈红燕，黄华波. 2014. 表面处理对碳纤维复合材料导电性能的影响. 中南民族大学学报(自然科学版)，1(33)：58-61.
陈穷. 1993. 电磁兼容性工程设计手册. 北京：国防工业出版社.
东南大学，信息产业部电子 4 所，中船总第 724 所，等. 2004.军用电子装备通用机箱机柜屏蔽效能要求和测试方法. GJB 5240-2004.北京：总装备部军标出版发行部.
董明杰，查小琴，张永兆. 2013. 试样厚度对碳纤维复合材料拉伸力学性能的影响. 材料开发与应用，28(2)：79-82.
杜仕国，王保平，曹营军. 2000. 导电高分子复合材料的电磁屏蔽效能分析. 玻璃钢/复合材料，6(6)：19-21.
傅峰，华毓坤，吕斌，等. 1999a. 屏蔽电磁波木质复合板：中国，ZL 992174031.1999.
傅峰，华毓坤，吕斌，等. 1999b. 导电功能木质复合板材的制造方法：中国，ZL 991222814. 1999.
傅峰，华毓坤，吕斌，等. 2001. 导电功能木质复合板材的渗滤阈值. 林业科学，37(1)：117-120.
傅峰. 1994. 功能人造板的新概念. 建筑人造板，(2)：19-23.
傅峰. 1995. 功能人造板的研究. 南京：南京林业大学博士学位论文.
高泉喜，郑威，孔令美，等. 2014. 表面处理剂对碳纤维复合材料力学性能的影响. 玻璃钢/复合材料，(8)：11-15.
高攸刚. 2004. 屏蔽与接地. 北京：北京邮电大学出版社.
郭慧. 2009. 碳纤维表面能、表面粗糙度及化学组成的表征. 哈尔滨：哈尔滨工业大学博士学位论文.
郭领军，李贺军，李克智. 2003. 短碳纤维复合材料中纤维均匀化技术的研究现状. 兵器材料科学与工程，6(26)：50-53.
何益艳，杜仕国，施冬梅. 2002. 铜系电磁屏蔽涂料的研究. 现代涂料与涂装，(5)：1-6.
侯俊峰，傅峰，卢克阳. 2017. 电磁屏蔽碳毡叠层型胶合板的性能研究. 南京林业大学学报(自然科学版)，41(1)：156-162.
华毓坤，傅峰. 1994. 意杨生产胶合板的工艺特点. 林产工业，21(4)：25-27.
黄婉霞. 1997. 防信息泄漏电磁波屏蔽功能复合材料研究. 成都：四川联合大学博士学位论文.
黄兴. 2000. 炭黑填充型导电塑料的研究与应用现状. 中国塑料，14(12)：17-21.
蒋华堂，华毓坤. 1991. 降低胶合板压缩率的新途径. 南京林业大学学报，15(2)：52-55.
焦慧杨，潘汇，张海泉. 2013. 纺织废料纤维板板力学性能影响因素分析. 工程塑料应用，44(4)：28-31.
李刚，蒋全兴，孔斌. 1995. 平板型电磁屏蔽材料的同轴测试方法. 电讯技术，35(3)：6-12.
连宁，范顺宝. 1991. 电磁屏蔽导电涂料的研究. 涂料工业，(2)：9-15.

林立民, 刘文华, 关崇贵. 1999. 落叶松材性及胶合板生产. 建筑人造板, (3): 23-25.
刘诚, 焦伟民, 花军. 2013. 碳纤维表面改性及增强中密度纤维板力学性能. 安徽农业科学, 41(32): 12627-12629.
刘贤淼. 2005. 木基电磁屏蔽功能复合材料(叠层型)的工艺与性能. 北京: 中国林业科学研究院硕士学位论文.
刘贤淼, 傅峰, 华毓坤. 2005. 电磁屏蔽功能胶合板初探. 木材工业, 19(5): 20-22.
刘贤淼, 傅峰. 2008a. 不锈钢纤维/木单板复合电磁屏蔽功能胶合板. 木材加工机械, 19(5): 22-25, 30.
刘贤淼, 傅峰. 2008b. 混和导电单元对落叶松胶合板电磁屏蔽功能的影响. 林业科学, 44(4): 105-109.
卢克阳. 2007. 导电膜片叠层电磁屏蔽胶合板的制备与搭接研究. 北京: 中国林业科学研究院博士学位论文.
卢克阳, 傅峰. 2008. 电磁屏蔽胶合板同轴测试方法的改进. 南京林业大学学报(自然科学版), 32(1): 53-56.
卢克阳, 傅峰, 蔡智勇, 等. 2009. 铜纤维/脲醛树脂复合导电膜片导电性能的研究. 林业科学, 45(7): 151-155.
卢克阳, 傅峰, 蔡智勇, 等. 2011. 导电膜片叠层型电磁屏蔽胶合板的性能研究. 建筑材料学报, 14(2): 207-211, 223.
马敏生, 福庭, 庚超, 等. 1992. 加工工艺对导电塑料制品电性能的影响. 现代塑料加工应用, 4(5): 1-4.
区健昌. 2003. 电子设备德电磁兼容性设计. 北京: 电子工业出版社.
潘汇, 张海泉. 2014. 纺织短纤维废料板力学性能的研究. 工程塑料应用, 42(8): 77-84.
彭勃, 王立华, 陈志源. 2000. 水泥基导电复合材料渗滤域值的判定方法. 湖南大学学报, 27(1): 97-100.
史广伟. 2011. 基于有限元的碳纤维木质复合材料力电性能研究. 哈尔滨: 东北林业大学硕士学位论文.
田莳. 2001. 材料物理性能. 北京: 北京航空航天出版社.
王戈, 刘振国, 林利民, 等. 1993. 落叶松胶合板基础性能的研究. 林业科技, 18(3): 38-40.
王立娟, 李坚, 刘一星. 2006. 化学镀法制备电磁屏蔽木材-Ni-P 复合材料研究. 材料科学与工艺, 14(3): 296-299.
王素英. 1995. 平板型复合屏蔽材料屏蔽效能测试技术的研究. 安全与电磁兼容, 2: 18-20, 29.
徐鹏根. 1996. 电磁兼容性原理及应用. 北京: 国防工业出版社.
杨克俊. 2004. 电磁兼容原理与设计技术. 北京:人民邮电出版社.
杨玉, 刘诚, 韩铖. 2012. 活性碳纤维增强中密度纤维板力学性能的研究. 林业机械与木工设备, 5(40): 17-19.
叶德林, 章聪, 曹海芳. 2001. 粉末导电材料电阻率的评估. 炭素, (1) :37-42.
葛凯勇. 2002. EMC 用电磁波吸收材料的研究. 北京: 北京工业大学博士学位论文.
于彩霞. 2003. 新型电磁防护涂料研究. 北京: 北京工业大学硕士学位论文.
张晓宁. 2000. 层状复合电磁屏蔽材料的设计与制备. 北京: 北京工业大学硕士学位论文.
张晓宁, 毛倩瑾, 王群. 2002. 三明治型电磁屏蔽材料的制备与性能. 材料研究学报, 16(5): 536-540.
张晓宁, 王群, 葛凯勇, 等. 2003. 合成纤维复合夹层屏蔽结构改性及其电磁特性研究. 复合材料学报, 20(1): 85-90.
中国电子标准化研究所. 1995. 材料屏蔽效能的测试方法. SJ20524-1995. 北京：中国标准出版社. .
中国航天工业总公司二院七〇六所. 1996. 平面材料屏蔽效能的测试方法. QJ2809-1996. 北京: 中国航天工业总公司.
中国林业科学研究院木材工业研究所. 1999. 人造板及饰面人造板理化性能试验方法. GB/T 17657-1999.北京: 中国标准出版社.
中国林业科学研究院木材工业研究所. 2004a. 胶合板第 3 部分: 试件的锯制. GB/T 9846.3-2004.北京: 中国标准出版社.
中国林业科学研究院木材工业研究所. 2004b. 胶合板第 7 部分: 试件的锯制. GB/T 9846.7-2004.北京: 中国标准出版社.
中国林业科学研究院木材工业研究所. 2013. 人造板及饰面人造板理化性能试验方法. GB/T 17657-2013.北京: 中国标准出版社.
中华人民共和国机械电子部电子标准化研究所.1990. 高性能屏蔽室屏蔽效能的测量方法. GB 12190-1990. 北京: 中国标准出版社.
长泽长八郎, 雄谷八百三. 1989. Ni めっき木片を用いた木质系电磁波シールド材. 木材学会志, 35(12): 1092-1099.
ASTM Committee. 1989. Standard test method for measuring the electromagnetic shielding effectiveness of planar materials. ASTM D4935-89. The United States of America, West Conshohocken: ASTM International.
Badic M, Marinescu M J. 2000. On the complete theory of coaxial TEM cells//IEEE International Symposium on Electromagnetic Compatibility. IEEE, 2: 897-902.

Badic M, Marinescu M J. 2002. The failure of coaxial TEM cells ASTM standards methods in H.F. range//IEEE International Symposium on Electromagnetic Compatibility. IEEE, 1: 29-34.

Baker-Jarvis J, Janezic M D. 1996. Analysis of a two-port flanged coaxial holder for shielding effectiveness and dielectric measurements of thin films and thin materials. IEEE Transactions on Electromagnetic Compatibility , 38 (1) : 67-70.

Bansal R. 2004. Knock on wood. IEEE Microwave Magazine, S (1) : 38-40.

Catrysse J, Delesie M, Steenbakkers W. 1992. The influence of the test fixture on shielding effectiveness measurements. IEEE Transactions on Electromagnetic Compatibility, 34 (3) : 348-351.

Catrysse J. 2002. A new test-cell for the characterisation of shielding materials in the far field. Seventh International Conference on Electromagnetic Compatibility. IET, London, UK: 62-67.

Chen J, Teng Z Y, Zhao Y Y, et al. 2018. Electromagnetic interference shielding properties of wood-plastic composites filled with graphene decorated carbon fiber. Polymer Composites, 39 (6) : 2110-2116.

Farsheh A T, Talaeipour M, Hemmasi A H, et al. 2011. Investigation on the mechanical and morphological properties of foamed nancomposites based on wood flour/PVC/multi-walled carbon nanotubes. Bioresources, 6 (1) : 841-852.

International Electrotechnical Commission. 1999. Mechanical structures for electronic equipment—tests for IEC 60917 and IEC 60297-Part3: Electromagnetic shielding performance tests for cabinets, racks and subracks. IEC/TS 61587-3.Switzerland, Geneva: IEC.

International Electrotechnical Commission. 2001. Electromagnetic compatibility (EMC) —Part5-7: Installation and mitigation guidelines-Degrees of protection provided by enclosures against electromagnetic disturbances.IEC 61000-5-7.Switzerland, Geneva: IEC.

Jou W S. 2004. A novel structure of woven continuous-carbon fiber composites with high electromagnetic shielding. Journal of Electronic Materials, 33 (3) :162-170.

Karteri I, Altun M, Gunes M. 2017. Electromagnetic interference shielding performance and electromagnetic properties of wood-plastic nanocomposite with graphene nanoplatelets. Journal of Materials Science: Materials in Electronics, 28 (9) :1-8.

Khan T A, Gupta A, Jamari S S, et al. 2013. Synthesis and characterization of carbon fibers and their applications in wood composites. Bioresources, 8 (3) : 4171-4184.

Kinningham B A，Yenni D M. 1988. Test methods for electromagnetic shielding materials. IEEE 1988 International Symposium on Electromagnetic Compatibility, Seatle, USA：IEEE：223-230.

Kunkel G M. 1992. Shielding theory and practice. [Proceedings] 1992 Regional Symposium on Electromagnetic Compatibility, Tel-Aviv, Lsrael：IEEE.

Lu K Y, Fu F, Sun H L, et al. 2013. Bonding technology of electromagnetic shielding plywood laminated with conductive sheets. Wood Research, 58 (3) : 465-474.

Matsumoto N, Naim J A. 2009. The fracture toughness of medium density fiberboard (MDF) including the effects of fiber bridging and crack-plane interference. Engineering Fracture Mechanics, 76 (18) : 2748-2757.

U. S. Department of Defense. 2001. Gasketing material, conductive, shielding gasket, electronic, elastomer, EMI/RFI. MIL-DTL-83528C. Columbus: U.S. Defense Supply Center.

OKa H. “Magnetic wood blocks mobile phone signals”, New Scientist, 2002, [Online]Available: http: //www.Newscientist.com.

Schelkunoff S A. 1937. Transmission theory of plane electromagnetic waves. Proceedings of the IRE, 25 (11) : 1457-1492.

Schelkunoff S A. 1943. Electromagnetic Waves, Princeton, NJ: D.Van NOstrand.

Standards Committee of the IEEE Electromagnetic Compatibility Society. 1997. IEEE standard method for measuring the effectiveness of electromagnetic shielding enclosures. IEEE Std 299-1997. United States of America, New York: The Institute of Electrical and Electronics Engineers, lnc.

Sudarshan N, Chatterji S K, Suryanarayana K, et al. 2002. EM shielding effectiveness of metal sandwiched composites//International Conference on Electromagnetic Interference and Compatibility. IEEE, 1: 99-103.

Tan S T, Zhang M Q, Rong M Z, et al. 2001. Properties of metal fiber filled thermoplastics as candidates for electromagnetic interference shielding. Polymers and Polymer Composites, 9 (4) : 257-262.

Wang X J, Fu X L, Chung D D L. 1998. Electromechanical study of carbon fiber composites. Journal of Material Research, 31 (11) : 3081-3092.

Wilson P F, Ma M T. 1988.Techniques for measuring the electromagnetic shielding effectiveness of materials: Part I: far-field source simulation. IEEE Transactions on Electromagnetic Compatibility, 30 (3) : 239-250.

Wu J H, Chung D D L. 2008. Combined use of magnetics and electrically conductive fillers in a polymer matrix for electromagnetic interference shielding. Journal of Electronic Materials, 37 (8) : 1088-1094.

第四章　木质抗静电功能材料制备技术

两个物理状态不同的固体互相接触摩擦时，各自表面就会发生电荷再分配，重新分离后，每一个固体表面都将带有比接触前过量的正电荷或负电荷，这种现象称为静电。静电存在诸多危害，如由静电火花引起的突发性燃爆事件或由于静电力的作用产生吸附而给生产和生活带来的危害。木质材料作为装饰装修材料应用广阔，但由于木质材料有较高电阻率，经过摩擦产生静电荷潜在危害，尤其在计算机房、办公场合及配电房等地方，因此木质抗静电功能材料的开发和应用具有实际意义。

本章主要对静电的产生与危害、抗静电剂作用机理及分类进行了阐述，重点介绍了抗静电刨花板制备工艺和性能测试，为木质抗静电功能材料的进一步研究与应用提供参考。

第一节　抗静电机理

一、静电的产生与危害

带电现象的发现可以追溯至公元前 6 世纪，希腊人撒勒斯(Thales)摩擦琥珀吸引尘粒，从而发现了摩擦带电现象。其后，到 17 世纪发现电分正电荷和负电荷，法拉第发现摩擦后两物体分别带有等电量的异性电荷。静电就是一种不能流动的电荷聚集在某个物体上或表面，在与另一个带电荷物体接触时产生的放电现象。而因这种聚集的电荷分为正电荷和负电荷，所以静电现象也分为正静电和负静电。正静电的产生是由于某个物体上聚集大量的正电荷，反之，负静电的产生是由于某个物体上聚集大量的负电荷。但无论是正静电还是负静电，当该聚集了大量电荷的物体接触到其他无电荷或与其有电位差的物体时都会发生电荷的瞬间转移，并产生火花放电现象。在日常生活中，两种物体难免会有一定的接触，若其中一个物体为电的不良导体，且两种物体存在电荷差，当两个物体接触时就会有一些电荷被转移到不良导体表面上，若在分离的过程中电荷难以中和，电荷就会积累使物体带上静电，久而久之积聚的电荷会越来越多。通常根据材料表面电阻率大小将塑料分为防尘级(10^9～$10^{11}\Omega/sq$)、抗静电级(10^6～$10^9\Omega/sq$)、导电级(10^3～$10^5\Omega/sq$)和电磁屏蔽级($10^2\Omega/sq$)等几个级别(白钢，2014；阳范文等，2011；周建萍等，2003)。

纤维板、刨花板及胶合板等木质复合材料，已在室内装饰装修、家具及工程结构中广泛使用。刨花板经涂饰或二次加工用做办公家具时，由于其电阻率较高，常常使其绝缘性很好的优势转为劣势。经摩擦、挤压、接触分离，甚至刨花内部纤维素结晶区受机械作用导致的压电效应，都会使刨花板家具在使用时产生大量的静电荷(傅峰和华毓坤，1994)。且因刨花板具有较高的电阻率，静电荷难以流动，结果使产生的静电荷不易逃逸而出现静电堆积现象。局部的高电压和小电流是静电堆积的特点，产生静电处的电压可高达上千伏，电流却仅是毫安级。当堆积电荷累积到一定电量时出现放电现象，结果使操作人员手臂麻木，计算机、复印机、传真机等办公设备出现操作失误动作，甚至有火灾的隐患。总之，吸尘、电击、放电及燃烧是静电的四大危害。如果要消除这些危害，则必须降低木质材料或制品的电阻率，提高其抗静电性能，使堆积的静电荷及时逃逸。

二、抗静电剂作用机理及类型

(一)抗静电机理

导电与抗静电从根本上说都是指电荷的移动，但原理上两者既有联系又有区别。在一定程度上可认为抗静电属导电的范畴，实际上抗静电是比较“难”或比较“弱”的导电，抗静电材料的电阻率也远比导体的高。对于静电的带电而言，导体与绝缘体同普通电路上所说的导体的概念有所不同。一般在抗静电领域内体积电阻率为 $10^6 \sim 10^9 \Omega\cdot cm$ 的物质被称为静电导体，静电荷可在其体内移动；体积电阻率大于 $10^{12}\Omega\cdot cm$ 的物质则被称为静电绝缘体，容易产生静电，造成严重危害(毛庆珠和张青，1993)。高分子材料一般都具有很高的电阻率。从功能材料的角度看，现在对抗静电高分子材料的研究较多，如塑料、橡胶、纤维、织物等的抗静电研究。但以往的有关研究都贯以“导电”一词是不确切的。从其研究的目的看，只能认为是导电范畴内电阻率最高的抗静电研究。有关人造板的抗静电研究也不例外地存在着上述混淆，20 世纪 80 年代末研究的导电刨花板只用做计算机家具，以控制静电产生的不利影响，虽具有较高的电阻率，但把它统称为导电刨花板是不妥的，而正确的应称之为消除静电的刨花板，即抗静电刨花板(傅峰，1995)。

木材的导电取决于木材中的离子，具体而言，是由以下两部分离子引起的。一部分是与构成木材聚合物分子的离子缩合在一起的离子，另一部分为木材中无机成分含有的杂质产生的离子。直流电场中离子对木材导电的贡献已得到充分的研究证明，并提出了电子通过木材细胞壁传导的离子导电模型。木材中上述两部分离子都可分别形成束缚离子和自由离子，束缚离子与木材导电无关，而自由离子的数量和离子迁移率决定着木材的导电性能。当含水率较低时，自由离子(载流子)的数量是决定木材导电的主要因素。电导率 σ 与自由离子的数量成正比，而该数量又受离化平衡常数的制约，故电导率 σ 可一般表示为

$$\ln\sigma = -\frac{E}{RT} + A \tag{4-1}$$

式中，E 为活化能，等于 $\ln\sigma$ 的束缚离子被激发成自由离子所需的能量；R 为气体常数；T 为热力学温度；A 为常数。

电阻率 ρ 是电导率 σ 的倒数，由此式(4-1)可转变为

$$\ln\rho = -\frac{E}{RT} - A \tag{4-2}$$

由此可见，在木材自身离子导电的范围内，欲降低其电阻率，提高木质材料的抗静电性能，只能通过降低活化能和提高温度来实现，这在使用条件一定的场合下是难以实现的。但是影响木材电阻率的因素有很多，通过调整这些因素也可在一定范围内调整木

材的电阻率。

1. 含水率

木材的含水率与其电阻率有很强的相关性，这是水分与木材的物理吸附在木材电学性质方面的表现，室温状态下，杉木含水率与其径向电阻率的常用对数之间的关系呈负相关对数关系。这一负相关的趋势产生于氢键或范德华力的物理吸附作用，可表示为三个阶段，从木材吸湿性上能得到较好地解释，它们分别为单分子水膜、多分子水膜以及自由水对木材导电的贡献。

在未形成连续的单分子水膜时(含水率小于 7%)，木材的导电是由水分子和木材内的自由离子共同完成的，所以低含水率木材的电阻率较高，且随着含水率的增大而快速下降；若木材进一步吸湿直至其含水率达到平衡含水率(EMC≈15%)，单分子水膜已经形成连续相，并逐渐形成了多分子水膜，给束缚离子的自由化提供了场合，表现为木材电阻率的进一步下降；而当含水率较高时(含水率大于 18%)，木材中的水分主要表现为多分子水膜和自由水，导电将主要由水分子来完成。由于水分子已形成多层连续相，且细胞壁内开始析出自由水，故电阻率基本维持为定值。综上所述，木质材料在日常使用时，为保证其尺寸的稳定性，含水率一般控制在平衡含水率附近，此时木材的体积电阻率仍大于 $10^9\Omega\cdot cm$，属于静电不良导体，甚至是静电绝缘体。

2. 温度

电阻率受温度的影响，随木材含水率的变化而不同。0℃以上时，温度对绝干材的影响最为显著，大致在纤维饱和点时，其影响随含水率的增大而减弱；含水率在 10%以下时，木材电阻率和热力学温度之间存在着反比关系，总的趋势是温度增高，电阻率下降。这实际上是温度对木材内能参加导电的自由离子的作用，即较高的温度提高了木材内离子的能量，增加了束缚离子转变为自由离子的数量。

3. 木材结构

与含水率和温度相比，木材本身结构特点(如密度、纤维方向等)对木材导电的影响非常小，它们都不至于引起木材电阻率在数量级上的下降。从密度方面看，密度大的木材电阻率稍低；就纤维方向而言，针叶材的横向电阻率比纵向电阻率大 2.3～4.5 倍，阔叶材的横向电阻率比纵向电阻率大 2.5～8.0 倍，且弦向电阻率比径向电阻率稍大(渡边治人，1986)。上述现象都可归结为细胞的规则排列或射线组织的存在等在木材结构上的差异产生的作用。

(二)抗静电剂

按照使用方法，抗静电剂可以分为内添加型抗静电剂和外涂型抗静电剂。其中外涂型抗静电剂即对高分子材料制品表面采用电镀、涂覆、黏结等方法，使其表面形成导电层；内添加型抗静电剂是在高分子基体里加入抗静电剂或导电性填料(如导电炭黑、石墨、金属粉等)。抗静电剂的作用机理主要表现为：一是抗静电剂在材料表面形成导电的连续膜，即能赋予制品表面具有一定吸湿性和离子性的薄膜，从而降低表面电阻率，使已经产生的静电荷迅速泄漏，以达到抗静电的目的；二是赋予材料表面一定的润滑性，降低摩擦系数，从而抑制和减少静电荷的产生(尹皓等，2016)。抗静电剂主要包括以下几种类型。

1. 迁移型抗静电剂

迁移型抗静电剂是指随着时间的推移抗静电剂可以扩散迁移到聚合物表面的一类抗静电添加剂。

2. 永久型抗静电剂

永久型抗静电剂均匀的分散在聚合物内部后，可以形成相互联通的导电网络，为电荷的移动提供通道。永久型抗静电剂应用的核心在于其能在高分子基体中形成“芯壳结构”，在聚合物表面形成网络状或层状分布从而形成导电网络，这就要求高分子抗静电剂分散相不倾向于形成传统的液滴状而形成纤维状、层状或网络状。

3. 导电颗粒和纤维

将炭黑、导电性纤维、石墨和金属等物质加入聚合物中，可以制成具有一定导电性能的聚合物高分子材料，这些导电粒子可以使复合材料的表面电阻率降到 $10 \sim 10^8 \Omega/sq$ 等级。在炭黑/木塑复合材料中，当炭黑添加量达到 8 份时，表面电阻率达到 $1.64 \times 10^8 \Omega/sq$(宋永明等，2016)，当炭黑添加量超过 12 份时，其弯曲强度和冲击强度明显下降(耿玉龙等，2016)。该抗静电效果稍弱于阴离子型抗静电剂(徐凤娇等，2016)。如果将炭黑和膨胀石墨混合作为抗静电剂制造木塑复合材料，其中两种导电颗粒可形成良好的静电荷移动通道，则有利于改善抗静电性能(Yu et al.，2017)。

4. 纳米材料作为导电添加剂

碳纳米管(CNT)作为新型功能导电添加剂被广泛用于生产和生活中，这种导电添加剂可保持或提高材料的物理性能。碳纳米纤维(CNF)比碳纳米管具有更大的直径(10～100nm)。由于碳纳米纤维粒子具有较大的比表面积和较高的导电性能，可以应用于一些特殊的聚合物材料中。富勒烯纳米管(或管状富勒烯)、单壁碳纳米管(SWCNT)都是比较新颖的导电材料，均具有更加稳定的结构和更加优秀的导电能力。

抗静电剂在国外的发展速度很快，尤其是美国、日本、西欧等发达国家和地区，其抗静电剂的生产量和消费量均居世界前列。目前美国抗静电剂生产厂家有 40 多家，品牌达 150 种，是世界上生产和消费抗静电剂最多的国家。我国抗静电剂研究起步较晚，但随着近年来材料工业的迅猛发展，快速促进了抗静电剂发展，目前国内生产的抗静电剂主要以低相对分子质量的表面活性剂为主，主要应用于塑料工业领域(蒋杰等，2016)。

第二节 抗静电刨花板

对木质单元进行功能化处理是研究功能人造板的重要方法。抗静电刨花板的研究可借鉴塑料、化纤工业中的内加法(混炼法)，对木质刨花进行抗静电处理，即将刨花和抗静电添加剂混合后，再依刨花板的制造工艺制得具有抗静电功能的木质复合材料。抗静电添加剂一般有两大类，一类为导电性较好的导电添加剂，如金属粉末、碳系物质、导电纤维等。美国研究的刨花内共混单元碳粒子或碳的化合物制得的刨花板，都具有较低的电阻率，达到了较好的抗静电效果，故本研究中部分借鉴了混加导电添加剂；然而更重要的是对另一类抗静电添加剂——抗静电剂的研究。抗静电剂是一种表面活性剂，其抗静电机理与导电添加剂的导电作用截然不同。抗静电剂与其他表面活性剂一样，可分为内添加型抗静电剂和外涂型抗静电剂。选择抗静电剂时，应注意抗静电剂与被功能化材料的极性差异。一般地，抗静电剂和被功能化材料的极性之间应保持适当平衡，极性相近者相容，功能效果才能显著。具体地讲，极性物质应使用离子型抗静电剂，弱极性或非极性的则要使用低极性的非离子型抗静电剂。由于木质刨花表面的纤维是带负电的弱极性物质，脲醛树脂、酚醛树脂等胶黏剂一般也是极性的，故选择离子型中的阳离子型和非离子型抗静电剂作为刨花板用抗静电剂。从功能材料的角度看，抗静电剂可当作复合材料中的功能物质，“点焊”于相互成连续相的刨花表面，再加上“点焊”的树脂胶，抗静电刨花板属联结型为0-3型的功能木质复合材料。

一、刨花板的电阻率

刨花板是将木材或非木材植物纤维原料加工成刨花(或碎料)，施加胶黏剂(或其他添加剂)，组坯成型并经热压而成的一类人造板。刨花板内复合度最高的木质刨花一直被认为是良好的绝缘体，有着很高的体积电阻率。室温下的全干刨花体积电阻率高达 10^{17}～$10^{18}\Omega\cdot cm$，室内气干状态下也达到了 10^{9}～$10^{12}\Omega\cdot cm$。而作为刨花板中另一组分的胶黏剂，固化后也具有较高的体积电阻率，为 10^{12}～$10^{13}\Omega\cdot cm$。所以，无论把刨花板中的木质刨花和胶黏剂等划为哪种模型，其复合后所得刨花板的体积电阻率一般都大于 $10^{9}\Omega\cdot cm$。通常，人们把体积电阻率小于 $5\times10^{-1}\Omega\cdot cm$ 的物质称为导体，电子可在其体内通畅地流动；体积电阻率大于 $10^{9}\Omega\cdot cm$ 的物质被称为绝缘体，由于电阻率很高，电荷在绝缘体内很难流动；而体积电阻率介于导体和绝缘体之间(5×10^{-1}～$10^{9}\Omega\cdot cm$)的物质则为半导体，为了区别电子材料中特定的半导体含义，则应确切地称其为半绝缘体。电荷在半绝缘体内的流动具有两重性，即在高电压下电荷可流动，而在低电压下一般难以流动。再针对刨花板较高的体积电阻率，可知刨花板属绝缘体范畴，电荷在其体内较难流动。

刨花板的体积电阻率或表面电阻都可反映其抗静电性能。但更确切地讲，系统电阻才能真正地反映刨花板使用状态下的抗静电性能。虽然对刨花板的抗静电性能还无统一的国家标准来规范，但在GB 7910.4—1987和GB 6650—1986①计算机机房用活动地板技术条件中都规定了相应的系统电阻值，可供借鉴。刨花板的系统电阻也称为绝缘电阻，是使用状态下刨花板表面电阻和体积电阻并联之后的总电阻(张开，1981)，即

$$R=\frac{R_s\cdot R_v}{R_s+R_v}<\min(R_s,\ R_v) \tag{4-3}$$

式中，R 为系统电阻，Ω；R_s 为表面电阻，Ω，与表面电阻率 ρ_s 正相关；R_v 为体积电阻，Ω，与体积电阻率 ρ_v 正相关。

① 该部分研究是在GB 7910.4—1987和GB 6650—1986生效时开展的，目前这两个标准已作废，并分别调整为：LY/T 1330—2011《抗静电木质活动地板》、SJ/T 10796—2001《防静电活动地板通用规范》。

所以，降低表面电阻率或体积电阻率都可降低系统电阻，使静电荷容易逃逸，起到抗静电功能的目的。由于刨花板基材使用前还必须经电阻率很高的有机高分子材料装饰处理（如聚酯处理等），因此研究降低刨花板基材的表面电阻率意义不大。若要降低刨花板使用时的表面电阻率，只能研究降低刨花板表面装饰材料的表面电阻率，才能起到抗静电作用。

国内研制的抗静电塑料贴面板就是通过降低装饰材料的表面电阻率来提高刨花板抗静电性能的。但相对来说，表面电阻率受外界环境（如表面灰尘、环境湿度等）影响较大，表现也不稳定；而体积电阻率则相对稳定，外界条件对其影响较小。为此，通过降低刨花板基材的体积电阻率，以降低系统电阻，使刨花板具有稳定的抗静电性能，且缩短静电荷的爬电距离，堆积的电荷可在刨花板基材内沿最短路径逃逸至低电位处。

二、抗静电刨花板制备及性能

（一）材料与设备

刨花：刨花树种为杨木，取自南京木器厂刨花板分厂。在电热干燥箱中，干燥至含水率为3%～5%，塑料袋密封待用。

胶黏剂：胶种为酚醛树脂，固含量58.32%，黏度180mPa·s（20℃），pH为10.5～11.0。

防水剂：工业用石蜡，熔点54℃。

抗静电添加剂：①抗静电剂SN，为十八烷基二甲基羟乙基铵硝酸盐，分子式$C_{22}H_{48}N_2O_4$，属阳离子型季铵盐表面活性剂，外观呈棕红色油状，pH为6.0～8.0，季铵盐含量为52.0%～65.0%，分解温度大于180℃；甘油，即丙三醇，属非离子型多元醇表面活性剂，无色透明黏稠液体，熔点17.8℃。②导电添加剂铜粉，微红色有光泽具延展性粉末，粒度200目；铝粉，银白色鳞片状粉末，粒度100～200目；试剂石墨粉，高分散性不黏结的黑灰色粉末，颗粒度不大于30μm。

（二）工艺路线

1. 抗静电剂的施加工艺

抗静电添加剂的施加是抗静电刨花板区别于普通刨花板的重要工序（表4-1）。与功能性高聚物类似，它的工艺对抗静电效果影响较大（赵择卿，1991）。

表4-1　抗静电添加剂的施加工艺

编号	抗静电添加剂的种类	施加量/%	施加方法	绝干密度/(g/cm^3)
1	—	—	—	0.75
2	铝粉	7.5	施胶后与水混合喷施	0.75
3	铜粉	7.5	与胶液混合喷施	0.75
4	石墨	7.5	与胶液混合喷施	0.75
5	甘油	7.5	施胶后直接喷施	0.75
6	—	—	—	0.63
7	SN	7.5	施胶后直接喷施	0.63
8	SN+石墨	5.6+1.9	施胶后混合喷施	0.63
9	SN+甘油	3.9+3.6	施胶后分别喷施	0.63

为使添加剂在刨花板基材内均匀分布，研究中采用内加法，喷施于刨花表面。施加导电添加剂时，因铜粉、石墨的密度比酚醛树脂或抗静电剂高，混施时易于沉淀，故应先混合搅拌均匀，然后边搅拌边喷施，避免在胶液或抗静电剂中产生沉降。若把铝粉与酚醛树脂胶共混，则混合液呈内含气泡的“糊状”物，这是因为酚醛树脂中有呈酸性的游离酚羟基，即

$$C_6H_5\text{—}OH \longrightarrow C_6H_5\text{—}O^- + H^+ \quad (K_a=1.1\times10^{-10})$$

$$2Al+6H^+ \longrightarrow 2Al^{3+}+3H_2$$

而铝属活泼金属，可置换H^+产生氢气。酚醛树脂中有一定的黏滞性，H_2不易析出而滞留在胶液中，使混合液黏度大增，无法喷施。因此，铝粉和胶液不能共混喷施，而应在喷胶后，再将铝粉与适量的水充分混合搅拌，并及时喷施。抗静电剂与酚醛树脂胶的pH差别较大，两者混合易产生相互作用，所以也需分别喷施。石墨属粒度更细微的粉状物(30μm)，比表面积很大。当与胶液或抗静电剂混合搅拌时，体积增加近1倍，且混合液表层浮有“石墨泡”，底层沉有“石墨泥”。但若先将胶液或抗静电剂在水浴中预热至50～60℃，再添加石墨并充分搅拌，这种现象大大减轻，喷施方便。

2. 制板工艺

板子规格：幅面40cm×40cm，厚度10mm。密度分别为$0.75g/cm^3$和$0.63g/cm^3$。

刨花筛选：通过3mm×3mm筛孔除去过大的刨花，再通过0.4mm×0.4mm筛孔筛除木粉和泥沙。

胶黏剂、防水剂及抗静电添加剂的施加量：酚醛树脂施加量为10%；石蜡施加量为1%，加热融熔后及时喷施；抗静电添加剂的施加量都为7.5%(表4-1)。

铺装：手工框式铺装，单层结构。

热压工艺：压板温度(160±5)℃，单位压力3.0MPa，加压时间(7±1)min。

(三)抗静电性能测试

1. 试件处理

先对热压后刨花板的表面、背面进行砂光，并从每张板锯取12个直径为80mm的圆盘试件，要求表面、背面清洁、光滑、平整、厚薄均匀，然后把这12个试件等分为三组。考虑到木材含水率与导电性有很强的相关性，将上述三组试件分别在调温调湿箱中处理至含水率为5%、8%、11%左右，取出置于干燥器24h，使板材内含水率均匀分布。待测量试件的厚度后，进行抗静电性能测试。

2. 全电流充放电法

室温环境下，刨花板无疑可认为是一种高阻抗电介质，测量其电阻的方法有充放电法、电桥法、谐振回路法等。本研究采用全电流充放电法，其优点是可以消除(或补偿)测量回路中电流随时间变化而引起的影响。因为在直流电场作用下，由于刨花板内的木质刨花等电介质可被极化，结果使测量开始时的电流往往大于试件实际的传导电流，导

致测试电阻产生误差，而全电流充放电法则可以有效地消除上述测量误差。

3. 测试原理

全电流充放电法的测试原理见图 4-1。图中 E 为可变电流稳压电流，V 为高阻抗电压表，K 为波段开关，R_0 为保护电阻($4\times10^3\Omega$)。A 为三电极系统，由测量电极、环状保护电极和下电极构成，且三个电极保护持同一轴线，中间夹以待测试件。试件和电极之间垫有大小相当、厚为 0.5mm 的导电橡胶薄片，以保证电极与试件之间紧密接触，消除接触电阻。为进一步防止外界电磁波的干扰，波段开关、三电极系统、电流放大器和记录仪均由金属网 B 加以屏蔽。

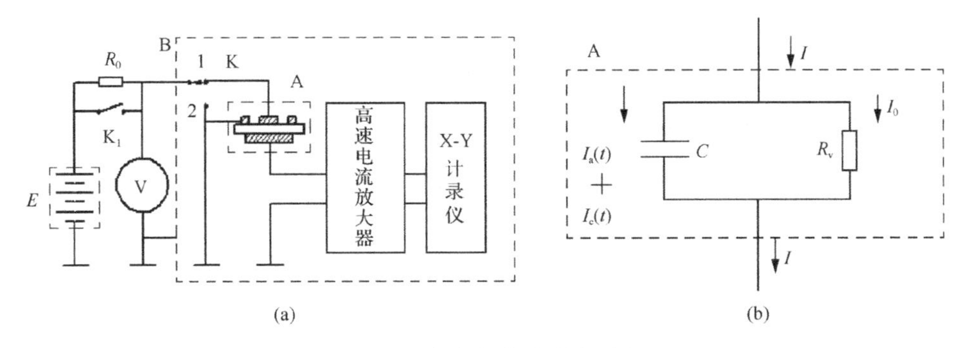

图 4-1　充放电法测量原理图

采用三电极系统后，测量电极外侧的环形保护电极可消除沿试件表面流过的电流，使试件内的电场分布均匀，保证了所测电阻不包括表面电阻 R_s，而仅是体积电阻 R_v。当回路中波段开关置于 1 或 2 时，试件分别被充电和放电，记录仪记下充放电曲线(图 4-2)。附有电极的试件可用等效电路，即试件的体积电阻 R_v 和电极两端的总电容 C 的并联电路表示，充电时通过电路的全电流 I 由三部分组成：

$$I = I_a(t) + I_c(t) + I_0 \tag{4-4}$$

式中，$I_a(t)$ 为试件极化引起的吸收电流；$I_c(t)$ 为与测量线路参数有关的充电电流；I_0 则为通过试件体积电阻 R_v 的传导电流，属稳定电流。

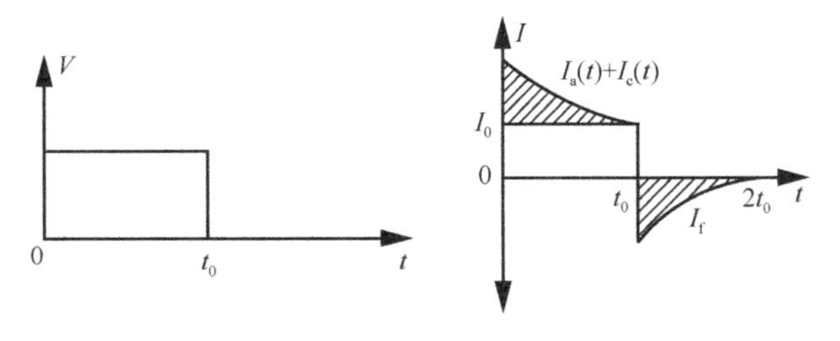

图 4-2　充电和放电全电流曲线

由于在外电场作用下，试件的极化形成或消失所需时间较长，因此 $I_a(t)$ 和 $I_c(t)$ 都属不稳定电流，具有指数衰减的性质(何曼君，1982)。

如果试件在充电阶段突然放电，并使试件两端的电极短路，则回路中就会有相反方向的放电电流 I_f 流过，这种充电或放电电流在回路中通过转换波段开关 K 可以重复出现，且试件极化形成和消失的时间函数往往是一致的(李光远等，1986)。假设充电和放电的时间都为 t_0，则放电电流 I_f 恒同于充电电流中与时间有关的部分，即

$$I_f = I_a(t) + I_c(t) \tag{4-5}$$

将式(4-5)代入式(4-4)，则传导电流：

$$I_0 = I - I_a(t) - I_c(t) = I - I_f \tag{4-6}$$

试验中，I、I_f 都可由记录仪准确地测出，因此在已知外加电压 V 的条件下，可得试件的体积电阻为

$$R_v = \frac{V}{I_0} \tag{4-7}$$

进而由体积电阻率的含义，代入试件的几何尺寸，可得试件体积电阻率：

$$\rho_v = R_v \cdot \frac{\pi r^2}{d} \tag{4-8}$$

式中，r 为测量电极的半径(25mm)；d 为试件厚度。最终将所有已知条件代入式(4-8)，刨花板试件的体积电阻率可表示为

$$\rho_v = \frac{V \cdot \pi r^2}{(I - I_f) \cdot d} \tag{4-9}$$

在上述条件下所测得刨花板的体积电阻率 ρ_v 与测量时间及外界环境条件(湿度、灰尘等)都无关，只反映刨花板本身的固有特性，可用来分析刨花板的抗静电性能。

(四)抗静电添加剂与刨花板抗静电性能之间的关系

不同密度的刨花板试件在室温[(20±2)℃]和不同含水率 W 状态下，以全电流充放电流测得的体积电阻率的平均值 ρ_v 及其变异系数 C_v 都列于表 4-2 中。

表 4-2　刨花板体积电阻率统计表

编号	绝对密度/(g/cm³)	含水率 5%			含水率 8%			含水率 11%		
		W/%	ρ_v/(Ω·cm)	C_v/%	W/%	ρ_v/(Ω·cm)	C_v/%	W/%	ρ_v/(Ω·cm)	C_v/%
1	0.73	4.95	1.36×10^{10}	11.8	7.97	5.93×10^{8}	22.5	11.13	1.36×10^{7}	7.6
2	0.75	4.79	2.42×10^{9}	13.5	7.34	2.00×10^{8}	12.8	10.44	5.50×10^{6}	9.4
3	0.74	4.99	1.04×10^{9}	18.3	7.78	1.35×10^{8}	17.8	10.90	$<2\times10^{6}$	—
4	0.76	4.88	8.38×10^{8}	17.3	7.44	1.35×10^{8}	14.4	10.80	$<2\times10^{6}$	—
5	0.76	4.65	2.83×10^{8}	11.7	7.51	3.42×10^{7}	17.4	10.72	$<2\times10^{6}$	—
6	0.63	5.39	7.05×10^{10}	21.8	8.35	2.14×10^{9}	16.9	11.25	6.19×10^{7}	7.2
7	0.62	5.23	1.04×10^{10}	16.3	8.06	5.50×10^{8}	14.8	11.16	2.98×10^{7}	6.2
8	0.62	5.00	3.53×10^{9}	15.5	9.00	6.28×10^{7}	17.0	11.26	$<2\times10^{6}$	—
9	0.65	4.97	5.83×10^{8}	18.9	7.50	7.80×10^{7}	13.9	10.68	$<2\times10^{6}$	—

注：编号与表 4-1 中相同

1. 导电添加剂的作用

为了便于直观地分析刨花板的抗静电性能，铝粉、铜粉和石墨粉分别为试验中单独施加的导电添加剂，与普通刨花板相比，它们都使刨花板的体积电阻率降低了近 1 个数量级，增强了刨花板的抗静电性能，其机理都属添加剂中的自由电子对导电的贡献，但是三者之间仍有差别。虽然它们的施加量都为 7.5%，但所得刨花板抗静电性能由弱至强的次序依次为铝粉、铜粉、石墨，其中石墨的性能最优，铝粉最差。

铝粉与铜粉相比，由于铜的密度为 $8.9g/cm^3$，远大于铝的密度($2.7g/cm^3$)，故在相同施加量的条件下，刨花板内铜粉的复合度要比铝粉低。但试验中所选铜粉的粒度远小于铝粉，所以板材内刨花表面铜粉分布的总点数并不一定少于铝粉。再加上铜的导电性比铝好，因此铜粉对刨花板抗静电性能的贡献要强于铝粉。铝的化学性质比铜活泼，易于氧化，铝粉表面极易形成氧化层，致使其导电性下降，这是铝粉不如铜粉的另一个原因。与铝粉和铜粉相比，石墨的性能最好。石墨化学性质稳定，不易被氧化而产生保护层，虽然导电性低于铜粉和铝粉，但其特殊的层状分子结构赋予其易滑动的特点。石墨的密度低($2.20g/cm^3$)、粒度小($30\mu m$)，且其在热压过程中有一定的流展性，将其喷施于刨花表面，能较好地覆盖于刨花表面，使刨花板具有较好的抗静电效果。

2. 抗静电剂的作用

SN 和甘油是试验中选取的两种抗静电剂，它们都使刨花板达到了较好的抗静电效果。虽然它们均是依靠吸引水分子形成导电通路来实现抗静电功能，但各自作用的效果也不尽相同。抗静电剂的作用效果是由分子的亲水性或疏水性支配的，根据特劳贝法则可知：抗静电剂疏水端的碳原子数是影响表面张力和亲水性的重要因素(管义夫，1981)。碳原子数较多时，亲油性增强，表面张力较小，这时抗静电剂的亲油性占优势；反之，则抗静电剂水溶性增大，亲水性占优势，而脂肪酸引起表面张力降低的比率有随碳原子数增加而增大的趋势。

抗静电剂 SN 属阳离子型季铵盐类，结构式为

$$\left[\begin{array}{c} \quad CH_3 \\ \quad | \\ C_{18}H_{37}—N—CH_2CH_2OH \\ \quad | \\ \quad CH_3 \end{array}\right]^+ NO_3^-$$

亲油的疏水端具有 22 个碳原子，数量较多。喷施于刨花表面后，亲油性的优势表现突出，即多数抗静电剂分子的疏水端触贴于刨花表面，而亲水端背离刨花。所以，抗静电剂 SN 的定位率较高。此外，SN 属 22 个碳原子构成的长链结构，具有较好的空间韧性。当亲油基附着于刨花表面的同时，另一端的亲水基可在较大的空间内移动，增大了吸引水分子的区域，易形成水分子膜，刨花表面的静电荷得以逃逸。在密度为 $0.63g/cm^3$ 时，SN 也使刨花板的体积电阻率降低了 1 个数量级。而作为非离子型多元醇抗静电剂的甘油，虽然疏水端碳原子数较少，在刨花表面的定位率不高，但可溶性大，亲水性强。而且甘油分子结构中有三个极性亲水羟基，故官能度为 3，远大于 SN 的官能度，因而能

吸引更多的水分子形成水分子膜。在密度为 0.75g/cm^3 时，甘油的作用较为突出，使刨花板的体积电阻率降低了 2 个数量级。抗静电效果比石墨等单质粉末还强 1 个数量级。

当抗静电剂 SN 和甘油混合使用时，刨花板的抗静电效果最为显著。对于密度为 0.63g/cm^3 的刨花板，其体积电阻率比普通刨花板下降了 2 个数量级。但是甘油作为抗静电剂也存在其缺陷，弱点在于甘油吸引的水分子数较多，导致刨花板含水率升高，势必会降低板材的尺寸稳定性。因此，使用甘油作为抗静电剂时，应兼顾其结构稳定性。

3. 抗静电剂 SN 与石墨的复合作用

在抗静电添加剂施加总量相同的条件下，采用抗静电剂 SN 与石墨进行混合施加，会使刨花板的抗静电性能增强，刨花板的体积电阻率下降了 2 个数量级，接近抗静电剂 SN 和甘油混加的作用效果。抗静电剂 SN 和石墨一起作用于刨花表面时，所得刨花板的抗静电机理源于石墨中的自由电子和抗静电剂 SN 吸附的水分子膜的复合作用，其复合抗静电模型见图 4-3。在刨花之间相互接触的界面间隙，分别存在着吸附的抗静电剂 SN 和石墨微粒，静电荷若遇抗静电剂 SN，则通过其吸附的水分子传导；若遇石墨微粒，则通过自由电子传导，这样彼此传递，直至静电荷逃逸。值得说明的是，抗静电剂 SN 中的疏水端，不仅可以吸附于刨花表面，而且还可以吸附于非极性的石墨微粒表面，即亲油端指向石墨，另一端的亲水基照常吸引水分子来传导静电荷(刘程，1992)。

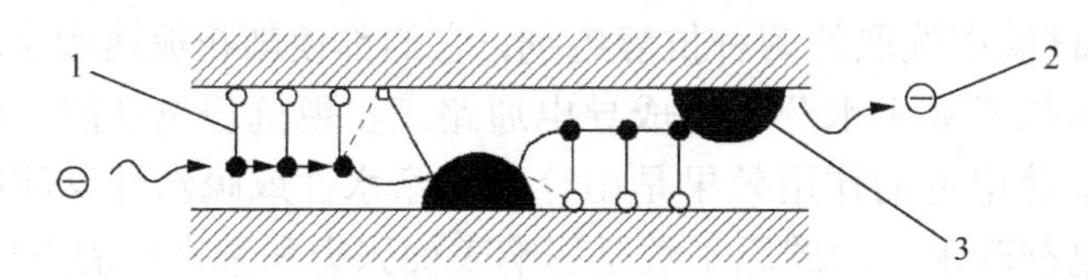

图 4-3　复合抗静电模型

1.抗静电剂 SN；2.静电荷；3.石墨颗粒

与抗静电剂 SN 和甘油的混合作用相比，抗静电剂 SN 和石墨的复合导电模型充分体现了功能复合材料线性复合效应中的相补效应，即混加石墨既避免了甘油吸湿性大、易产生刨花板尺寸不稳定的缺陷，又发挥了石墨稳定性好、导电性能好的优势。

(五)含水率对刨花板抗静电性能的影响

刨花板的含水率与其抗静电性能有着显著的正相关性，含水率增加，刨花板体积电阻率迅速下降。当含水率在 6%左右时，普通刨花板的体积电阻率大于 $10^{10}\Omega\cdot$cm，而经抗静电处理的刨花板，体积电阻率降至 10^8～$10^{10}\Omega\cdot$cm，可见抗静电添加剂可使低含水率刨花板的抗静电性能增强；而含水率高于 8%时，除密度为 0.63g/cm^3 的普通刨花板外，其他刨花板的体积电阻率都小于 $10^9\Omega\cdot$cm(表 4-2)。若把这些刨花板用作计算机机房用活动地板，取公称规格为 50cm×50cm×20mm，并以 GB 6650—1986《计算机机房用活动地板技术条件》来对比推算，则由式(4-4)可得刨花板活动地板的体积电阻 R_V 为

$$R_V=\frac{\rho_V\cdot d}{\pi r^2}<10^8(\Omega) \tag{4-10}$$

再由式(4-1)得出活动地板的系统电阻 R 为

$$R < \min(R_s,\ R_v) < 10^8(\Omega) \tag{4-11}$$

而在 GB 7910.2—1987《木质活动地板技术要求和检验规则》标准中规定了 A、B 两级活动地板抗静电性能的系统电阻分别为 $10^5 \sim 10^8\Omega$ 和 $10^5 \sim 10^{10}\Omega$。故在含水率大于 8%时，除密度为 0.63g/cm^3 的普通刨花板外，所有抗静电刨花板和密度为 0.75g/cm^3 的普通刨花板都达到了抗静电 A 级活动地板的要求。因此，若刨花板具有较高的含水率，或间接地提高刨花板使用时的环境湿度，都有利于刨花板达到良好的抗静电性能。其原因可解释为含水率较高时，板材内木质刨花自身的吸附水量增大，刨花板的抗静电性能主要源于这些吸附水分子层的导电作用，它淹没了抗静电添加剂的作用。从高含水率刨花板体积电阻率的变异性上也可解释该淹没作用，当含水率高于 11%时，所有刨花板体积电阻率的变异系数都小于 10%(表 4-2)，可见刨花板自身吸附的水分子在板材内分布均匀，抗静电性能的变异性较小，且远低于低含水率时刨花板内抗静电添加剂的导电作用。这也是值得强调的结果，即在含水率较低时，刨花板吸附水量较少，抗静电添加剂的导电作用才能显示出来。说明抗静电刨花板内抗静电添加剂的导电作用，随板材含水率的增加逐渐减弱。

(六)密度对刨花板抗静电性能的影响

不同密度的刨花板，其抗静电性能也略有不同。密度大的板，体积电阻率较低，抗静电性能较好，但不至于引起电阻率在较大数量级上的下降，这与密度对木材自身导电性能的影响类似。密度较大时，刨花板压缩密实，板材内刨花接触紧密，不仅相对提高了抗静电添加剂在刨花表面的覆盖面积，而且减小了刨花之间的接触电阻，均有利于堆积的静电荷逃逸。

主要参考文献

白钢. 2014. 抗静电阻燃木粉/聚丙烯复合材料的制备与性能研究. 哈尔滨: 东北林业大学硕士学位论文.

渡边治人. 1986. 木材应用基础. 张勤丽译. 上海:上海科学技术出版社, 292-298.

傅峰, 华毓坤. 1994. 谈谈家具的抗静电处理. 北京木材工业, (3): 11-14.

傅峰. 1995. 功能人造板的研究. 南京: 南京林业大学博士学位论文.

耿玉龙, 张涛, 徐风娇,等. 2016. 木粉/PVC 复合材料抗静电与力学性能研究. 广东化工, 43(9): 43-45.

管义夫. 1981. 静电手册. 北京: 科学出版社, 585, 385-390.

何曼君. 1982. 高分子物理. 上海: 复旦大学出版社, 299-300.

蒋杰, 孙连强, 徐战, 等. 2016. 高分子材料用抗静电剂的研究进展. 塑料助剂, (2): 1-4.

李光远, 李法科. 1986. 测量绝缘材料的真实电阻值的方法. 物理, 15(2): 103-104.

刘程. 1992. 表面活性剂应用手册. 北京: 化学工业出版社, 23-25.

毛庆珠, 张青. 1993. 浅色导电粉末的研究. 涂料工业, (1): 8-11.

徐风娇, 郝笑龙, 聂兰平, 等. 2016. 抗静电剂对木粉/PVC 复合材料性能的影响. 林业工程学报, 1(5): 45-51.

宋永明, 谢志昆, 雷厚根, 等. 2016. 导电炭黑对木粉/PP 复合材料抗静电及力学性能的影响. 广东化工, 43 (20) :76-78.

阳范文, 肖鹏, 宁凯军. 2011. 抗静电 TPV/MB-CNTs 共混改性材料的研究. 工程塑料应用, 39(2): 55-58.

尹皓, 王选伦, 李又兵. 2016. 高分子永久型抗静电剂的最新研究进展. 塑料助剂, (4):1-4.

张开. 1981. 高分子物理学. 北京: 化学工业出版社, 200-202.

赵择卿. 1991. 高分子材料抗静电技术. 北京: 纺织工业出版社, 173-186.

周建萍, 丘克强, 傅万里. 2003. 抗静电高分子复合材料研究进展. 工程塑料应用, 31 (10): 60-62.

Yu F L, Xu F J, Song Y M, et al. 2017. Expandable graphite's versatility and synergy with carbon black and ammonium polyphosphate in improving antistatic and fire-retardant properties of wood flour/polypropylene composites. Polymer Composites, 38 (4): 767-773.

第五章　木质电热功能材料制备技术

赋予木质复合材料均匀、高效的电热功能，可应用于室内采暖，如墙暖、地暖、自发热小家具及移动式采暖器，还可用于红外杀菌、防霉。采用电取暖，不仅清洁卫生、舒适、节能(Qi et al.，2012)、易安装维护(Blomqvist，2008)、潜热性能好(Seo et al.，2011a，2011b)，还具有远红外保健功能。木质电热复合材料作为采暖和木材加工行业的新型材料，具有广阔的产业化和市场前景。

多年前，一些企业便开始自主研发木质电热功能产品，即内置电热层电采暖木质地板，相关报道以专利技术为主。该产品主要是采用金属电热线(郭漫笳，2009；Eidai Co Ltd，2008，2006；Hitachi Cable，1997a)、碳纤维电缆、碳纤维电热板及碳晶电热片(甘绍周，2012；刘正明，2010)作为电热材料，或通过在基材或纸质材料表面印涂格状或网状导电油墨层作为电热层(陈承忠，2011)，电热层可直接与基材叠层胶合或置于基材上的凹槽再与面板复合制造成一体化电热地板(Matsushita Electric Works Ltd，1993)。常用电热材料可归结为碳纤维纸和碳墨电热膜两大类；相关文献还报道了关于提高温升速度、储能节能及远红外保健等性能的方法途径。但经查阅文献，国内外鲜有木质电热复合材料的相关研究报道。此外，为加快该类功能材料及其制品的健康发展和推广，相关行业标准制定工作已立项启动。

因此，深入研究并完善木质电热复合材料的基本理论势在必行，尤其是木质电热复合材料的电热效应机理及对不同电热材料、胶合材料、制备工艺及通电加载作用等的电热响应规律，将是支撑该功能材料创新发展的基本理论，也将为相关行业标准的制定提供理论依据。

本章将采用碳纤维纸作为电热材料，制备木质电热复合材料，系统研究其在短期及长期过载条件下对不同规格碳纤维纸、胶合材料、胶合因子及不同复合结构的电热效应及其响应机理，并创新地采用碳纤维单丝制作单丝电热元件及其木质复合电热元件，从微米尺度分析其电热效应及响应机理，将形成较为系统的电热响应机理，为改善木质电热复合材料及其制品的电热效应稳定性和开发新型适用的电热材料提供理论参考。碳纤维木质电热复合材料，可用于制造墙暖、地暖等产品，电热转换效率高，以热辐射为主(孔祥强等，2003)，是今后室内采暖趋势之一，尤其适应南方采暖时间较短、潮湿、气候变化较大的特点，前景广阔。

第一节　电热与传热机理

一、电热机理

电流流过导体能产生热量，放在电场中的绝缘介质会发热(变压器中的绝缘介质发热，高压开关放在液态绝缘介质中可以防止电弧放电)，这就是电的热效应(王红刚，2012)。

材料内部能量变化是外场作用的结果，当电磁场作用于材料时，由于晶格势场变化导致内部能态变化，如果高能态是不稳定状态——不是热力学最可几状态（丁慎训和张孔时，1996），则系统将向外放热，这就是介质在外电磁场的作用下（极化和磁化）产生热量的原因，通过放热使系统趋向稳定状态。对于导体而言，外电场的作用主要是驱动载流子作定向运动，载流子在作定向运动时，在运动径迹上，靠近原子实时，其在晶格势场中的势能减少，对外放出能量，体现为对外放热，远离原子实时，从外场吸收能量，这就是通电导体产生热量的原因（王红刚，2012）。

产生电热不是载流子作宏观定向运动的结果，载流子作宏观定向运动不是产生电热的必备条件，电磁场对介质的作用也可产生电热，电热的产生只与材料内价电子能态变化有关，超导载流子能态不发生变化时，即使载流也不产生电热效应（王红刚，2012）。

二、传热机理

传热过程是一种复杂的物理现象，按物理本质的不同，将其分为三种基本的传热形式——传导、对流、辐射。

传导传热现象是指物体内部相邻部分间的热量传递。

对流现象只能在气体或液体中出现，它是借温度不同的各部分流体发生扰动和混合而引起的热量转移。因此，流体的运动特性对对流传热有重要影响，由导热的特点可见，在对流的同时，流体内部也有传导存在。

辐射传热是通过电磁波实现的，热能转化为辐射能，被物体吸收的辐射能又转化为热能。因此，这种传热方式不仅进行能量的传递，而且还伴随着能量形式的转化。

第二节　电热单元的电热效应

一、碳纤维纸的电热效应

（一）试验材料与方法

1. 试验材料

台丽碳纤维纸（简称 TCP），厚度为 0.08mm，宽度为 140mm，体积电阻率为 1.093Ω·cm。

东丽碳纤维纸（简称DCP），厚度为0.1mm，宽度为100mm，体积电阻率为2.201Ω·cm。

1#国产碳纤维纸（简称 GCP），厚度为 0.08mm，宽度为 80mm，体积电阻率为 3.470Ω·cm。

2#国产碳纤维纸（简称 NCP），厚度为 0.08mm，宽度为 90mm，体积电阻率为 1.936Ω·cm。

碳纤维：①台丽 TC35；②东丽 T700；③国产某型。单丝直径均为 7μm 左右。

铜箔电极：材质为紫铜，压延铜箔，宽度 10mm，厚度 0.02mm；自制；购自东莞市石成金贸易有限公司。

2. 试验设备

FLUKE Ti100 红外热成像仪，美国福禄克公司生产；测温范围为–20～250℃，远红外频段为 7.5～14μm(长波)，精度为±2℃或±2%，探测器像素为 160×120FPA。

TH2515 直流低阻测试仪，常州市同惠电子有限公司生产；电阻测试范围为 0.001mΩ～2MΩ，分辨率为 0.001mΩ。

SIN-R200D 四通道温度记录仪，杭州联测自动化技术有限公司生产；精度为±0.2%FS。

薄片式 K 型热电偶，上海斯威特电热仪表有限公司生产；粘贴式，配有高温胶带，厚度小于 0.3mm，测试温度范围为 0～900℃。

TDGC2-1000VA 无级调压器，德力西电气有限公司生产；单相，0～250V。

PF9800 电参数测试仪，杭州远方光电信息股份有限公司生产；测试电压范围为 3～600V，电流范围为 5mA～20A，功率因素范围为–1.000～1.000；可自动切换量程；精度：±(0.4%读数+0.1%量程+1 字)；频率范围为 45～65Hz。

DH1719A-2 直流稳压稳流电源，北京大华无线电仪器厂生产；电压范围为 0～25V，电流范围为 0～5A。

FLUKE 15B$^+$数字万用表，美国福禄克公司生产；测试电流范围为 0.004～10A，电压范围为 0.4～1000V，电阻量程为 40MΩ。

电热性能测试装置见图 5-1，电源经过调压器调压后，接入电参数测试仪再与待测试件连接，实现通电发热。

图 5-1　电热性能测试装置

3. 试验方法

(1) 4 种碳纤维纸的电热效应

按图 5-2 结构，将 4 种碳纤维纸和电极制备电热膜，采用夹具对电极处进行夹紧。①按 500W/m^2 功率密度，分别对 4 种电热膜输入相应电压，通电 20min 后，采用红外热成像仪测试幅面上的温度分布情况。②分别对 TCP 电热膜输入下列功率密度，即 100W/m^2、200W/m^2、300W/m^2、400W/m^2、500W/m^2、600W/m^2、700W/m^2，通电 20min 后，采用红外热成像仪测试其幅面发热情况。上述测试在密闭空间中进行，环境温度为 20℃，相对湿度为 40%。

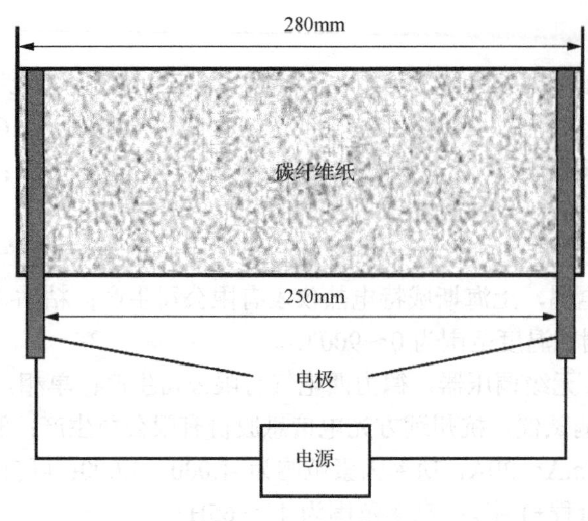

图 5-2　电热膜结构

(2) 碳纤维纸中电热单元的物相结构与热辐射性能分析

测试 4 种碳纤维纸中碳纤维单元(从纸中提取，并用有机溶剂洗涤，晾干备用)的物相结构。然后按图 5-2 制备碳纤维纸电热膜，输入 500W/m^2 功率密度，通电 20min 后，测试其热辐射性能。

(二) 结果与分析

1. 4 种碳纤维纸的电热效应

(1) 碳纤维纸的发热均匀性及其影响机制

木质电热制品的发热均匀性极大限度影响着其使用的舒适性、稳定性及安全性，是其关键指标之一。标准 JG/T 286—2010《低温辐射电热膜》规定温度不均匀度≤7℃，是为保证电热膜在正常工作状态下不出现局部高温，以至于损坏表底层基材或降低舒适性。碳纤维纸内置制成木质电热复合材料后，因木质表层材料的导温作用，其板面温度不均匀度有所改善(Yuan and Fu，2014)。发热温度均匀性取决于电热单元在基体中的分散均匀度。本试验所采用的 4 种碳纤维纸，即 TCP、DCP、GCP 及 NCP，如图 5-3 所示。通过观察 4 种碳纤维纸的红外热成像(图 5-4)可知，在加载 500W/m^2 功率密度下，TCP 发热均匀性较好；通过 FLUKE Ti100 配套的 SmartView 软件分析温度分布情况，TCP 温度不均匀度(评价区域内最高温和最低温之差)仅为 15.7℃，而温度不均匀度较大的是 GCP，达到 26.5℃；DCP 为 16.7℃，与 TCP 接近，但其发热面上散布相对多的高温区域，红外热像图中温度不均匀；TCP 红外热像图的颜色比较均匀，温度分布相对均匀。

通过 SEM 分析碳纤维纸中碳纤维的分布情况，如图 5-5 所示，TCP 中碳纤维长度较为一致，分布均匀，关键在于其搭接点分布也较均匀，这正是发热温度分布均匀的主要原因。相比之下，GCP 和 NCP 存在明显短纤维堆积及空缺现象，分别导致高温和低温区域。其中，NCP 碳纤维较长，其堆积搭接更严重，同样功率密度加载下产生的最高温度最大，达到 83.7℃。由此推知，发热不均匀度取决于电热单元搭接结构的分布，包括搭接点间电热单元长度、碳纤维及其搭接点的分布。

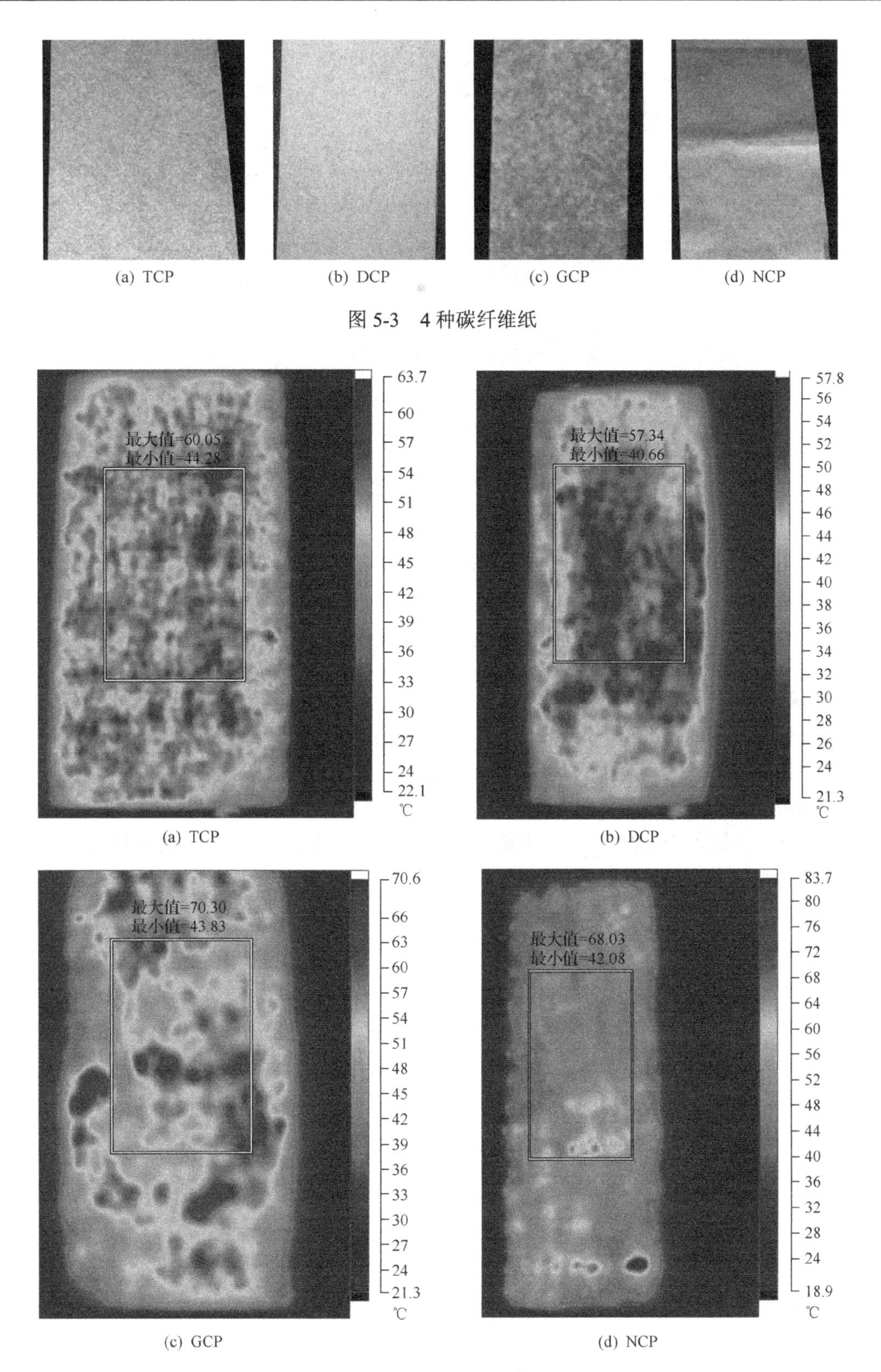

图 5-3　4 种碳纤维纸

图 5-4　4 种碳纤维纸的温度分布（500W/m^2）（彩图请扫封底二维码）

(a) TCP　(b) DCP
(c) GCP　(d) NCP

图 5-5　碳纤维纸中碳纤维单丝分布

(2)碳纤维纸的功率-温度效应

前期研究(Yuan and Fu，2014)中，碳纤维纸可在短时间内达到稳定温升。因此，分析其功率密度与表面平均温升关系对目标功率的设计有着重要的意义。图 5-6 表明，在 100～700W/m^2 时，碳纤维纸表面温升随功率密度增加呈线性上升趋势(R^2=0.983)。结合表 5-1 可知，当输入 100W/m^2 时，表面温升为 10.5℃，若要实现 20℃温升则需至少输入 300W/m^2 功率密度。

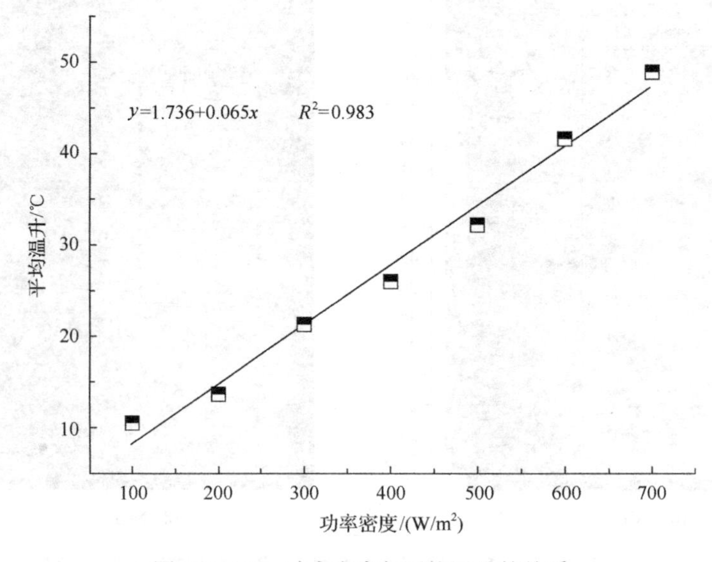

图 5-6　TCP 功率密度与平均温升的关系

表 5-1　不同功率密度加载时的板面温度

功率密度/(W/m^2)	最高温度/℃	最低温度/℃	平均温度/℃
100	31.81	29.19	30.50
200	36.63	30.63	33.63
300	45.33	37.19	41.26
400	51.44	40.59	46.02
500	60.05	44.28	52.17
600	72.06	51.14	61.60
700	79.75	57.92	68.84

2. 碳纤维纸的热辐射性能与其物相结构

热辐射性能作为红外辐射加热器及其选用电热材料的一个重要指标，决定了电采暖产品的能量利用效率及工作寿命。其中，发射率是衡量物体热辐射释放能量相对强弱的能力(戴景民等，2009)，是指物体在相同温度下的辐射能量与黑体辐射能量的比值，是0～1范围内的标量，不同辐射方向及不同波长的发射率均存在一定差异，按辐射波长范围可分为光谱(或单色)、全波长发射率；若按辐射方向，一般分为法向、方向和半球发射率(褚载祥等，1986)。目前，关于热辐射性能的测试研究尚不完善，其中碳素电热材料的法向光谱发射率和法向全发射率两个指标的测试设备及相关研究方法已初步成熟。如图 5-7 所示，在 2.5～22μm 波长时，TCP 碳纤维纸加载 500W/m^2 功率密度下的法向光谱发射率随波长增加呈现增大趋势，在 8.8μm、12.4μm 附近出现两个峰。此外，研究表明，碳素电热单元的物相结构对其热辐射性能有显著影响，随结构规整度提高，载流子自由程及移动范围增大，发射率提高(曹伟伟，2009)。

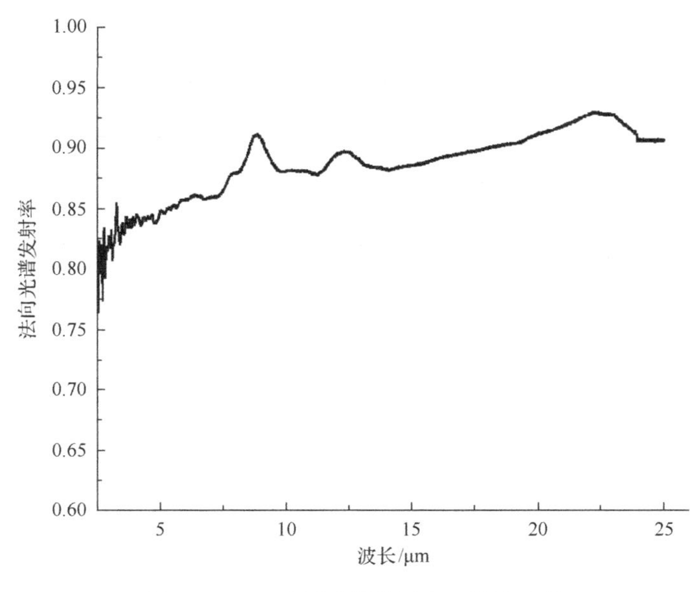

图 5-7　TCP 碳纤维纸的法向光谱发射率

碳纤维的物相结构一般采用拉曼(Raman)及 XRD 相结合进行表征，两种表征手段的结果具有较好的一致性(Diaz et al.，2014；Lu et al.，2012；Peng et al.，2009)。本研究采用拉曼光谱对 4 种碳纤维纸中碳纤维物相结构进行表征，如图 5-8 所示。从表 5-2 拟合参数中可明显看出，NCP 中单元的结构规整性较好，随后是 GCP、TCP 及 DCP。

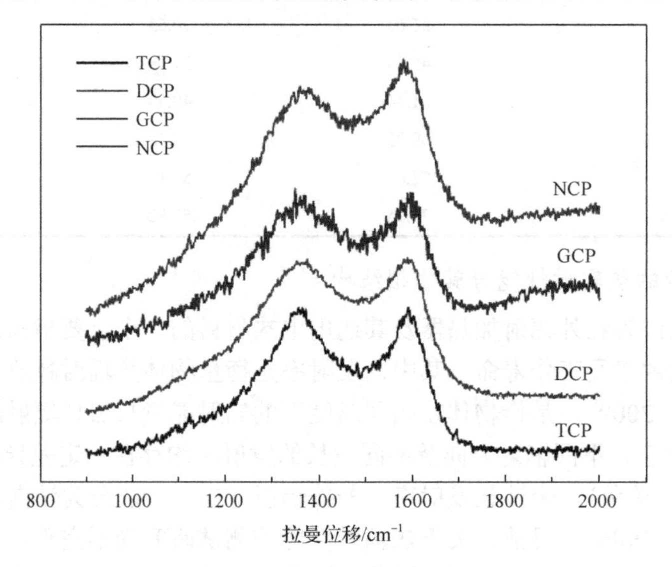

图 5-8　碳纤维纸的拉曼谱图

表 5-2　不同材质碳纤维纸中碳纤维的拉曼拟合参数

试样	D 峰		G 峰		两峰面积比(I_D/I_G)
	峰位/cm^{-1}	半高宽/cm^{-1}	峰位/cm^{-1}	半高宽/cm^{-1}	
TCP	1365.93	229.68	1591.65	86.61	2.799
DCP	1374.40	254.50	1591.70	93.41	3.308
GCP	1369.93	196.79	1587.74	95.88	2.215
NCP	1362.96	184.39	1582.31	141.87	1.257

二、碳纤维单丝的电热效应

碳纤维纸整个幅面上的热辐射是由众多碳纤维单丝的热辐射相互叠加的总和，其导电网络结构中除了碳纤维单丝产生电热效应外，单丝搭接界面因其接触电阻(郑华升等，2012；郑华升，2010)，同样具有一定的电热效应。因此，碳纤维纸的基本电热单元分为搭接点间的碳纤维单丝及搭接界面，要阐明其电热效应机理则需进一步研究单丝及单丝搭接界面的电热效应。

(一)试验材料与方法

1. 试验材料

1)碳纤维：①台丽 TC35；②东丽 T700；③国产某型。单丝直径均为 7μm 左右。

2)铜箔电极：材质为紫铜，压延铜箔，宽度 10mm，厚度 0.02mm；自制；购自东莞市石成金贸易有限公司。

2. 试验方法

(1)碳纤维单丝电热元件制备

首先，采用 TC35 碳纤维，抽出完整的单丝(CF)，借助放大镜，以载玻片为基底，按图 5-9 所示分别制作 10mm、20mm 长的单丝电热元件。再采用透明胶带覆贴单丝，然后在单丝中间位置上用高温胶带贴薄片热电偶。

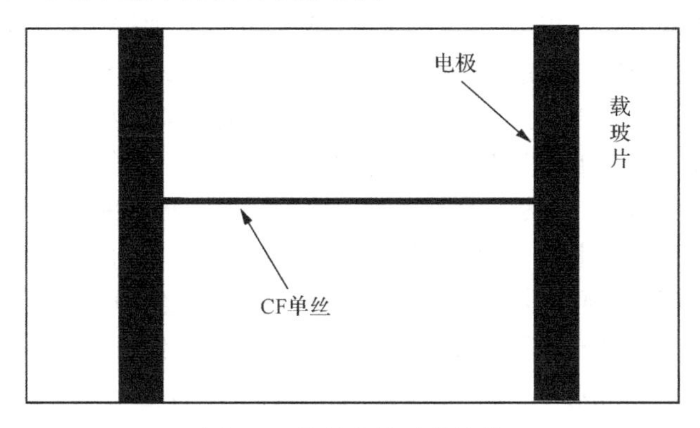

图 5-9　单丝电热元件结构

(2)电热效应测试

将电热元件置于隔热保温箱中，如图 5-10 所示，同时测试保温箱中空气的温度。采用图 5-1 所示测试装置，对 10mm 单丝电热元件分别输入 10W/m、15W/m、20W/m、25W/m、30W/m 单位功率，记录通电 40min 及断电后 10min 的时间-温度曲线；同时采用红外热成像仪记录各功率下稳定状态的红外热成像图。另外，对 20mm 长单丝电热元件输入 10W/m、20W/m、30W/m 单位功率，通电 20min 后，记录红外热成像图。

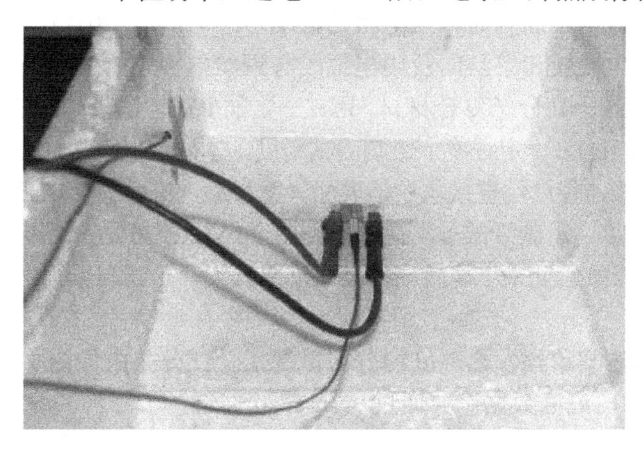

图 5-10　单丝电热元件样品测试图

(二)结果与分析

1. 碳纤维单丝的电热效应机理

碳纤维纸通过两端的电极与电源连接，形成导电回路，通电加载后，在电场的作用下，导电网络结构中碳纤维单丝及其搭接界面的载流子激烈运动，相互碰撞和摩擦，最终以释放热量形式来损耗电能。

碳纤维中的晶体结构是六面石墨晶体，同一个平面上的 6 个碳原子形成正六边环形，并延伸形成片层结构，该片层结构中的每个碳原子以 sp^2 杂化共价键分别与其他 3 个碳原子键合，还存在 1 个自由的 p 轨道电子，其轨道是相互重叠的，即类似金属中的自由电子或载流子，进而具有导电效应(贺福，2005)。此外，值得讨论的是并非具有自由电子或载流子的导体在通电加载情况下都能产生电热效应，如超导体，存在大量的载流子，没有电阻或阻抗，无电能损失，不会产生电热效应(王红刚，2012)。碳纤维的电热效应是由于在通电加载的情况下，其石墨微晶中碳原子自由 p 轨道上的自由电子(π 电子)产生一定自由程的定向移动，不断远离原子核，吸收电能，再不断靠近原子核，释放能量；从分子运动角度上分析，由于 p 轨道相互重叠，在电场的驱动下，载流子在定向移动过程中相互摩擦和碰撞，进而消耗能量并以热能形式释放。然而，碳纤维是由乱层石墨结构组成的，其单位体积内 π 电子数量及其平均自由程与碳纤维的结构规整度有关，即其中石墨微晶尺寸(L_a、L_c)越大，微晶层间距(d_{002})越小，石墨化程度越高，π 电子数量及其平均自由程越大，在电场作用下产生更多的 π 电子在更大的自由程内移动(贺福，2005)，因此在相同电场作用下，产生更多的热量转换。

2. 碳纤维单丝的电热效应

(1)碳纤维单丝的电热温度分布

目前，有关碳纤维单丝电热效应的具体研究尚未见有报道。要实现直径为 7μm 左右的碳纤维单丝通电发热，需在单丝两端安装电极，且要使单丝一端与电极紧密接触，以避免虚接造成通电烧断。在碳纤维单丝的温敏效应研究中，采用了导电银胶黏接铜丝电极与碳纤维单丝，分析了温度对单丝电阻的影响(郑华升等，2012)。这种连接方式有两个接头，分别是导电银胶和单丝间及导电银胶与铜丝电极间的连接，安装操作难度比较大。同时，导电银胶属于高分子复合材料，具有一定的 PTC 及 NTC 效应(Seo et al.，2011a，2011b；Xu et al.，2011)，一定程度上影响测试精度。本研究以载玻片为基体，采用双面导电铜箔胶带作为电极，使单丝直接与铜箔表面紧密接触，进而弱化电源线至单丝过程中的接触电阻。从图 5-11 所示碳纤维单丝在 10W/m、20W/m、30W/m 单位功率下的温度分布可发现，单丝与电极接触处未出现较高的发热现象，说明单丝与铜箔电极间接触紧密，接触电阻很小。

为了更清晰地观察单丝发热温度的分布情况，从红外热成像图中提取以单丝为中线上下 10mm 范围内的温度数据，并通过 Origin 软件进一步分析其温度分布。如图 5-12 所示，从垂直方向和碳纤维长度上的温度分布曲线可知，碳纤维单丝电热效应产生的最高温度发生在单丝有效发热长度的中间区域，由此向两端呈现抛物线[如式(5-1)，R^2=0.994]降低趋势。同样，以最高温度点为中心，垂直方向也呈现抛物线降低趋势[如式(5-2)，R^2=0.998]，这与股线型及编织型碳素复合电热元件制备的电热管规律相似，但由于后者有效发热长度为 40cm，沿着长度方向上的温度(热流辐射密度)较为均匀(曹伟

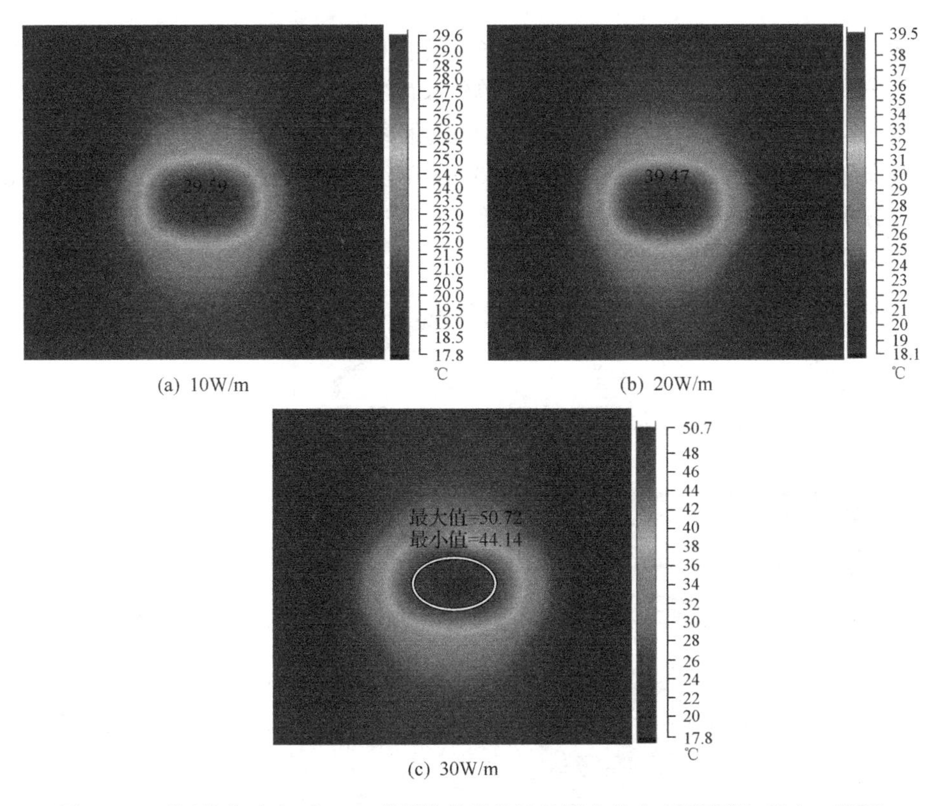

图 5-11　不同单位功率下 TCF 碳纤维单丝的发热温度分布(彩图请扫封底二维码)

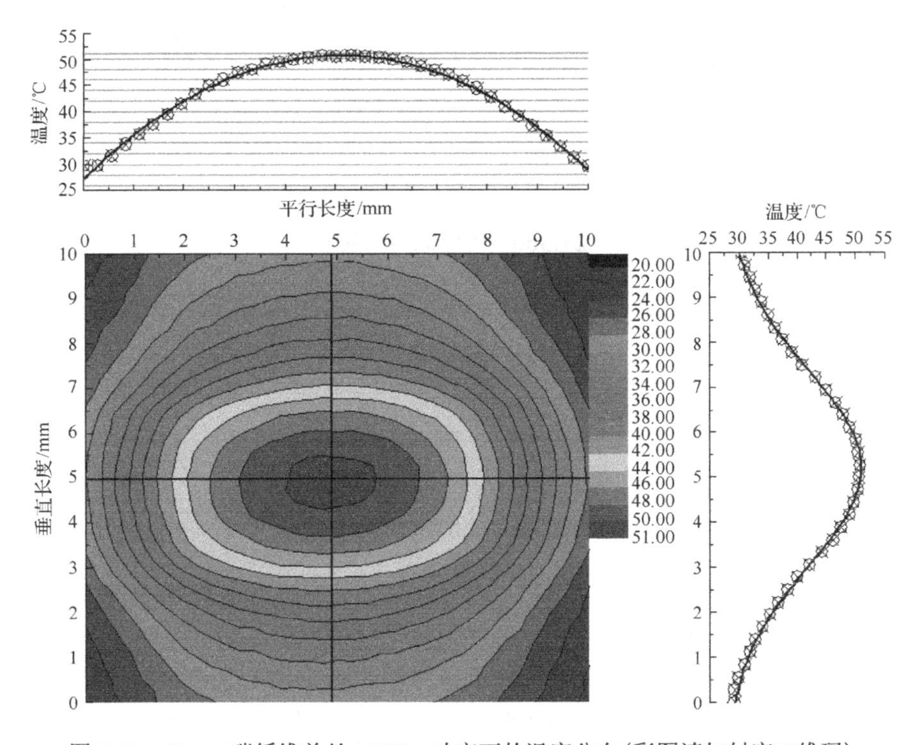

图 5-12　10mm 碳纤维单丝 30W/m 功率下的温度分布(彩图请扫封底二维码)

伟，2009）。从图 5-13 可知，20mm 单丝长度方向的温度分布曲线呈现平拱形，中间区域的温度分布相对均匀。通过拟合碳纤维单丝长度方向，仍呈现较好的一元二次抛物线关系[如式(5-3)，R^2=0.964]；其垂直方向温度随距离的分布仍呈现较好的 GaussAmp 方程曲线分布[如式(5-4)，R^2=0.988]。10mm、20mm 单丝中间区域与两端的温差均为 20℃左右。上述分析说明在通电过程中碳纤维单丝在长度方向上的热辐射性能有所变化。

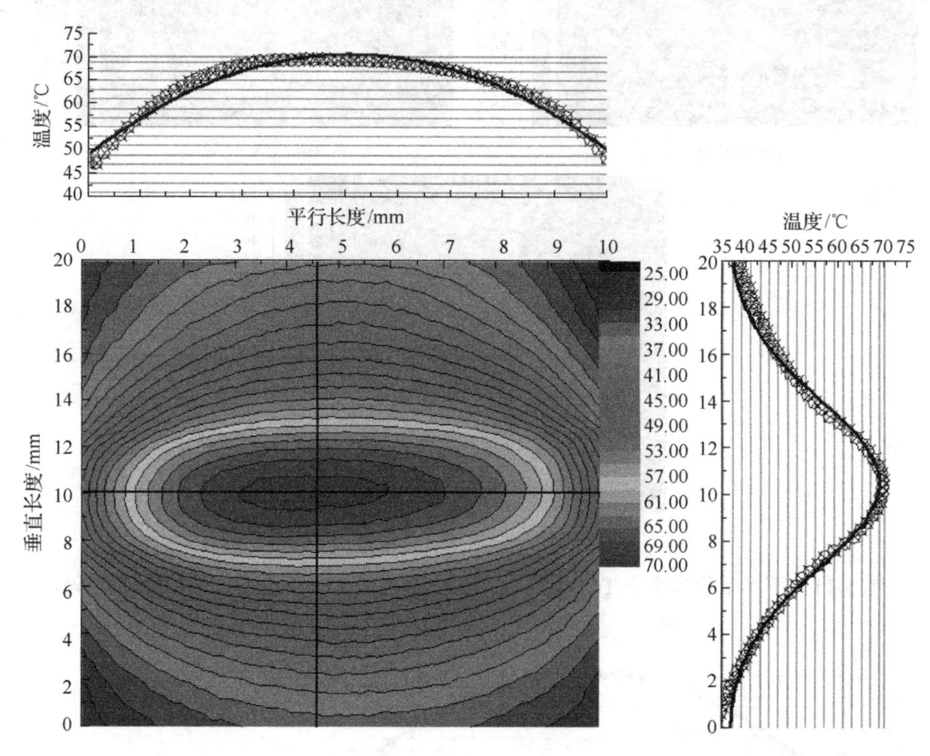

图 5-13　20mm 碳纤维单丝 30W/m 功率下的温度分布(彩图请扫封底二维码)

$$y = 27.360 + 9.156x - 0.901x^2 \tag{5-1}$$

$$y = 27.903 + 23.016e^{\frac{(x-5.214)^2}{9.531}} \tag{5-2}$$

$$y = 49.235 + 4.244x - 0.21x^2 \tag{5-3}$$

$$y = 36.035 + 32.878e^{\frac{(x-10.485)^2}{25.975}} \tag{5-4}$$

单丝发热均匀性对整个幅面的发热均匀性起着决定性作用，阐明单丝辐射面上发热温度分布可为面状发热材料制备工艺的调整和优化提供理论参考。因此，从图 5-12 温度场的分布来看，10mm 碳纤维单丝长度中间区域温差低于 7℃的范围为单丝中间的左右 2.5mm 内，而垂直方向为单丝上下各 1.5mm 内。20mm 碳纤维单丝长度上该温差尺寸范围为中间左 3mm、右 3.5mm 范围内；垂直方向为单丝上下各 1.5mm 内。因此可知，单丝加载相同单位功率后，在垂直方向上可获得同样温度均匀度的距离。如果，1.5mm 距离范围对碳纤维纸发热均匀度的优化具有直接的参考意义，即相邻碳纤维单丝中点均匀分布且相互距离等于或小于3mm，那么两单丝间区域温度不均匀度便可控制在7℃范围内。

此外，在 10mm、20mm 单丝上均加载 30W/m 单位功率，两单丝长度上中间区域的最高温度相差很大，如 10mm 单丝的高温为 50.72℃，而 20mm 单丝的高温为 69.83℃，相差约 19℃，其原因有待进一步探究。同时，考虑到碳纤维纸中的单丝搭接间有效电热长度也是千差万别的，可知各单丝中间区域的高温也不一致。综上所述，影响碳纤维纸发热不均匀度的主要因素有单丝分布的均匀度、单丝相互间的距离、单丝搭接点间的有效电热长度。

(2)碳纤维单丝的温升规律

如图 5-14 所示，在 10～30W/m 单位功率范围内，碳纤维单丝的最大温升与单位功率呈现良好的线性关系。这与面状碳纤维纸发热规律一致，因此可知碳纤维面状材料同样具有单丝的本质特性，表明研究碳纤维单丝电热效应对优化由其制备的面状材料电热效应有着重要的理论意义。

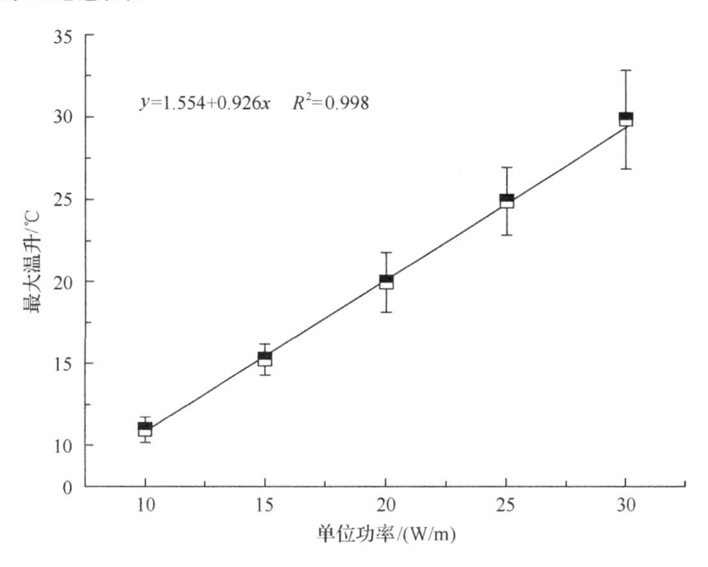

图 5-14　碳纤维单丝单位功率-最大温升关系

此外，升温速率(响应速率)是电热材料使用性能的一个重要指标，直接取决于输入功率，同时也与碳纤维单丝传热性质有关。如图 5-15 所示为碳纤维单丝加载不同单位功率的温升规律，当输入较低单位功率 10W/m 时，达到稳定温度需 4min，此时最大温升为 9℃。当单位功率为 30W/m 时，需 5min 达到 30℃较为稳定的温升。随着输入功率升高，需更多时间达到稳定温升。在一定功率范围内，碳纤维纸的加载功率与温升呈现线性关系(Yuan and Fu，2014)，且升温初期温度快速上升，之后逐渐趋于稳定。此外，单丝运行过程中温度出现小波动，如 15W/m、20W/m 时均在不同时刻出现不同程度的波动，波动范围在 1℃左右。这与上述讨论的碳纤维单丝在通电过程中电阻及功率的波动有关

(在隔热保温箱中进行测试)。试验过程中发现，当输入功率超过 30W/m 时，单丝在短时间内极易断裂(如 30W/m 时，在 5min 内即闪烁断掉)，但通过热电偶和红外热成像仪实时监测温度，断裂时温度仅在 60℃内，断裂瞬间伴随闪烁光芒。究其原因可能是由于碳纤维在制备过程中存在一定的缺陷，如乱层及空隙等，在某个点或区域电阻高于其他点或区域，或片层间形成虚接。

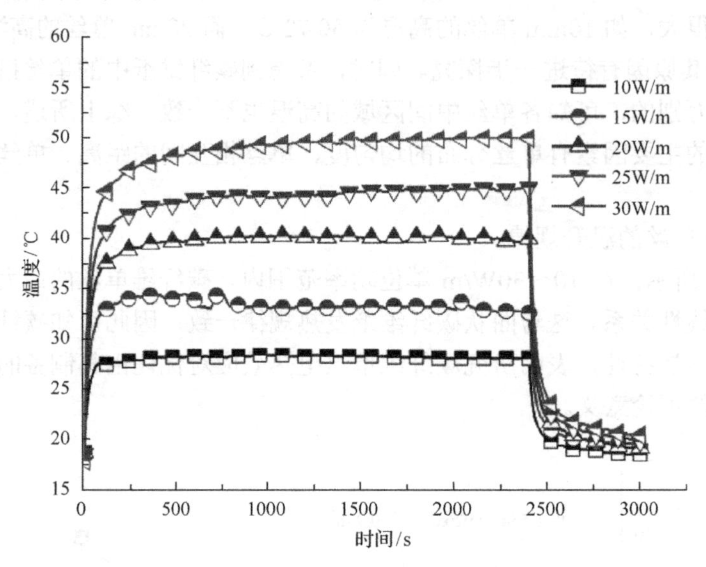

图 5-15　碳纤维单丝时间-温度效应

三、碳纤维单丝搭接元件的电热效应

(一)试验材料与方法

1. 试验材料

与上一节相同。

2. 试验方法

(1)单丝搭接电热元件制作

采用台丽 TC35 长丝，抽出两根碳纤维单丝，借助放大镜，按图 5-16 所示将两根单丝垂直搭接，再用透明胶带贴覆整个搭接单丝(图 5-17)，以模拟无胶状态下碳纤维纸中碳纤维单丝的搭接模型，制成单丝搭接电热元件。

(2)搭接界面接触电阻测试

如图 5-18 所示，采用稳流直流电源在两根单丝的 A、D 间输入 1mA 的电流 I，采用 FLUKE 15B$^+$万用表测试两根单丝 B 端与 C 端之间的电压 U_{BC}，电阻 $R_{接触}=U_{BC}/I$。再反过来对 B、C 输入 1mA 直流电流，测试 U_{AD}，重复 6 个样品，求平均值得到 $R_{接触}$。

(3)碳纤维单丝搭接电热元件的电热效应

采用图 5-1 所示装置对单丝搭接电热元件分别施加 10W/m、15W/m、20W/m、25W/m、30W/m 的单位功率，记录通电 40min 及断电后 10min 的时间-温度曲线；同时采用红外热成像仪记录各功率下稳定状态时的红外热成像图。

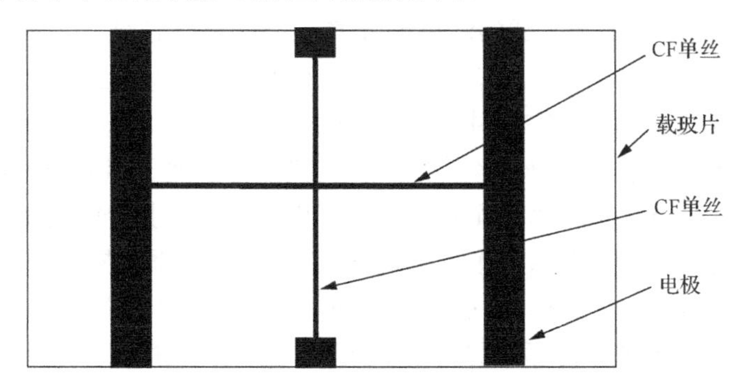

图 5-16　单丝搭接电热元件结构

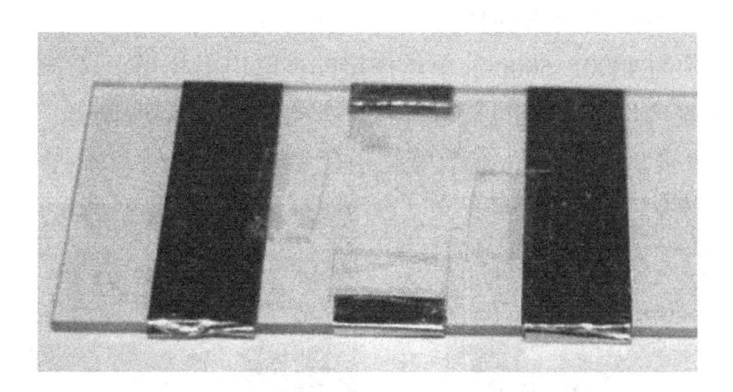

图 5-17　单丝搭接电热元件

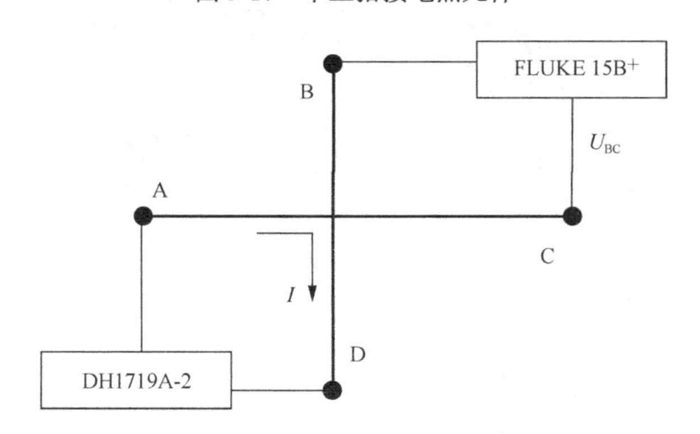

图 5-18　单丝搭接结构接触电阻测试原理

（二）结果与分析

1. 碳纤维单丝搭接电热元件表面温度分布及接触电阻分析

碳纤维纸中存在着庞大的单丝搭接结构，相互连接形成立体的导电网络结构，由单丝及其相互搭接点两种基本单元组成。其中，单丝搭接间的接触电阻较单丝自身电阻的敏感度更高(郑华升等，2012)，在外部因素作用下较易发生变化。通过上述碳纤维纸的微观结构可以看出，发热面上高温区域的碳纤维单丝搭接较为密集。然而，单丝搭接界面的厚度相对单丝总长度来说非常小，因此该处单位电阻较非搭接处单丝电阻要高很多。

如图 5-19 所示，碳纤维单丝搭接后，分别将两根单丝各一端接入电路，在 10W/m、20W/m、30W/m 的单位功率下，搭接区域的温度明显高于搭接单丝各处。最高温升分别达到了 21℃、38℃、58℃，较单丝高近 1 倍。此外，在 30W/m 时，较上述 20mm 单丝的最高温升高近 10℃。从温度分布(图 5-20)中可更加明显看出搭接结构温度的聚集现象。

在该搭接电热元件中，两根单丝的电阻和其接触电阻属于串联电路，电路中电流一致。因此，根据串联电路的功率分配原则，局部电阻越大，其分配到的功率就越大，进而导致高温。通过测试 6 个样品的接触电阻(表 5-3)，发现搭接界面(两根单丝的搭接区域)接触电阻平均约为 71.4Ω。然而，在环氧树脂体系中的单丝接触电阻为 110～440Ω(20℃)，因为这考虑了树脂对界面的影响(郑华升等，2012)。本试验则排除了树脂的影响，因此该接触电阻值接近碳纤维纸中单丝搭接较好时的接触电阻。但如果考虑到碳纤维中存在大部分不是很紧密的搭接，那么搭接处发热温度与单丝相差更大。本试验中，10mm 单丝的电阻为 4000～5000Ω，单丝搭接的接触电阻相当于这个值的 1.43%～1.79%。碳纤维纸经过热压胶合，纤维之间紧密搭接，接触电阻大幅度降低，有利于电热温度的均匀分布。因此，可以认为在碳纤维纸单丝搭接结构中，搭接点发挥着主要的电热效应。

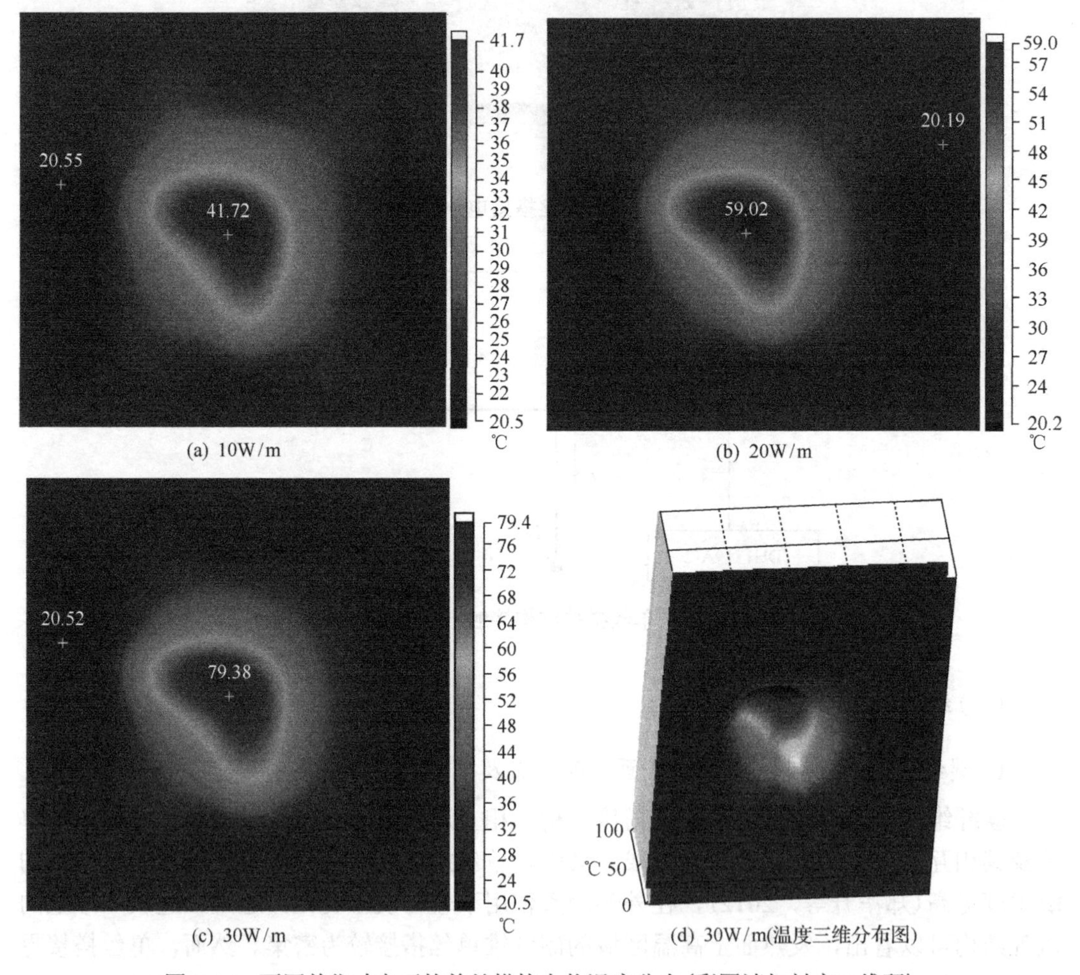

图 5-19　不同单位功率下的单丝搭接电热温度分布(彩图请扫封底二维码)

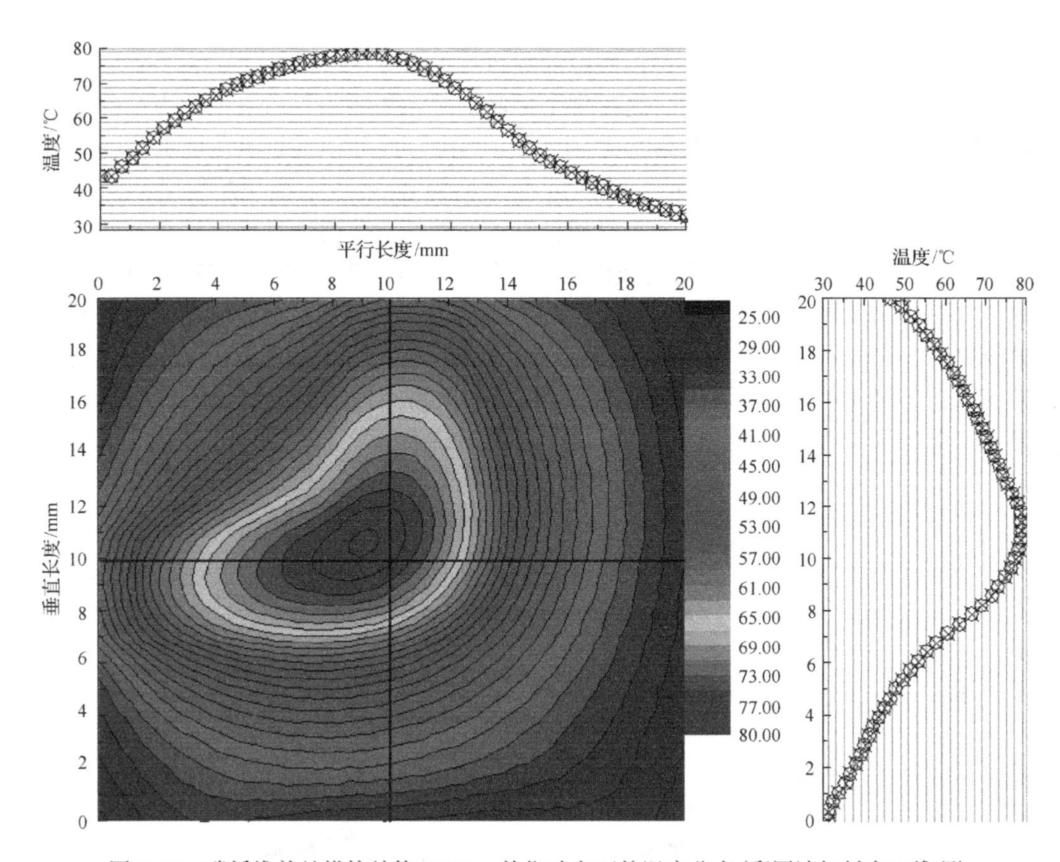

图 5-20　碳纤维单丝搭接结构 30W/m 单位功率下的温度分布(彩图请扫封底二维码)

表 5-3　碳纤维单丝搭接的接触电阻

试样	R_{AD}/Ω	R_{BC}/Ω	平均值/Ω	总平均值/Ω
1#	82.2	69.3	75.8	71.4
2#	60.4	65.3	62.9	
3#	76.2	75.2	75.7	
4#	64.4	65.3	64.9	
5#	68.3	65.3	66.8	
6#	80.2	84.2	82.2	

经上述分析，加载相同单位功率时，因其界面电阻，搭接点区域最高温度相对 20mm 碳纤维单丝的大，且与两单丝端部的温差也增大。如 20mm 单丝中间区域高温和两端低温相差约 23℃(69.83℃－47.28℃)，而两单丝搭接后高温与两端低温相差超过了 35℃(79.38℃－43.55℃)，这说明由于搭接界面的局部单位电阻较纯碳纤维单丝大，根据串联电路中电流相等及根据电阻大小分配功率的原则，使得搭接界面单位功率较单丝上的大，进而产生较高温度；同时降低了分配在单丝上的功率，加剧了界面与两端的温差。

2. 碳纤维单丝搭接电热元件的时间-温度及功率-温度效应

从图 5-21 所示时间-温度曲线可知，单丝搭接后温度响应速率与单丝相近，也可在 5min 内基本达到稳定温度。如加载 20W/m 稳定后，实现了 34℃的温升。从整个温度趋势来看，排除隔热箱中温度的变化，通电加载过程中温度比较稳定，这表明界面接触电阻在一定搭接力下是比较稳定的，这有别于树脂中单丝搭接的界面电阻，由于基体受热膨胀，随温度变化(20～70℃)呈现显著的 PTC 效应。此外，试验中发现单位功率达到 25W/m 后，单丝易发生断裂，如在 25W/m 时，加载 8min 左右出现断裂现象。图 5-22 表明，在一定范围内最大温升与功率呈现良好的线性关系。通过对比单丝和单丝搭接点处的功率-最大温升规律，拟合后的线性函数中的斜率分别为 0.926、1.923，可知加载相同单位功率后单丝搭接区域较单丝中间区域的升温速率快 1 倍以上。这进一步表明搭接点处较单丝上产生了更多的焦耳热。上述提到当单丝的单位功率超过 30W/m 后，温度在 60℃左右，单丝便出现断裂现象，而搭接以后，断裂瞬间最高温达到 80℃，可初步排除温度是单丝加载时断裂的原因，而可能是单丝局部结构出现了缺陷。

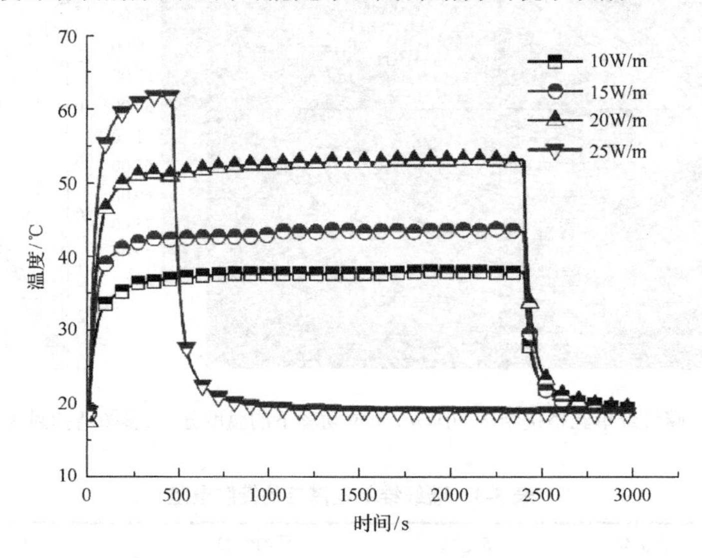

图 5-21 碳纤维单丝搭接处的时间-温度效应

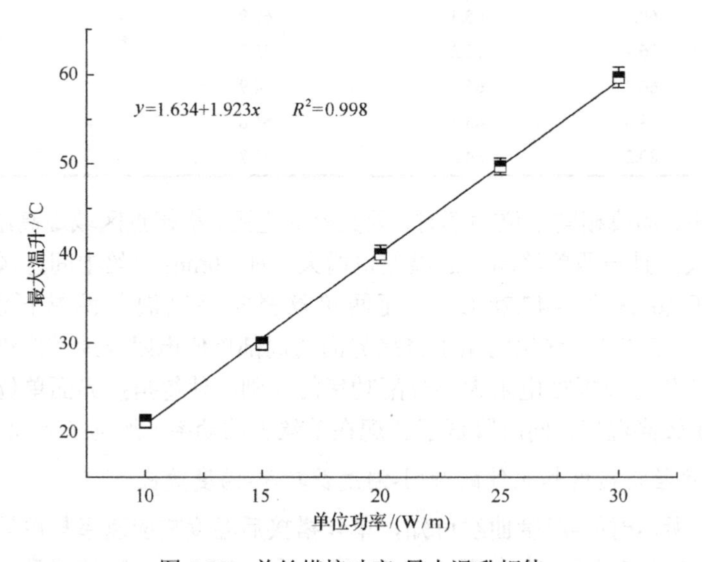

图 5-22 单丝搭接功率-最大温升规律

3. 碳纤维单丝的热辐射性能

碳纤维单丝的单色发射率约为 0.9，与上述 TCP 碳纤维的发射率相近；其热量传递主要以热辐射为主，分为声频和光频两种晶格振动波(贺福，2005)。在小于 100℃的中低温范围内，光频振动波的能量较弱，声频晶格振动波是热传递的最大能量者，因此其具有较好的传热效率。晶格振动，即声子和光子是碳纤维传热的主要形式，同时也是分子、原子及离子等微粒子的热运动。并且，碳纤维直径小(7μm 左右)，表面积相当大，热辐射效率相当高，能有效地避免蓄热和过热现象发生。因此，进一步研究碳纤维单丝电热元件加载不同单位功率下的热辐射性能有利于深入分析碳纤维纸整体的电热效应。

第三节　胶合材料与复合性能

碳纤维纸应用于制备木质电热复合材料，较关键的是胶合后制成的电热层发热稳定、牢固、绝缘防水。目前，相关理论基础尚不够完善，多家地板企业早已开始尝试并自主研发了多种胶合方式。结合木质地板的原有生产工艺，多采用常规地板用粉末状三聚氰胺改性脲醛树脂胶(MUF)，双面施胶量一般为 200g/m^2 左右。胶黏剂除了渗透碳纤维纸使上下基材间形成牢固的胶合作用外，还可在电热层两表面形成致密的绝缘防水胶层。然而，相对采用环氧树脂板与碳纤维纸两面复合制备成的电热层，其绝缘防水性能，尤其是耐高压击穿性能，尚存在质疑。此外，该两种胶合材料制备的木质电热复合材料在使用过程中的长期及动态电热稳定性等也是考量的重要指标。电热复合材料在通电加载或受热过程中，因基材及电热单元自身的热稳定性各异，常常出现 NTC(Wang et al.，2008)或 PTC(Wang and Zhang，2008)效应。敏感度高的 NTC 效应不利于运行的稳定性及安全性，而适当的 PTC 效应则起到限温保护作用(曹清华等，2013)。因此，研究电热层的长期、过载、动态的热稳定性可完善该类功能材料应用基础理论。

本节分别采用 TCP 碳纤维纸和两种胶合材料，通过初步试验获得的胶合工艺，分别制备两种木质电热复合材料，分析长期过载电阻稳定性、热-阻效应、时间-温度效应及热辐射性能，并通过 SEM、TG、DMA、Raman、FTIR 等表征手段分析电热层的微观结构、动态热力及电热单元物相结构演变等，从机理上分析其对不同胶合材料的电热响应，以为优化胶合工艺，改进电热稳定性、绝缘防水性提供理论参考。

一、不同胶合材料电热层的电阻下降率

(一)试验材料与方法

1. 试验材料

纤维板：厚度 3mm，密度 750kg/m^3，幅面 300mm×160mm，福人木业有限公司产。

粉状三聚氰胺改性脲醛树脂胶(MUF)，黏度约为 3000mPa·s(胶∶水=2∶1，25℃)，pH 为 8.4～8.9(胶∶水=2∶1，25℃)。

FR-4 环氧树脂半固化片(PP)：0.1mm 厚度，购自宁波栋升电子有限公司。

2. 试验设备

Caver3894 热压机(美国)，压板幅面为 300mm×300mm。

其他设备参见本章第二节，采用图 5-1 所示电热性能测试装置。

3. 试验方法

(1) 胶黏剂调配

按固化剂粉末：水 (20℃)=20：18 比例混合并搅拌 20min，待用；按胶粉 4638：水 (20℃)：改性剂 5901=100：50：20 比例混合搅拌 20min，制备成胶预混合液，待用；最后，按胶预混合液：固化剂混合液=100：15 比例混合搅拌 20min，配成胶黏剂备用。

(2) 木质电热复合材料的制备

根据图 5-2 所示结构制备电热膜，木质电热复合材料结构如图 5-23 所示。

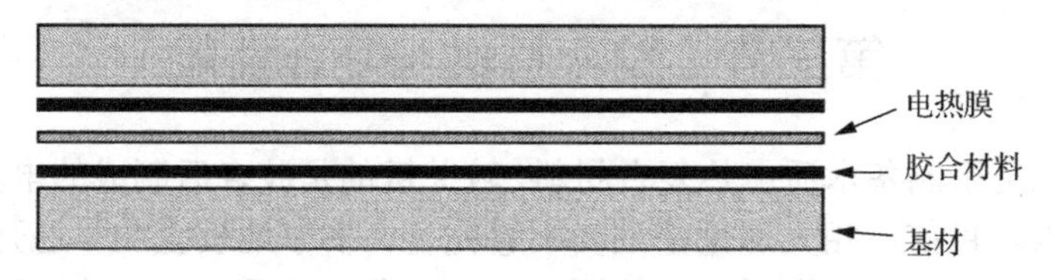

图 5-23　组坯结构

MUF 胶合工艺：首先，对两块纤维板基材的胶合面均匀施胶，双面施胶量为 210g/m^2，晾置 10min 后，按图 5-23 所示结构将电热膜与基材进行组坯后热压。热压工艺为：设上下压板温度为 (120±3) ℃，热压时间为 1.3min/mm，单位压力为 1.2MPa，热压制成电热复合材料 (UFP)，放置 48h 待测。

PP 胶合工艺：将基材、电热膜及 PP 按图 5-23 所示结构组坯后，采用厂家建议的热压工艺：设单位压力为 1.2MPa，上下压板温度为 90℃ (保持 20min)→设置上下压板温度 110℃ (保持 20min)→设置上下压板温度 150℃ (保持 30min)，热压制成电热材料 (FRP)，放置 48h 待测。

(3) 电阻下降率测试

电阻下降率 (DRR) (%) 是指热压前后电阻变化量与热压前电阻的百分比，见式 (5-5)。

$$\mathrm{DRR} = \frac{(R_{前} - R_{后})}{R_{前}} \times 100\% \tag{5-5}$$

采用自制的夹具，将电热膜两端的电极压紧，初步夹紧后，用直流低阻测试仪连接两端的电极，再继续增大压紧力，直至电阻值平稳后，记录读数 $R_{前}$ 。经过上述两种胶合工艺制备的复合材料，放置 48h 后，采用直流低阻测试仪测试热压后电阻 $R_{后}$ 。

(4) SEM 分析

利用刀片在电热材料横截面及电热层剖面上切下完整薄片，贴于样品台上，喷金，采用 Hitachi S4800 冷场发射扫描电子显微镜，设电压为 10.0kV，观察样品微观结构。

(二) 试验结果与分析

热压过程中，胶合材料在高温下变成流动态，在压力作用下胶渗透进碳纤维纸中间缝隙，固化后在两基材间形成胶钉。期间，由于碳纤维纸中碳纤维单丝间的潜在搭接点实现搭接，原有搭接点接触力增大，接触电阻减小，因此电热层整体电阻变小。表 5-4 显示，两种材料的电阻下降率有所差异，UFP 的 DRR 为 28.83%，比 FRP 大。

表 5-4 电热层胶合前后的电阻变化

试样	DRR/%
UFP	28.83±2.85
FRP	25.15±1.80

SEM 结果表明(图 5-24)，MUF 制备的电热层，其中木质层及碳纤维纸能很好融合在一起，整个木-胶-碳纤维纸界面结合较好，且在制备 SEM 样品时电热层几乎没有发生

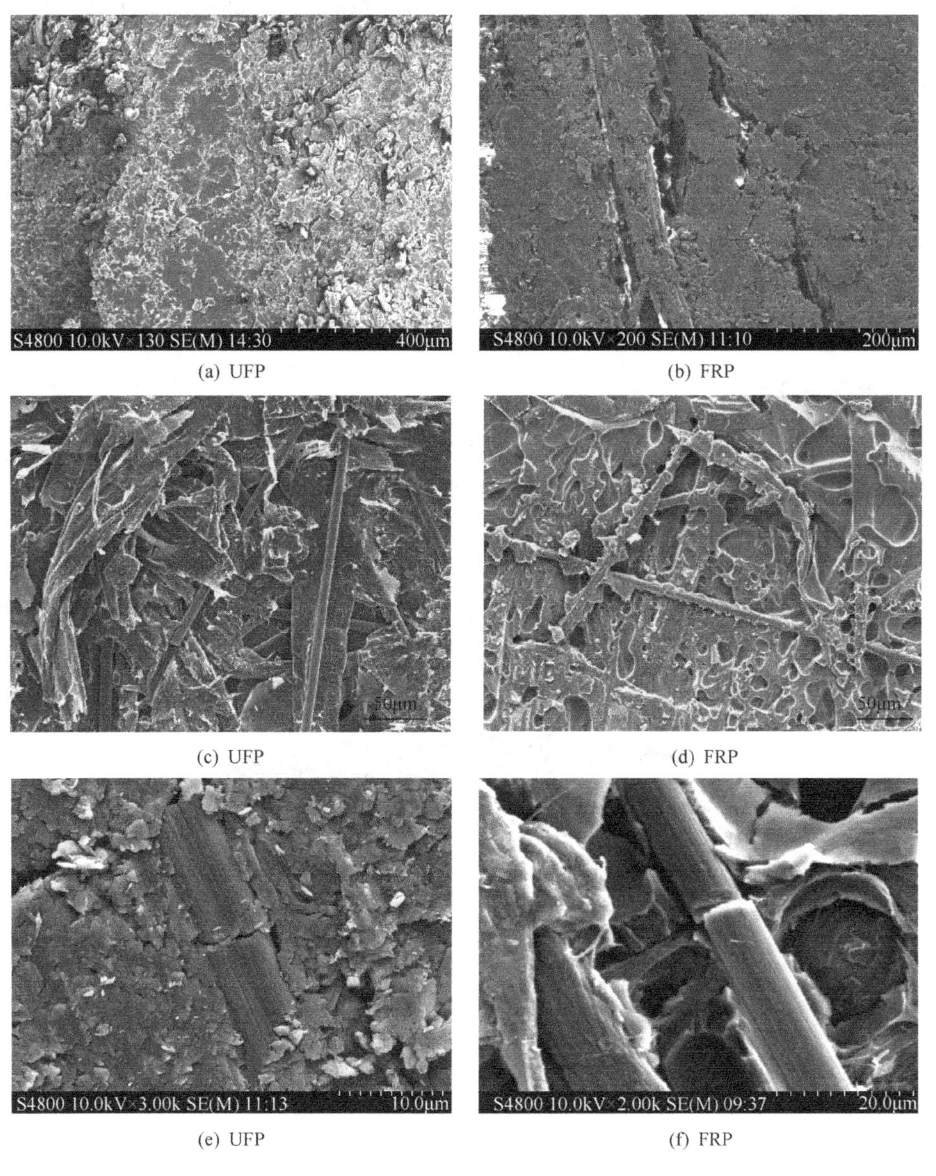

(a) UFP (b) FRP
(c) UFP (d) FRP
(e) UFP (f) FRP

图 5-24 不同胶合材料的电热层微观结构

较大的裂缝和空隙等现象；PP 制备电热层切片比较困难，电热层与木质层结合处易发生裂纹，即木-胶界面发生开裂。PP 是玻璃纤维布经浸渍环氧树脂制成的半固化膜，由于玻璃纤维具有较高的刚性，树脂固化后电热层中形成的内应力对外力作用较为敏感。同时，两种电热层中碳纤维的搭接情况说明在胶合作用下碳纤维单丝间实现了牢固的搭接结构[图 5-24(c)、(d)]。此外，通过 SEM 分析还发现，部分碳纤维单丝在热压过程中可能出现断裂现象[图 5-24(e)、(f)]，这在前期研究中也出现同样的情况(Yuan and Fu，2014)。整个搭接结构中部分单丝出现断裂，使两电极间导电电路的有效横截面积减小，导致整个电热层的电阻相对增大。同时，在热压作用下碳纤维纸原有的潜在搭接点增多，已有搭接点的搭接力增大，促使电热层电阻降低。而表 5-4 所示结果表明热压胶合后整体电阻呈现了一定的下降率，说明热压作用增加碳纤维搭接点的效应处于较大优势。

二、长期过载的电热效应

(一) 试验方法

采用图 5-1 所示的电热性能测试装置，对上述制备的两种电热材料通电测试，输入功率密度均为 1000W/m^2，加载 13h，断电后继续记录 30min 时间-温度曲线。同时，通过连接在装置中电参数测试仪，通电后每隔 1h 记录一次电流 I、电压 U、功率 P，用于计算过载过程中电热层的电阻 R。

(二) 结果与分析

电热材料通电后，电热层中的碳纤维单丝能快速启动，所产生的焦耳热量迅速传递给周围树脂，经木质层导热，向外散热。如图 5-25 所示，在同样的测试环境下，两种电热材料在通电 30min 时温度基本达到稳定，板面温度维持在 70℃左右，温升为 48℃左右。其中，采用 PP 制备的电热层表层胶膜厚度较 MUF 大得多，是导致 FRP 初始升温速率稍慢的原因之一。在中后期过载中，温度出现一定浮动，部分是由于测试环境条件微小变化引起的小波动。过载通电 13h 后断电，两种电热材料板面温度在 30min 内接近室温。

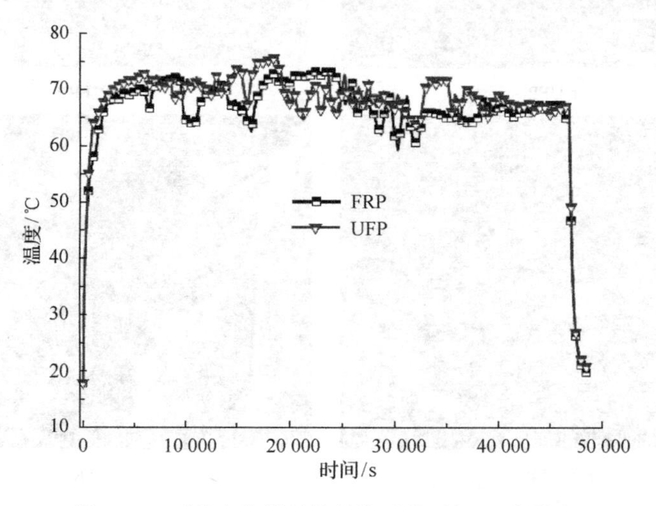

图 5-25　两种电热材料的长期过载时间-温度效应

目前木质电热制品，如电热地板常用功率一般为180～300W/m^2，而电热墙板等非直接接触式制品功率稍高，为400W/m^{2}左右。试验通过所加载的1000W/m^{2}功率密度，达到正常工作功率密度的2～5倍，而相关标准JG/T 286—2010中用于老化寿命评价的功率密度仅为额定功率的1.2倍。通过监测电热材料在过载过程中电路的电压、电流、功率及功率系数等参数，获得了电-热耦合作用下的电阻变化情况，即电/热-阻效应，见图5-26。

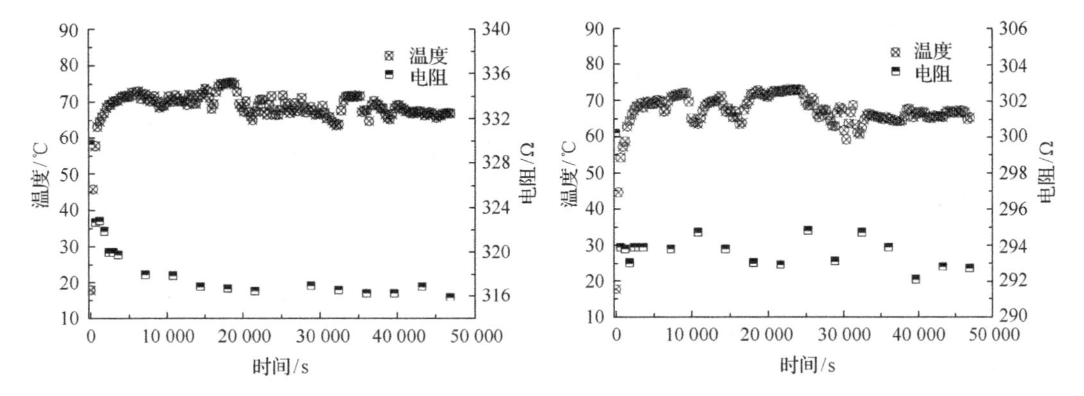

图5-26　UFP和FRP过载过程中的电/热-阻效应

MUF制备的电热材料UFP在过载过程中，电阻变化相对平缓。10min后，电阻下降率约为2.1%；而后，电阻下降趋势缓慢，后期保持平稳；断电瞬间，DRR达到4.1%。断电冷却48h后，DRR剩余1.4%。采用PP制备的电热材料FRP在过载过程中，电阻变化较大，通电的瞬间，温度快速上升，10min后，电阻急剧下降2.1%，与UFP几乎相同。过载通电13h后，电阻下降2.5%，板面最大温升达到56℃，最高温度达到74℃。当断电冷却放置48h后，电阻反弹较大，DRR仅剩不到1%(约为0.04%)。可见，两种电热材料在整个过载过程呈现NTC效应，随着温度上升，电阻减小；反之增大。

两者相比，FRP整体电阻稳定性好，而运行过程中UFP稳定性好，但其电阻对电热效应的响应较大，两者均呈现NTC效应，图5-27更能明显看出上述结果。其中，R_0为过载前的电阻，R_{13}为过载13h后的电阻，R_{48}为断电48h后的电阻。

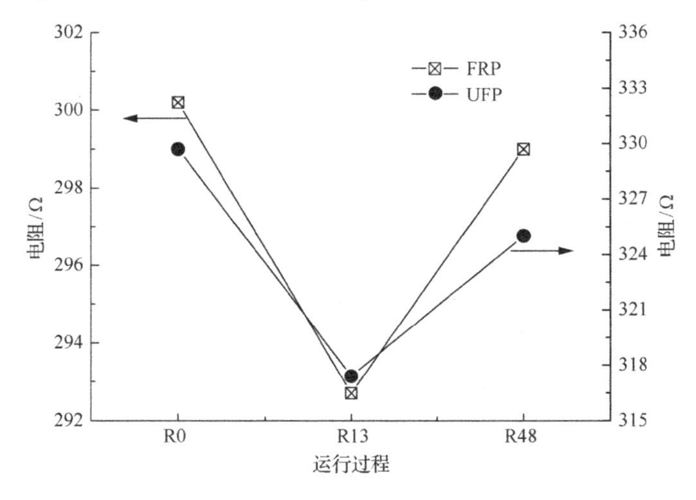

图5-27　过载运行过程电阻的变化

三、长期过载的电/热-阻效应机理

(一) 试验材料与方法

1. 热-阻效应

为进一步揭示电热材料在电-热耦合作用下的电阻演变机理，在排除电流作用的情况下，研究热作用下的电阻响应规律。将该两种电热复合材料置于烘箱处理，分别设置20℃、30℃、40℃、50℃、60℃、70℃、80℃、90℃、100℃、110℃、120℃、130℃、140℃、150℃、160℃、170℃、180℃，分别处理20min后测试相应温度下的电阻。

2. 热重分析

各种热重(TG)样品制备如下：①碳纤维纸，将碳纤维纸通过高速粉碎成碎末；②胶合材料，将两种胶合材料分别按上述各自的胶合工艺固化，通过高速粉碎制备成粉末样品；③电热膜，将两种胶合材料按上述胶合工艺与碳纤维纸热压制成电热膜，并通过高速粉碎成粉末样品。上述样品分别经过300目筛后，分别称取5mg左右样品，采用岛津DTG-60热重分析仪，测试其质量随温度升高的变化情况。温度范围设为室温至250℃，升温速率为5℃/min，以空气为介质，α-Al_2O_3作参比样。

3. 动态机械力学性能

结合动态机械力学性能(DMA)样品要求，采用0.8mm厚木质基材，与胶合材料、碳纤维纸采用相应的胶合工艺复合制成电热材料。并对1000W/m^2过载13h前后的两种电热材料进行DMA分析。试样长宽为35mm×10mm，厚度为1.6mm；采用美国TA公司Q800动态热机械分析仪，设三点弯曲加载模式，频率为1Hz，振幅为30μm，温度为0～250℃，升温速率为5℃/min。

4. 傅里叶变换红外光谱(FTIR)

采用上述热重分析的样品，利用德国布鲁克公司生产的傅里叶变换红外光谱VERTEX 70V，分析两种电热层及其经过160℃处理2h后的化学键合情况，记录波长为400～4000cm^{-1}。

(二) 结果与分析

1. 两种电热材料的热-阻效应

上述结果表明UFP和FRP在电-热耦合作用下均出现NTC效应，如果排除了电流作用，将样品置于烘箱中进行不同温度处理，其电阻变化将如何？从图5-28可知，UFP在20～180℃时呈现较好的线性NTC效应；而FRP则表现出分段的NTC效应，其中在90～100℃及160～180℃区段出现短时的PTC效应。通过线性拟合，如图5-29所示，UFP的DRR与烘箱处理温度呈现良好的线性关系(R^2=0.994)，y=0.05x+1.332，当处理温度为180℃时，DRR最大达到7.9%。

值得注意的是，处理温度为20～80℃时，FRP与UFP具有很高的一致性，尤其在60℃以前；而后即使出现短时PTC效应，之后的NTC区段的增速与UFP也具有很高的

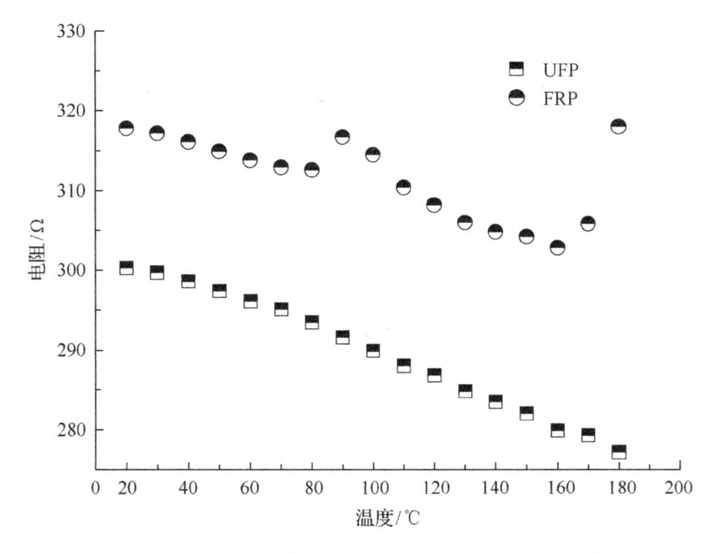

图 5-28　两种电热材料在不同温度处理下的电阻变化

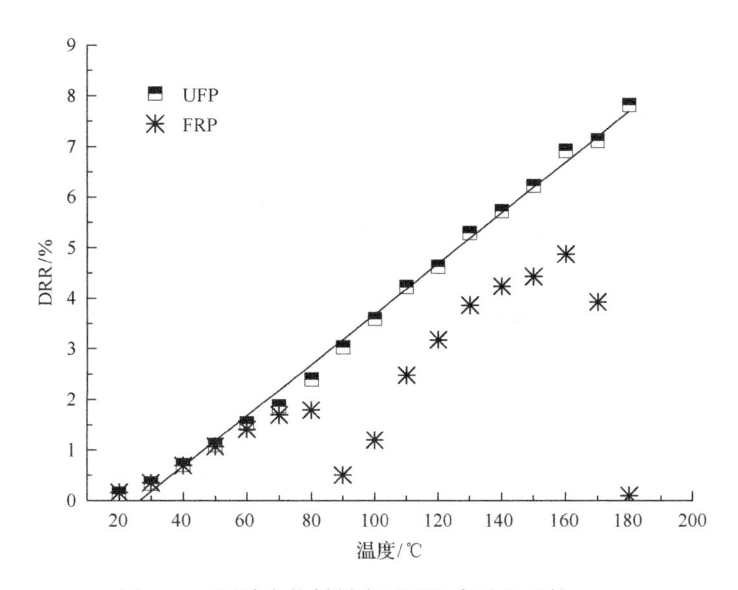

图 5-29　两种电热材料在不同温度处理下的 DRR

相似度。处理温度为 160℃时，DRR 达到最大值 4.87%，180℃时急速降低到 0.09%。处理后，自然放置 48h，UFP 和 FRP 的 DRR 分别为 2.46%和–1.26%。FRP 的电阻出现了负增长，少部分的电路遭到破坏。

2. 两种胶合材料电热层的热稳定性

通电发热是木质电热复合材料的主要功能，因此其热稳定性尤为重要。图 5-30 热重分析结果表明，随温度由 25℃增加至 225℃，UFP 失重率上升趋势明显，这是因为在电热层中碳纤维纸及 MUF 中吸附的水分子及不完全固化的小分子等低聚物受热挥发，当温度达到 225℃时，失重率达到 7.47%；而后，由于树脂及碳纤维纸中木纤维等大分子及交联度较小的聚合物裂解，质量损耗率增大，质量损失加快，在 250℃时，达到 12.15%。

相比之下，MUF 固化材料的损耗量急降点较早，损耗量大(张宇等，2014；Zhang et al.，2013；Zheng et al.，2011)；而 TCP 相对稳定，表明碳纤维纸的引入提高了电热层复合材料的热稳定性。

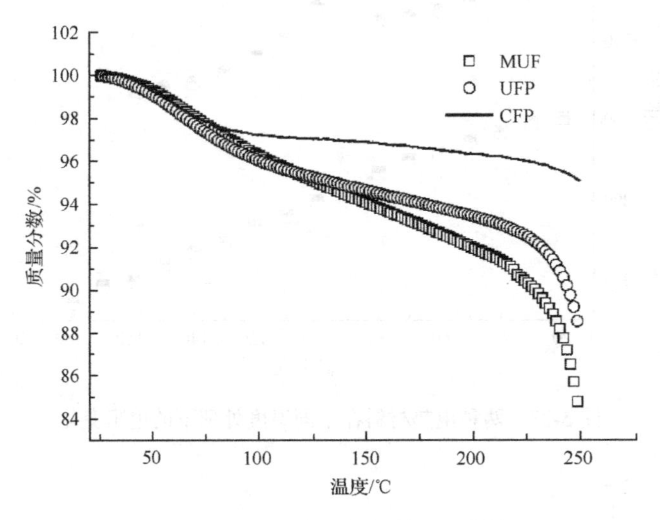

图 5-30　UFP 电热材料的 TG 分析

固化后的环氧树脂是一种热稳定性非常好的高分子材料，通过玻璃纤维布浸渍环氧树脂制备的半固化片(PP)热稳定性更好(Ricciardi et al.，2012)。图 5-31 所示，纯 PP 固化材料在 250℃时，质量损耗仅为 1.62%。当采用其与碳纤维纸胶合制备 FRP 后，热稳定性有些提高，质量损耗为 1.35%。这表明通过与 TCP 复合也有助于提高 FRP 的热稳定性，但在初期因碳纤维纸自身吸附水分等低分子，故呈现稍大的失重率。

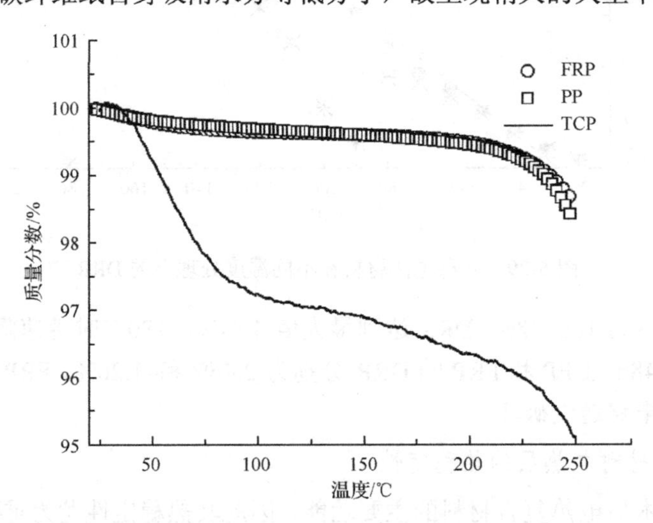

图 5-31　FRP 电热材料的 TG 分析

一般情况，木质电热复合材料在额定功率下正常工作及过载运行下，电热层的发热温度最高不会超过 100℃。结合上述热稳定性分析结果，在该温度之下，FRP 电热层质量仅损失 0.35%，而 UFP 损失量为 3.95%。然而，从木质电热复合材料整体来考虑，

图 5-28 和图 5-29 已说明处理温度低于或等于 80℃时，两种胶合材料的电阻下降趋势及下降率基本相同，达到 90℃以后，FRP 电阻下降率陡降。其中，UFP 的 DRR 随温度呈现线性增大，这可由电热层的热损失规律(图 5-30)中得到解析。随着温度(180℃以下)升高，低聚物挥发，质量损失线性增大，电热层体积产生一定的收缩，有利于降低接触电阻。而对于 FRP 来说，其电热层相对稳定，体积收缩很小；但由于其内应力较大，在温度作用下电热层中可能产生微量变形或裂隙，或受热膨胀强于收缩，进而破坏了局部电路或增加了接触电阻。

3. 两种电热材料的 DMA 分析

木质电热复合材料在实际应用过程，如电热地板，不仅同时受到电-热耦合作用，还反复承受一定弯曲载荷。上述通过 TG 分析研究了电热层的热稳定性，为进一步揭示两种胶合材料制备的电热材料的热稳定性，采用 DMA 测试其动态机械力学性能。

DMA 能够灵敏地反映各种聚合物中分子或单元运动状态随温度的变化。从图 5-32 可知，经过 1000W/m^2 功率密度过载 13h 后电热材料的高弹储能模量 E'比过载前高，说明电热材料的刚度得到提高，抵抗变形的能力增强。这可能是由于在电热作用下(电热层温度为 80℃左右)，一方面因为电热层及木质层中脱去了水分等挥发物(Zhao et al., 2015)，另一方面因长期受热促使胶合材料自身及其与电热单元及木质材料进一步发生物理或化学交联。已有大量研究(Supriya et al., 2013; Blanco et al., 2012; Yang et al., 2008; Gu and Liang, 2003)表明环氧树脂复合材料具有较优的热稳定性，然而用于制备木质电热复合材料后，整体表现出欠佳的动态热力学性能。从图 5-32 所示温度图谱可知，UFP 的高弹储能模量 E'为 14 427.07MPa，远高于 FRP(E'=9555.23MPa)。结合图 5-24 SEM 分析电热层的截面可知，MUF 胶层与木质层结合更加紧密，因为具有一定固含量的液态 MUF 胶更有利于对木质层的渗透及交联聚合。然而，环氧树脂半固化片(PP)在热压制备过程中，初期受热呈现熔融状态，且在该温度及状态下保压。但由于环氧树脂分子量较大，流动性逊于液态 MUF，与木质层的交联度低，FRP 电热层对木质电热复合材料的力学增强效果不高，受荷载时胶合界面易疲劳，变形量较大。

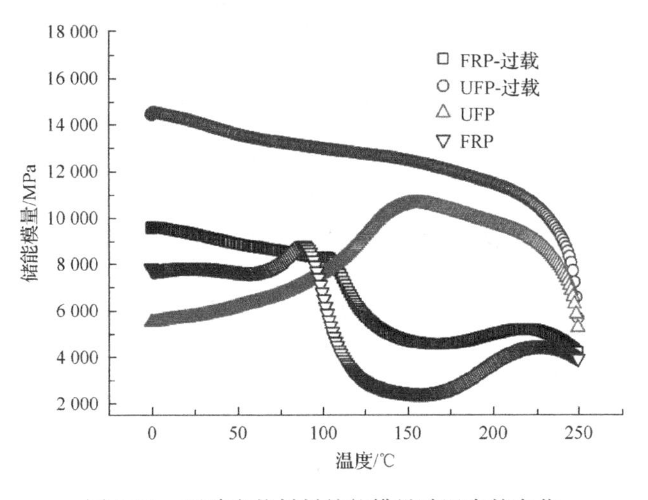

图 5-32　两种电热材料储能模量随温度的变化

另外，从图 5-33 和图 5-34 所示损耗模量 E'' 和损耗因子 $\tan\theta$ 的变化情况以及表 5-5 所示的玻璃化转变温度 T_g 值和损耗因子 $\tan\theta$ 峰值来看，FRP 电热材料 T_g 比较低，未过载前 T_g=112.59℃，经过 13h 过载后，T_g 向高温区移动，达到 131.71℃，且峰变宽，$\tan\theta$ 峰值从 0.254 降低到 0.135，热稳定性得到一定的增强(表 5-5)。UFP 电热材料的玻璃化转变温度过载前后均大于 250℃，进一步说明了 MUF 制备的电热材料界面结合性能较强，具有较优的耐热力耦合老化作用。另外，UFP 电热材料过载前后 $\tan\theta$ 曲线差别不大，过载后在整个温度谱中的 $\tan\theta$ 偏低；在 250℃时，UFP 的 $\tan\theta$ 值过载后从 0.174 降到 0.163，说明 T_g 有所提高。

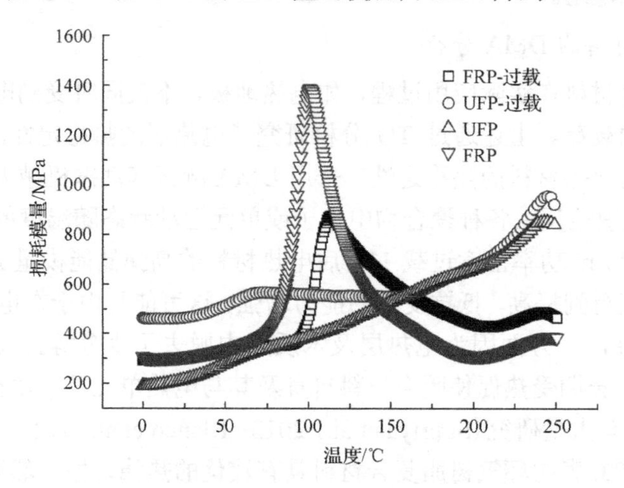

图 5-33　两种电热材料损耗模量随温度的变化

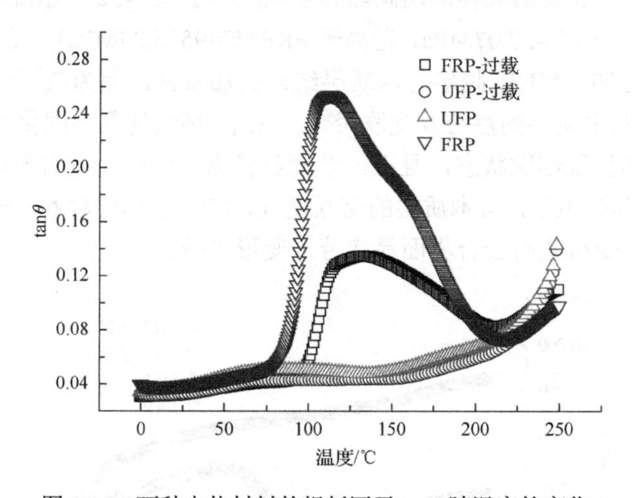

图 5-34　两种电热材料的损耗因子 $\tan\theta$ 随温度的变化

表 5-5　两种电热材料的 T_g 值和 $\tan\theta$ 峰值

试样	T_g/℃	$\tan\theta$ 峰值
FRP-过载	131.71	0.135
FRP	112.59	0.254
UFP-过载	＞250.00	0.163
UFP	＞250.00	0.174

结合本研究目的，考虑严重过载情况，电热材料运行温度不超过 100℃，正常使用情况下，电热层温度为 40～60℃。然而，两种电热材料在热力耦合作用下的 T_g 均大于该温度范围。尤其在 90℃以下时，4 种电热材料的 $\tan\theta$ 基本一致。综上所述，长期过载还有利于提高电热材料的热稳定性，尤其是环氧树脂半固化片制备的电热材料 FRP 的增强效果明显。

4. 两种胶合材料电热层的 FTIR 分析

如图 5-35 所示，在纯 MUF 胶层(N0)中，红外光谱线中仲酰胺 C—N 伸缩振动峰位于 1555cm^{-1}，叔酰胺中 C—N 和 N—H 伸缩振动位于 1244cm^{-1}，亚甲基键合结构中 C—N 伸缩振动位于 1033cm^{-1}(Zhang et al.，2013)。MUF 与碳纤维纸热压复合后，电热层(N1)中的 1555cm^{-1} 处强度增加，表明仲酰胺量增加，可能是反应过程中尿素或三聚氰胺中的—NH_2 进一步发生了反应。在纯 PP 固化材料(H0)中，图 5-36 所示 3036cm^{-1} 处归属于芳环上 C—H 的伸缩振动，2964cm^{-1} 和 2927cm^{-1} 处为饱和碳氢键的伸缩振动峰，1608cm^{-1} 处

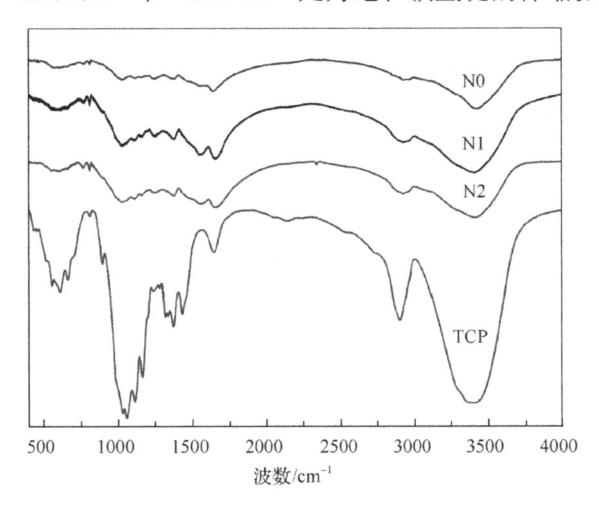

图 5-35　UFP 电热层的 FTIR 分析

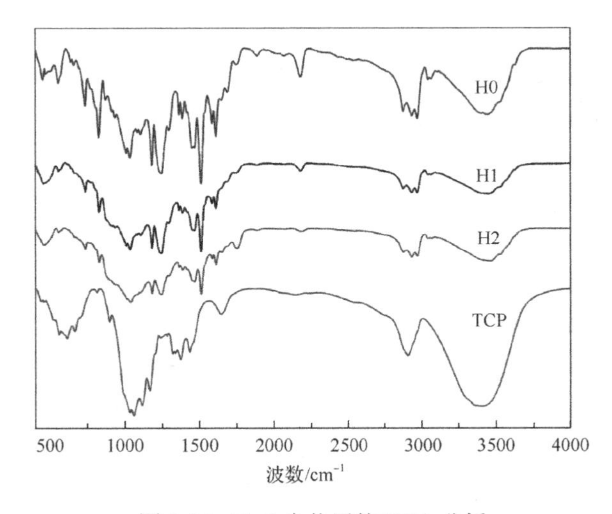

图 5-36　FRP 电热层的 FTIR 分析

和 1509cm^{-1}处为苯环骨架的特征吸收峰，1451cm^{-1}处和 1385cm^{-1}处归属于 CH_3 和 CH_2 的弯曲振动，1246cm^{-1}处、1181cm^{-1}处、1105cm^{-1}处和 1035cm^{-1}处为 C—O 伸缩振动特征峰，914cm^{-1}处是环氧基的特征吸收峰，综合分析可初步推断其成分为双酚 A 型环氧树脂(陈淙洁等，2012)。PP 与碳纤维热压复合后，电热层(H1)中的 914cm^{-1}处吸收峰强度降低，可能是环氧基团在高温下进一步发生了化学交联。碳纤维纸(TCP)中的化学键合情况，主要表现出纤维素的特征峰：1431cm^{-1}处为 CH_2 弯曲振动，1373cm^{-1}处为 CH 弯曲振动，897cm^{-1}、1059cm^{-1}、1114cm^{-1}及 1165cm^{-1}为纤维素中 C—O—C—O—C 双醚化学结构的特征峰(张俊和潘松汉，1995)。

上述分析表明，碳纤维纸的碳纤维表面由于在造纸过程中的施胶剂、填料等物质覆盖，极大程度地降低了其表面活性，导致在热压后电热层中未发现有碳纤维表面与树脂的化学结合。结合上述 DMA 分析结果可知，两种电热材料经 1000W/m^2 功率过载 13h 后 T_g 升高，热稳定性改善。这是因为长期过载过程在电热效应作用下电热层进一步发生化学交联反应，提高了固化程度；从图 5-35 中可以看出，与 N1 相比，N2(热处理)中 1555cm^{-1}处峰的强度略低，表明 N1 经热处理后仲酰胺含量略有下降，可能是由于仲酰胺在高温作用下少量分解所致；如图 5-36 所示，与 H1 相比，热处理后，H2 中 914cm^{-1}处环氧基特征峰基本消失，说明环氧基团在高温下进一步反应完全。

四、长期过载电热材料的热辐射性能及物相结构演变

(一)试验方法

1. 电热单元过载前后拉曼光谱分析

以上述经加载 1000W/m^2 功率 13h 前后的样品作为测试样品。采用 Horiba JY H-800 显微激光拉曼光谱仪(micro laser Raman spectroscopy)，选用 514.5nm 激光光源，激光功率选 D0.6，设扫描时间为 50s，分辨率为 1.2cm^{-1}。在 900～2000cm^{-1}区间记录拉曼位移谱线，每个样品测试 5 个点，求平均值。

2. 热辐射性能

样品委托国家红外及工业电热产品质量监督检验中心，采用 OL-750 型自动分光辐射测试系统，参考标准《红外辐射加热器试验方法》(GB/T 7287—2008)和《低温辐射电热膜》(JG/T 286—2010)，测试两种电热材料加载 1000W/m^2 功率 13h 前后的热辐射性能。

(二)试验结果与分析

电热层中导电网络结构穿插于胶层中，其中碳纤维长期在电流及热的作用下，可能产生一定的电氧化或化学氧化效应(Yu et al.，2013；Kim et al.，2013；Harry et al.，2006)，碳纤维尤其是其表面的物相结构可能发生改变，进而影响其通电发热的热辐射性能(曹伟伟，2009)。从图 5-37 可知，经过 1000W/m^2 功率密度加载 13h 后，UFP 和 FRP 两种电热材料在 2.5～25μm 波长时法向光谱发射率有微量下降，这是因为碳纤维自身具有很高的耐酸碱、耐腐蚀及耐氧化性能，且通电试验期间通过其中碳纤维单丝的电流密度比较小，不至于产生较大的氧化破坏。

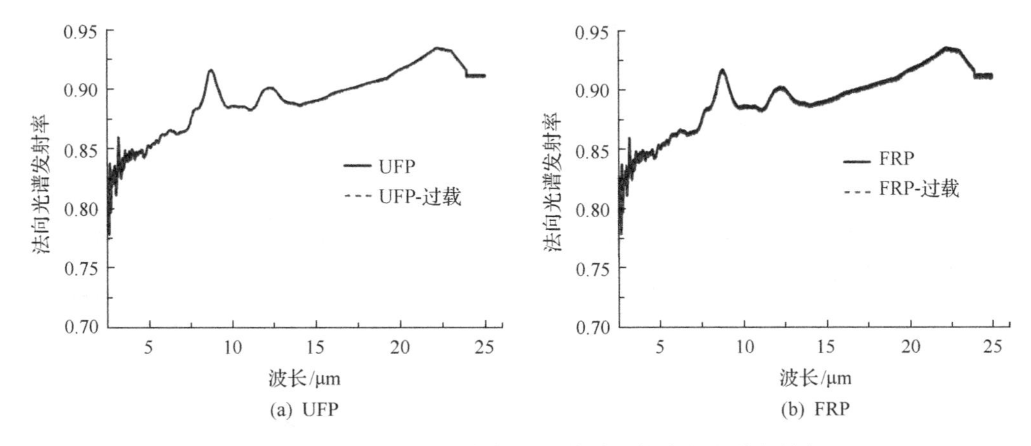

(a) UFP　　(b) FRP

图 5-37　UFP 和 FRP 电热材料过载前后的法向光谱发射率

为阐明上述法向光谱发射率的变化情况，采用拉曼光谱分析在不同胶合体系中电热单元经长期过载通电后物相结构的演变。拉曼光谱已成为研究碳纤维结构的一种普遍方法，其与 XRD 分析结合是最常用的分析手段，但限于样品中除了碳纤维外还存在大量的木纤维、胶等，因此仅采用拉曼光谱分析试样的物相结构。

两种电热材料过载前后碳纤维单元的拉曼光谱见图 5-38，并采用 Origin 软件中的 Gaussian 公式进行拟合分析，得出表 5-6 中的 D 峰和 G 峰的拟合参数，包括峰位、半高宽及 D 峰和 G 峰面值比（I_D/I_G）。其中，拉曼光谱的半高宽可表征碳纤维结构缺陷的多少，即结晶程度的高低（曹伟伟，2009），其值越大说明结构缺陷越多，结晶度越低。碳纤维经过胶合热压后，其碳纤维拉曼光谱 D 峰半高宽从 204.37cm^{-1} 增大到 234.42cm^{-1}（UFP）、247.90cm^{-1}（FRP），G 峰半高宽从 90.07cm^{-1} 增大到 94.57cm^{-1}（UFP）、98.69cm^{-1}（FRP），半高宽增大了 30.05cm^{-1} 以上，说明热压胶合后碳纤维表面缺陷增多，结晶度变低。此外，峰位均向高波数偏移，D 峰位从 1366.60cm^{-1} 移至 1374.01cm^{-1}（UFP）、1378.18cm^{-1}（FRP），G 峰位从 1592.81cm^{-1} 移至 1594.83cm^{-1}（UFP）、1597.55cm^{-1}（FRP）。一般而言，碳纤维拉曼光谱 D、G 峰位取决于其中微晶碳网平面中 C—C 键的力学特性，当微晶的边缘存在非碳官能团时，便会影响其离域 π 电子的自由行为，从而增大或减小 C—C 键力学常数的变化，进而使拉曼光谱峰位移动（曹伟伟，2009）。峰位向高波数偏移时，说明碳纤维结构趋向紊乱。

此外，I_D/I_G 更能反映碳纤维的结构完整程度，碳纤维纸经过胶合热压后 I_D/I_G 从 2.301 增大到 2.731（UFP）、2.759（FRP），进一步说明了胶合热压作用对碳纤维结构完整度产生了一定的破坏。

上述三种参数的变化均表明碳纤维经过胶合热压后，结构缺陷增大，完整程度降低。这是由于在热压过程中，受到胶液中水分及其他分子和热的共同作用，对碳纤维表面紊乱结构（非结晶区）进一步氧化破坏，使不规则结构比例增大。尤其是采用环氧树脂半固化片胶合时，热压温度达到了 145℃，增强了氧化破坏能力，缺陷程度较大。这些作用造成结晶度降低，一定程度限制了离域电子的自由行为，即自由程减小，碳纤维单丝电阻增大，但增大的比例远小于搭接使电阻减小的比例。

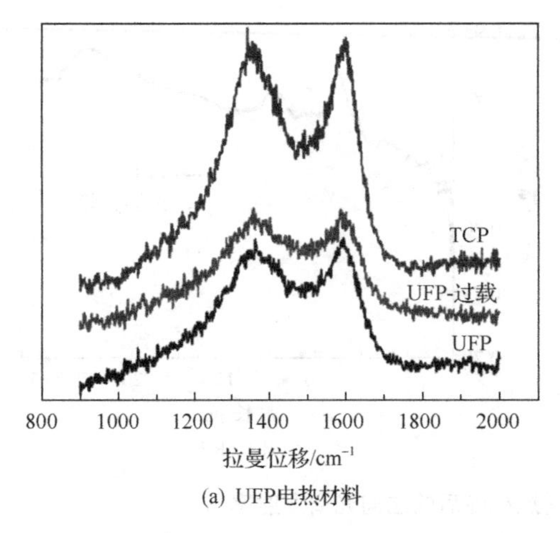

(a) UFP电热材料

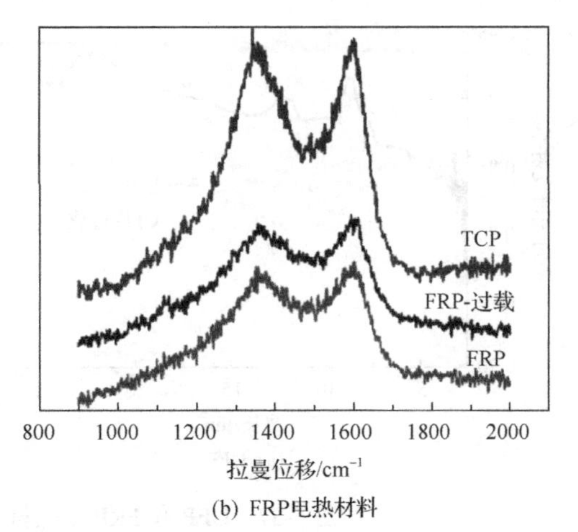

(b) FRP电热材料

图 5-38　UFP 和 FRP 电热材料过载前后碳纤维单元的拉曼光谱

表 5-6　两种电热材料中碳纤维单元拉曼光谱的拟合参数

试样	D 峰		G 峰		I_D/I_G
	峰位/cm^{-1}	半高宽/cm^{-1}	峰位/cm^{-1}	半高宽/cm^{-1}	
FRP	1378.18	247.90	1597.55	98.69	2.759
FRP-过载	1382.35	268.71	1600.01	89.15	3.493
UFP	1374.01	234.42	1594.83	94.57	2.731
UFP-过载	1377.04	260.30	1598.53	91.98	3.425
TCP	1366.60	204.37	1592.81	90.07	2.301

此外，两种胶合材料制备的电热材料经过 13h 过载电热后，D、G 峰位均向高波数移动，D 峰半高宽均增大，而 G 峰半高宽均有所减小，I_D/I_G 均得到增大，且增大幅度均大于胶合热压后增大的幅度。UFP 及 FRP 电热材料在热压前后及过载前后，其拉曼拟合参数变化基本相似，说明两种胶合材料对其中碳纤维单元的影响差异不明显，也进一步说明了热压后碳纤维单丝物相结构的变化主要归咎于热压作用。在过载过程中，在电流的作用下碳纤维表面无序结构及其中空穴等缺陷中的碳结构可能产生了电化学氧化刻蚀，使该区域碳结构更加紊乱。但从长期过载及过载前后的电阻变化来看，碳纤维物相结构变化所引起的负面作用远小于单丝界面、电热层热稳定性带来的影响，所以长期过载后整体电阻仍下降。因此，物相结构微量的改变尚未能显著削弱其热辐射性能，这也说明在一定强度的电-热耦合作用下，可破坏碳纤维的物相结构，并影响其热辐射性能。

第四节　电热功能单元在木质复合材料中的电热响应机理

本章第二节、第三节探讨了碳纤维纸的电热机理及不同胶合体系木质电热复合材料的电热效应，并初步分析了热压胶合作用及过载对碳纤维物相结构的影响。然而，电热层中碳纤维单丝数量庞大，相互搭接结构复杂，电热效应受到电热单元、树脂基体及电热单元搭接界面热稳定性的影响。目前，许多研究侧重分析碳纤维电热复合材料的温度-

电阻、时间-温度、功率-温度关系等基础性能(Yuan and Fu，2014；杨小平，2001)。而针对碳纤维作为电热单元可能引起的自身物相结构演变、性能老化、功率稳定性等问题尚未得到明确分析。为此，基于碳纤维纸中单丝搭接结构的电热机理和不同胶合体系电热复合材料的电热响应，进一步分析电热响应机理，将复合材料简化为单丝电热元件模型，研究碳纤维单丝在两种常用木质胶合体系中的电热响应，以深入分析碳纤维纸在木质电热复合材料中的电热效应。

单丝胶合电热元件与本章第二节中的单丝元件不同，需将单丝安装在具有一定粗糙度的木质基材上并进行热压胶合。其关键是直径约7μm单丝两端电极的有效安装及避免热压胶合造成的单丝断裂，因此具有较高的操作难度。目前，相关研究仅有郑华升等(2012)分析单丝及其单丝胶合体系的温敏效应，采用导电银胶在膜片上将碳纤维单丝与两根铜丝电极分别胶接，再用环氧树脂对碳纤维单丝进行封装高温固化。该研究表明，碳纤维单丝及环氧树脂封装后在–20～50℃均表现出负温度系数(NTC)效应，其中树脂基中单丝因树脂受热膨胀驱使其伸长，进而缓和了NTC效应。其中，纯单丝电阻下降率为1.69%～1.84%，树脂基中的单丝电阻下降率为1.17%～1.39%。然而，导电胶属于高分子复合材料，依靠导电颗粒单元或纤维搭接接触实现导通，受热也可产生NTC效应或正温度系数(PTC)效应(Seo et al.，2011a，2011b；Xu et al.，2011)。为改善该技术问题，与本章第二节单丝元件相同，本试验采用双面导电的铜箔作为电极，使单丝在胶合压力作用下与铜箔电极表面近似实现“面接触”，有效降低接触电阻，提高测试精度。

目前，尚未见有研究碳纤维单丝在木质胶合体系中的电热效应及温敏效应等方面的报道，尤其是碳纤维单丝的电热效应也未见有系统研究。采用本章第三节所述的粉状MUF胶黏剂和环氧树脂半固化片(PP)，将三种材质碳纤维单丝胶合于木质单板中制成单丝电热元件，研究其时间-温度关系、温度-电阻效应，并通过分析单丝加载不同单位功率后其物相结构、表观形貌的演变，以从微米尺度进一步完善碳纤维纸在木质电热复合材料中的电热效应理论，并为其老化机理研究提供理论参考。

一、碳纤维单丝在木质胶合体系中的电热响应分析

(一)试验材料与方法

1. 试验材料

3K台丽TC35碳纤维：直径7μm左右，北京碧岩特种材料有限公司供。

12K东丽T700碳纤维：直径7μm左右，南京纬达复合材料有限公司供。

12K国产某型碳纤维：直径7μm左右，南京纬达复合材料有限公司供。

杨木单板：1.5mm厚，分别裁成顺纹长55mm×宽40mm、长55mm×宽25mm。

其他材料参见本章第二节、第三节。

2. 试验方法

(1)碳纤维单丝胶合电热元件制备

首先，将上述三种碳纤维束用工业乙醇浸泡12h，晾干备用。再分别从三种碳纤维

束中抽出单丝，按图 5-39(a)结构安装碳纤维单丝和电极，两铜箔电极间的碳纤维单丝间距设为 10mm。然后，在上单板基材(55mm×25mm)涂刷 MUF(相关调胶工艺见本章第三节)，按以下胶合工艺，涂胶量为 210g/m^2，上压板温度为(120±3)℃，热压时间为 1.2min/mm，单位压力为 0.8MPa，制作电热元件[图 5-39(b)]。另外，采用环氧树脂半固化片作为胶合材料，按图 5-39 结构，利用本章第三节中的制备工艺制作电热元件(图 5-40)。三种材质碳纤维胶合电热元件分别简称为 TCF(台丽 TC35)、DCF(东丽 T700)、GCF(国产某型)。

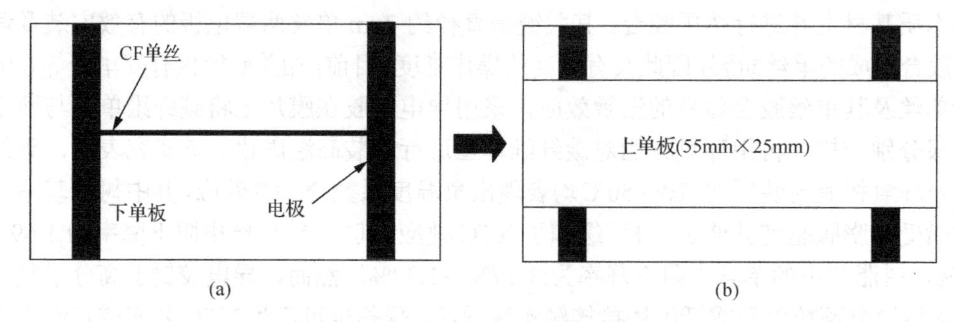

图 5-39　单丝胶合电热元件制备

图 5-40　碳纤维单丝胶合电热元件

三种电热元件胶合后，放置 24h，测试其初始电阻 R_0，再测试其电热效应、电阻响应及加载 13h 的时间-温度关系。

(2)时间-温度关系分析

将样品置于隔热箱中，按图 5-41 所示接上电源线及安装薄片热电偶；通过调压器调节电压，分别输入 10W/m、15W/m、20W/m、25W/m、30W/m 单位功率，通电 40min，断电 10min，采用四通道温度记录仪记录时间-温度曲线并拍下稳定状态时的红外热成像图。

(3)表面温度分析

通电温升稳定后，采用红外热像仪分析单丝胶合电热元件表面的温度分布，并通过配套的软件获取并分析相应的温度分布数据。

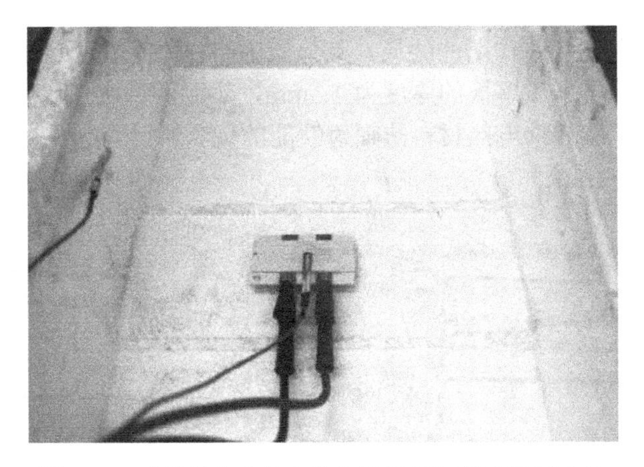

图 5-41　单丝胶合电热元件的时间-温度效应测试方法

(二)结果与分析

1. 单丝胶合电热元件的电阻及时间-温度关系

碳纤维纸经与木质材料热压胶合后，其中导电网络结构更加完善，电阻明显下降，下降率一般达到 20%以上。然而，碳纤维单丝胶合后的电阻变化与碳纤维纸胶合后恰好相反，单丝胶合电热元件电阻较胶合前有一定范围的上升，见图 5-42。电阻上升率在 0.09%～7.56%。一方面是单丝与电极在压力和胶液作用下，接触电阻降低；另一方面是在胶合热压作用下，单丝在具有一定粗糙度的基材上长度可能产生一定延展或对单丝表面产生一定的碾压，造成局部微细破坏。此外，所制备 4 个电热元件的电阻均有所差异，主要来源于制备过程产生的有效长度误差及单丝自身的形状误差。但可见初始电阻越大，电阻变化率越大。

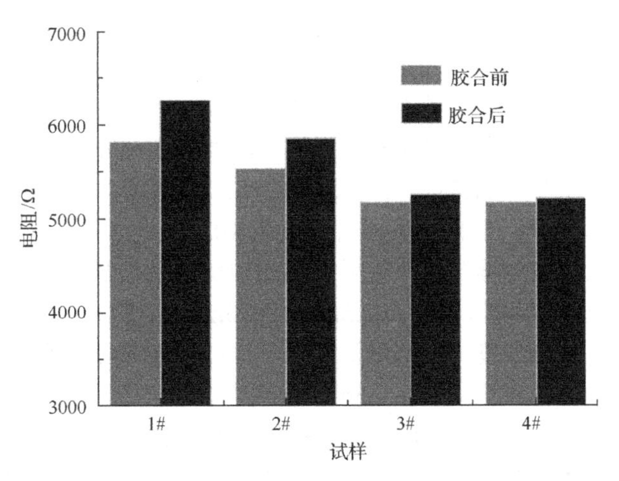

图 5-42　单丝胶合前后电阻变化

从图 5-43 可知，两种胶合材料制备的电热元件在各功率下，40min 内温度均平稳。升温速率和降温速率与未胶合时(图 5-15)相近，如加载 30W/m 时，在 5min 内均达到稳定的温升；升温过程中，温度稍有升高趋势，这是单丝在密闭隔热箱中造成蓄热及单丝加载过程自身功率变化双效作用的结果，具体原因将在本章物相结构演变内容中详细阐述。单丝胶合元件表层木质单板的厚度为 1.5mm，然而两种电热单元的温升速率基本一致，这从侧面反映了碳纤维电热材料热辐射性能的优势。

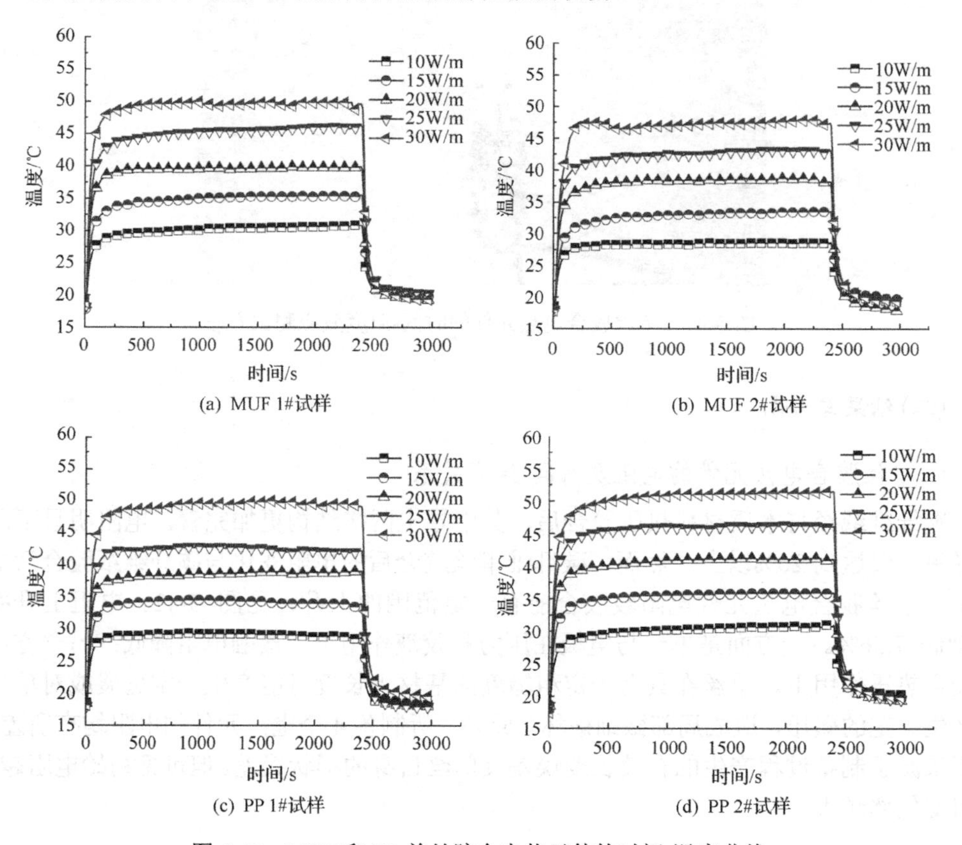

图 5-43　MUF 和 PP 单丝胶合电热元件的时间-温度曲线

2. 碳纤维单丝胶合电热元件电热温度分布

在本章第二节中，载玻片上 10mm 碳纤维单丝加载 10W/m、20W/m、30W/m 单位功率时，表面最大温升分别为 11.8℃、21.4℃、32.9℃。当单丝与木质单板胶合制备电热元件后，从图 5-44 可以看出，表面最大温升分别为 10.81℃、21.56℃、31.34℃，电热效应相差很小，进一步说明碳纤维单丝热辐射能够均匀快速地加热。从温度分布图(图 5-45)可以看出，7℃温差范围为垂直黑线左 3.5mm、右 3mm 及平行黑线上下各 2mm；相对而言，载玻片上 10mm 单丝长度中间局域温差低于 7℃的范围为单丝中间左右 2.5mm 范围内，而垂直方向该区域为单丝上下各 1.5mm 范围内。单丝胶合后较载玻片上单丝电热元件的 7℃温差范围明显增大，这是由于木质单板的导温作用促使板面温度分布更加均匀。同时，单丝长度上两端的温度也有所提高，幅度为 5℃左右。也因为碳纤维的热辐射特性，发射出的红外波能快速使木质材料中极性分子运动加剧，碰撞摩擦激烈，进而转换为热能，因此对表层木质材料的温度均匀性有所促进。此外，该结果通过揭示微米尺度的电热效应，验证了前期研究(Yuan and Fu，2014)所得碳纤维纸胶合后板面电热温度均匀性提高的结论。

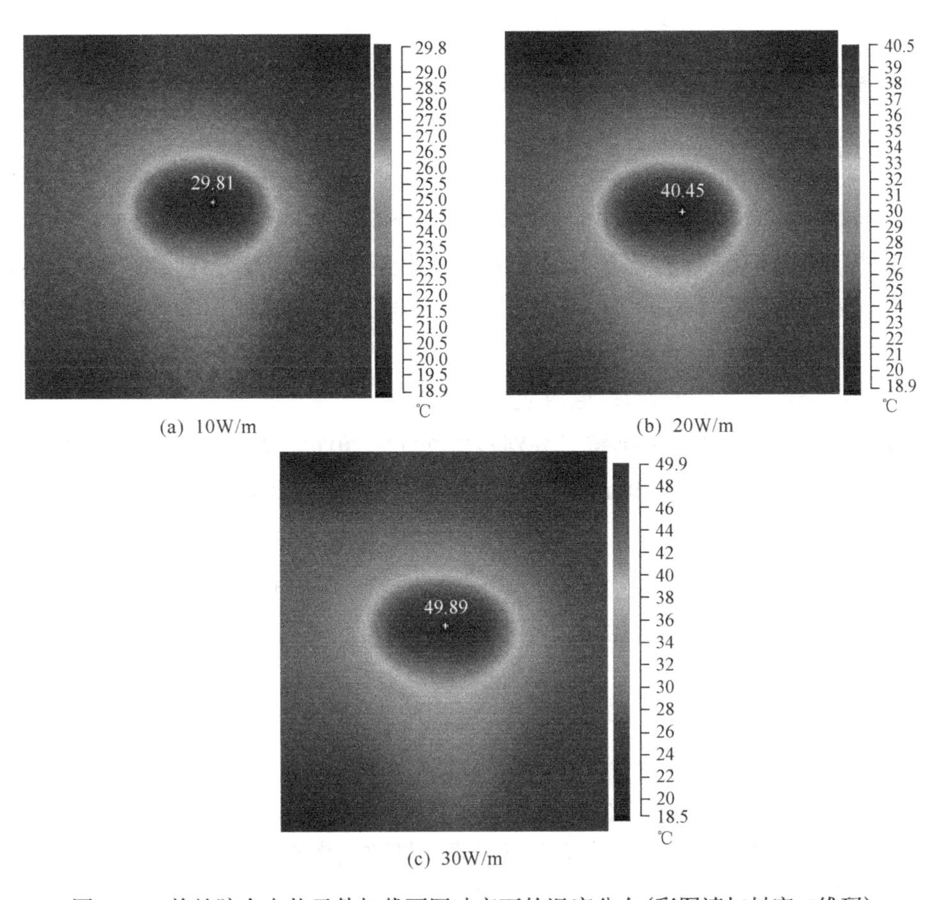

图 5-44　单丝胶合电热元件加载不同功率下的温度分布(彩图请扫封底二维码)

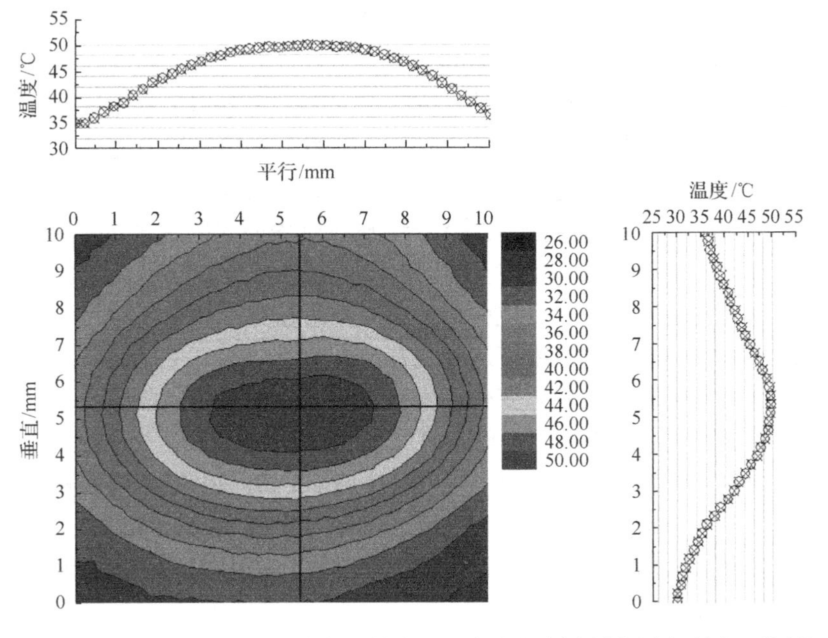

图 5-45　30W/m 功率下单丝电热元件表面温度分布分析(彩图请扫封底二维码)

二、碳纤维单丝胶合电热元件的电阻响应

(一)试验方法

1. 单丝胶合电热元件加载不同单位功率的电阻演变

对两种胶合材料制备的单丝胶合电热元件连续加载 10W/m、15W/m、20W/m、25W/m、30W/m 单位功率后的电阻，测试加载各单位功率 40min 后断电瞬间及断电冷却 20min 的电阻。

2. 单丝胶合电热元件的温度-电阻效应

将两种单丝电热元件置于烘箱，分别设置 20℃、30℃、40℃、50℃、60℃、70℃、80℃、90℃、100℃恒温处理 20min 后，立即采用低阻测试仪测试相应电阻 *R*。

3. 长期运行的温度稳定性

将两种碳纤维单丝电热元件加载 20W/m 单位功率，通电 13h，采用四通道温度记录仪记录其时间-温度曲线，观察运行过程中的稳定性。

(二)结果与分析

1. 单丝胶合电热元件加载不同单位功率的电阻演变

从各个功率下的温度曲线(图 5-43)可知，在通电过程中，温度呈现一定的上升趋势，一部分原因可能是在加载过程中单丝电阻下降，导致功率有一定程度的增加。电热材料的耐老化性能是关键指标之一。此处所述耐老化是指电热材料在一定功率长期加载作用后的功率衰减，即其电阻大幅度增大，导致功率大幅度降低，电热效应不能满足采暖要求。具体原因除了电热体系中搭接结构的 PTC 效应以外，电热复合材料中的电热单元本身因电/热作用，甚至化学作用也可使其电阻产生变化。到目前为止，鲜有对碳纤维单丝通电分析其物相结构或化学结构演变的研究报道。而采用电化学氧化法处理碳纤维束的有关研究发现，表面结构越完整，在电化学氧化环境下形貌保持能力越强，耐氧化能力越强；反之，结构越不完整，越易受到电流的氧化刻蚀(Li et al.，2012；Nohara et al.，2005)；且随着电流密度从 0 增大到 1.78A/m^2，碳纤维表面的氧碳含量快速增加，氧化加剧，之后达到氧化的饱和状态(电流密度达到 1.78～2.76A/m^{2}之后)。拉曼光谱分析也表明，随着电流密度的增大，I_D/I_G呈现先增大再减小的趋势，即氧化前为 2.74，电流密度增大到 1.39A/m^{2}时为 3.06，电流密度达到 2.76A/m^{2}时为 2.52。上述结果说明在电化学的作用下，碳纤维结构因氧化而发生变化。本研究的碳纤维电热复合材料中碳纤维单丝存在于胶层中，胶层固化后存在一定电解质(D'Entremont and Pilon，2015)，碳纤维单丝间存在一定的电场，且电热温度可促使产生电解质(Yu et al.，2013)，可推测在一定意义上构成电化学氧化模型(Mikolajczyk and Pierozynski，2013；Wang and Huang，2012)。若单丝上的电流足够大，便可产生潜移默化的电化学氧化作用，进而影响碳纤维的物相结构及其他物理化学性质。

通过对比分析碳纤维单丝在 MUF 和 PP 中通电前后及断电瞬间的电阻，见图 5-46。

其中，R_0为加载测试前电阻；R_{01}、R_{12}、R_{23}、R_{34}、R_{45}分别为10W/m、15W/m、20W/m、25W/m、30W/m单位功率加载后的断电瞬间电阻；而R_1、R_2、R_3、R_4、R_5分别为10W/m、15W/m、20W/m、25W/m、30W/m单位功率加载后断电冷却20min的电阻。在MUF体系中，加载较低单位功率10W/m后，单丝电阻均快速下降；进一步提高单位功率后，两试样在不同加载功率水平电阻均出现反弹；断电冷却后的电阻也呈现相应的规律，在30W/m时，两试样的电阻均接近或超过初始电阻R_0。运行过程两试样的最大电阻变化率出现在10W/m、25W/m，分别为0.48%、7.20%。两试样加载冷却后的最大电阻下降率出现在10W/m、25W/m，分别为0.37%、6.42%。

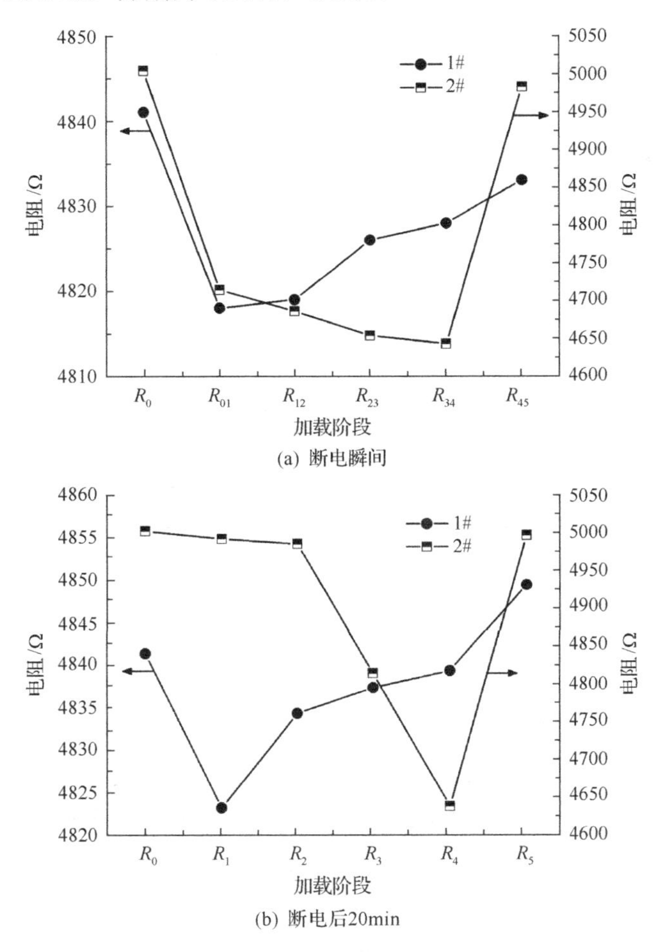

图5-46　MUF单丝胶合电热元件加载不同功率断电瞬间和断电后20min的电阻

在PP胶合体系中，断电瞬间及断电20min后的电阻均呈现明显的下降趋势，在10～30W/m时反弹趋势不明显，如图5-47所示。运行过程中，两试样最大电阻变化率分别出现在25W/m、30W/m，分别为6.25%、1.22%。两试样加载冷却后的最大电阻下降率出现在15W/m、30W/m，分别为5.32%、0.40%。与MUF胶合体系出现类似情况，两试样电阻变化率差别很大，这可能与所采用的碳纤维自身的均匀度有关，碳纤维中缺陷越多，在电热效应作用下其结构越易损坏(李昭锐，2013)。但是，不同胶合材料电热元件的电阻变化趋势存在明显差别，表明单丝电阻确实受到胶合材料的影响。

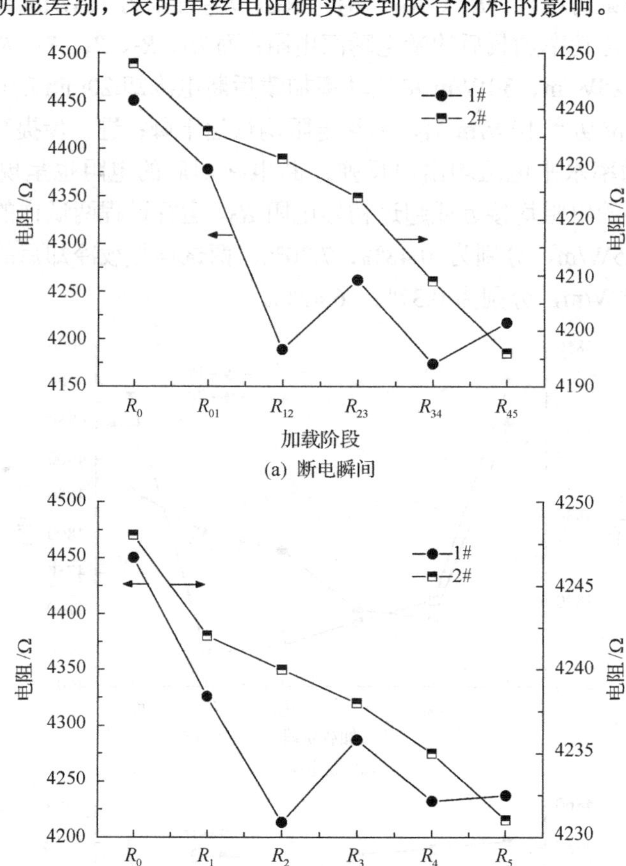

(a) 断电瞬间

(b) 断电后20min

图 5-47　PP 单丝电热元件加载不同功率断电瞬间和断电后 20min 的电阻

2. 碳纤维单丝胶合电热元件的温度-电阻效应

碳纤维单丝在胶合体系中，除电流的作用外，同时还可能受到胶合材料及木质材料热稳定性的影响。因此，采用烘箱加热处理，分析电阻随温度的演变，以探讨单丝电热元件电阻的变化机理。如图 5-48 所示，在 20～100℃时，单丝在胶合体系中随温度的增加其电阻明显减小，呈现 NTC 效应，这与单丝温敏效应测试结果相似(郑华升，2010)。其中，MUF、PP 制备的单丝电热元件达到 50℃后，电阻下降率(DRR)分别为 0.57%、3.31%，而文献(郑华升，2010)中环氧树脂封装的单丝 DRR 为 1.17%～1.39%；当热处理温度达到 100℃后，DRR 分别为 4.54%、5.07%，两者非常接近。

碳纤维单丝自身的 NTC 效应是由于碳纤维中载流子随温度升高，其活性越高，移动能力越强，电阻降低。而在低温受热情况下，胶合体系中的碳纤维单丝长度和直径上的自身膨胀可忽略不计(Snead et al.，2008)，但会受到胶体和木质基材膨胀对其在长度上的拉伸作用。例如，在 50℃时，环氧树脂便可受热膨胀迫使单丝伸长进而缓解其电阻下降趋势，电阻变化率缓和 0.47%左右(郑华升，2010)。

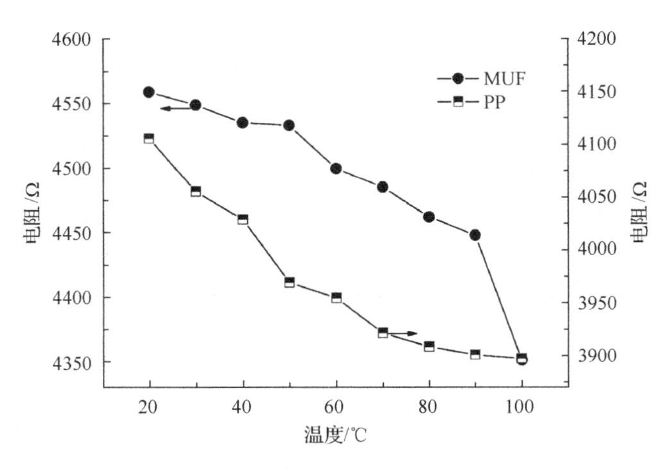

图 5-48　单丝胶合电热元件的温度-电阻效应

3. 碳纤维单丝胶合电热元件长期运行时间-温度关系

通过上述分析可知，在通电加载过程中，由于电、热、膨胀或干缩的协同作用，单丝电阻产生一定变化。其中，在通电加载过程中，单丝电阻随着加载功率增加先降低，而后出现一定的反弹。另外，单丝胶合电热元件的温-阻效应表明随温度升高其电阻呈现明显的下降规律，且不同胶合体系中单元的电阻变化率有所差异。因此，长期运行后电热效应对单丝的作用除了热作用外，还对单丝产生了不可逆的影响。电热效应将出现明显变化，对单丝加载 20W/m 长达 13h 的结果见图 5-49，通电初期电热元件表面温升趋势较明显，中后期呈现缓慢的下降趋势。

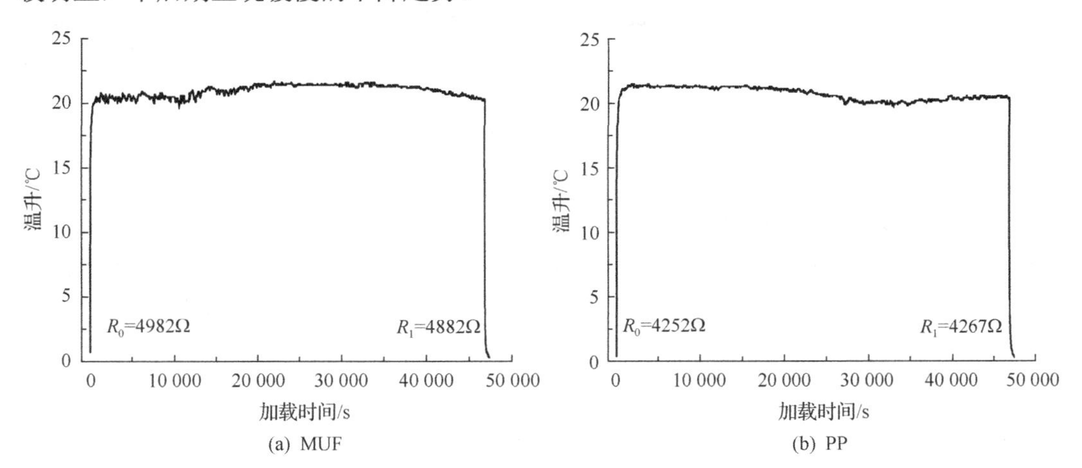

图 5-49　MUF 和 PP 单丝电热元件加载 20W/m 功率 13h 的时间-温升曲线

通过电参数记录仪记录了单丝实时功率和电流，加载 13h 断电瞬间，其功率均由 0.20W 降到 0.19W；通过单丝的电流分别为 0.006A、0.007A，加载前后基本维持不变。观察通电前后电热元件的电阻可知，MUF 中单丝的电阻降低了 2.01%，而 PP 胶合体系中的单丝电阻却增大了 0.35%。但从整体来说，温升降低幅度为 1℃左右，并趋于稳定，总体平稳。

与上述单丝电热元件在不同单位功率下短时间加载后电阻的变化情况相比，两种单丝电热元件在长期加载后的电阻变化均低。可推知，单丝在加载过程中电阻是个动态变化的过程。单从两种电热元件的电热效应变化来看，MUF 单丝胶合电热元件较为稳定，因为 MUF 胶与木质材料的相容性较好。虽然 PP 中环氧树脂有较高的胶合性能，但与木材的相容性不佳，PP 固化后应力较大，对外作用较为敏感(Balkan et al.，2008)。

三、碳纤维单丝胶合电热元件加载不同功率的物相结构演变

(一)试验方法

1. 单丝胶合电热元件物相结构随加载功率的演变

为便于测试加载不同单位功率后单丝的物相结构，采用本章第二节中 10mm 单丝电热元件的制备方法，在载玻片上分别制备三种材质碳纤维单丝电热元件。然后分别在 0W/m、10W/m、20W/m、30W/m、40W/m 单位功率下加载 40min 后，测试碳纤维的物相结构及表观形貌。若在 30W/m、40W/m 单位功率下断裂，则测试其断裂处的物相结构。

2. 碳纤维单丝的物相结构表征

TCF、DCF 及 GCF 三种单丝加载不同单位功率后，采用显微激光拉曼光谱仪，选用 514.5nm 激光光源，激光功率选 D0.6，设扫描时间为 50s，分辨率为 $1.2cm^{-1}$。在 900～$2000cm^{-1}$ 区间记录拉曼位移谱线，每个样品测试 5 个点，求平均值。

3. 碳纤维单丝的表观形貌分析

经过相应功率加载后，用透明胶带将碳纤维从单丝电热元件中转移，并贴于样品台上，喷金，采用 Hitachi S4800 冷场发射扫描电子显微镜，设电压为 10.0kV，观察碳纤维的表观形貌。

(二)结果与分析

上述分析发现，胶合单丝加载作用后，电阻呈现动态变化规律，而单丝在烘箱热处理后电阻则呈现显著的下降趋势。因此，进一步探讨加载后单丝胶合电热元件电阻的响应机理，分析碳纤维单丝物相结构对电热效应的响应非常必要。然而，在具体试验时，7μm 左右直径的碳纤维单丝与木质单板胶合后，较难再寻找其作为拉曼分析样品。因此，通过采用安装在载玻片上的碳纤维单丝作为电热元件(本章第二节中有效长度为 10mm 的电热元件)，直接在空气氛围中加载不同单位功率历时 30min 后，分析 TCF、DCF、GCF 三种单丝电热元件中碳纤维的物相结构演变规律。此外，为更全面地掌握单丝在电流作用后的物相结构，试验选取了三种材质碳纤维单丝。

碳纤维微观下是一种乱层石墨结构，其结晶结构与乱层结构共存，结晶结构占有很大比例。规整的结晶结构有利于碳纤维中载流子的移动，因此结晶程度越高，其电阻值越小，反之越大(贺福，2005)。因此分析过载通电后不同材质碳纤维单丝的结构对分析电热层发热的稳定性有着重要的补充。

碳纤维拉曼分析常常将拉曼谱图进行拟合，以光谱的 D 峰和 G 峰的半高宽、峰位及

I_D/I_G作为分析参数。其中，半高宽反映了结晶程度的高低，其值越大结晶度越低；D 峰和 G 峰的峰位则体现石墨微晶层面中碳碳双键的力学性能，当结晶度增大，双键力学性能越高，D 峰位和 G 峰位均向低波数移动(曹伟伟，2009)。目前，常用I_D/I_G作为评价指标表征碳纤维结构的完整程度，I_D/I_G越大，结晶度越低，缺陷越多(曹伟伟，2009)。

从图 5-50 和表 5-7 中拉曼分析结果可知，当 TCF 加载 10W/m 单位功率时，I_D/I_G增加了 0.585，两峰峰位均向高波数偏移了 2cm^{-1} 左右，且其无序峰 D 峰半高宽增加了 10.33cm^{-1}，说明单丝结构无序化程度加大。而加载 20～40W/m 单位功率时，I_D/I_G快速减小，且无序 D 峰半高宽随之减小，即碳网平面上 sp^2 杂化键的伸缩振动强度增大，结晶度增大，单丝规整性提高。但两峰峰位却均向高波数偏移了，其原因有待进一步研究。GCF 及 DCF 加载 10W/m 单位功率时，I_D/I_G均有 0.3 左右的增加，两峰峰位也均向高波数偏移，无序 D 峰半高宽也均增加，此刻碳纤维结晶度在电流作用下均有下降，但影响程度相对低。然而，区别之处在于规整性较好的 DCF 从 10W/m 提高到 40W/m 单位功率过程中，其I_D/I_G呈现升高趋势，而规整性较差的 GCF 和 TCF 则降低，尤其是规整度最低的 TCF 降低趋势较明显。

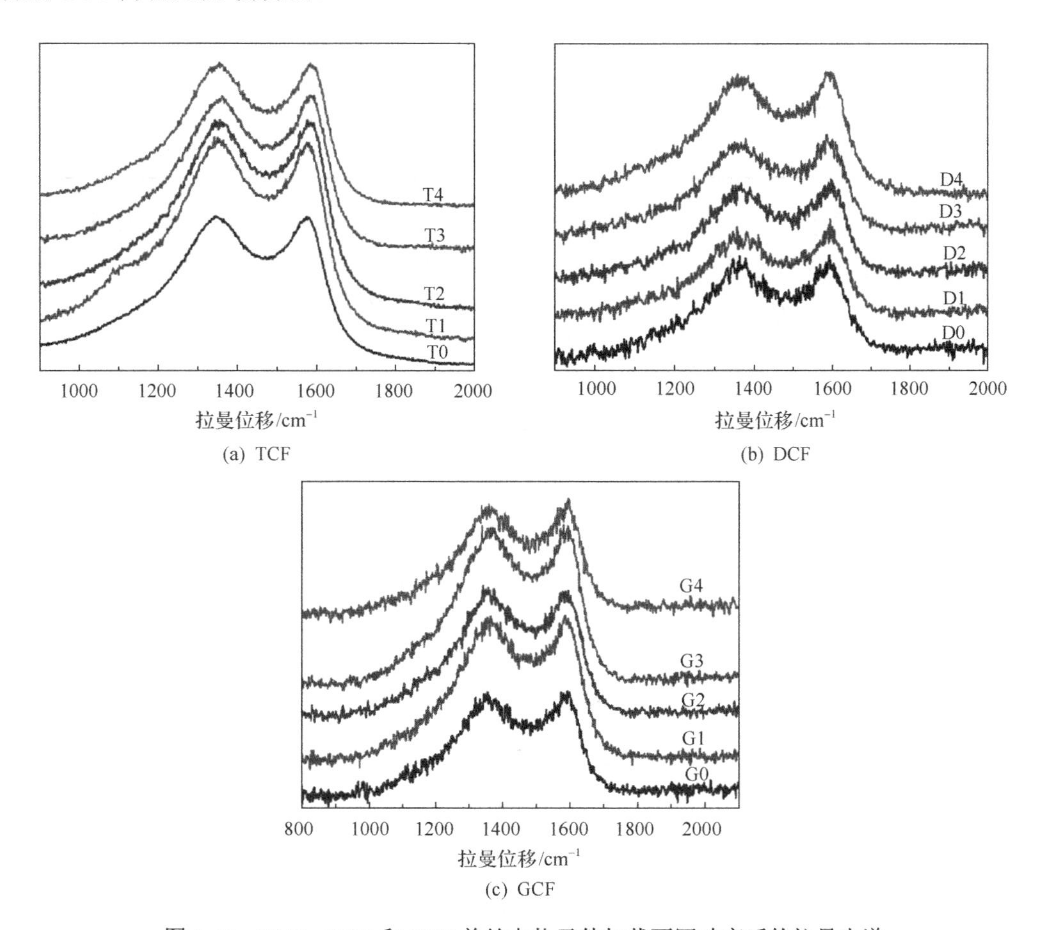

图 5-50　TCF、DCF 和 GCF 单丝电热元件加载不同功率后的拉曼光谱

表 5-7 碳纤维单丝电热元件加载不同功率后的拉曼光谱拟合参数

试样	单位功率/(W/m)	D峰		G峰		I_D/I_G
		峰位/cm^{-1}	半高宽/cm^{-1}	峰位/cm^{-1}	半高宽/cm^{-1}	
TCF	0	1361.90	321.78	1578.83	80.60	5.732
	10	1363.03	332.11	1580.85	78.11	6.317
	20	1368.68	310.93	1585.49	80.27	5.339
	30	1367.11	272.36	1586.84	83.90	3.908
	40	1363.42	271.87	1586.02	84.76	3.845
GCF	0	1371.53	254.32	1590.06	90.85	3.233
	10	1376.73	262.96	1593.88	89.69	3.630
	20	1374.21	249.53	1592.67	90.09	3.306
	30	1375.61	248.53	1592.15	88.85	3.356
	40	1371.87	241.62	1592.93	93.92	2.869
DCF	0	1370.21	218.95	1592.00	94.34	2.462
	10	1372.65	235.83	1593.57	90.12	2.789
	20	1375.64	225.44	1593.35	90.93	2.628
	30	1375.86	235.90	1593.89	87.60	2.999
	40	1377.49	270.85	1595.98	84.71	3.794

对比三种材质碳纤维单丝的拉曼曲线拟合参数 I_D/I_G(图 5-51)可见，随着加载功率的增加，结构越规整的单丝受到电流作用的影响程度越小。例如，结晶度较低的 TCF 加载功率达到 30W/m 后，I_D/I_G 降低了 1.824，而结晶度较高的 DCF 仅增加了 0.537。

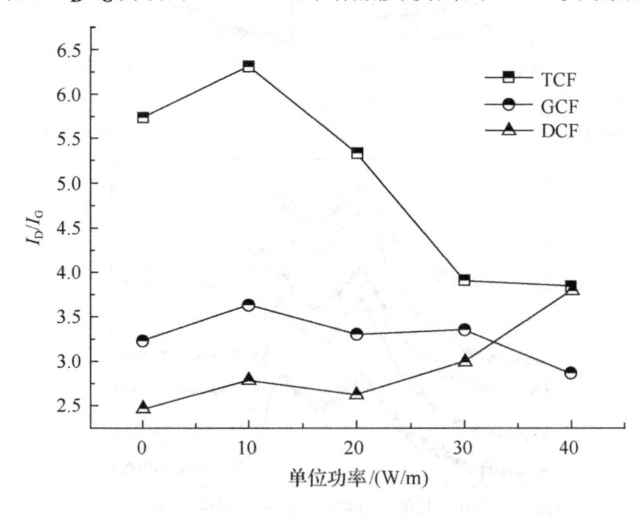

图 5-51 碳纤维单丝加载不同单位功率后的拉曼曲线拟合参数(I_D/I_G)

当加载单位功率为 10W/m、20W/m、30W/m、40W/m 时，碳纤维单丝上的电流为 0.005A、0.006A、0.007～0.008A、0.009A。若碳纤维单丝直径均按 7μm 计，换算成单位面积的电流(电流密度)分别达到 $1.30\times10^8A/m^2$、$1.56\times10^8A/m^2$、1.82×10^8～$2.08\times$

10^8A/m^2、2.34×10^8A/m^2。相对于电化学氧化所用的电流密度 1.78～2.76A/m^2 来说已非常大，而一般铜导线的安全电流密度也仅为 5×10^6～8×10^6A/m^2。市场上，一般直径为 2mm 左右的碳纤维电热线缆常用额定功率为 5～30W/m(220V)，如此换算得到的有效电流密度也仅为 10^3 数量级。

目前，对碳纤维单丝通电研究其结构演变的研究不多，山本清志等(1991)和鞠谷雄士等(1991)采用 3K 的 PAN 基碳纤维束，在其 10cm 间距两端加载 0～300W 功率(换算得到每根单丝的单位功率为 0～1W/m)，可加热至 1000～2000℃高温，碳纤维的晶粒尺寸 L_C 明显增大，晶面间距 d_{002} 也明显减小，结晶度得到很大提高，但尚未能揭示其电流石墨化机理。此外，也有研究采用脉冲电流处理碳纤维束，石墨化程度得到了明显提高，这可能是在脉冲电流作用下改变了其前指数频率因子和激活能，使石墨化激活能降低，非晶态结构弛豫(沈以赴，1998)。

碳纤维在电化学氧化作用下，其表面氧化刻蚀，表面粗糙度增大，沟槽变深，甚至有明显的剥离斑点和片层(李昭锐，2013)。通过 SEM 观察 TCF 加载不同单位功率后的微观形貌，见图 5-52。加载前，碳纤维表层的碳颗粒均匀致密轴向排列；当加载 10W/m 单位功率以后，碳纤维表面出现很多白色小颗粒，表面沟槽加深，在高倍 SEM 观察下表面有较大的剥离颗粒，进而降低了结构规整度。随着加载功率增大，碳纤维局部表面出现更加明显的剥离现象，且表面逐步完全脱离，降低了不规整结构比例，提高了 I_D/I_G 值，进而影响了单丝自身的电阻。

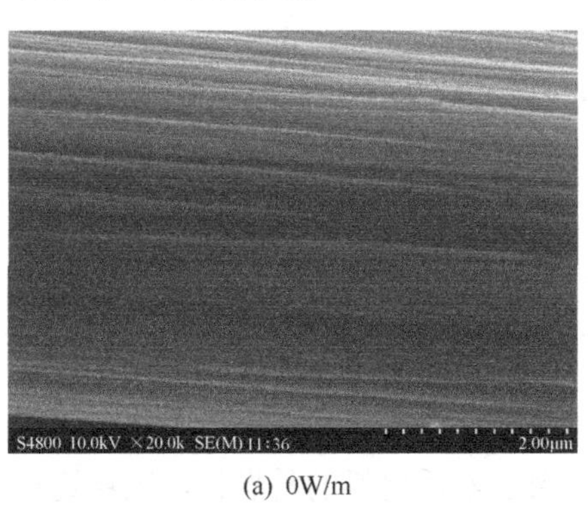

(a) 0W/m

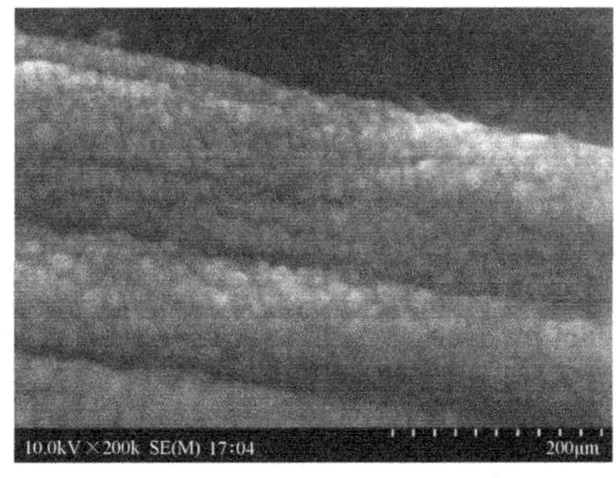

(b) 0W/m

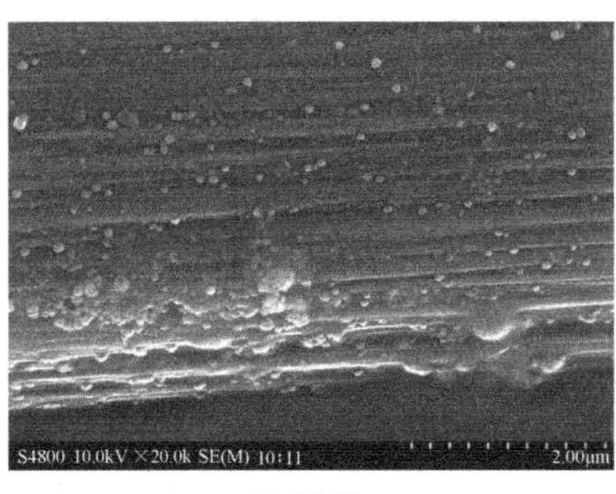

(c) 10W/m

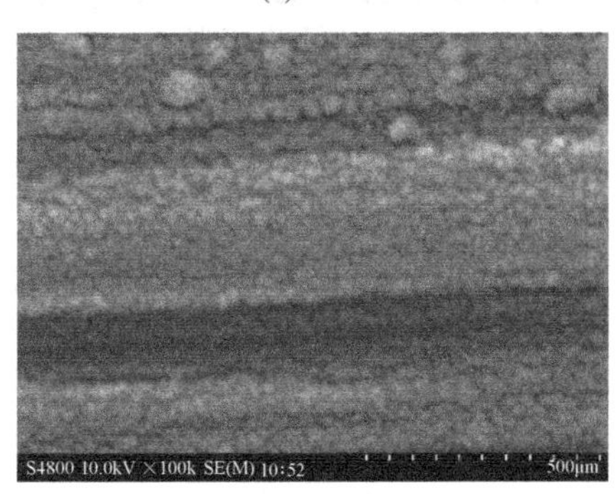

(d) 10W/m

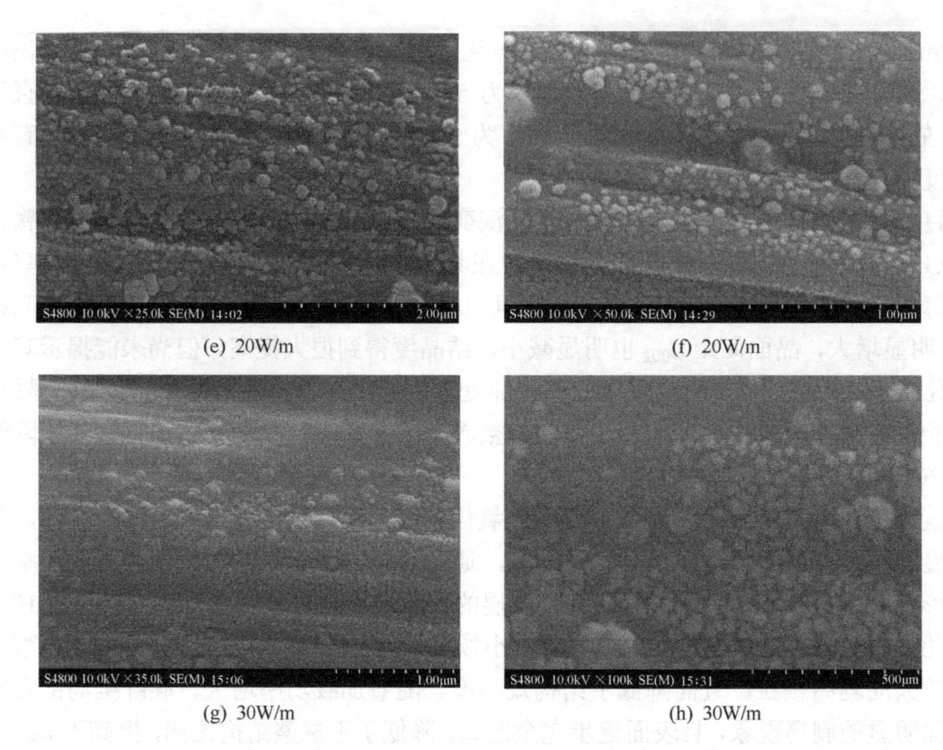

(e) 20W/m　(f) 20W/m

(g) 30W/m　(h) 30W/m

图 5-52　TCF 加载不同单位功率前后的表观形貌

第五节　导电粉末/木质电热功能材料制备工艺与性能

导电胶合板可作为转换能量的功能材料，实现从电能到热能的转换。当对导电胶合板施加电压时，若能产生连续的电荷流动，则势必会有热量放出。一般当不同形式的能往热能方向转换时，其效率是最高的。对导电胶合板而言，若施加电压后只产生低温(不产生光或其他射线)，这时的热效率可以说是 100%，即所加的电能全部转化为热能而被周围的物体所吸收。当然，所谓的“低温”是指通过调节外加电压使发热的胶合板保持在较低的温度范围内，一般小于 80℃。否则，由于木质材料的易燃性，胶层通电时产生的较多热量不平衡于通过单板散出的热量，以致板体发生炭化、燃烧等危害。所以，低温长时的发热才是导电胶合板的适用场合。

导电胶合板用在低温长时发热的场合有许多，如地板、椅垫、脚垫、床板等。此外，还可作为一些特殊建筑体内的采暖用具，如小空间疏立的警察岗楼，采用导电胶合板作为发热体，即可保证小空间内的环境达到较高的温度，又解决了这种疏立建筑物分散较广和不易布设采暖管道的弊端，满足器件与材料一体化的要求，符合功能材料的发展方向。建筑体内以导电胶合板作为内装饰材料，保持其低温长时发热，还可以收到节约能源、扩大房室使用面积的较好效果。

胶合板有着最大体积的木质单元，其表面积最小，因此可以以较少量的导电添加剂，实现单板间的胶层导电。本节拟以胶合板中的胶层导电为目的，使其胶层面积电阻率降至 100Ω 以下，探讨通低电压时导电胶合板板面温度分布状况，并借此分析电阻率的均匀性。

一、制备工艺与性能测试方法

(一)试验材料

试验用单板树种为意杨(*Populus nigra* L.),幅面 35cm×35cm。为增加单板的平整度,在试验压机上对单板进行热板干燥,压板温度为 90～105℃、单位压力为 0.4～0.5MPa、干燥时间为 2min。干燥后单板含水率为 5%～8%。

胶黏剂选中林 64#脲醛树脂,pH6.5,固含量 60.32%,黏度 300Pa·s/20℃;导电剂有三种:HF-1 型导电粉(粒度 32μm)、HF-2 型导电粉(粒度 4μm)和 YF 型导电液(23.34%);紫铜箔砂去表层氧化膜后用做电极,长 35cm、宽 4mm、厚 0.03mm。另外还有固化剂 NH_4Cl 和稀释剂 MG 型等。胶中调入不同的导电剂(表 5-8),搅拌均匀后加入 1%的固化剂。

表 5-8 导电胶合板的调胶工艺

板号	涂胶量/(g/m²)	导电剂类型及添加量/(g/m²)	备注
1	200		不加任何填充剂
2	200	HF-1,40	
3	200	HF-2,50	
4	200	HF-2,50	加 MG 型稀释剂 50g/m²
5	200	HF-2,30;YF,20	YF 以溶质计

表板上穿孔,两电极平行布置,电极在表板内侧长 30cm,间距 30cm。以毛刷对芯板涂胶,然后垂直组坯,闭合陈放 2h。压板温度为 110～120℃,单位压力为 0.80～1.20MPa,加压时间为(6±2) min。

(二)性能测试方法

测定导电胶合板两外露电极间的绝对电阻 R,根据电极长 l=30cm,间距 b=30cm,由 $R_S=R\cdot l/b$ 推算出胶层面积电阻率 R_S。

用三点支座将导电胶合板水平架离桌面 5cm,以计算功率 30W 为基准分别对各板通加电压,以多点热电偶测定电极间 30cm×30cm 的板面温度,并借此衡量胶层电阻率的均匀性。测温点以网格均布,恒温后每板测 25 个点。

依计算功率,测定通电后板面中央对称中心处的升温速率和断电后该处的降温速率,借此表示导电胶合板的热惰性,再以修正的指数回归建立其数学模型。

以日本《普通胶合板》(JAS No.233)标准(1989)中对Ⅱ类胶合板的要求为检测依据,试件经 63℃水浸 2h 和 70℃热烘 3h 处理后,测试胶合强度。

二、导电胶合板胶层的电阻率

胶层面积电阻率是表征导电胶合板导电难易程度的指标之一。依所得电阻率(表 5-9),4 种导电胶合板从强至弱的导电顺序为:板 2>板 4>板 3>板 5。可见在几种导电剂的作用下，都可使胶层达到良好的导电性能，其模型见图 5-53 (Miyauchi and Togashi，1985)。与 HF-2 型导电粉相比，HF-1 型粒度大(32μm)，分布于脲胶中，导电胶层的厚度相对较厚，故电阻率较低；HF-2 型粒度小(4μm)，导电胶层较薄，电阻率较高。

表 5-9　导电胶合板的性能

样品号	胶层电阻率/Ω	计算功率/W	通断电压/V	板面温度/℃					环境温度/℃
				平均	最高	最低	极差	变异系数/%	
2	23.0	30.5	26.5	19.58	54.5	9.5	45.0	55.94	7.2
3	50.0	30.4	39.0	20.5	27.5	12.5	15.0	21.88	7.2
4	35.0	30.2	32.5	19.9	25.4	15.6	9.8	15.53	7.2
5	65.0	30.5	44.5	21.82	30.8	12.3	18.5	24.27	7.2

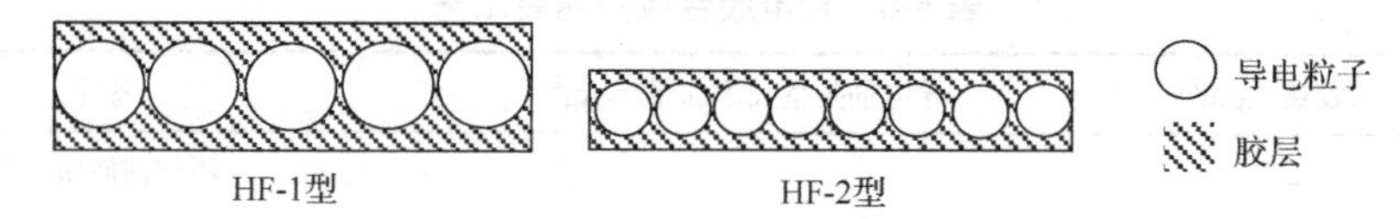

图 5-53　导电模型

在相同施加量的条件下，板 5 的电阻率最高，故 YF 型导电液的导电性能弱于 HF-1、HF-2 型导电粉。板 3、板 4 的工艺区别仅在于板 4 中施加了 MG 型稀释剂，可见添加稀释剂也影响胶层的导电性能。

三、板面的温度分布与热惰性

(一)板面温度分布

导电胶合板的温度极差及其变异系数可表征板面温度分布的均匀性(表 5-9)，也可间接地表示胶层导电的均匀性或电阻率的均匀性，顺序依次为：板 4＞板 3＞板 5＞板 2。

板 2 的温度极差和变异系数最大，分布呈马鞍型，说明 HF-1 型导电粉粒度大，不易在胶层中分布均匀；板 5 则出现两个峰值，这是因为 YE 型导电液部分浸入单板，其是单板裂隙度较大的部位，从而产生导电层厚度偏大的结果。相比而言，板 3、板 4 的温度分布较均匀，板 3 呈一面坡，板 4 则几乎是平面型，温度极差只有 9.8℃，变异系数也最小，故 MG 型稀释剂对导电粒子在胶层中均匀分布起了积极的作用。

导电胶合板在电极处的两个平行边温度普遍偏高，说明铜箔电极易与导电粒子产生接触电阻，尤其当导电粉粒度大时(如 HF-1 型)，这种现象更为严重。板 2 电极处板面的高温点高达 54.5℃，该点域的板面已发微黄。而电极间的板子两边和 4 个板角温度较低，因边角部外露面积大，易散热降温。此外，从平行电极之间的电力线分布来看，虽然两极间的电场基本上是均匀的，但在电极间板子两边的电力线是向外散开的，即形成“边缘效应”(Sears，1979)，电力线分布较疏，产生的热量也不足。若剔除板子四周的 16 点数值，以中央区域 15cm×15cm 的 9 个点参数来统计导电胶合板的温度分布(表 5-10)，则板 2 中央区域的平均温度低于全幅面的平均温度(19.58℃)，可见两极处的发热占主要地位。板 3、板 4 的温度极差可降至了 7℃以下，并高于全幅面的平均温度，说明板面温度分布均匀，且基本消除了电极处的接触电阻。可见，减小导电剂的粒度，是降低电极与胶层之间的接触电阻，使胶层电阻率均匀、板面温度分布均匀的重要技术措施。

表 5-10　导电胶合板中央区域的温度分布

样品号	平均/℃	最高/℃	最低/℃	极差	变异系数/%	环境温度/℃
2	17.73	33.5	12	21.5	35.38	7.2
3	22.28	25.2	18.8	6.4	10.74	7.2
4	22.6	25.2	21.3	3.9	5.43	7.2
5	22.58	29.6	19.3	10.3	13.71	7.2

（二）热惰性

表征导电胶合板热惰性的升温、降温曲线类型基本相同，升温都呈凸型上升，15min 后基本维持不变；降温都呈凹型下降，15min 后板面温度与环境温度（7.2℃）差值较小。由于板 4 的电阻率最均匀，所以通电时发热均匀，板面温度上升最快，最先到达平衡温度。

以修正的指数回归 $y=k-a\cdot b^x$ 所建立的数学模型 y（℃）随通电、断电后的时间 x（min）的变化见表 5-11。由表中可知，两组回归方程相关系数的绝对值都接近 1，说明数学模型 $y=k-a\cdot b^x$ 可以很好地表示导电胶合板的热惰性。

表 5-11　导电胶合板热惰性的数学模型

样品号	升温		降温	
	回归方程	相关系数	回归方程	相关系数
2	$y=17.148-8.627\times0.945^x$	−0.986	$y=7.442+9.776\times0.878^x$	0.992
3	$y=20.574-12.605\times0.856^x$	−0.999	$y=7.357+12.760\times0.874^x$	0.996
4	$y=22.696-14.220\times0.836^x$	−0.993	$y=7.400+14.902\times0.839^x$	0.998
5	$y=21.794-13.566\times0.858^x$	−0.997	$y=7.360+13.395\times0.874^x$	0.994

四、导电胶合板的胶合强度

将普通胶合板（板 1）的胶合强度与各导电胶合板进行对比，见表 5-12，表中也列出了电极处的胶合强度。板 1 中未添加填充剂，胶层脆性大，增加了胶合强度的变异性；在添加导电粉的条件下，胶合强度都超过了普通胶合板，故导电粉起到了填充剂的作用，削弱了胶层的脆性，其中以板 2 中的 HF-1 型导电粉最有利于增加胶合强度；板 4 中的 MG 型稀释剂也降低了胶合强度的极差和变异性，说明其有利于单板间胶层的均匀分布。但板 5 中 YF 型导电液对胶合强度起削弱作用，只有 0.92MPa，低于日本《普通胶合板》（JAS.No.233）标准（1989）中要求的 1.0MPa，这是由于胶液中的导电液使胶层产生了不同程度的预固化，活性基数量减少，胶合强度的变异性也较大。

表 5-12　导电胶合板的强度

样品号	非电极处					电极处				
	平均/MPa	最高/MPa	最低/MPa	极差	变异系数/%	平均/MPa	最高/MPa	最低/MPa	极差	变异系数/%
1	1.02	1.45	0.32	1.32	35.29					
2	1.31	1.48	1.14	0.34	10.23	1.00	1.09	0.85	0.24	9.52
3	1.17	1.37	0.98	0.39	9.40	1.06	1.28	0.83	0.45	13.2
4	1.11	1.23	0.91	0.32	8.65	1.09	1.14	1.04	0.1	3.91
5	0.92	1.11	0.85	0.26	28.26	1.03	1.06	0.95	0.11	3.96

注：非电极处的试件数为 12，电极处的试件数为 6

胶层中加有电极是导电胶合板的特点。由于铜箔与单板无法黏接，且与脲醛树脂黏接不良，相对减少了试件抗剪的面积，故电极处的胶合强度低于非电极处。其中 HF-1 型导电粉粒度最大，板 2 电极处的胶合强度下降也最大。但板 5 中 YF 型导电液提高了电极处的胶合强度，该现象还有待于深入研究。

第六节　碳纤维/木质电热功能材料制备工艺与性能

叠层胶压复合是木质复合材料电热功能化的主要途径，可采用冷压或热压，也可设置内凹槽嵌入。最早可追溯至 1993 年，日本 Matsushita Electric Works Ltd 采用内设凹槽嵌入电热层方法制备电热制品。国内企业经过近 8 年的技术更新，逐步形成以叠层热压为主的电热层复合技术。地板用改性脲醛树脂胶黏剂(MUF)已成为电热层复合常用的胶黏剂之一。电热复合材料的电阻在制备及使用过程均有变化，尤其在制备过程产生的变化量最大，电阻下降率达到 30%左右(Yuan and Fu，2014)。电热复合材料制备工艺调整是在已设定目标功率密度的前提下开展的，在达到一定压缩率、胶合强度前提下，电阻值调控是主要目标。热压工艺中的施胶量、压力、时间、压板温度均是影响因素。初步研究表明，施胶量、施胶方式及单位压力是主要影响因子，且与电阻下降率呈现一定的关系(Yuan and Fu，2014；Yuan et al.，2014)。因此，进一步探明电热复合材料电参数对胶合工艺因子的响应规律及其机理有利于指导工艺调整达到目标功率。

热压作用促使电热层中碳纤维单丝搭接点增多及搭接力增加是电阻下降的主要原因。同时，热压使胶液渗透固化，甚至膨胀分离原有搭接点及造成单丝断裂等负面影响(Yuan and Fu，2014)，但总体来讲下降趋势大于增大趋势。通过前期试验研究，采用双面施胶的施胶方式更有利于胶液对碳纤维纸的渗透。因此，为了进一步揭示电热复合材料电参数(电阻)在热压过程中的变化规律，本节以单位压力、施胶量为因子，采用粉状三聚氰胺改性脲醛树脂胶(MUF)，将纤维板基材与碳纤维纸热压复合，测试分析热压过程、胶合前后和长时间过载通电后的电阻变化率，采用 SEM 观察其电热层横截面胶液渗透及分布，结合胶合工艺对热辐射性能的影响，系统分析胶合对导电网络结构及电热稳定性的影响机理。

一、热压复合过程电阻的演变及规律分析

(一)试验材料与方法

1. 试验材料

相关试验材料参见本章第二至四节。

2. 试验设备

1)压阻测试系统，东南大学研制。采用 LABVIEW 软件，通过计算机实现对压力机(MTS CMT-2503 型，加载范围为 0～5kN)和微欧计(TH2512A 型)的控制，可测试低阻及高阻材料的体积电阻率、电阻及其与加载压力和压强的关系曲线。

2) WDW-W10 型微机控制电子式人造板试验机，济南时代试金仪器有限公司产。

其他设备参见本章第二至四节。

3. 试验方法

1)将电热纸裁剪为幅面 280mm×140mm，根据图 5-2 结构，按照预设的尺寸规格安装两端铜箔电极，制备电热膜，测试初始电阻后，备用。

2)胶黏剂调制后(根据本章第三节调胶工艺)备用；按图 5-54 所示结构将两块纤维板基材按预设的施胶量进行辊式涂胶，分别晾置 10min；再将电热膜与纤维板基材采用下述胶合工艺热压制备碳纤维木质电热复合材料。

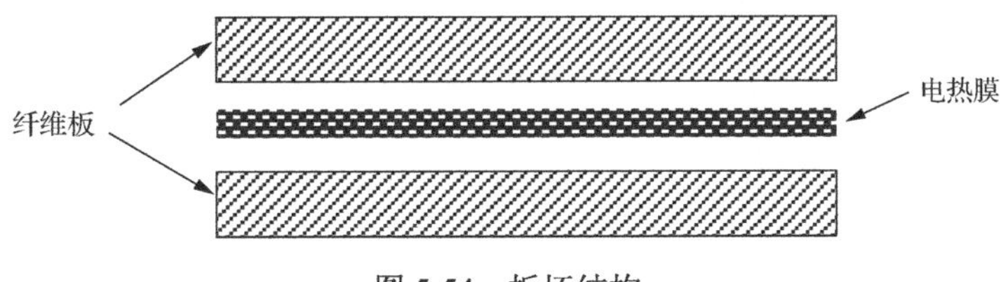

图 5-54　板坯结构

热压工艺：试验设压板温度为(120±3)℃，热压时间为 1.3min/mm，以单位压力及施胶量为试验因子，采用全因子试验方法，因子及水平设置见表 5-13，每组试验重复 3 次。

表 5-13　全因子试验因子及水平

因子	水平			
	1	2	3	4
热压压力/MPa	0.8	1.0	1.2	1.4
双面施胶量/(g/m^2)	130	170	210	250

3)热压复合过程电阻的测试。整个过程采用直流低阻测试仪与电热材料的电极实时连接测试，分别测试以下各阶段的电阻：热压前(R_0)；升压至目标单位压力 0.8MPa、1.0MPa、1.2MPa、1.4MPa 时瞬间电阻；达到预设单位压力后，测试计时 0.5min、1.0min、1.5min、2.0min、2.5min、3.0min、3.5min、4.0min 的电阻及完全卸压时的电阻 R_x。

（二）结果与分析

热压复合是胶液渗透电热膜并固化实现胶合的过程，也是电热膜中碳纤维单丝搭接结构不断增加和破坏的过程。本章第四节试验结果已表明，热压后电阻呈现一定的下降。因此分析获得热压过程电阻的变化规律可实现对目标电阻的有效调控。从图 5-55 可以看出，当单位压力加至 0.8MPa 时，电阻下降率 DRR 已达到总 DRR 的 70%～90%，且单位压力越低，DRR 越大。从整个趋势来看，单位压力自 0.8MPa 以上，增大至 1.4MPa 时，DRR 仍呈现线性增加趋势；达到目标压力后随着保压时间延长，DRR 仍呈现缓慢的增加趋势；保压完毕，完全卸压后，各单位压力下的 DRR 存在 0.1%～0.8%的反弹。值得注意的是，保压开始 2min 内，DRR 保持较快增加速度，均有 5%的增量。该阶段压力保持不变，压力作用形成的碳纤维搭接网络结构基本定型；同时，胶液熔融渗透并开始固化，由于碳纤维表面存在碳基、羧基及羟基等活性基团(Luo et al.，2011)，可能是在热作用下导电网络中的“不良搭接面”及潜在搭接点间形成了良好、牢固的导电通道，即“化学搭接”(杨小平，2001)，导致 DRR 继续缓增。

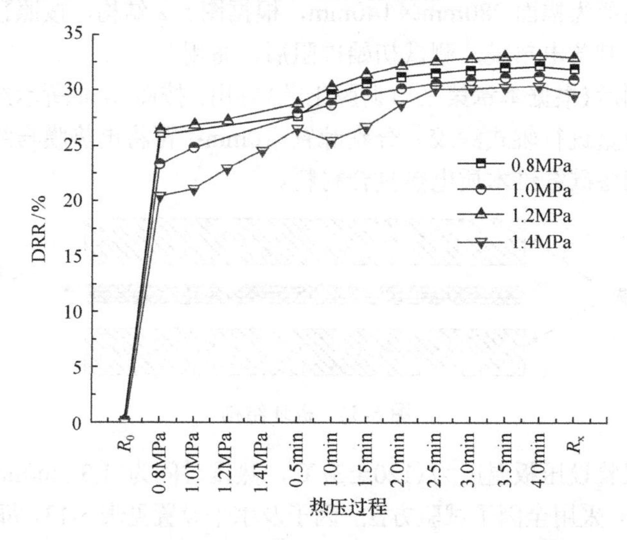

图 5-55　施胶量为 210g/m² 时不同压力热压过程的 DRR 演变

相对单位压力而言，施胶量对热压过程电阻的影响较为显著，如图 5-56 所示。在单位压力 1.2MPa 下，不同施胶量胶合工艺下的 DRR 在整个热压过程有着明显的区别，DRR 随施胶量增大而明显降低。

当施胶量为 130g/m²、170g/m² 时，DRR 明显较高，且升压过程中 DRR 增速较快；当施胶量增加至 210g/m²、250g/m² 时，DRR 降低，升压过程中 DRR 增速变慢。说明胶量增加对碳纤维搭接结构产生了负面作用。此外，达到目标压力，保压 2min 后，电阻基本稳定；热压结束，完全卸压瞬间，低施胶量 130g/m² 试样的 DRR 有较大反弹，下降了 0.5%；施胶量较大的试样 DRR 反弹率相差不大，为 0.1%左右。

为进一步揭示热压过程 DRR 的演变规律，当单位压力为 1.2MPa 时，采用 Origin 软件分别拟合分析不同施胶量下从 0.8MPa 升压至 1.2MPa 的过程曲线。如图 5-57 所示，升压过程单位压力与 DRR 的线性相关度很高，130g/m^2、170g/m^2、210g/m^2、250g/m^2 施胶量拟合直线斜率分别为 8.30＞4.08＞2.05＜7.33，随着施胶量增大增速降低，当达到 250g/m^2 时，增速提高。

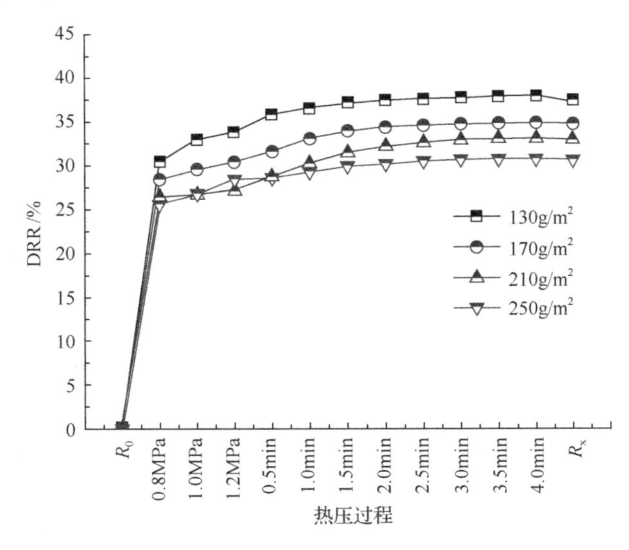

图 5-56　单位压力为 1.2Mpa 时不同施胶量热压过程的 DRR 演变

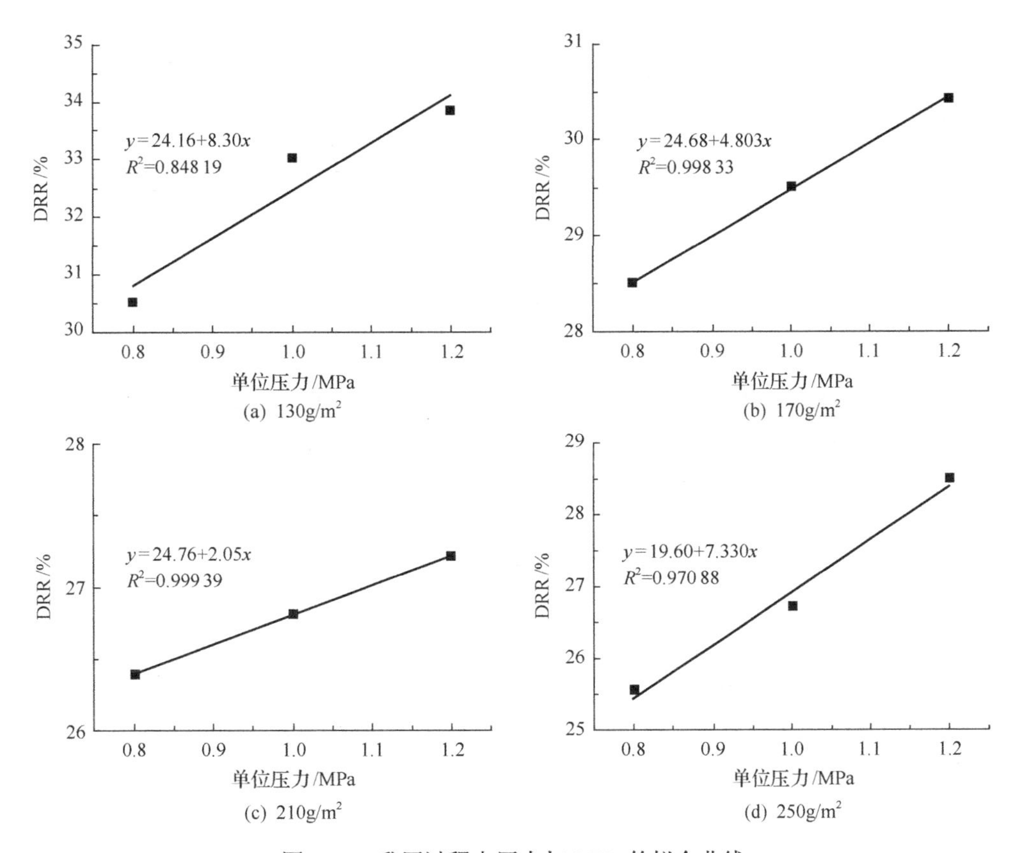

图 5-57　升压过程中压力与 DRR 的拟合曲线

同时，通过拟合 0～4min 保压过程中时间与 DRR 的关系曲线见图 5-58。结果表明在不同施胶量的情况下两者均呈现指数函数关系，且相关系数 R^2 均大于 0.99。随着施胶量的增大，DRR 趋向稳定需更长的保压时间。例如，在 170g/m^2 时，2.5min 后已明显趋向稳定；而达到 250g/m^2 时，4min 时还未见有稳定的趋势。

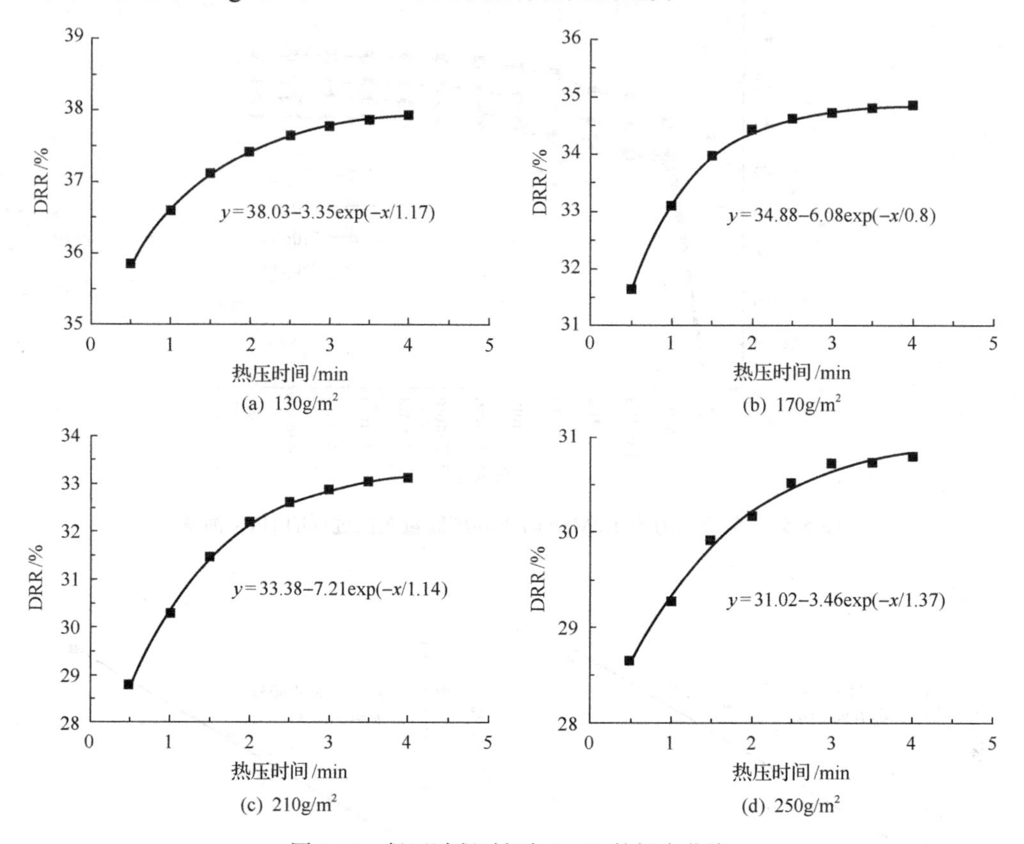

图 5-58　保压过程时间与 DRR 的拟合曲线

综上所述，在热压过程中电阻始终呈现有规律的下降趋势，这与采用环氧树脂板压制碳纤维电热板的规律有所不同，其在热压初期呈现先降低后增大的波动性规律（杨小平，2001），因此采用地板基材常用 MUF 胶的热压工艺具有优异的可调控性，可为控制不同生产批次制品的功率偏差提供直接的调控依据。

二、电阻变化率对胶合因子的响应规律与机理

（一）试验材料与方法

采用自制夹具将预制电热膜两端电极压紧，初步夹紧后，用直流低阻测试仪连接两端的电极，再继续增加压紧力，直至电阻值平稳后（相邻两次施力，电阻读数相差小于 3Ω 则视为平稳），记录读数 $R_{前}$。电热膜经相应热压工艺制成木质电热复合材料，室温放置 24h，测试电阻 $R_{后}$。

电阻下降率（DRR，%）是指热压前后电阻变化量与热压前电阻的百分比，见式（5-6）。

$$\mathrm{DRR}=\frac{(R_{前}-R_{后})}{R_{前}}\times100\% \tag{5-6}$$

(二)结果与分析

1. 电阻变化率对单位压力的响应规律分析

上述已讨论木质电热复合材料热压制备过程中电阻的演变规律，而后将其在室温下存放，由于内部温度降低接近室温及内部含水率变化等因素，且因电热复合材料的NTC效应，电阻会出现一定的反弹。前期研究采用了方阻较小的碳纤维纸(40Ω/□)制备木质电热复合材料，结果表明在1.0～1.8MPa单位压力范围内DRR与单位压力基本呈线性关系(Yuan and Fu，2014)。但因木质基材、碳纤维纸尺寸、电阻及其中碳纤维长度等因素不同，本研究发现在相同施胶量下(图5-59)，在0.8～1.4MPa时，DRR变化差异较小，并未呈现较显著线性增加关系。这可能是由于所采用碳纤维纸的方阻较大，达到200Ω/□，碳纤维掺量相对低，其中潜在搭接点相对较少，在该压力范围内已达到“阈值”，压力增加已无法实现更多的搭接；再者，胶黏剂已渗透碳纤维纸，在压力作用下，胶黏剂在碳纤维纸中起到一定的溶胀作用。

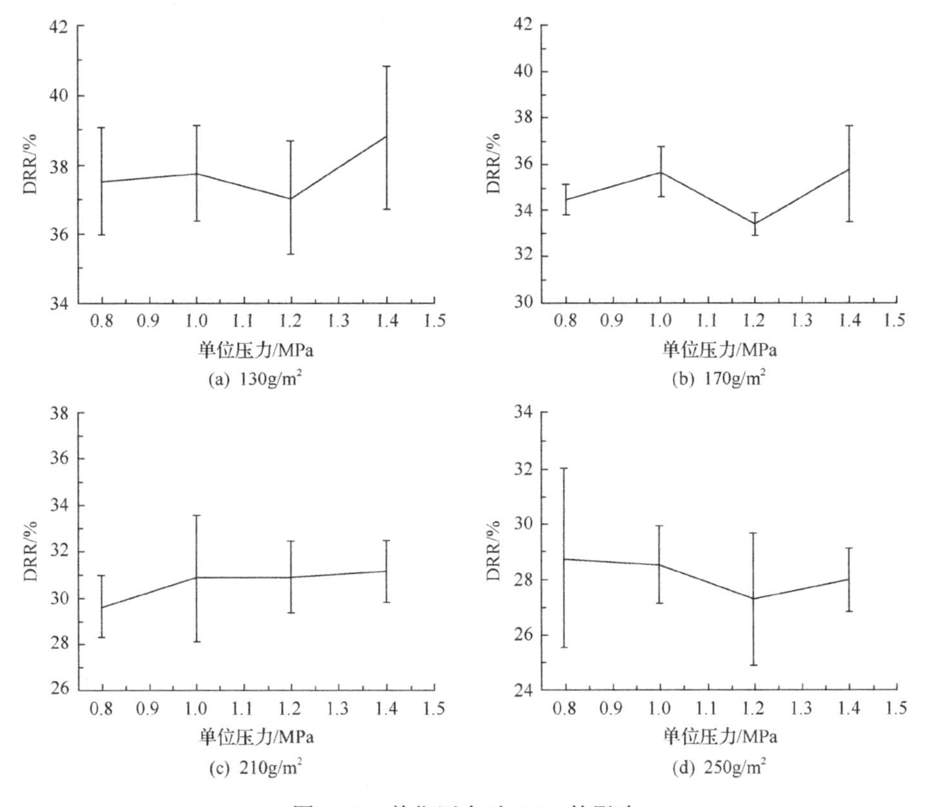

图5-59　单位压力对DRR的影响

2. 电阻变化率对施胶量的响应规律分析

在热压胶合作用下，电热层厚度减小，碳纤维电热单元间紧密接触形成了比较稳定的导电网络。本试验结果发现双面施胶量为 130g/m^2 时，纤维板电热复合材料的内结合强度(IB)已达到 1.1MPa 以上，且试验破坏位置发生在纤维板基材，电热层(胶层)未出现破坏迹象。因此，可判断此时 130g/m^2 用量足以完全渗透碳纤维纸，并在两基材间形成有效的胶合作用。从图 5-60 可知，施胶量对 DRR 有显著影响，随着施胶量增加，DRR 逐步减小；采用的压力越大，随施胶量增大 DRR 降低的趋势更强烈。例如，采用 0.8MPa 单位压力时，随着施胶量从 130g/m^2 增加到 250g/m^2，DRR 降低了 8.75%；当单位压力达到 1.4MPa 时，DRR 降低了 10.78%。这说明在较高压力下施胶量对 DRR 产生更大的负面作用。然而，该结果与前期研究(Yuan and Fu，2014)在 180～330g/m^2 用量范围内所得的 DRR 随施胶量增加而增大的结果恰好相反。前期研究显示，当施胶量大于 330g/m^2 时，DRR 便出现下降趋势，这是因为其所采用基材是单板类基材，板面比较粗糙，吸胶量较大，施胶量达到 280g/m^2 时(单位压力为 1.2MPa)，胶合强度才达到了国家标准 GB/T 9846.3(中国林业科学研究院木材工业研究所，2004a)中Ⅱ类板要求的 0.7MPa 以上，同时具有 45%左右的木破率。另外，其采用了较厚的(0.12mm 厚)碳纤维纸，且其碳纤维含量较高，需耗更多胶量才能恰好渗透碳纤维纸并形成有效的胶接。本试验采用的是高密度纤维板基材，以及 0.08mm 厚、碳纤维含量相对低的碳纤维纸，基材板面经砂光且粗糙度适中，吸胶量较小，仅需 130g/m^2 的双面施胶量，通过热压便达到较高的内结合强度(大于 1.1MPa)。

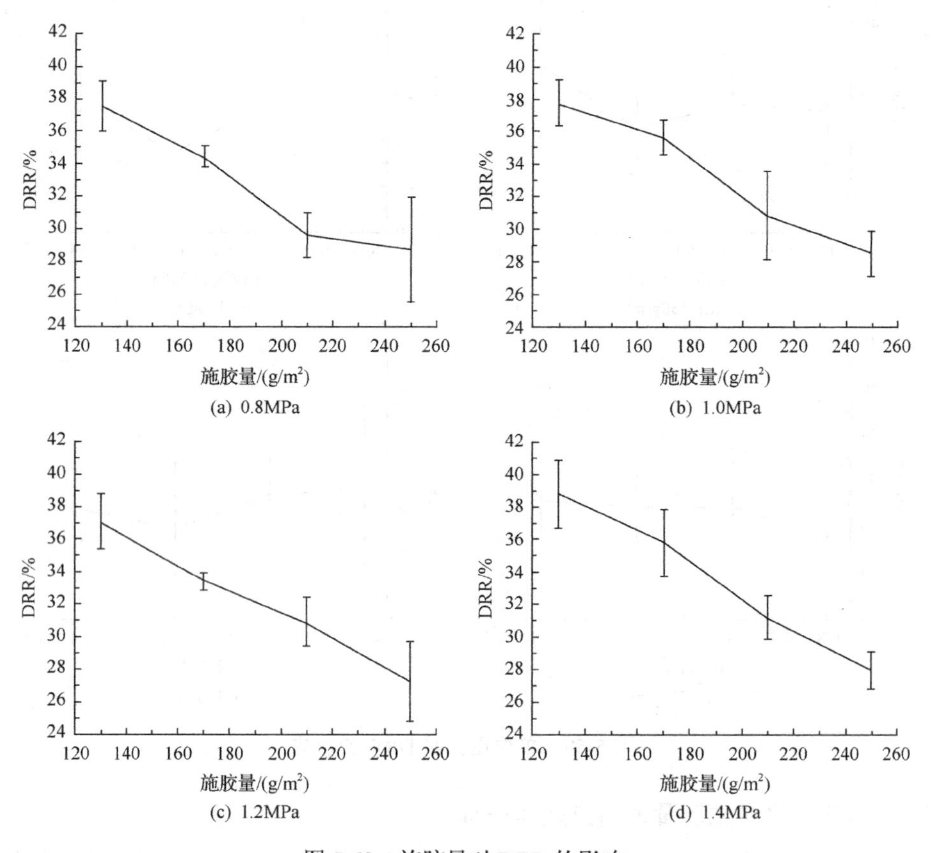

图 5-60　施胶量对 DRR 的影响

3. 试验结果的全因子方差分析

综上所述，在所选取试验因子的水平范围内，施胶量对 DRR 的影响较为显著，为进一步分析各因子的显著性，采用 Minitab 软件，考虑单位压力和施胶量交互作用进行全因子方差分析。方差分析结果见表 5-14，单位压力及其与施胶量交互的 P 值大于 0.05，说明其对 DRR 的影响不显著；相比之下，施胶量因子 P 值远小于 0.01，对 DRR 有极显著的影响。此外，交互作用比单位压力的影响更不显著。

表 5-14　全因子方差分析结果

来源	自由度	顺序偏差平方和	调整后偏差平方和	调整后平均偏差平方和	F	P
单位压力(A)	3	7.654	7.654	2.551	0.770	0.519
施胶量(B)	3	641.318	641.318	213.773	64.550	0.000
A×B	9	13.878	13.878	1.542	0.470	0.887
误差	32	105.970	105.970	3.312		
合计	47	768.820				

4. 电阻变化率对胶合因子的响应机理分析

(1)碳纤维纸的压阻特性

压阻系统一般用于测试导电材料及导电复合材料的接触电阻及体积电阻率，可在线测试所施加单位压力与所测试电阻的关系曲线。其结果可表明接触压力和接触电阻的关系，用于确定接缝搭接所需的搭接力，并可消除两个测试电极与被测材料表面产生的接触电阻的影响，进而提高测试精度。据此原理，本试验采用该压阻系统分析测试压力与测试电阻的关系，以排除胶黏剂对导电网络结构的影响，阐明胶合压力对碳纤维纸中碳纤维网络结构中搭接的影响。经前期探索，试验选取测试压力范围为 0.03～2.48MPa，图 5-61 所示测试结果表明，当测试电极的单位压力为 0.28MPa 时，测试电阻急剧下降，这是因为在测试电极之下碳纤维纸中大部分潜在的搭接点瞬间实现接触，导电横截面上的导电通路增多，即导电横截面积增大，搭接结构基本完善；然后，随测试压力增大，电阻降低趋势较为缓慢，达到 1.0MPa 后基本趋于平稳。该压力区间内电阻减小主要是由于搭接结构中搭接力的增加导致碳纤维单丝间接触电阻减小。结合前面所述热压加压过程中的电阻变化分析结果(图 5-56)，单位压力增大到 0.8MPa 时，DRR 急剧增大，然后缓慢增大并趋于稳定。此外，图 5-59 和图 5-60 表明随着单位压力的增大，DRR 因施胶量不同而有所差异；总体来看，DRR 从 0.8MPa 增大到 1.0MPa 稍有升高，从 1.0MPa 增大到 1.2MPa 均有降低，从 1.2MPa 增大到 1.4MPa 再度有所回升，且当施胶量为 130g/m^2、170g/m^2 时较为明显。然而，压阻特性测试结果显示，电阻在 0.28～2.48MPa 时呈现缓慢下降并趋于稳定的过程。因此可知，胶黏剂的施加改变了原有压力与电阻的关系，且可认为在 1.0～1.2MPa 存在胶合压力与胶黏剂对电阻作用的一个平衡点。

如图 5-62 所示，热压后，电热膜的厚度受到挤压，位于电极底部电热膜中的木纤维被压扁，许多潜在的碳纤维露出与电极底面接触，潜在搭接点实现接合，且搭接力增加。另外，在上述露出的碳纤维之下尚存许多潜在搭接点，在压力作用下便和上述直接与电极接触的碳纤维接触。基于上述两个方面的作用，热压后，两端电极间并联电路的支路增加。在并联电路中，当并联支路增加，就相当导电的横截面积增大，因此总电阻降低。

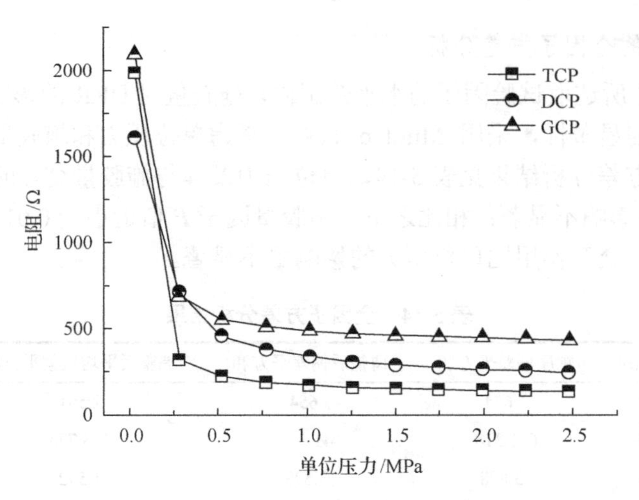

图 5-61　三种碳纤维纸的压阻特性

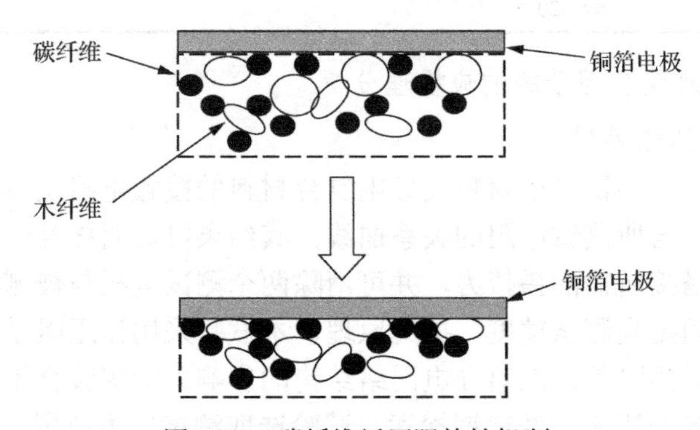

图 5-62　碳纤维纸压阻特性机制

(2) 木质电热复合材料电热层的导电机理

导电复合材料的导电机理一般包括导电通道效应、隧道效应、场致发射效应(Oskouyi et al.，2014；Pavlović et al.，2014；Protopopova et al.，2014；He and Tjong，2013；Zhang et al.，2012；Xu et al.，2011a，2011b；Min et al.，2010)。根据导电网络理论，电子在导电网络中存在两种迁移机制。一方面，在低场下热激活电子的跃迁是电流传导的主要机制，随着电压升高，热激活电子数增多，因而电阻率下降；另一方面，在高场下电子的隧道效应是电传导的主要机制，电压越高，电子的隧道效应越明显，电阻率就越低(林静等，2000)。

木质电热复合材料电热层是由碳纤维、木纤维与 MUF 树脂复合的高分子导电复合材料，具有相似的导电机理。在通电发热工作过程中，导电通道效应占据主要作用，主要发生在单丝自身及搭接紧密的碳纤维间；而隧道效应主要发生在遭到胶黏剂或其他绝缘物质干扰的搭接界面，造成碳纤维单丝间搭接不紧密及搭接间存在薄层绝缘胶膜(图 5-63)，导致较高的接触电阻形成“壁垒”，开始通电发热后在电场和温度效应下载流子发生隧道效应，突破“壁垒”实现导通；同时伴随较大的热量转换，局部温度偏高，即出现本章第二节所述搭接点区域温度较高的现象。

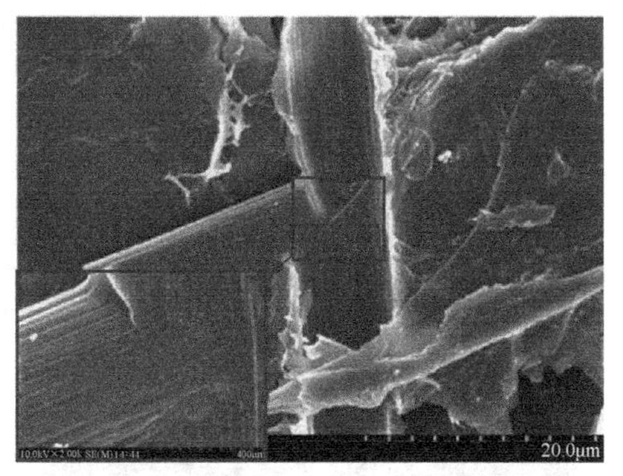

图 5-63　碳纤维单丝搭接界面上胶的分布

上述有关单位压力对 DRR 的影响研究(图 5-59)已表明在相同施胶量下，单位压力继续增加并未获得 DRR 的进一步增大，反而出现微量的下降。通过 SEM 观察电热层截面(图 5-64)，在 170g/m^2 施胶量下，0.8MPa、1.4MPa 单位压力下的电热层基本相似，未见有明显区别，电热层截面均较为致密，且与木质层部分结合比较紧密。估算电热层(胶层)厚度为 150～250μm。

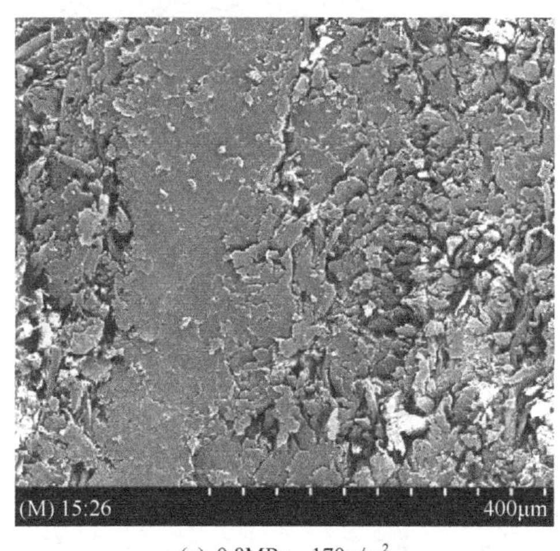

(a) 0.8MPa，170g/m^2

(b) 1.4MPa，170g/m^2

图 5-64　不同单位压力下电热层的横截面 SEM 分析

施胶量对 DRR 的影响更为明显，从图 5-65 中可以看出，130g/m^2 的施胶量基本充分渗透碳纤维纸，SEM 图显示随施胶量增加，电热层截面变得更加致密。在施胶量为 130g/m^2、170g/m^2 时，截面上尚存微小空隙；当施胶量达到 210g/m^2 后，截面显然比较致密光滑[图 5-65(c)、(d)]，说明胶液对整个导电网络结构的渗透更加充分。因此过多的胶对碳纤维搭接结构的影响增大，如胶黏剂在压力作用下挤开已搭接的碳纤维(图 5-66)或胶液的增多使碳纤维受到的挤压破坏更严重，进而易断裂(图 5-24)。因此，在这两方面负效应协同作用下，部分弱化了压力作用效果，导致 DRR 降低。

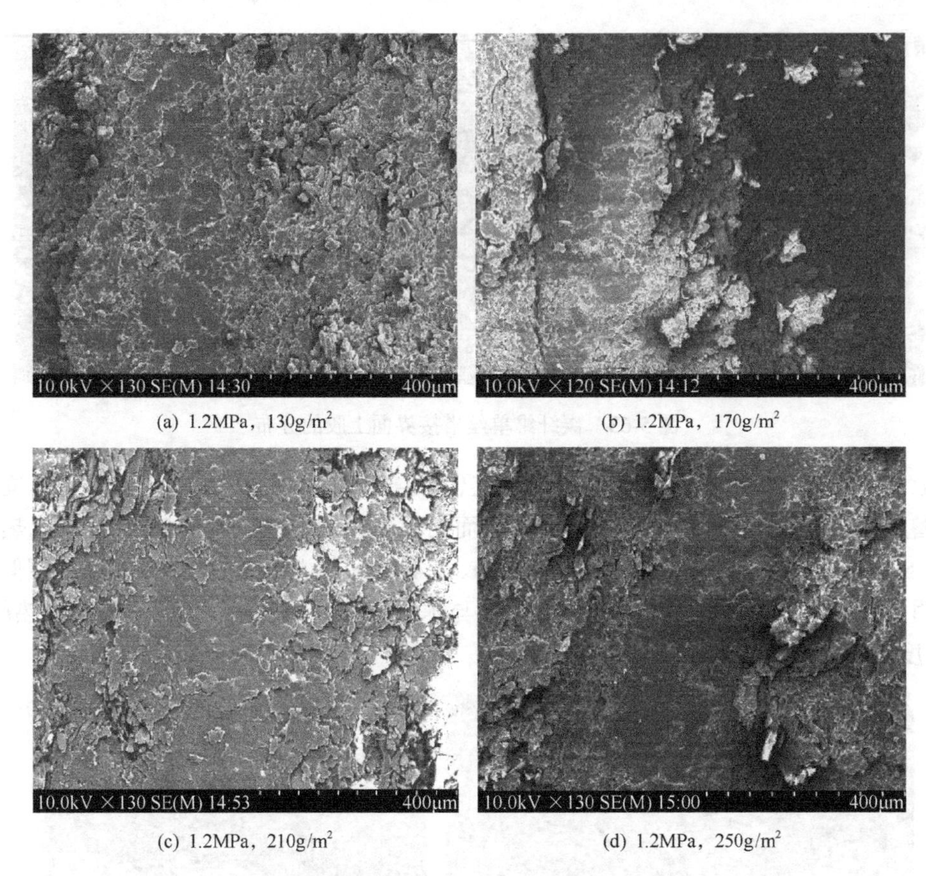

(a) 1.2MPa，130g/m^2　　(b) 1.2MPa，170g/m^2

(c) 1.2MPa，210g/m^2　　(d) 1.2MPa，250g/m^2

图 5-65　不同施胶量下电热层横截面 SEM

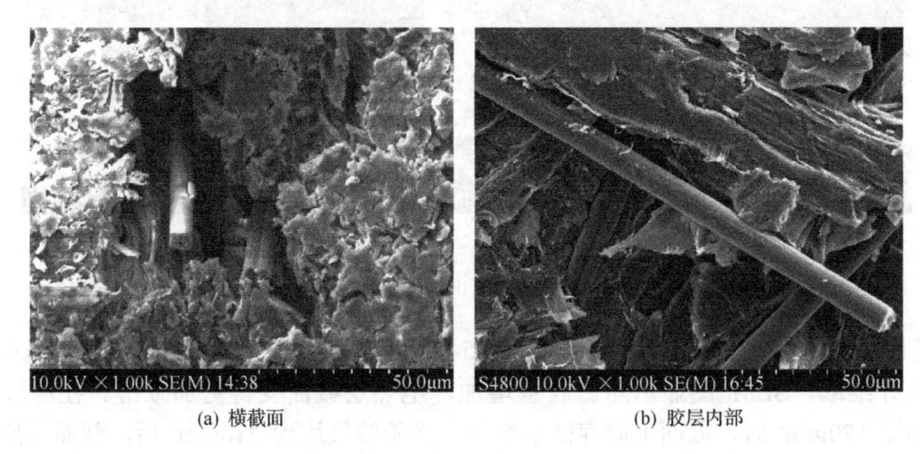

(a) 横截面　　(b) 胶层内部

图 5-66　胶黏剂对电热层中碳纤维搭接结构的影响

三、胶合因子对电热稳定性的影响

上述分析了 DRR 对胶合因子的响应规律及其机理，目的是寻找电热层电阻随胶合工艺的变化规律，为目标功率调控提供理论参考。此外，衡量胶合工艺是否达到最优，还需考虑其长期工作的电热稳定性。电热稳定性主要取决于电热单元本身及整个电热系统

(电热层)的稳定性，主要体现为电热复合材料的 NTC 效应及 PTC 效应，这归因于其中高分子胶合材料的热胀冷缩对整个电热系统的负效应和正效应。具体来说是电热效应对碳纤维单丝、碳纤维搭接结构(包括搭接点和搭接力)及搭接方式(物理搭接或化学交联)(杨小平，2001)等产生影响，进而呈现出功率和温度效应的波动。

长期过载情况下，碳纤维单丝物相结构及电阻的变化在其他章节已有阐述，如若仅考虑胶合因子等宏观因子的影响，单位压力和施胶量影响着导电网络结构中搭接力的牢固程度，也是影响电热稳定性的主要胶合因子。就电采暖用的电热材料而言，其具有适当的 PTC 效应，具有自动限温功能(曹清华等，2013)，对节能和电安全防护有重要意义。然而，目前研究及使用的大部分是以碳纤维、石墨及炭黑等碳素材料作为电热单元的复合材料，多数呈现 NTC 效应(林静等，2000)，NTC 效应灵敏度越大，功率偏差及温度波动越大，长期使用甚至存在严重过载的危险。本试验所述的电热稳定性包括两方面，即整个运行过程中温升波动性及运行前后电阻的变化幅度。为有效准确地反映电热材料板面温度的稳定性，通过同时监测运行过程中环境温度的变化，以温升(板面温度与环境温度之差)作为运行稳定性的衡量指标。板面温升波动，可归咎于功率的波动(即电阻的波动)。

(一)试验材料与方法

将不同单位压力、施胶量制备的电热材料在 1000W/m^2 功率密度下过载 13h，采用多通道温度记录仪记录时间-温度，并测试断电瞬间电阻 R_s 及过载后冷却 24h 的电阻 R_{24h}。

(二)结果与分析

1. 单位压力对电热材料运行稳定性的影响

从图 5-67 中 13h 过载运行的温升稳定性来说，单位压力采用 0.8MPa 时，温升相对不稳定，通电初期温升明显高于后期，温升相差最大 7℃；1.0MPa 时相对稳定，相差 5℃左右；而当采用 1.2MPa 时，相差 4℃左右；达到 1.4MPa 时，相差仍是 4℃左右。整体来看，随热压单位压力增加，长期过载运行过程的温升稳定性趋好。

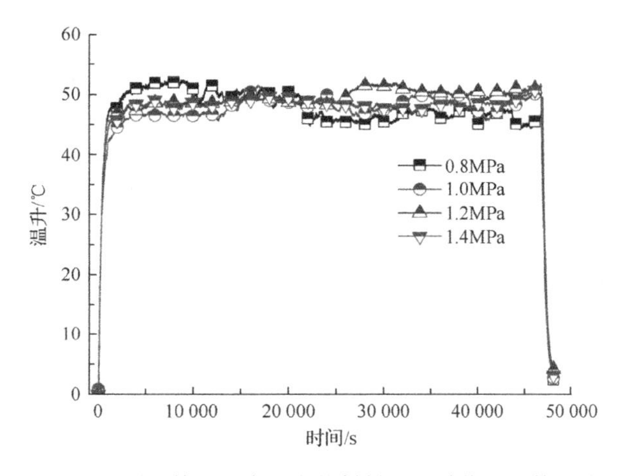

图 5-67　不同单位压力对电热材料长期过载温升的影响

然而，表 5-15 中 DRR 变化分析结果表明各水平单位压力的试样长期过载断电瞬间的 DRR 相差很少(最大差值为 0.32%)，其中 1.2MPa、1.4MPa 单位压力下的 DRR 稍大。断电冷却 24h 后的 DRR 也相差无几(最大差值为 0.28%)，冷却后 DRR 仍保留在断电瞬间的 48%～53%。从导电复合材料的导电机理来看，过载过程中电阻下降是因在电场及热场的协效作用下产生了通道和隧道效应，而断电冷却后保留一定的 DRR 是因隧道效应作用打通了一部分界面上的“壁垒”(王立华等，2002)。表 5-15 中，在 1.4MPa 时，其 DRR 保留率较高，说明高压力有利于形成更多脆弱的“隔层”。

表 5-15　不同压力下长期过载过程电阻变化

单位压力/MPa	过载前电阻/Ω	断电瞬间		冷却 24h 后	
		电阻/Ω	DRR/%	电阻/Ω	DRR/%
0.8	287.7	276.6	3.86	282.1	1.95
1.0	295.7	284.5	3.79	289.9	1.96
1.2	280.7	269.7	3.92	275.4	1.89
1.4	304.2	291.7	4.11	297.6	2.17

2. 施胶量对电热材料运行稳定性的影响

如图 5-68 所示，在单位压力为 1.2MPa 时，分析了施胶量为 $130g/m^2$、$170g/m^2$、$210g/m^2$、$250g/m^2$ 制备的各试样长期过载 $1000W/m^2$ 的温升稳定性情况。随施胶量增大，板面温度波动性相对较大。例如，当施胶量达到 $250g/m^2$ 时，在运行中后期波动差值最大在 5℃左右；施胶量为 $130g/m^2$ 时，波动差值最大为 4℃左右。且从曲线变化规律看，低施胶量样品的温度波动较小；相反，在较大的施胶量下，温度波动较大。

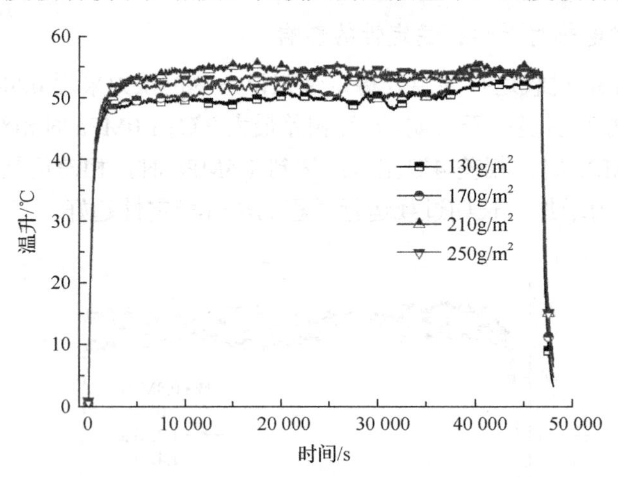

图 5-68　不同施胶量对电热材料长期过载温升的影响

通过测试通电前后及断电瞬间的电阻变化，如表 5-16 所示各水平施胶量间电阻变化率相差不大，但呈现出一定的递增规律。其中，最大施胶量和最小施胶量时断电瞬间的 DRR 相差 1.28%，较上述不同压力间的差异大；各施胶量水平下断电 24h 后的 DRR 保留 41.93%、44.44%、46.60%、53.43%，呈现递增趋势。研究已阐明施胶量增大，热压后电阻下降率减小，说明所增加的胶液破坏了一部分搭接结构，形成了更多的“隔层”（廖波，2012），因此在长期过载通电过程中，在电场和温度场作用下在更多界面上发生隧道效应，进而在断电瞬间表现出较大的电阻下降率；且因长期的隧道效应作用在“隔层”上，打破了“壁垒”，使更多的“隔层”变成了通道，因此断电冷却后仍保留一定的DRR，施胶量越大保留率越大。

表 5-16　不同施胶量下长期过载过程中的电阻下降率

施胶量/(g/m^2)	过载前电阻/Ω	断电瞬间		冷却 24h 后	
		电阻/Ω	DRR/%	电阻/Ω	DRR/%
130	269.5	260.0	3.53	265.5	1.48
170	289.1	277.4	4.05	283.9	1.80
210	287.1	275.7	3.97	281.8	1.85
250	299.2	284.8	4.81	291.5	2.57

在较高的施胶量下，长期过载后的DRR较大，最高达4.81%；在较低施胶量下，DRR较小为3.53%。而在前期研究中（Yuan and Fu，2014），将方阻为40Ω/□、厚为0.12mm的碳纤维纸与桉木单板复合，采用1.2MPa单位压力及280g/m^2施胶量制备的电热材料，在500W/m^2功率密度下过载15h，断电瞬间的DRR也达到了4.4%。本试验采用了方阻为200Ω/□、体积电阻率为1.093Ω·cm、厚度为0.08mm的碳纤维纸，在1000W/m^2功率密度下过载13h，最大DRR为4.81%，说明了电热层厚度越小、电热单元含量越少，运行越稳定。

总而言之，电热层电阻的波动，一方面是由于电热层NTC效应和PTC效应，另一方面是由于电热单元自身的NTC效应和PTC效应。前者主要是电热层中的导电网络结构受热膨胀或收缩而导致，对于MUF胶体系而言，低温下热收缩大于热膨胀，一般呈现NTC效应，运行过程电阻呈现降低趋势（Yuan and Fu，2014）。此外，在电压和温度的协同作用下，导电材料中固有的自由电子及潜在可移动电荷增多，且自由程会增大，电阻降低，呈现NTC效应。两方面均呈现NTC效应，因此整体呈现明显的NTC效应。

四、胶合因子对热辐射性能的影响

（一）试验材料

将不同胶合工艺条件下的木质电热复合材料按500W/m^2功率密度通电40min，在发热稳定状态下进行测试。试样委托国家红外及工业电热产品质量监督检验中心，采用OL-750型自动分光辐射测试系统，参考标准《红外辐射加热器试验方法》（GB/T 7287—2008）、《低温辐射电热膜》（JG/T 286—2010）测试法向光谱发射率、法向全发射率。

（二）结果与分析

热辐射属于一种电磁波，具有波动性，也具有反射、散射、折射及透射等性质。碳纤维电热材料以热辐射为主要传热方式，其电-热辐射转换效率可达到80%左右（吴兆春，

2012)。法向光谱发射率和法向全发射率是衡量物体热辐射性能的两个关键指标，热辐射单元的分散、表面覆盖及电热层整体的致密程度等均影响其热辐射能力(曹伟伟，2009)。采用热压胶合方法制备电热材料，不同压力和施胶量对电热层结构产生了一定的影响，如图 5-69 所示，施胶量为 130g/m^2 时的法向光谱发射率高于 210g/m^2、250g/m^2，因为在低施胶量时电热层致密程度比较低(图 5-65)，进而有利于热辐射释放；然而，图 5-70 所示在 210g/m^2 施胶量下，不同单位压力下的法向光谱发射率没有区别。从图 5-59 所示 DRR 的变化可知单位压力的增加对电热层结构没有显著影响，因此不至于影响其热辐射性能。

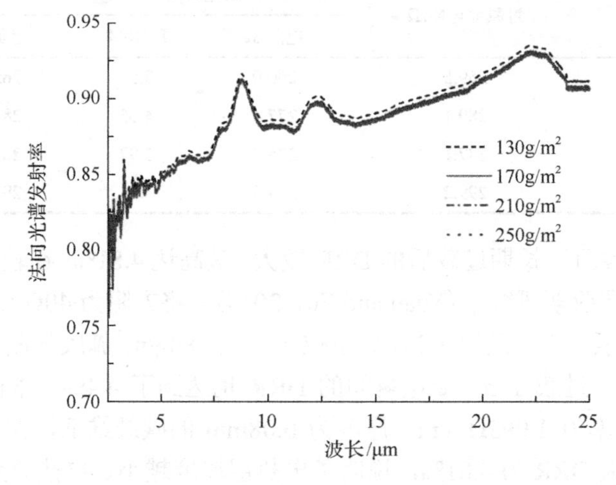

图 5-69 不同施胶量下电热材料的法向光谱发射率(500W/m^2)

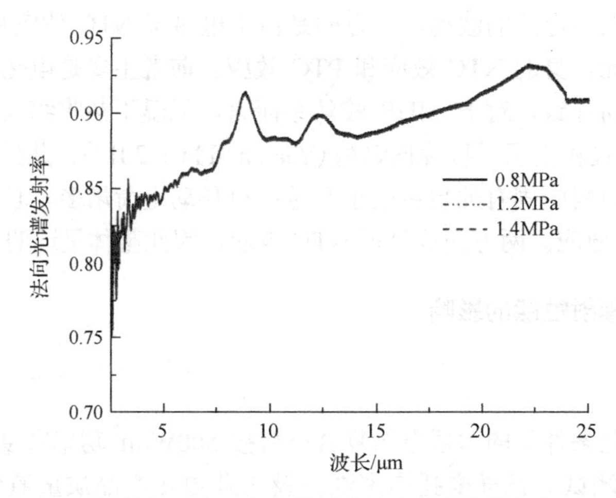

图 5-70 不同单位压力下电热材料的法向光谱发射率(500W/m^2)

随着施胶量增加，电热层致密程度增大，同样削弱了法向全发射率，但降低幅度不大。图 5-71 为 1.2MPa 单位压力下不同施胶量的法向全发射率，其中，施胶量从 130g/m^2 增加到 170g/m^2 时下降量较大。然而，在 210g/m^2 施胶量下，采用 0.8MPa、1.2MPa、1.4MPa 单位压力时的法向全发射率基本相似，分别为 0.884、0.883、0.884。上述分析均与法向光谱发射率的结果及原因相同。

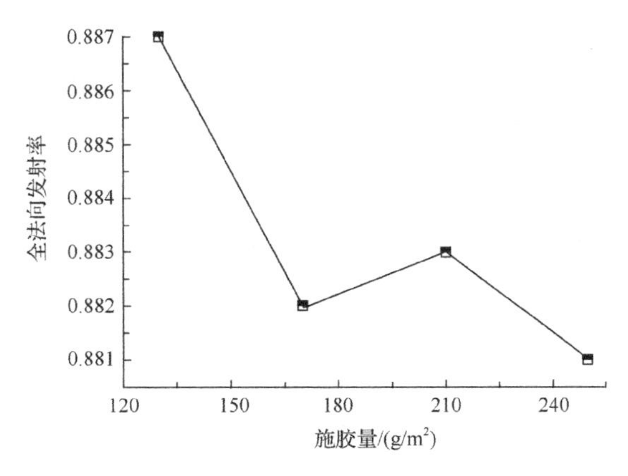

图 5-71　不同胶合因子下电热材料的法向全发射率(500W/m²)

五、胶合因子对理化性能的影响

(一)试验方法

参照标准《浸渍纸层压木质地板》(GB/T 18102—2007)测试纤维板复合电热材料的内结合强度，考察电热层湿稳定性[泡水 24h，(20±3)℃]。

(二)结果与分析

胶合因子除了对电热效应、电热稳定性及热辐射性能产生影响外，还决定着木质电热复合材料的理化性能。其中，IB 作为纤维板及其复合材料的主要力学性能，是衡量其内部抗拉破坏能力的重要指标。碳纤维纸的导入使两基材间胶层厚度增加，为 150～250μm，且电热材料使用过程频繁开关，温度频繁变化，因此具备足够能抵抗长期热老化的 IB 是木质电热复合材料安全使用的关键。此外，通过测试电热材料的 IB 可侧面反映胶黏剂在碳纤维纸中的渗透是否充分，若施胶量不足或渗透不充分，IB 测试破坏则可能发生在电热层中间。从表 5-17 所示测试结果可知，在所采用的单位压力和施胶量范围内 IB 均达到 1.0MPa 以上，且破坏位置均发生在基材(图 5-72)，这与基材质量及力学性能测试操作精度有关。纤维板基材一般经过 160℃以上热压温度及 2.5MPa 以上单位压力热压制备而成，然而在制备木质电热复合材料过程中再度受到压力和热作用是否对其 IB 产生一定的影响也是需要考虑的关键因素。随着单位压力从 0.8MPa 增加到 1.4MPa，IB 测试呈现下降趋势；尤其在 1.2MPa 时下降量最大，IB 降低了 0.23MPa。这表明再次热压作用确实对纤维板基材的强度产生了一定的负面作用。

表 5-17　不同工艺条件下电热材料的 IB

单位压力/MPa	施胶量/(g/m²)	IB/MPa	IB 平均值/MPa	破坏位置
0.8	130	1.56±0.09	1.63	纤维板基材
	170	1.67±0.13		
	210	1.56±0.16		
	250	1.73±0.22		

续表

单位压力/MPa	施胶量/(g/m^2)	IB/MPa	IB 平均值/MPa	破坏位置
1.0	130	1.32±0.22	1.51	纤维板基材
	170	1.36±0.22		
	210	1.42±0.23		
	250	1.93±0.35		
1.2	130	1.12±0.09	1.40	纤维板基材
	170	1.33±0.29		
	210	1.65±0.26		
	250	1.50±0.26		
1.4	130	1.21±0.13	1.40	纤维板基材
	170	1.42±0.17		
	210	1.39±0.18		
	250	1.59±0.41		

注：纤维板基材的 IB 为(1.81±0.43)MPa

图 5-72　0.8MPa 压力及 130g/m^2 施胶量下试件的 IB 测试破坏位置

同时，初步从宏观上观察胶层耐水稳定性，将 50mm×50mm 试件浸没于温度为 25℃水中处理 24h。如图 5-73 所示，试件浸渍后，基材已膨胀，电热层并没有发生开裂或明显膨胀，甚至在铜箔电极处均未发生裂纹，进一步说明胶黏剂充分渗透了整个电热层，这从宏观上为胶合因子对电热层稳定性的影响提供了依据。

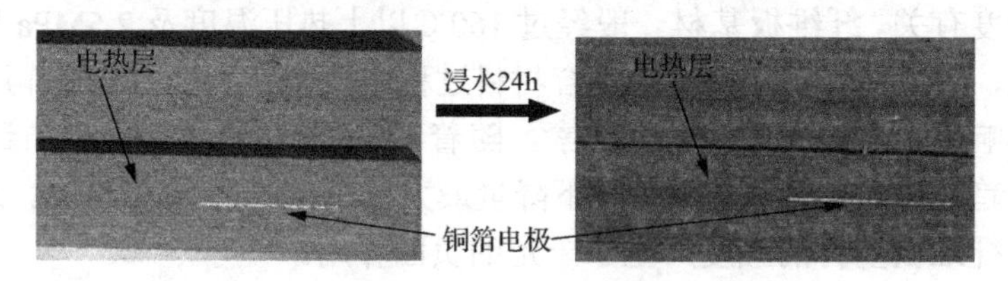

图 5-73　浸水处理前后的电热层截面

第七节　木质电热功能材料的结构与性能

上述从机理上阐述了碳纤维纸的电热机理、胶合材料对木质电热功能材料的电热效应的影响，并进一步从单丝电热机理及胶合工艺对电阻、电热稳定性的影响机理等方面进行了讨论，将为木质电热功能材料的应用制备提供直接的理论基础。当延伸至产品制造时，如电采暖地板、衣柜等，具体的结构设计便非常重要。其中，用于电采暖地板时，电热复合材料结构对地板制造工艺、稳定性及安全性等尤为重要。企业实际生产中，浸渍纸层压木质电热地板一般将电热层置于中间，而实木多层复合电热地板的结构较多，其中置于基材中间和表面第一胶层的结构较为多见。目前关于该类电热材料的传热规律、技术研究报道较少。不同结构及结构优化后的板面传热规律及温度分布是其结构优化设计的重要理论依据。因此，本节通过分析不同结构木质电热功能材料的结构稳定性及理化性能，重点研究电热效应、板面温度不均匀度、热辐射性能及电-热辐射转换效率对其不同结构的响应规律，结合相关传热理论进一步分析其传热规律，开展传热结构优化设计，以提高热有效利用率，为木质电热功能材料在电采暖制品中的应用提供直接的工艺及结构参考。

一、木质电热功能材料的结构设计

(一)试验材料与设备

1)桉树单板：含水率 7%～9%，厚度 2.4mm，幅面 300mm×160mm。

2)纤维板：厚度有 3mm、5mm、9mm，密度为 750kg/m^3，幅面为 300mm×160mm，购自福州三爱富木业有限公司。

3)竹薄板：平压，厚度 4.5mm，幅面为 300mm×160mm。

4)铝箔：单面带亚克力水胶，厚 0.06mm(包括胶层和铝箔厚度)，购自深圳市美成胶黏剂制品有限公司。

5)隔热反射膜：X-PE 压膜单面加铝箔，25P，厚度 2.5mm；其中，铝箔层厚度为 0.02mm；购自上海睿坚实业有限公司。

6)双组分聚异氰酸酯乳液型胶黏剂：太尔化工(上海)有限公司产，Prefere 6150；固化剂 Prefere 6653；胶粉∶固化剂=100∶15。

相关试验设备参见本章第二节至第四节。

(二)木质电热功能材料的结构设计与制备

采用台丽碳纤维纸(TCP)按图 5-2 所示结构制备成电热膜，备用。

1. 多层实木复合电热材料的结构设计与制备工艺

多层实木复合电热材料的结构见图 5-74，七层单板复合，电热膜分别置于第 1、第 2 层(a 结构)，第 2、第 3 层(b 结构)，第 3、第 4 层(c 结构)单板之间。

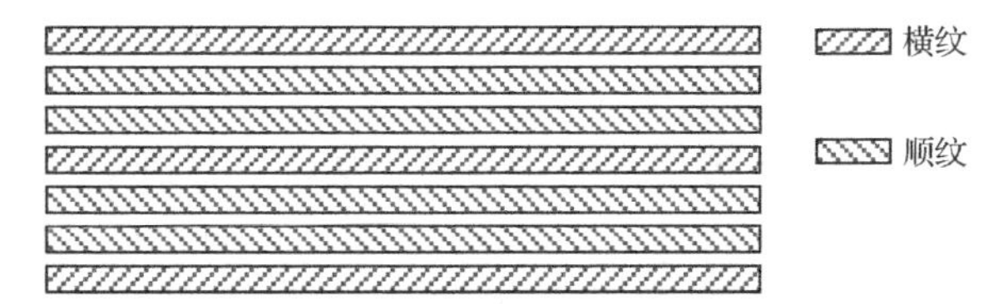

图 5-74　多层实木复合电热材料的结构

热压制备工艺：单位压力为 1.3MPa；双面施胶量为 210g/m^2；热压时间为 1.5min/mm；

设上下压板温度均为(130±5)℃；电热膜上下单板均施胶。

2. 纤维板复合电热材料的结构设计与制备工艺

(1)结构设计

d 结构：3mm 厚纤维板作为面层材料，9mm 厚纤维板作为芯材；底层采用 1.5mm 厚杨木单板作为平衡层，见图 5-75。

e 结构：5mm 纤维板作为基材，电热膜置于两层基材中间，见图 5-75。

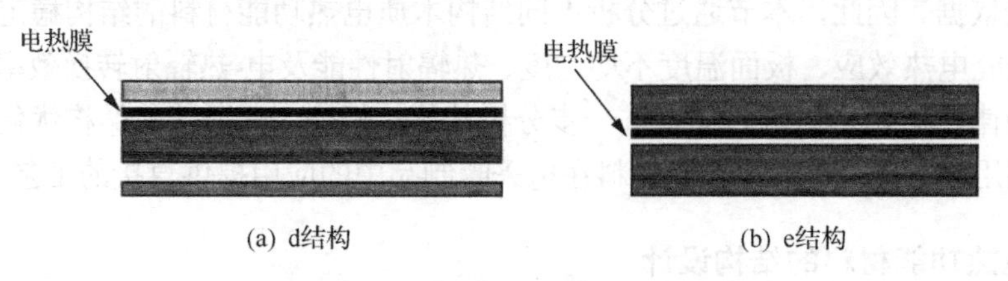

(a) d结构　(b) e结构

图 5-75　纤维板复合电热材料的结构

(2)热压制备工艺

单位压力为 1.3MPa，双面施胶量为 210g/m^2，热压时间为 1.3min/mm，上下压板温度设为(130±5)℃；电热膜上下基材均施胶。

3. 木竹复合电热材料的结构与制备工艺

(1)结构设计

f 结构：4.5mm 厚竹薄板作为面层材料，11mm 厚多层实木基材作为芯材，平衡层采用 1.5mm 厚杨木单板，如图 5-76 所示。

g 结构：4.5mm 厚竹薄板作为面层材料，9mm 厚高密度纤维板作为芯材，平衡层采用 1.5mm 厚杨木单板，如图 5-76 所示。

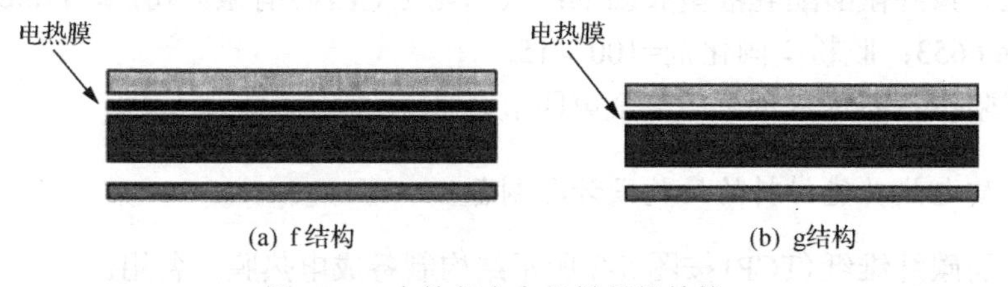

(a) f 结构　(b) g结构

图 5-76　木竹复合电热材料的结构

(2)热压制备工艺

单位压力为 1.3MPa，双面施胶量为 210g/m^2，热压时间为 1.3min/mm，上下压板温度设为(130±5)℃。

4. 木质电热功能材料的传热结构优化

基于上述传热性能、理化性能较优的三种结构基材。分别采用铝箔、隔热反射膜贴覆在复合材料底部，以改善其热利用率。其中，铝箔为单面带胶，直接贴覆板底。此外，隔热反射膜与板底面通过双组分聚异氰酸酯乳液型胶黏剂进行复合，辊涂单面施胶量为 180g/m^2，单位压力为 0.6MPa，冷压 2h。

二、不同结构木质电热功能材料的电热性能

(一)试验方法

各种复合电热材料放置 48h 后，采用图 5-1 所示装置测试电热性能。测试环境温度保持(18±1)℃，湿度保持(22±2)%。测试时，电热材料架于两根铺在隔热反射膜上的方木条(截面尺寸为 20mm×20mm)之上，如图 5-1 所示。

设 5 个功率密度水平：100W/m²、200W/m²、300W/m²、400W/m²、500W/m²；通过调压器调节相应的电压控制输入相应的功率密度。采用四通道温度记录仪，记录 40min 内的温升情况后，断电，记录 40min 内的温降情况，记录时间间隔设为 10s。采用红外热像仪，测试板面表面温度分布情况。

(二)结果与分析

1. 多层实木复合电热材料的电热性能

(1)时间-温度效应

从图 5-77 可知，三种结构多层实木复合电热材料均呈现良好的电热效应，升温速率

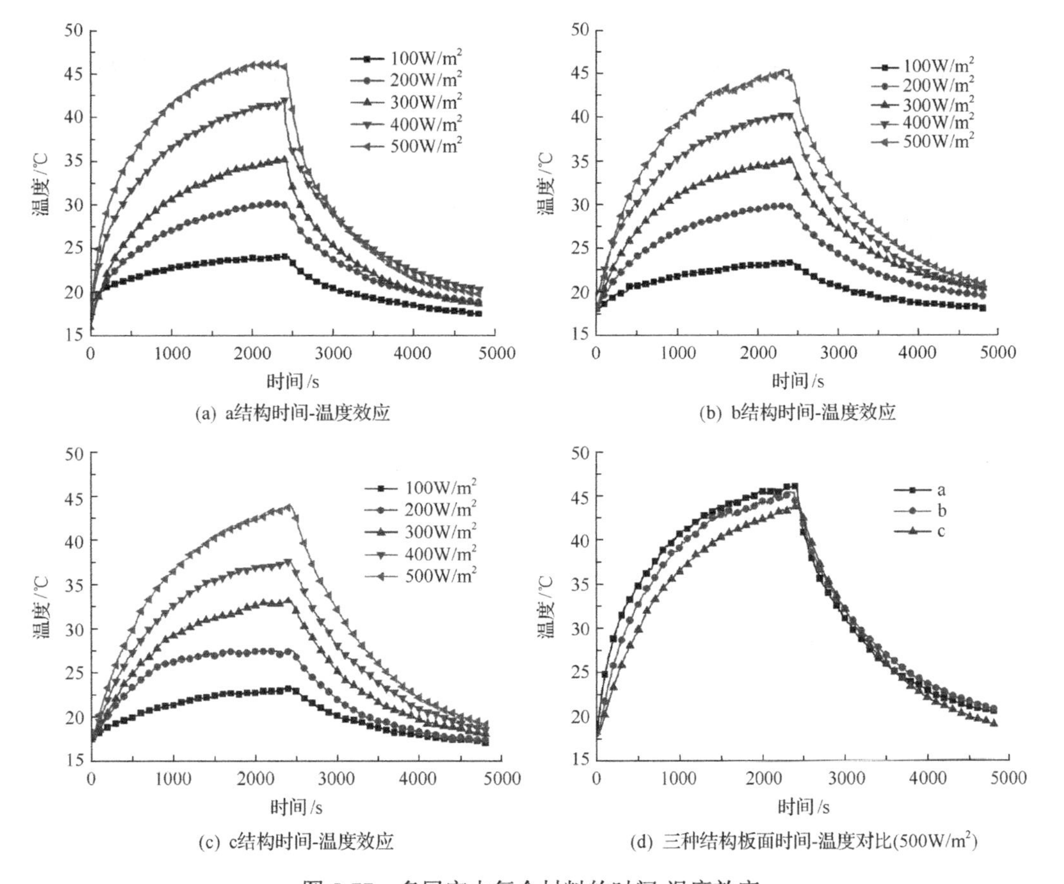

(a) a结构时间-温度效应

(b) b结构时间-温度效应

(c) c结构时间-温度效应

(d) 三种结构板面时间-温度对比(500W/m²)

图 5-77　多层实木复合材料的时间-温度效应

随输入功率密度增加而增大。通电初期，电热层与板面和空气存在较大的温度梯度，表面温度迅速上升。之后，随着温度梯度减弱，板面散热速率逐步接近发热速率，板面温度逐渐稳定。其中，a 结构温升较大，在 400W/m^2 功率密度下，21min 时可实现 20℃温升；500W/m^2 时，实现 20℃温升用时缩短至 13min。b 结构中，在 400W/m^2 下，35min 时可实现 20℃温升；500W/m^2 时，实现 20℃温升用时 15min。c 结构中，在 400W/m^2 下，40min 时未能实现 20℃温升；500W/m^2 下，实现 20℃温升需 20min。通过图 5-77(d)可更加直观地观察电热层位置对升温影响的规律，随着电热层向中间层移动，板面温升及其速率略有降低。

电热层通电发热后，与四周木质材料均存在温度梯度，并向四周进行热传导。研究不同结构电热材料表面和底面温度分布对优化其结构、提高热利用率有很好的指导意义。图 5-78 表明，当电热层置于近表层时，如 a 结构板表面温度较板底面温度高 5.25℃，且底面升温滞后较显著；电热层越接近中间层时，板表面温度降低，板底面升温滞后性减小，板底面温度升高，如 c 结构板表面温度低于板底面温度 4.95℃。这是由于板底面的散热空间相对小(板底面与保温材料之间的空间狭小)，底部空气易蓄热，界面温差 ΔT 较小，散热速率降低(戴锅生，1991)，蓄热速率增大，进而使板底面温度升高。从理论上讲，随着电热层下移，在相同电热功率下，电热层上部的木质材料体积增大，蓄热更

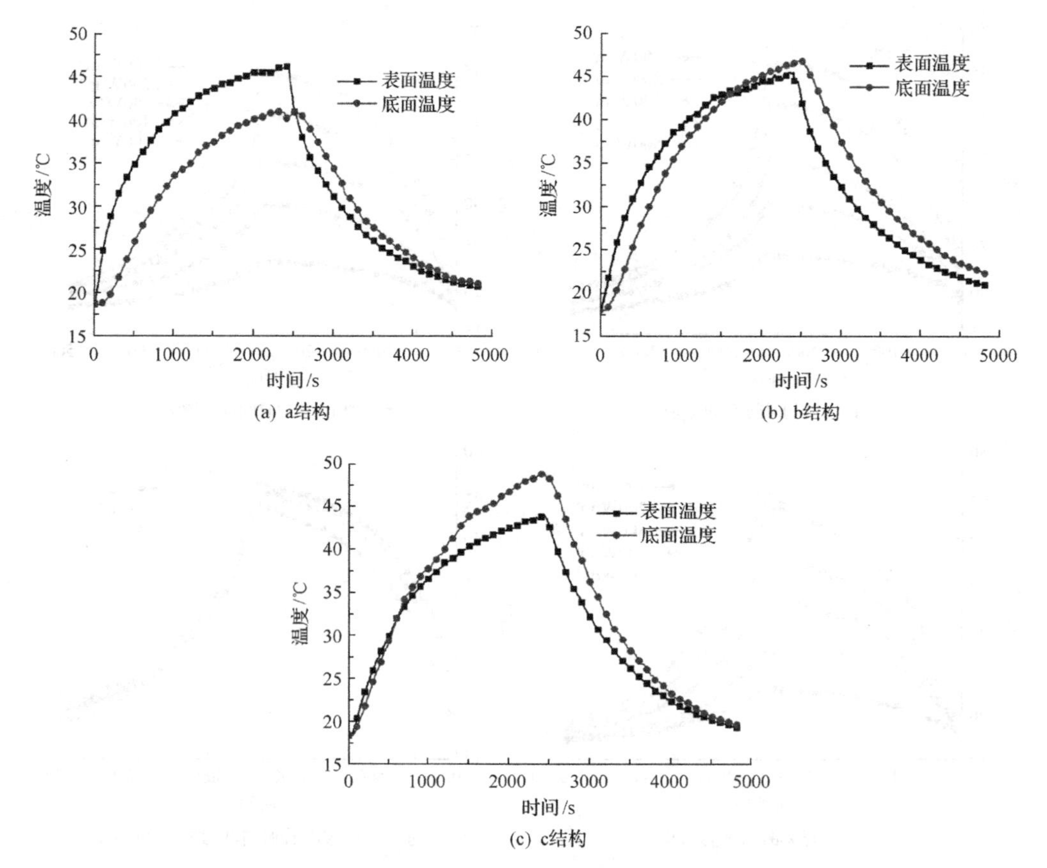

图 5-78　三种结构电热材料板表面和板底面的时间-温度效应(500W/m^2)

多，导致换热速率降低，由于板表面温升与换热速率成正比关系(戴锅生，1991)，板表面温度下降。因此，电热层越接近采暖空间，有效热利用率越高。

(2) 电热层位置对板表面温度分布的影响

从红外热成像图(图 5-79)可知，电热层位置对温度分布有一定影响。木材虽是热的不良导体，但具有一定的导温性能(Yu et al.，2011；Kawasaki and Kawai，2006)。当电热层置于近表层，如 a 结构，其中心框评价区域中温度不均度为 5.28℃；随着电热层下移，垂直交错的木质层厚度增大，导温能力增强，板表面温度不均度有所减小，b 结构不均匀度为 4.33℃，c 结构不均匀度为 4.26℃。

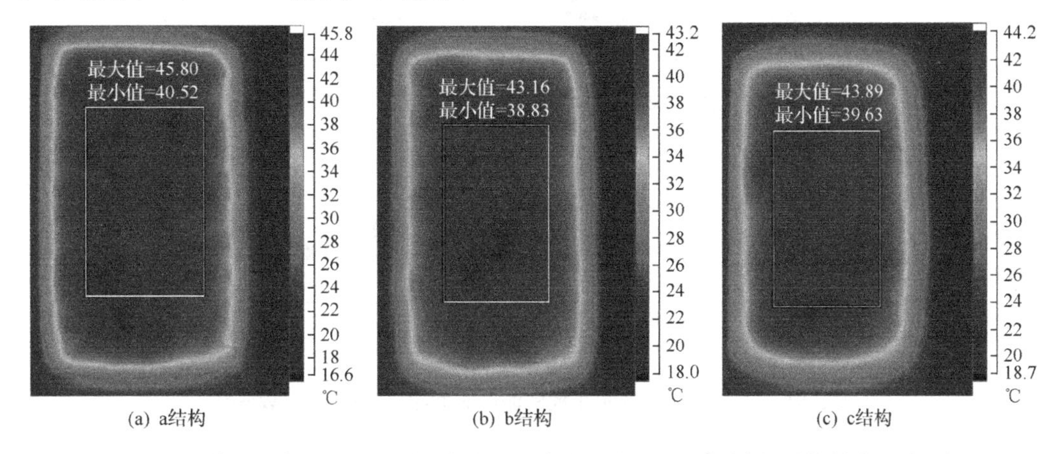

(a) a结构　(b) b结构　(c) c结构

图 5-79　电热层在不同位置时的板表面温度分布(500W/m^2)(彩图请扫封底二维码)

2. 纤维板复合电热材料的电热性能

(1) 时间-温度效应

从图 5-80 所示可见，400W/m^2 时，d 结构需 29min 达到 20℃温升，e 结构用时 40min；500W/m^2 时，d 结构用时 17min 达到 20℃温升，e 结构用时 18.5min。40min 后，板表面均降低至初始温度。因此，电热层置于近表层时，其温升及其速率均较大。输入功率密度越低，其优势越显著。

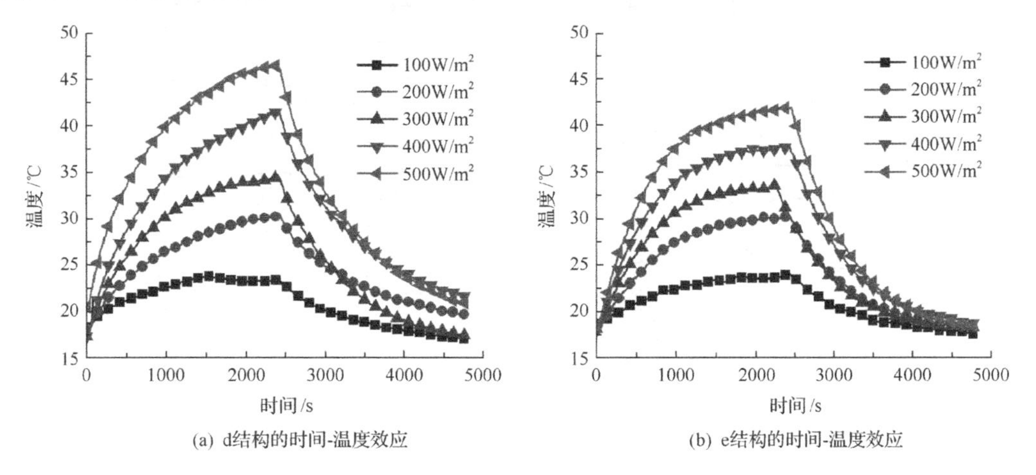

(a) d结构的时间-温度效应　(b) e结构的时间-温度效应

图 5-80　两种结构纤维板复合电热材料的时间-温度效应

d 结构板表面温度及升温速率均高于 e 结构，这与上述多层实木复合电热材料电热效应的分析结果相似。如图 5-81 所示，500W/m^2 时，d 结构板表面温度比板底面温度高 4.5℃，随着电热层下移，e 结构板表面温度比板底面温度低 3℃。当电热层位于中间层时(e 结构)，板底面温度比 d 结构高约 6℃，说明电热层距离板表面越远，越不利于提高热有效利用率。

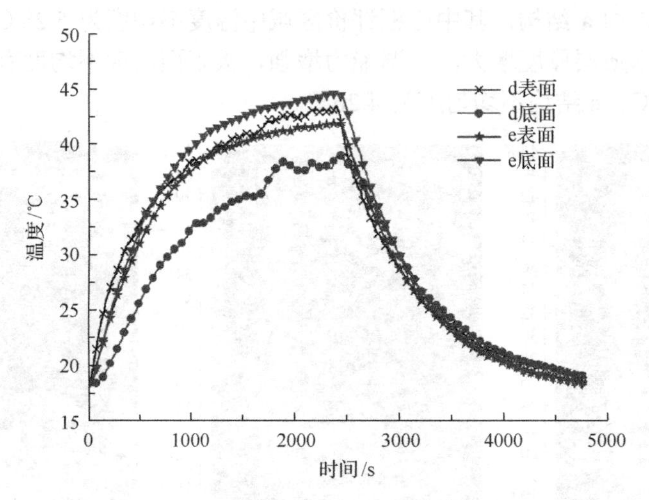

图 5-81　两种结构板表面和板底面的时间-温度效应(500W/m^2)

(2)板表面温度分布

纤维板材质均匀，因此有利于降低板表面温度不均匀度。由图 5-82 可知，随着电热层下移，上部木质层厚度增加，传热时间延长，为材料内部热量扩散均匀预留更多时间。例如，e 结构中间区域的温度分布更加均匀，温度不均匀度为 4.01℃；反之，d 结构板表面温度不均匀度增大，达到 5.73℃。

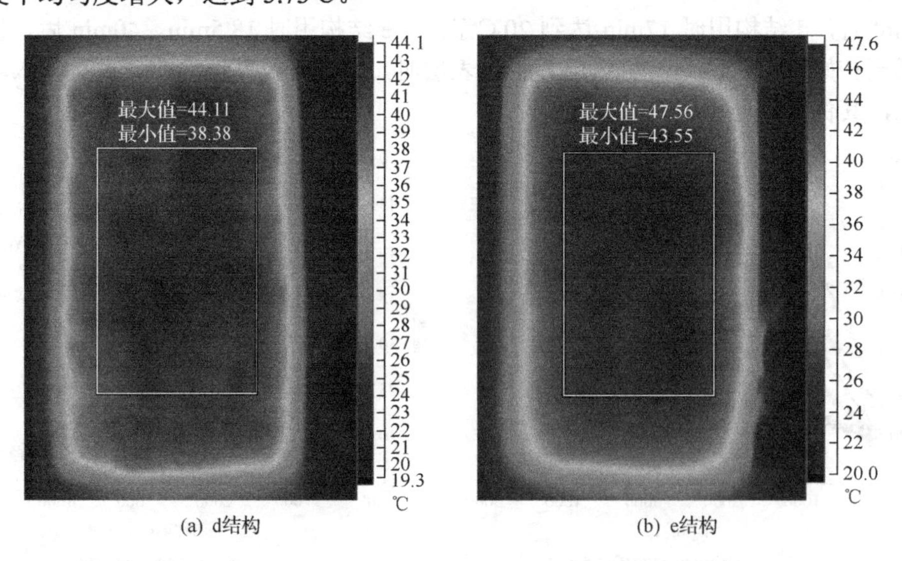

(a) d结构　　(b) e结构

图 5-82　d 和 e 结构纤维板复合电热材料表面温度分布(500W/m^2)(彩图请扫封底二维码)

3. 木竹复合电热材料的电热性能

(1)时间-温度效应

两种结构木竹复合电热材料的主要区别在于中间层的基材不同，分别是 11mm 厚的 5 层胶合板、9mm 厚的高密度纤维板，导致其时间-温度效应也有所不同。如图 5-83 所示，400W/m^{2}时，达到 20℃温升，f 结构需 28min，g 结构需 24min；500W/m^{2}时，f 结构需 19min 达到 20℃温升，g 结构用时 18min，功率增大实现相同温升所需时间差距缩小。因此，两种结构在 400W/m^2 功率密度时均能在 30min 内达到 20℃温升；300W/m^{2}以下，均未能达到 20℃温升。

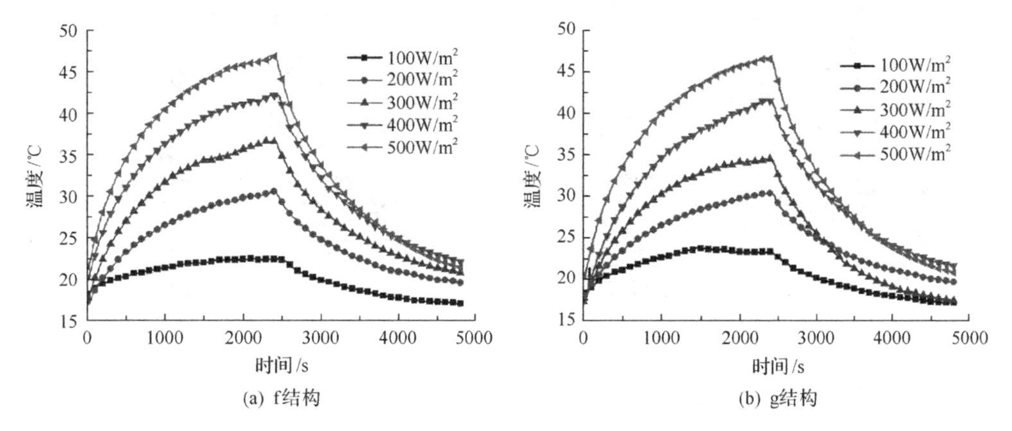

图 5-83　f 和 g 结构木竹复合电热材料的时间-温度效应

两种结构表层均为 4.5mm 厚竹板，由图 5-84 可知，两种结构的板表面温升和温降曲线基本重合。由于电热层以下的木质层厚度及材质不同，板底面温度升降曲线存在一定的差异。升温过程中，g 结构达到的最大温升 ΔT_m=23.1℃，f 结构的最大温升为 21.0℃。但在降温过程中，f 结构板底面的温降相对缓和，胶合板保留天然木材的多孔结构，潜热性能比纤维板稍好。此外，潜热性能也与底层材料的厚度有关，底层胶合板比纤维板厚，断电后蓄热量大，因此更加缓慢地释热，这与不同材质地暖地板潜热性能研究的分析结果相似(Seo et al., 2011)。

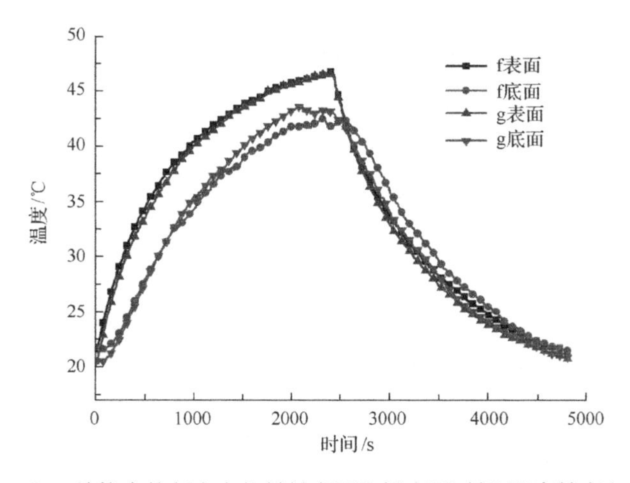

图 5-84　f 和 g 结构木竹复合电热材料表面和板底面时间-温度效应(500W/m^2)

(2)温度分布情况

木竹复合电热材料表层均为竹薄板，两种结构发热均匀性近似。通过红外热像仪分析可知，f 结构温度不均匀度为 4.78℃，g 结构温度不均匀度为 5.33℃，如图 5-85 所示。

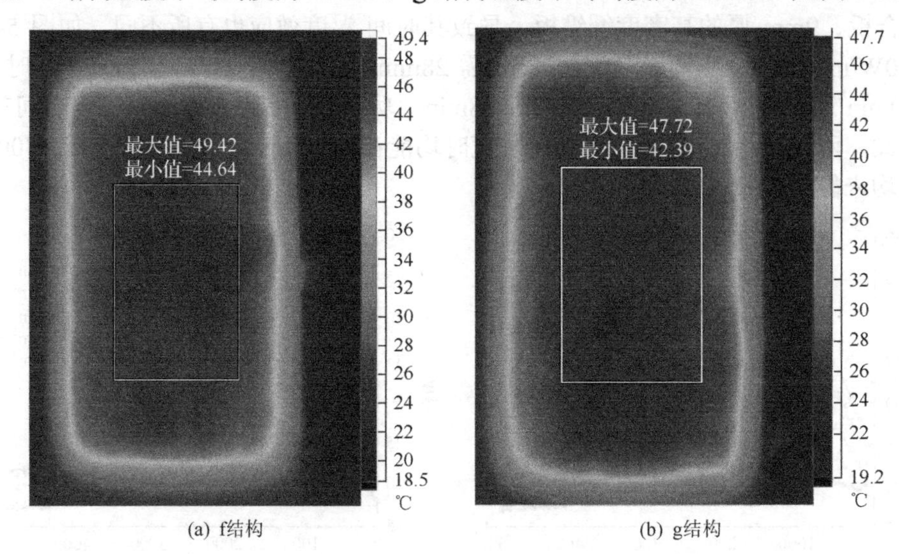

(a) f结构　(b) g结构

图 5-85　两种结构木竹复合电热材料表面温度分布(500W/m²)(彩图请扫封底二维码)

4. 木质电热功能材料的传热理论分析

电热膜通电 5min 便达到稳定工作状态，启动速率很高(Yuan and Fu，2014)。在木质电热功能材料中，电热层通电产生的焦耳热，同时通过热传导和热辐射传递给复合材料，使板面温度升高；板面以对流和辐射形式将热量向外释放(姚武和张超，2007)。

根据能量守恒定律，电热层通电转换的热量(焦耳热量)应等于电热材料的总蓄热量和与环境间的交换热量之和；因此，升温过程能量存在式(5-7)的关系(姚武和张超，2007)。

$$dQ = dQ_h + dQ_x \tag{5-7}$$

式中，dQ 为发热量的微增量；dQ_h 为换热量的微增量；dQ_x 为蓄热量的微增量。

$$dQ = Pdt \tag{5-8}$$

$$dQ_h = Fa_t\Delta Tdt \tag{5-9}$$

$$dQ_x = cmd(\Delta T) \tag{5-10}$$

式中，a_t、c、m 分别为板面与环境间的总换热系数、电热材料的比热和质量。

此处，电热材料包含胶层、电热单元、木竹材料，且木竹材料存在各向异性，计算等效比热较为复杂。

板面的总换热系数(对流辐射换热系数)a_t与板面 T_s 和环境 T_0 之间的温差 ΔT 近似成正比关系(戴锅生，1991)，一般表示为式(5-11)：

$$a_t = a + b(T_s - T_0) = a + b\Delta T \tag{5-11}$$

实际上，总换热系数与材料的导热系数及环境间的温差等因素有关。

将式(5-8)～式(5-11)代入式(5-7)，即

$$P\mathrm{d}t = F(a + b\Delta T)\Delta T\mathrm{d}t + cmd(\Delta T) \tag{5-12}$$

变形为

$$(a + b\Delta T)F\Delta T + cm\frac{\mathrm{d}(\Delta T)}{\mathrm{d}t} = P \tag{5-13}$$

参考唐祖全等(2002)的理论分析，通过求解得到温升与加载时间的关系，见式(5-14)：

$$\Delta T = \frac{\left[A - \frac{a}{2b}\right]\left[1 - \mathrm{e}^{-\frac{2FbA}{cm}t}\right]}{1 - \frac{a - 2bA}{a + 2bA}\mathrm{e}^{-\frac{2FbA}{cm}t}} \tag{5-14}$$

式中，$A = \sqrt{\frac{P}{Fb} + \frac{a^2}{4b^2}}$；由于，$\Delta T = T_s - T_0$，因此，电热材料板面温度与加载时间的关系可用式(5-15)近似表示：

$$T_s = \frac{\left[A - \frac{a}{2b}\right]\left[1 - \mathrm{e}^{-\frac{2FbA}{cm}t}\right]}{1 - \frac{a - 2bA}{a + 2bA}\mathrm{e}^{-\frac{2FbA}{cm}t}} \tag{5-15}$$

由此可知，在升温过程中，电热材料板面温度随着时间增加呈单调上升趋势，两者是一种指数函数关系。温度与通电时间、功率、界面温差、电热材料的比热和质量等均有关。为验证这种关系，通过 Origin 分析软件拟合三种结构木质电热功能材料(a、b、c 结构)$500\mathrm{W/m^2}$功率密度下的时间-温度关系[式(5-16)～式(5-18)]，如图 5-86 所示。三种结构的时间-温度拟合相关系数 R^2 分别为 0.9995、0.9989、0.9996。因此，可知温升规律的确是指数函数曲线趋势。

$$T_s = 17.9163 + 22.2751(1 - \mathrm{e}^{-0.0012t}) + 7.0552(1 - \mathrm{e}^{-0.0095t}) \tag{5-16}$$

$$T_s = 17.3066 + 25.0349(1 - \mathrm{e}^{-0.0013t}) + 3.9647(1 - \mathrm{e}^{-0.0057t}) \tag{5-17}$$

$$T_s = 17.23 + 22.9899(1 - \mathrm{e}^{-0.0015t}) + 1.2888 \times 10^9 (1 - \mathrm{e}^{-1.333\times10^{-12}t}) \tag{5-18}$$

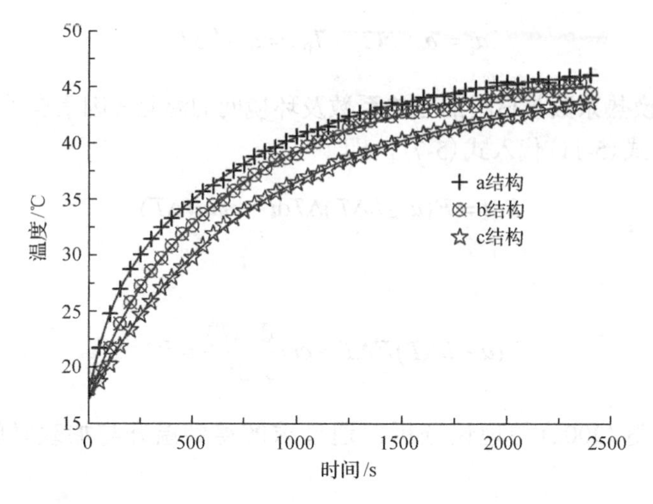

图 5-86　三种结构(a、b、c)电热材料的升温时间-温度拟合曲线

当 $P=P_h$ 时，即板面温度达到平衡状态，ΔT 达到最大温升 ΔT_m。当通电一段时间后，板面散热速率与单位时间产生的焦耳热趋于平衡时，电热材料板面温度也将趋于恒定。其中，电热材料单位时间内的综合换热量 P_h 采用工程传热学中常用的牛顿冷却公式来表示，其主要取决于板面换热系数 a_t 和其与换热环境间的界面温差 ΔT(姚武和张超，2007)，如式(5-19)所示：

$$P_h = Fa_t\Delta T = F(a + b\Delta T)\Delta T \tag{5-19}$$

式中，F 为电热材料板面的有效换热面积，即电热板六个面的总面积。但考虑到电热层面积小于板表面面积，造成板面边缘和四个侧面的温度较上下表面中间区域低很多，因此需计算其等效发热面。

通电后，P_h 随着 ΔT 增大逐渐接近 P。当电热材料板面温度达到平衡状态，即 $P=P_h$ 时，温差 ΔT 达到最大值 ΔT_m，即

$$P_h = Fa_t\Delta T_m = F(a + b\Delta T_m)\Delta T_m = P \tag{5-20}$$

得到

$$F(a + b\Delta T)\Delta T = P(\Delta T \geqslant 0) \tag{5-21}$$

求解得到

$$\Delta T_m = \sqrt{\frac{P}{Fb} + \frac{a^2}{4b^2}} - \frac{a}{2b} \tag{5-22}$$

因此，可知温升与发热功率并非纯粹的线性关系，而是呈现幂函数曲线趋势。然而，在本章第二节结果分析中单丝功率密度与温升，在单位功率为 10～30W/m 时呈现较高的线性相关度；前期研究加载 100～500W/m² 功率密度时，功率密度与温升也是呈现较好的线性相关(Yuan and Fu，2014)。此外，碳纤维水泥复合材料的电热性能研究也证明了

加载功率与最大温升的线性关系(姚武和张超，2007)。而本试验与唐祖全等(2002)的理论分析均得到了稳定温升与输入功率的幂函数关系。

所得结论的差异在于对式(5-20)中的 a_t 存在不同理解。前者在一定功率范围内，通过线性方程拟合得出了较好的线性关系，因此在该功率范围内将 a_t 视为恒定值(姚武和张超，2007)。但在式(5-11)中明确了 a_t 与温差 ΔT 近似呈现线性关系，且 ΔT 还受到输入功率 P 的制约，因此换热系数并不恒定，而是随输入功率 P 的增大而增大。因为功率增大，单位时间形成更多的热量，板面与环境的温度场梯度更大，因此换热更快，换热量更多。

试验采用 Origin 分析软件自带的线性方程($y=a+bx$)和 Belehradek 幂函数方程[$y=a(x-b)^c$]，同时拟合该三种结构(a、b、c 结构)的功率密度与温升关系(图 5-87)。

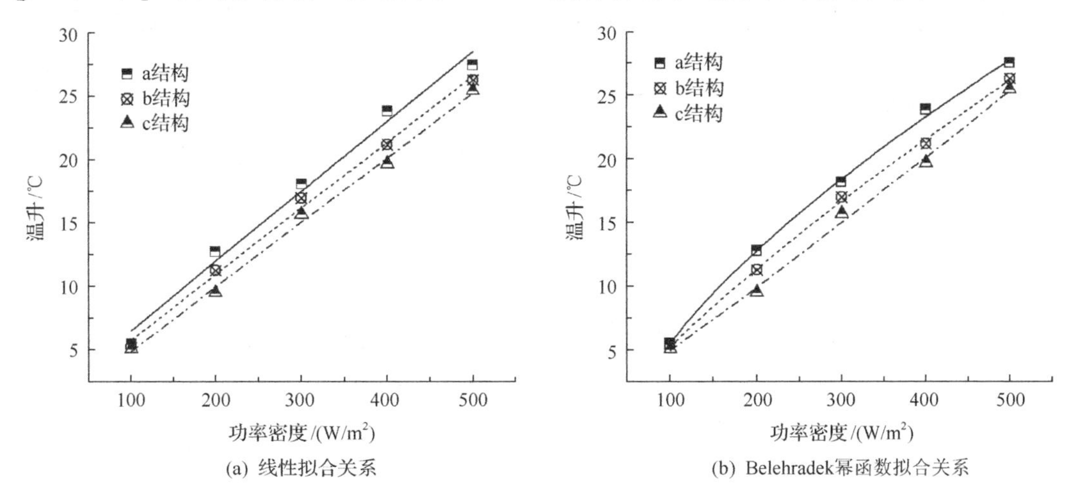

图 5-87 三种结构(a、b、c)电热材料的功率密度与温升的拟合关系

三种结构线性拟合关系见式(5-23)～式(5-25)，相关性 R^2 分别为 0.984、0.994、0.996:

$$y = 0.995 + 0.055x \tag{5-23}$$

$$y = 0.560 + 0.052x \tag{5-24}$$

$$y = -0.205 + 0.051x \tag{5-25}$$

三种结构幂函数拟合关系见式(5-26)～式(5-28)，相关性 R^2 分别为 0.997、0.998、0.993:

$$y = 0.459 \times (x - 60.935)^{0.674} \tag{5-26}$$

$$y = 0.209 \times (x - 40.844)^{0.788} \tag{5-27}$$

$$y = 0.040 \times (x + 4.991)^{1.038} \tag{5-28}$$

通过对比两种拟合关系，可知在该功率密度范围内两种拟合方式均能较为精确地表达功率与温升的关系。但结合上述理论分析，在更宽的功率范围内，幂函数方程关系较为适用。该规律可为实施温度监控及产品目标功率的设计提供参考。

5. 木质电热功能材料的传热结构优化

(1)铝箔热反射结构优化

基于热利用率最大化原则，采用热反射层对上述最优的三种结构(a、e、f 结构)进行复合优化，以降低从板底散失的热量。目前市场上电热地板产品大都采用铝箔贴覆在地板背面，以期起到防潮及热反射作用。铝箔本身是导热材料，其隔热作用有待讨论。

图 5-88 是三种结构电热材料板底粘贴铝箔前后的时间-温度效应(加载功率密度均为 500W/m^2)，可见三种结构板底贴覆铝箔前后的变化各不相同，说明隔热效果也取决于电热层所在位置。如图 5-88(a)所示，贴覆铝箔后 a1 结构板面和板底的温升均较 a 结构稍高，分别提高了 1℃和 2℃左右。此外，图 5-88(b)e1 结构中，电热层置于中间层，板底贴覆铝箔前后的升、降温规律差异明显。在相同功率密度下，e1 板面和板底的温度均高于 e 结构。板底最大温升高于 e 结构 6.1℃，表面最大温升高 3.9℃。此外，贴覆铝箔后，e1 结构升温速率均有提高，降温速率有所减缓，说明贴覆铝箔有助于提高该种结构复合材料的潜热性能。相对电热层置于中间层偏上的 a1 结构和 f1 结构[图 5-88(c)]，e1 结构的潜热性能改善较明显。f1 结构中，电热层置于近中间层(偏上)，相对 f 结构表底面温升速率稍有提高，但最大温升相差无几，降温曲线差距很小。

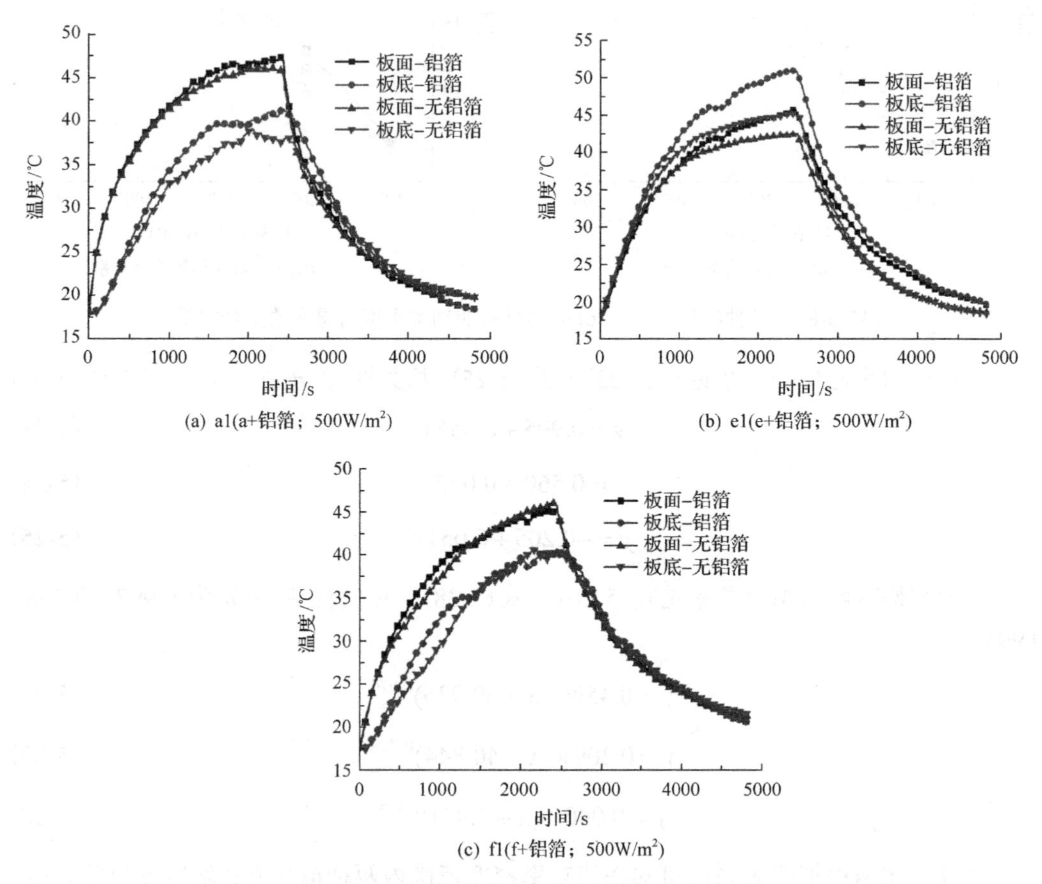

图 5-88　三种铝箔优化结构的时间-温度效应

通过上述比较分析，可知板底贴覆铝箔效果是否明显，还需考虑电热层的复合位置。

但可知板底贴覆铝箔后，板底温度呈升高趋势，导致板底与底部空间温差会有所增加，进而加快换热速率。

(2)隔热反射膜结构优化

为进一步优化木质电热功能材料的结构，降低板底散热损失，提高热有效利用率。在三种结构板底贴覆隔热膜，因多孔隔热膜的热阻较大，结合铝箔的热辐射反射作用，底部换热的热阻增大。从图 5-89 可以看出，各种结构底部复合隔热膜后，板面温度及温升速率均有不同程度提高，板底温度均有一定程度的降低，恰与板底贴覆铝箔的效果相反。

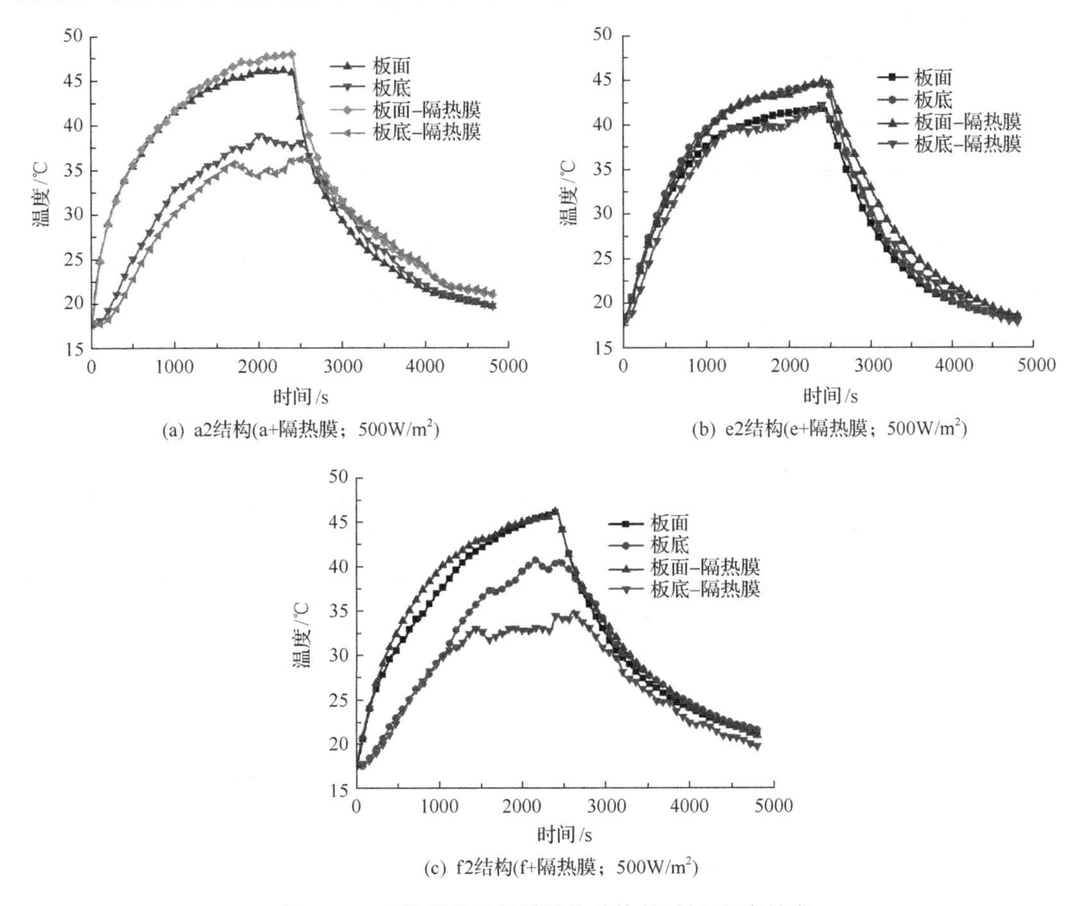

(a) a2结构(a+隔热膜；500W/m²)　(b) e2结构(e+隔热膜；500W/m²)

(c) f2结构(f+隔热膜；500W/m²)

图 5-89　三种隔热反射膜优化结构的时间-温度效应

在 500W/m² 功率密度下，a2 结构板面最大温升为 30.0℃，较 a 结构提高了 2℃左右；板底温升为 18.7℃，较 a 结构降低了 2.5℃；板面达到 20℃所需时间从 11.5min 缩短至 10.7min。e2 结构板面温升为 26.9℃，较 e 结构提高了 3℃左右；板底温升为 24.5℃，较 e 结构降低了 2℃左右；板面达到 20℃所需时间从 18.5min 缩短至 15.5min。f2 结构板面温升为 28.15℃，与 f 结构 28.35℃相近，但其板底温升为 17.25℃，较 f 结构 23.3℃降低了 6℃；板面达到 20℃温升所需时间从 17.7min 缩短至 14.3min，温升速率得到提高。

由上可知，板底复合隔热膜后，既可提高升温速率，又可提高温升，三种结构温度达到 20℃所需时间最长可缩短 3min，板底温升最高可降低 6℃，有助于提高热有效利用率。

三、不同结构木质电热功能材料的热辐射性能

（一）试验方法

各种结构木质电热功能材料的热辐射性能测试条件为：按 500W/m^2 功率密度通电 40min，在发热稳定状态下进行测试。试样委托国家红外及工业电热产品质量监督检验中心，采用 OL-750 型自动分光辐射测试系统，参考标准《红外辐射加热器试验方法》(GB/T 7287—2008)、《低温辐射电热膜》(JG/T 286—2010)测试法向全发射率、电-热辐射转换效率及辐射波长范围。

（二）结果与分析

法向全发射率是衡量电热材料全波长范围热辐射性能的主要指标之一，本试验及已有研究结果均表明碳素电热材料均具有良好的热辐射性能，然而当其植入木竹复合材料后，因红外线同样具有电磁波反射、透射及散射等性质，以及表层木质材料也存在一定介电性质(Hollertz，2014；Svrzic and Todorovic，2011；Kol，2009；Fu and Zhao，2007)，将对电热层发出的热辐射产生一定影响。本试验 7 种结构木质电热功能材料加载 500W/m^2 功率密度下的法向全发射率及电-热辐射转换效率如表 5-18 所示。各种结构电热材料的发射率均达到 0.87 以上，且各种结构间的热辐射性能因基材类别及尺寸的差异变化不大。例如，在多层实木复合电热材料中，随着电热层下移接近中间层时，法向全发射率有微小减弱，从 0.883(a 结构)降低到 0.881(c 结构)。热辐射基体的发射率易受到表面覆盖材料的形貌及厚度影响(曹伟伟，2009)，尽管木质电热功能材料中电热层上下木竹材料材质、厚度各不相同，但对法向全发射率影响很小。电热材料发射出的红外波长主要集中在 4～25μm，属于长波红外。较早的木材红外干燥技术理论研究已表明木材中纤维素、半纤维、木质素及水分均是红外波的强吸收体。例如，纤维素的吸收率为 60%～80%，对 2.5～20μm 的红外波较为敏感(梁健辉，1991；王德安，1983a，1983b，1983c)。此外，红外波对木材的透射能力很弱，对 0.1mm 厚的川松薄木透射率仅有 5%，说明木材对红外波的吸收能力非常强(王德安，1983a，1983b，1983c)。通电发热后，距离电热膜的近表层木竹材料中红外敏感体(纤维素等)首先吸收红外波，并相应发出红外波，呈现辐射、吸收、再辐射、再吸收的辐射传热过程(王德安，1983a，1983b，1983c)，因此木质电热功能材料也发出相应波长红外波，同样具有较高的红外发射率。

表 5-18　不同结构木质电热功能材料的热辐射性能

试样	法向全发射率	电-热辐射转换效率(双面)/%
a 结构	0.883	82.27
b 结构	0.881	78.55
c 结构	0.881	71.61
d 结构	0.878	81.54
e 结构	0.880	69.59
f 结构	0.882	64.06
g 结构	0.879	74.63

然而，电-热辐射转换效率却因结构不同产生显著变化。例如，多层实木复合电热材料随电热层下移，转换效率明显降低，从 82.27%降低到 71.61%，下降量为 10.66%。纤维板复合电热材料的电热层移至中间层，电-热辐射转换效率从 81.54%降至 69.59%；而木竹复合电热材料中，当芯材为 11mm 厚的胶合板时，电-热辐射转换效率较低，为 64.06%，当芯材为 9mm 纤维板的电热材料时电-热辐射转换效率为 74.63%，说明电热层越接近表面，其热辐射损耗越小。

四、不同结构木质电热功能材料的理化性能

(一)试验方法

参照《地采暖用木质地板》(LY/T 1700—2007)测试各种材料的耐热尺寸稳定性、耐湿尺寸稳定性；参照《实木复合地板》(GB/T 18103—2013)测试多层实木复合电热材料及木竹复合电热材料的浸渍剥离性能；参照《浸渍纸层压木质地板》(GB/T 18102—2007)测试纤维板复合电热材料的 IB。

(二)结果与分析

1. 多层实木复合电热材料的理化性能

(1)耐热尺寸稳定性及耐湿尺寸稳定性

电热层的植入关键需考虑的是结构平衡及其引起的尺寸稳定性问题。经过耐湿和耐热试验后，尺寸稳定性见表 5-19，均达到标准 LY/T 1700—2007 要求，耐热收缩率≤0.16%。这表明电热层的植入对多层实木复合电热材料的整体尺寸稳定性影响不明显。

表 5-19 多层实木复合电热材料的耐热、耐湿尺寸稳定性

试样	耐热尺寸稳定性		耐湿尺寸稳定性	
	长度变化率 ΔL/%	宽度变化率 ΔW/%	长度变化率 ΔL/%	宽度变化率 ΔW/%
a 结构	0.12	0.11	0.08	0.09
b 结构	0.16	0.16	0.11	0.05
c 结构	0.16	0.06	0.09	0.07

(2)浸渍剥离性能

浸渍剥离试验后，所有试样均未发现胶层开裂现象，三种结构试样经处理后的端面见图 5-90。这是因为电热纸具有优异的渗透性，胶液易渗透电热膜并形成良好的胶合。然而，由于单板吸胶量及表面粗糙度较大，施胶量虽为 210g/m^2，但单板将会损耗大部分胶用于渗透其粗糙的表面。

2. 纤维板复合电热材料的理化性能

(1)耐热尺寸稳定性及耐湿尺寸稳定性

从表 5-20 看出，两种纤维板复合电热材料的耐热尺寸稳定性均小于 0.4%，达到 LY/T 1700—2007 标准的要求。该标准一般用于测试地板产品，本试验采用的基材纤维板，其

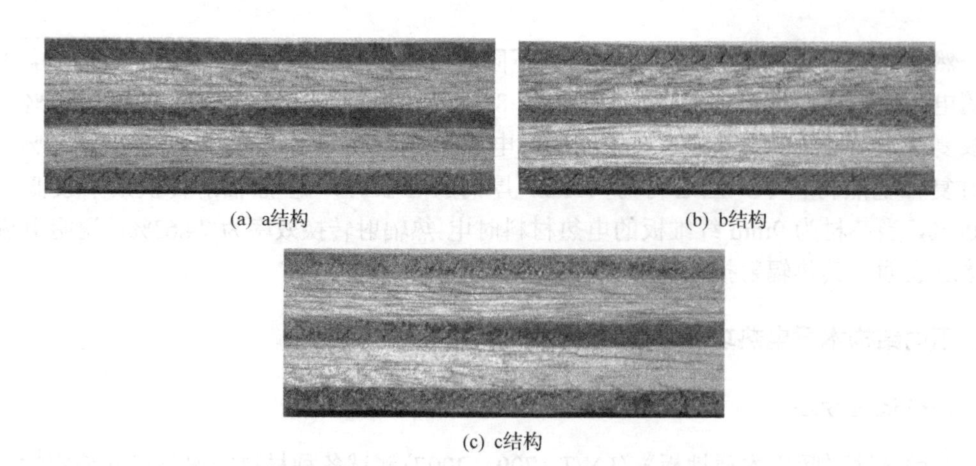

(a) a结构 (b) b结构

(c) c结构

图 5-90 浸渍剥离试验后试样端面

表 5-20 纤维板复合电热材料的耐热、耐湿尺寸稳定性

试样	耐热尺寸稳定性		耐湿尺寸稳定性	
	长度变化率 Δ*L*/%	宽度变化率 Δ*W*/%	长度变化率 Δ*L*/%	宽度变化率 Δ*W*/%
d 结构	0.27	0.21	0.14	0.36
e 结构	0.33	0.30	0.19	0.24

表面尚未进行防水涂饰等，易吸潮膨胀。因此，在进行热处理试验时，板内水分或水蒸气较易挥发，尺寸收缩比地板产品大，热收缩率偏大。在潮湿处理时，因吸潮面积大，尺寸变化率较大，d 结构宽度变化率达到 0.36%。

(2) IB

经测试，d、e 结构的 IB 分别为 1.10MPa、1.17MPa，均达到了 GB/T 18102—2007 标准要求。测试后样品的破坏位置均在基材中，电热层所在的胶层未发生开裂等破坏，如图 5-91 所示。

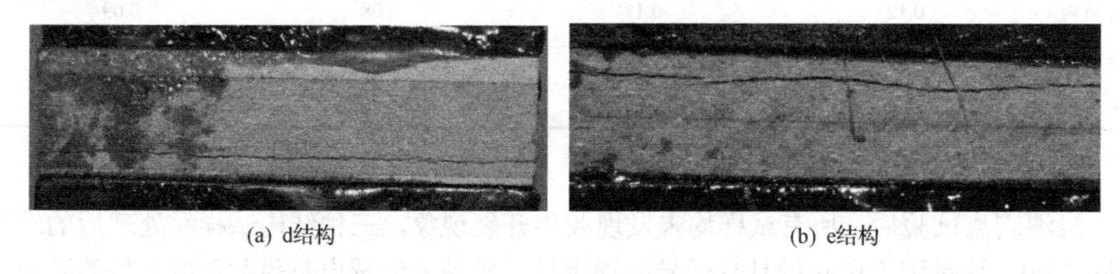

(a) d结构 (b) e结构

图 5-91 内结合强度测试后试样端面的破坏

3. 木竹复合电热材料的理化性能

(1) 耐热、耐湿尺寸稳定性

从表 5-21 可以看出，f 结构(多层实木+竹板)的耐热、耐湿尺寸稳定较好，远低于标准限值。g 结构(纤维板+竹板，图 5-92)的热收缩率较大，但仍低于 0.4%的标准值。由于纤维板基材上下面分别复合纵向的竹板和杨木单板，长度变化率较纤维板结构(d、e

结构)有所降低，达到标准要求；而宽度变化率仍高达0.41%，未能满足标准要求。

表 5-21　木竹复合电热材料的耐热、耐湿尺寸稳定性

试样	耐热尺寸稳定性		耐湿尺寸稳定性	
	长度变化率 Δ*L*/%	宽度变化率 Δ*W*/%	长度变化率 Δ*L*/%	宽度变化率 Δ*W*/%
f 结构	0.14	0.16	0.10	0.07
g 结构	0.15	0.26	0.10	0.41

图 5-92　木竹复合电热材料

(2)浸渍剥离及IB

g结构经过浸渍剥离试验后，电热层及其他胶层均无开裂，如图5-93所示。g结构经IB测试后，试样的破坏均发生在纤维板基材中[图5-93(b)]，且IB均在1.0MPa以上，达到了GB/T 18102—2007标准要求。

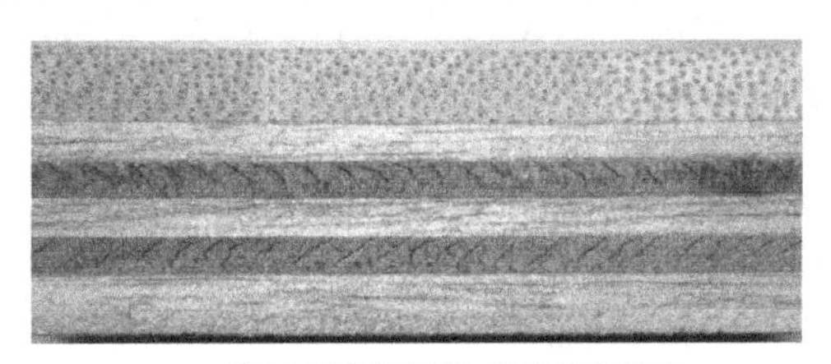

(a) f结构试样浸渍剥离处理后的端面

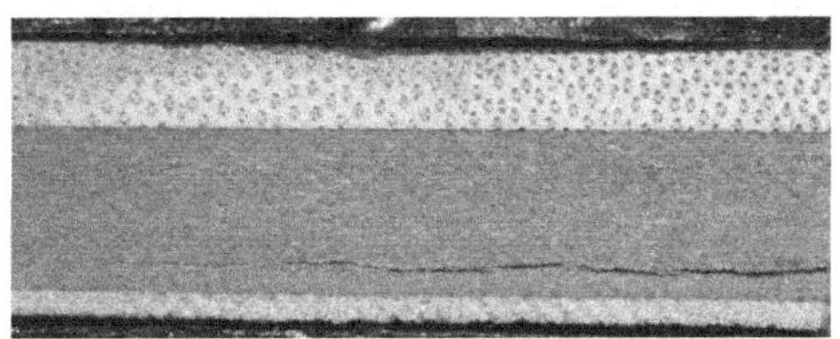

(b) g结构试样内结合强度测试后的端面破坏

图 5-93　木竹复合电热材料浸渍剥离及内结合强度测试后的端面

第八节　木质电热功能材料的安全性能

一、电安全性能

目前，电热层绝缘处理主要有两种途径：在电热材料两面复合绝缘树脂板或薄膜能有效实现防水、绝缘，电安全性非常好；一般地板用的改性脲醛胶固化后是良好的电绝缘体，若施胶适当，电热层上下胶层足够厚且均匀，自然形成上下两层防水绝缘膜，再通过控制电热层的幅面使之完全包覆在地板内部，并对地板端部槽榫部位进行打蜡等封边处理，可具有一定的电安全性能。

电安全是内置电热层电采暖木质地板的关键，前者电安全性虽好，但工艺相对复杂，成本高，产业化生产难，而对于碳纤维纸、印刷碳墨电热纸及电热纤维毡等类型电热材料采用改性脲醛胶直接与基材叠层胶合制备的地板，生产效率高，易大规模生产，但其电安全性能尚存在争议，且改善该类材料绝缘性能的进一步研究尚未有报道。表 5-22 是采用改性脲醛树脂胶试制的碳纤维纸多层实木复合电热基材的电安全性能，但仍需通过更加严格的试验验证。

表 5-22　不同结构碳纤维纸多层实木复合电热基材的电安全性能

样品	工作温度下		潮湿状态下	
	泄漏电流/mA	电气强度(3750V)	泄漏电流/mA	电气强度(3750V)
a 结构	0.008	通过	0.010	通过
b 结构	0.007	通过	0.010	通过
c 结构	0.009	通过	0.012	通过

注：a、b、c 结构中，碳纤维纸的复合位置逐步接近中间层；参照《低温辐射电热膜》(JG/T 286—2010)测试，其中耐潮湿试验参照《红外辐射加热器试验方法》(GB/T 7287—2008)进行

二、电磁辐射强度分析

导电材料在电场的激发下会产生磁场，形成一定的电磁辐射，在电热层上面增设屏蔽层(周宝军，2009)，如导电油墨、铝箔(徐婧，2012)，既有利于传热又有利于屏蔽有害电磁辐射。另外，同时在基材中分别植入两层电热材料，各自产生的有害电磁辐射可相互抵消(徐婧，2013)。由于碳素电热材料产生的远红外线也是一种电磁波，增设屏蔽层可能衰减远红外效应。但实际应用时产生的有害电磁辐射尚未有研究。表 5-23 所示为某型碳纤维电热纸的电磁辐射分析结果。

表 5-23　某型碳纤维纸加载不同功率时的电磁辐射分析

输入功率密度/(W/m^2)	电场强度/(V/m)		磁场强度/(I/m)		辐射功率密度/(W/m^2)	
200	1.804 3	±0.260 1	0.005 30	±0.001 26	0.008 2	±0.001 7
300	1.754 3	±0.250 9	0.006 43	±0.001 57	0.007 9	±0.002 1
400	1.731 4	±0.259 9	0.004 41	±0.000 71	0.008 0	±0.002 4
500	1.257 1	±0.196 0	0.003 40	±0.000 61	0.004 4	±0.001 1
600	2.802 9	±0.842 1	0.003 19	±0.000 49	0.004 4	±0.001 4
700	1.155 0	±0.208 1	0.003 23	±0.000 62	0.004 2	±0.001 1

注：采用 NBM550 电磁辐射分析仪，使探头(EF0391)紧贴电热纸测试，各功率下测试 7 个点，频率为 100kHz～3GHz

三、绝缘膜的优选及对木质电热功能材料性能的影响

电热地板主要用于低温辐射采暖，广大科研工作者和企业投入大量人力和物力开展相关研究工作，取得了一定的成果，相关企业已经在生产和销售相关的电热地板产品。由于缺乏相关的国家标准和行业标准，各个厂家采用的电热膜材料品种众多，质量难以

保证，因而生产出的电热地板产品良莠不齐，在使用过程中带来了严重的安全隐患。同时电热地板在使用过程中，无法避免接触水，存在漏电可能。目前，有关电热地板安全性方面的研究明显不足。

就电热地板安全性而言，需要从以下几个方面考虑：一是电热地板电连接结构的设计，防止在使用过程中由于接触不良导致漏电，产生电火花；二是电热地板电热膜材料的选择，需要选择具有良好热稳定性和长期使用性能的电热材料，同时电热膜的电阻在使用过程中变化较小；三是电热膜的安全设计，主要是电热膜的包覆，使其具有一定的防水性能。前两种通过电热地板结构设计和电热材料的选择可有效避免。目前，碳纤维纸已成为电热地板中应用较多的电热膜材料。因其制造过程电阻易调控、生产方便和热稳定性能好等优点，已广泛用于电热地板领域。电热地板要具有相当的安全性能，必须对碳纤维纸上下表面进行防水绝缘处理，一般可选择采用高分子树脂进行包覆。传统电热地板电热膜上下表面只有脲醛树脂胶黏剂，固化后胶黏剂在单板或者碳纤维纸上分布不均匀，降低了单板/碳纤维纸界面性能；同时胶黏剂固化后形成坚硬的树脂层，在地板使用过程中因环境条件变化局部产生应力，易破坏碳纤维纸，导致碳纤维纸使用性能及导电性能下降。通过对碳纤维纸上下表面包覆柔性高分子绝缘膜，不但能保持碳纤维纸电热膜完整性，还能增加碳纤维纸与单板的界面性能，并具有良好的防水性能。

本节主要采用碳纤维纸制成电热地板的加热材料，通过在碳纤维纸上下表面覆盖高分子绝缘膜(EVA、尼龙、聚酯等)制备了电热地板基材，通过对比探讨电热地板安全性能，为电热地板的结构设计和安全性等提供相应的理论基础。

(一)试验材料

杉木单板，福州市闽侯县凯森源竹木制品有限公司提供。

脲醛树脂胶(胶粉 P-4405，改性剂 P-5901，固化剂 P-5465)，购自太尔化工(上海)有限公司。

碳纤维纸，NL-H-030，购自北京碧岩特种材料有限公司。

热塑性聚氨酯热熔胶膜(TPU)，厚度 0.08mm，购自通思达热熔胶化工有限公司。

共聚酰胺热熔胶膜(PA)，厚度 0.08mm，购自通思达热熔胶化工有限公司。

乙烯-醋酸乙烯酯热熔胶膜(EVA)，厚度 0.08mm，购自通思达热熔胶化工有限公司。

共聚酯热熔胶膜(PES)，厚度 0.08mm，购自通思达热熔胶化工有限公司。

聚烯烃改性热熔胶膜(PO)，厚度 0.08mm，购自通思达热熔胶化工有限公司。

(二)试验设备与仪器

温度记录仪，杭州联测自动化技术有限公司生产；

在线电参数测试仪 PF9800，杭州远方有限公司生产；

液晶数显调压器 TDGC2-1000V，德力西有限公司生产；

旋转流变仪，HAKKE MARS Ⅲ，美国热电公司生产；

材料试验机，深圳市新三思材料检测有限公司生产。

(三)试验方法

1. 电热地板基材制备

将胶粉(P4405)、改性剂(P-5901)和水，按照质量比 100 份：10 份：55 份搅拌混合均匀，静置 45min 后，再加入固化剂(P-5465)20 份，继续搅拌 30min，待用。

将杉木单板放入 100℃烘箱中干燥 48h。干燥后的杉木单板(300mm×120mm×2.2mm)按照顺纹、横纹交替层压，共计 7 层。其中，碳纤维纸(290mm×100mm×0.08mm)置于单板中间，其上下表面覆盖高分子绝缘膜，结构如图 5-94 所示。杉木单板单面施胶量为 150g/m^2；施胶后，安装铜箔电极，然后在平板硫化机上热压 8min，压板温度设定为 120℃，单位压力为 2.0MPa。热压后电热地板基材室温放置 72h，待用。

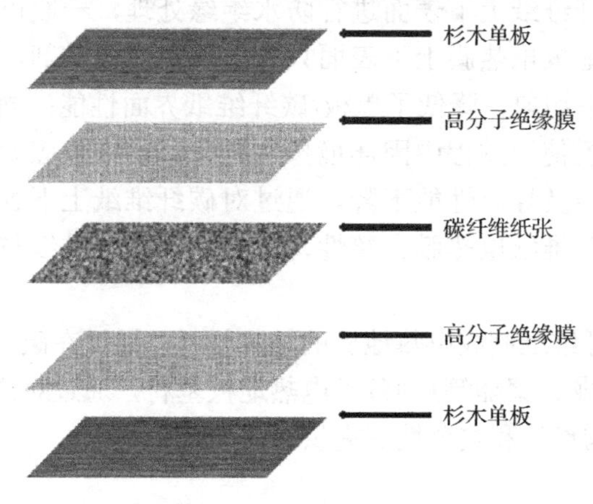

图 5-94　电热地板基材结构

2. 电热地板基材通电加热方法

电热地板基材通电测试如图 5-95 所示，选取 3 个测温点，取平均值。

3. 电阻测量

采用深圳维希特科技有限公司生产的微欧计(VC480C+)测量通电试验前后碳纤维纸基电热地板的电阻变化。

4. 绝缘膜的流变性能

高分子绝缘膜的流变性能在 HAKKE 旋转流变仪上进行测试，温度设定为 140℃，上下平板间距为 1mm，频率范围为 1～100Hz。

5. 胶合强度

碳纤维纸/高分子绝缘膜/杉木单板基材的胶合强度根据 GB/T 9846.3 和 GB/T 9846.7(中国林业科学研究院木材工业研究所，2004b)，采用深圳新三思检测有限公司生产的材料试验机进行测试。胶合板干强度的测量温度和拉伸速率分别为 20℃和 10mm/min。胶合板的湿强测试，是将胶合板放入 60℃水中，浸泡 3h，之后取出擦干表面水分，然后进行测量。

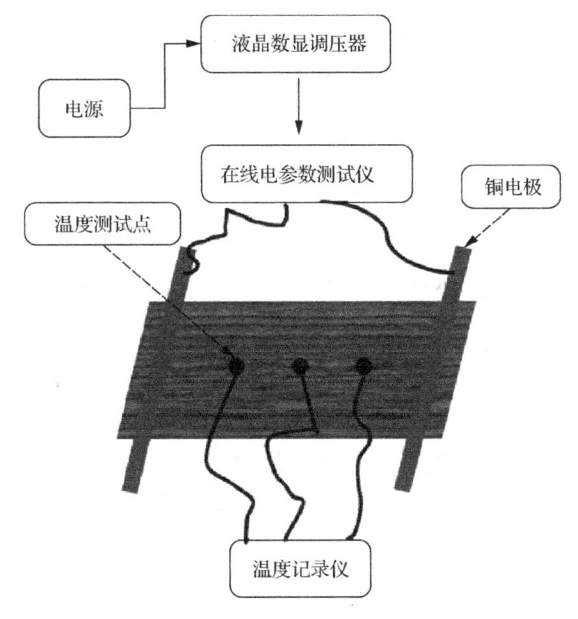

图 5-95　碳纤维纸基电热地板的测试示意图

(四)结果与分析

1. 电热地板基材的通电加热行为

碳纤维纸优良的导电和电热转换特性使得碳纤维纸基电热地板在通电后迅速加热室内空气；同时碳纤维纸又可发射对人有益的红外线，将逐渐成为电热地板的优选电热膜材料。

为了研究碳纤维纸基电热地板的加热行为和安全性能，采用高分子绝缘膜实现碳纤维纸和单板的复合，制备电热地板基材。图 5-96 是利用不同高分子绝缘膜制备的电热地板基材的通电加热行为。电热地板通电 16min 后在室温下自然冷却。期间地板基材表面温度变化数据由温度记录仪保存。

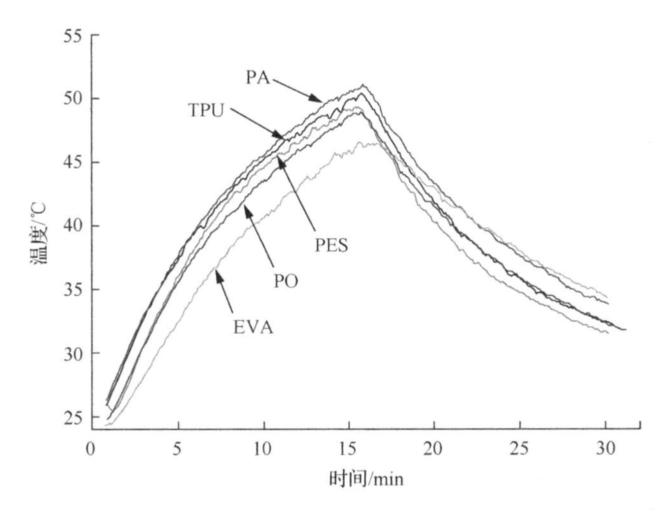

图 5-96　高分子绝缘膜对碳纤维纸基电热地板基材的加热影响

从图 5-96 中不难发现，碳纤维纸电热膜经不同高分子绝缘膜包覆处理后，电热地板表面温度呈现不同变化。所有电热地板基材表面温度随着通电时间增加而呈现抛物线式增加，通电结束后，表面温度逐渐下降。EVA 处理的电热地板在通电 16min 后，其表面温度最低，达到 46.4℃，此后随着电源关闭，地板表面温度逐渐下降。电热地板表面最高温度是经 PA 高分子绝缘膜处理的电热地板基材，达到 51.5℃。通电 16min 后，各种电热地板基材表面最高温度变化从低到高：EVA＜PO＜PES＜TPU＜PA。电热地板表面温度的差异来源于高分子绝缘膜的基本性质以及与碳纤维纸之间的界面状态有关。

图 5-97 所示为碳纤维纸在制备电热地板基材前后的电阻变化直方图。由图 5-97 可知当采用不同的高分子绝缘膜处理，碳纤维纸热压成板后，其电阻发生明显变化，呈现很强的绝缘膜依赖性。除了 EVA 高分子绝缘膜外，其他绝缘膜的电阻在热压前后电阻变化小于 10%。其中 TPU 绝缘膜处理的碳纤维纸电阻变化最小，仅为 1.06%；EVA 绝缘膜处理的碳纤维纸的电阻变化最大，达到了 70%。碳纤维纸电阻变化与高分子绝缘膜黏度和碳纤维纸的热性能密切相关。碳纤维纸在加工前，碳纤维均匀分布在纤维素基体中，形成较稳定的碳纤维导电网络结构，因而电阻比较稳定。但是在热压成型中，热压温度为 120℃，这将使碳纤维纸的导电网络结构产生显著的变化。试验采用 5 种高分子绝缘膜来提高碳纤维纸的安全性能，并改善碳纤维纸与杉木单板的界面性能。其中 PA、TPU、PES 和 PO 高分子绝缘膜处理后的碳纤维纸电阻变化较小，但是 EVA 绝缘膜处理后的碳纤维纸电阻变化非常大，达到 70%以上。这是由于 EVA 的热压温度最低，因此在热压过程中 EVA 树脂黏度较低，很容易渗入到碳纤维纸中，并影响碳纤维的重新排列及导电网络结构。同时从碳纤维纸 DSC 分析结果来看，在 40℃以上时，碳纤维纸中的少量成分已经开始熔融。这表明使用低黏度的 EVA 树脂可能会导致碳纤维纸的电阻发生较大变化，导电和电热性能不稳定。

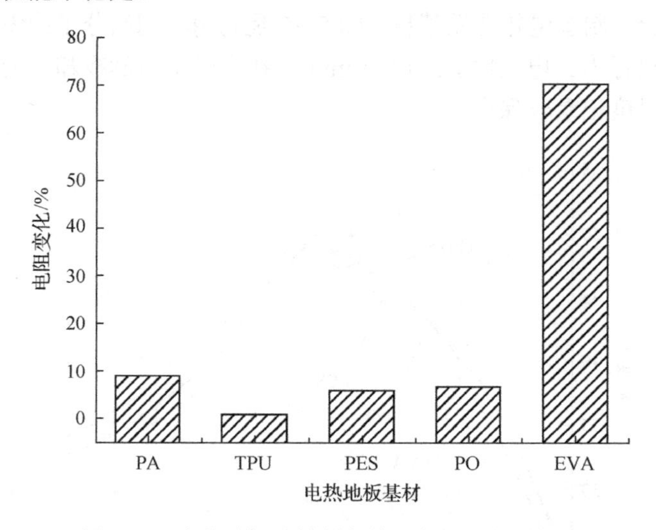

图 5-97　电热地板基材制备前后电热层电阻变化

图 5-98 是碳纤维纸基电热地板基材在连续加热 60min 前后电阻变化数据。地板基材表面温度稳定在 55℃左右。从图 5-98 可以看出，PA 绝缘膜处理的碳纤维纸电阻变化最

小，仅为 0.13%，其他依次为 TPU(0.45%)、PES(0.87%)、PO(4.09%)，EVA 处理的碳纤维纸变化最大，达到 5.22%。碳纤维纸电阻波动较大，造成电热地板加热功率浮动，不利于电热地板的长期使用，大大降低了其使用寿命。结果表明，PO 和 EVA 高分子绝缘膜不适合处理电热地板中的碳纤维纸；而 PA、TPU 和 PES 高分子绝缘膜电阻波动较小，适用于电热地板领域。

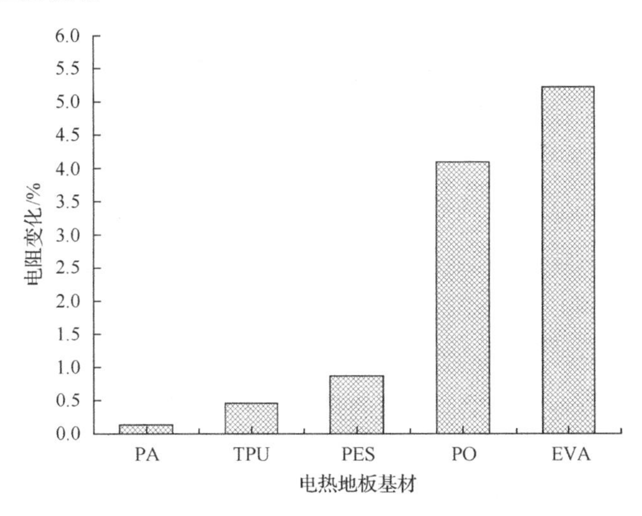

图 5-98　连续加热 60min 前后电热地板基材的电阻变化情况

2. 高分子绝缘膜的流变性能

流变技术是一种研究高分子黏弹性行为的重要工具，黏度、储能模量和损耗模量是其重要的参数。在不同温度或频率下，通过黏度和模量的变化可获知高分子材料力学性能、分子间相互作用力、加工性能以及填料在树脂中的分散情况等。黏度主要与高分子分子链的缠结和分子间的相互作用有关，储能模量主要与分子链刚性和弹性行为有关，损耗模量主要和高分子的黏性形变密切相关(Song et al.，2016，2015；Reena et al.，2013；Huang and Wang，2011；Du et al.，2004)。

图 5-99 是高分子绝缘膜在不同频率下的复数黏度变化曲线。在 5 种高分子绝缘膜中，除 EVA 外，其他高分子薄膜的复数黏度随着频率增加而逐渐下降，表明在高频下，高分子链间的缠结逐渐被打开。而 EVA 高分子的复数黏度随着频率增加变化很小。这主要是因为 EVA 分子链缠结基本都被打开，因此进一步增加频率并没有导致黏度大幅度下降。在相同频率下，乙烯醋酸-乙烯酯的复数黏度最低，热塑性聚氨酯高分子的黏度最高，低分子量聚酰胺的黏度也具有较高值。黏度越低，高分子流动性越好，加工性能越好；相反，高黏度降低高分子流动性，减弱高分子加工性能。就包覆处理碳纤维纸来说，低黏度使高分子在热压成型过程中容易渗透碳纤维纸。此时若热压温度处于碳纤维纸的熔融峰附近，则碳纤维纸的微结构必然受到破坏，碳纤维在基体中会重新排列并形成网络结构，从而碳纤维纸的电阻发生较大变化；高黏度的高分子由于其流动性较差，因而在热压成型过程中很难渗入到碳纤维纸中，所以碳纤维纸的电阻变化较小。从图 5-98 可知 EVA 和 PO 处理的碳纤维纸在经 60min 加热后电阻变化最大，因此这两种高分子绝缘膜

不适合制备电热地板基材，而 PA 和 TPU 非常适合电热地板基材的制备。

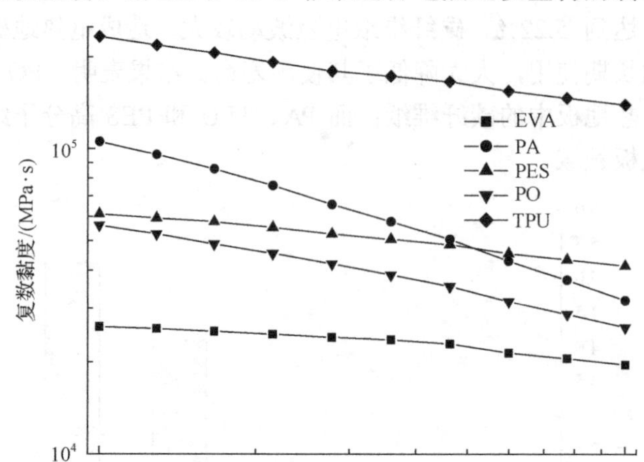

图 5-99　高分子绝缘膜复数黏度的频率依赖性

图 5-100 为高分子绝缘膜储能模量的频率变化曲线图。PA、TPU、PO、EVA、PES 绝缘膜的储能模量随着频率增加而大幅度增加。表明高频下高分子链的刚性逐渐增加，同时高分子的滞后现象更加严重。在相同频率下，EVA 绝缘膜的储能模量最低，TPU 和 PA 绝缘膜的储能模量最大，表明 TPU 和 PA 高分子具有较好的力学性能，在受到外力作用后，更能有效保护碳纤维纸的完整性。

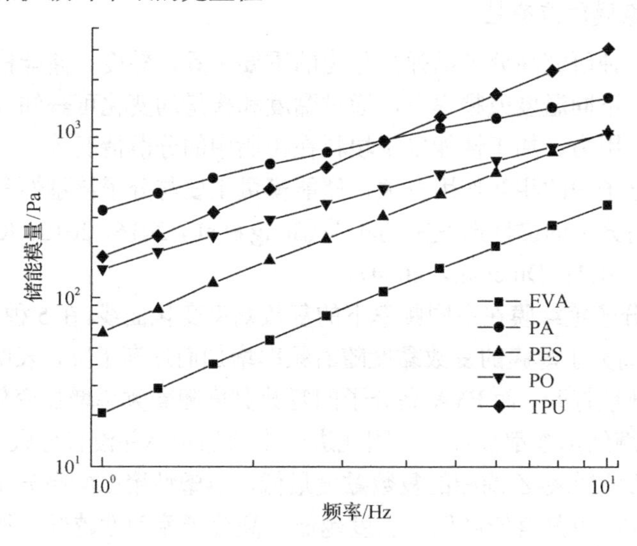

图 5-100　高分子绝缘膜储能模量的频率依赖性

3. 胶合强度

电热地板在长期使用过程中，胶合强度在很大程度上影响电热地板的使用寿命。一般木地板所采用的改性或未改性脲醛树脂胶黏剂等，价格适中，可赋予胶层良好的力学性能和胶合性能，因而广泛应用于地板领域。但是在地板中嵌入碳纤维纸电热膜时，传统的单板之间界面转向单板-碳纤维纸界面，因此这一界面胶合性能的研究对地板的长期使用至关重要。地板制备过程中一般采用热固性树脂胶黏剂，固化后往往会形成坚硬的树脂层，这种坚硬的结构在地板使用过程中有可能影响碳纤维纸电热层结构。同时碳纤维纸与木材一样具有吸湿性能，因而能降低碳纤维纸吸湿性能。稳定的电阻和电热性能成为未来电热地板制备过程中需要着重解决的关键技术之一，因此本试验采用柔性高分子绝缘膜材料对碳纤维纸和单板进行胶合。

图 5-101 所示为经高分子绝缘膜处理后地板基材的胶合强度。EVA 基地板基材胶合强度最低，仅为 1.56MPa；最高的是 TPU，强度达到 3.01MPa，其次是 PA 基地板基材(2.6MPa)，PO 和 PES 的胶合强度相差不大。不同绝缘膜导致基材胶合强度差异的原因主要是高分子本身结构性质所致。本试验所采用的脲醛胶，本身含大量的酰胺基团或氨基和酯基等极性基团，而碳纤维纸中的纤维素含有大量的羟基基团。聚酰胺和热塑性聚氨酯绝缘膜中也含有很多的酰胺基团，在热压过程中，很容易渗入碳纤维纸中，并与胶黏剂和碳纤维纸中的氨基和羟基形成氢键结构，大大增加了分子间的内聚力，改善了界面性能，因而胶合强度较高。PO 和 PES 本身有较多的酯基基团，也可增加与胶黏剂和碳纤维纸的作用力，但是氢键结构数量下降，因而其胶合强度比 PA 和 TPU 的略有下降。EVA 具有更低的黏度，在热压过程中更容易渗入碳纤维纸中，从而改善其与碳纤维纸的界面性能，但是 EVA 分子本身的力学性能较差，如图 5-100 所示，在相同频率下，EVA 的储能模量最低，因此在胶合强度方面表现最差。

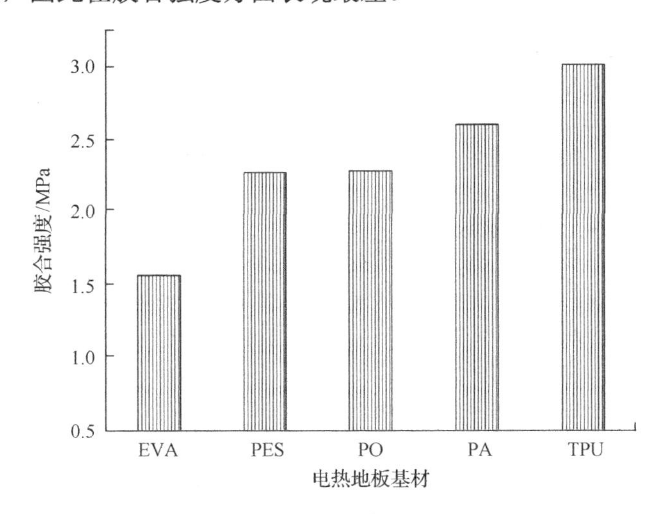

图 5-101　高分子绝缘膜对电热地板基材胶合强度(干强)的影响

图 5-102 所示为采用高分子绝缘膜制备的基材经 60℃水处理 3h 后的胶合强度(湿强)。图 5-102 中显示经热水处理后，基材胶合强度与未处理的相比均出现了下降。其中 EVA 基材的胶合强度从 1.56MPa 降至 0.94MPa，下降了近 40%；PES 基材的胶合强度则从 2.27MPa 下降至 1.13MPa，降幅达到 50%；PO、PA 和 TPU 基材分别下降至 1.55MPa、1.61MPa 和 2.09MPa。虽然基材的胶合强度都出现大幅度下降，但是仍然高于 0.8MPa，能满足使用需求。从胶合强度的干强和湿强数据来看，TPU 作为电热地板基材的绝缘膜

性能最好，其次是PA和PO绝缘膜。

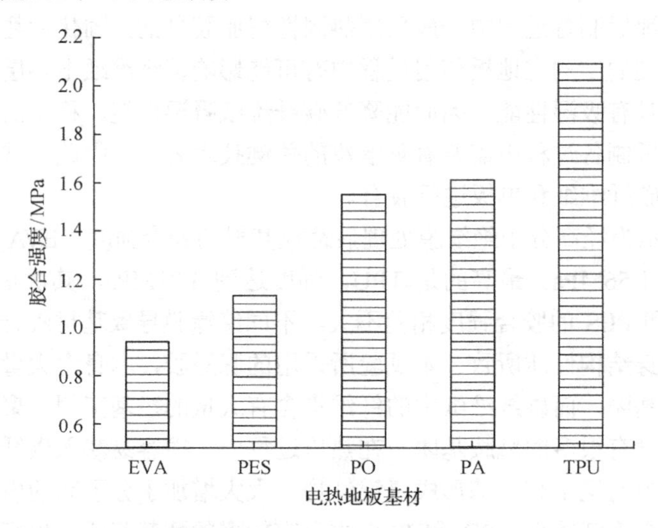

图 5-102 高分子绝缘膜对电热地板基材胶合强度(湿强)的影响

主要参考文献

蔡春. 2009. 复合金属电热地板: 中国, CN200920309150.5.

蔡杰, 张丹. 2005. 丝网印刷对SMT质量的影响及对策. 丹东纺专学报, 12(1): 11-13.

曹清华, 孙天举, 刘正平. 2013. 具有双PTC效应的过电流保护元件: 中国, CN 201310502041.6.

曹伟伟, 朱波, 王成国. 2007a. 碳纤维电热元件辐射强度分布的数值模拟. 机械工程学报, 43(7), 6-10.

曹伟伟, 朱波, 王成国. 2007b. 碳纤维电热元件红外辐射特性研究. 工业加热, 36(1): 41-43.

曹伟伟, 朱波, 闫亮, 等. 2007c. 碳素材料电热元件制备工艺及电热辐射特性的探讨. 材料导报, 21(8): 19-21.

曹伟伟. 2009. 碳素电热元件的电热辐射性能研究. 济南: 山东大学博士学位论文.

陈承忠. 2011. 电热竹地板: 中国, CN201120186356.0.

陈淙洁, 张明, 王春红, 等. 2012. 四种碳纤维表面理化特性研究. 玻璃钢/复合材料, (s1): 73-80.

陈明星, 周心怡. 2011. 一种电热地板导电连接装置及其实施方法: 中国, CN201110305771.8.

褚载祥, 陈守仁, 孙毓星. 1986. 材料发射率测量技术. 红外研究, 3(A): 231-239.

戴锅生. 1991. 传热学. 北京: 高等教育出版社.

戴景民, 宋扬, 王宗伟. 2009. 光谱发射率测量技术. 红外与激光工程, 38(4): 710-715.

丁慎训, 张孔时. 1996. 物理实验教程. 北京:清华大学出版社.

董兴秀. 1993. 空气作为保温材料在窑炉上应用的探讨. 陶瓷研究, 8(3): 146-148.

甘绍周. 2012. 一种竹纤维碳晶的电热地板: 中国, CN201220576076.5.

高振华, 邸明伟. 2008. 生物质材料及应用. 北京: 化学工业出版社.

郭漫笳. 2009. 一种实木多层电热地板砖: 中国, CN200920254433.4.

海然, 杨久俊, 张海涛, 等. 2006. 干湿环境中碳纤维水泥砂浆的电热性能. 新型建筑材料, 9(5): 593-597.

贺福. 2005. 碳纤维的电热性能及其应用. 化工新型材料, 3(6): 7-8, 38.

贾竹贤. 2009. 酚醛胶实木复合地板及基材有机挥发物释放. 北京: 中国林业科学研究院硕士学位论文.

孔祥强, 李瑛, 胡松涛, 等. 2003. 列车客车用低温电热地板辐射供暖传热模拟. 工程热物理学报, 24(2): 316-318.

李靖, 李鸣皋, 吕晓宁, 等. 2011. 基于复合碳纤维材料产生远红外线对体温过低症的复温作用研究. 军医进修学院学报, 32(5): 506-508.

李贤军, 刘元, 高建民, 等. 2009. 高温热处理木材的 FTIR 和 XRD 分析. 北京林业大学学报, 31(1): 104-107.
李昭锐. 2013. PAN 基碳纤维表面物理化学结构对其氧化行为的影响研究. 北京: 北京化工大学博士学位论文.
梁健辉. 1991. 木材电热远红外线干燥内部温度的实验研究. 林业科学, 27(2): 154-159.
廖波. 2012. 炭黑/硅橡胶复合材料热、力敏感性与电热效应研究. 北京: 中国矿业大学博士学位论文.
林基. 2006. 平面蓄热保温型拼装式电热地板: 中国, CN200620159685.5.
林静, 刘丽敏, 李长江, 等. 2000. 炭黑-聚酯复合型导电高分子材料的电热性能研究. 高分子材料科学与工程, 16(3): 107-109.
刘成岑, 杨建高, 施凯. 2006. PVA/PVAc 电热膜稳定性的研究. 太原理工大学学报, 37(5): 553-556.
刘正明. 2010. 一种电热地板: 中国, CN201020127892.9.
马晓旭, 魏先福, 黄蓓青, 等. 2011. 导电性填料对电热膜用导电油墨性能的影响. 北京印刷学院学报, 19(2): 17-18.
牟群英. 2007. 电热地板物理性能测试. 安徽农学通报, 13(5): 165-166.
庞志忠. 2007. 电热地板: 中国, CN200710011665.2.
沈刚, 董发勤. 2004. 碳纤维致热混凝土的阻温特性研究. 武汉理工大学学报, 26(8): 26-29.
沈烈, 徐建文, 益小苏. 2001. 聚乙烯/炭黑/碳纤维复合材料阻温特性. 复合材料学报, 18(3): 196-201.
沈以赴, 郭晓楠, 张坤, 等. 1998. 单电流脉冲作用下的碳纤维石墨化. 航空学报, 19(5): 628-630.
谭羽非, 赵登科. 2008. 碳纤维电热板地板辐射供暖系统热工性能测试. 煤气与热力, 28(5): 26-28.
唐建良, 陈明星, 周心怡. 2012. 一种低电压导电发热地板供暖系统的实施方法: 中国, CN201210128797.4.
唐祖全, 李卓球, 徐东亮, 等. 2002. 碳纤维导电混凝土电热升降温规律研究. 华中科技大学学报, 19(3): 7-9.
唐祖全, 钱觉时, 李卓球. 2003. 接触电阻对导电混凝土电热特性的影响. 混凝土与水泥制品, (4): 10-13.
王柏泉, 夏金童. 2007. 一种节能电热采暖远红外保健建筑装饰材料: 中国, CN200720139761.0.
王柏泉. 2011a. 包括膨胀式穿刺连接电极的电热地板: 中国, CN201110179196.1.
王柏泉. 2011b. 包括伸缩式电极的电热地板: 中国, CN201110341224.5.
王柏泉. 2008. 导电发热板及其制造方法和用途: 中国, CN200880001578.1.
王德安. 1983a. 红外线干燥木材机理的研究(Ⅰ). 红外技术, 5(1): 1-3.
王德安. 1983b. 红外线干燥木材机理的研究(Ⅱ)红外线对木材的穿透深度. 红外技术, 5(2): 22-24.
王德安. 1983c. 红外线干燥木材机理的研究(Ⅲ)干燥木材的吸收理论. 红外技术, 5(4): 35-38.
王红刚. 2012. 电热效应机理分析. 新乡学院学报, 29(3): 211-213.
王立华, 彭勃, 陈志源. 2002. 水泥基导电复合材料的电热特性. 建筑材料学报, 5(4): 307-310.
吴兆春. 2012. 碳纤维电热膜复合装饰板的应用. 中国资源综合利用, 30(1): 62-63.
徐婧. 2012. 一种无电磁辐射单面远红外电热地板: 中国, CN201220550576.1.
徐婧. 2013. 一种低辐射远红外电热地板: 中国, CN201320120036.4.
严丹. 2001. 碳纤维电热膜复合装饰板-传统供暖的一次革命. 建材产品与应用, (5): 39-40.
严丹. 2003. 碳纤维膜红外辐射装饰板. 中国建设信息供热制冷, (6): 75-76.
严丹. 2005. 碳纤维电热膜复合地板采暖初探. 住宅产业, (12): 23-25.
严科. 2004. 碳纤维电热装饰板在建筑装修工程中的应用. 中国建设信息供热制冷, (3): 92-94.
杨海, 余鸿飞, 李曼义. 1997. 金属 PTC 陶瓷复合材料结构及其导电机理. 压电与声光, 19(3): 196-200.
杨小平. 2001. 炭纤维层压导电复合材料及其活性炭纤维纸功能化的研究与应用. 北京: 北京化工大学博士学位论文.
杨威, 程华. 2003. 碳纤维布电热性质的试验探讨. 四川建筑科学研究, 29(3): 110-111.
杨小平, 荣浩鸣, 戴小军. 2000a. 橡胶/碳纤维层压复合导电发热板的电学性能研究. 橡胶工业, 47(1): 9-13.
杨小平, 荣浩鸣, 陆泽栋. 2000b. 碳纤维导电复合材料的电学性能研究. 材料工程, (9): 11-14.
杨小平, 荣浩鸣, 沈曾民. 2000c. 碳纤维面状发热材料的性能研究.高科技纤维与应用, 25(3): 39-42.
杨小平, 张俊玲. 2000. 毛纺面料后整理用碳纤维面状发热电压板的研制及应用. 毛纺科技, (3): 49-51.
姚武, 张超. 2007. 碳纤维水泥基材料的电热效应. 材料开发与应用, 22(1):17-20.
于志军. 2004. 谈电热膜辐射供暖技术的应用与前景. 建筑电气, 23(2): 12-14.

袁雅君. 2004. 电热膜供暖系统技术及特点. 能源工程, (2): 51-53.

张斌, 董重成. 1998. 低温辐射电热膜供暖系统的应用及开发设计初步. 应用能源技术, (3): 21-24.

张俊, 潘松汉. 1995. 微晶纤维素的 FTIR 研究. 纤维素科学与技术, 3(1): 22-27.

张亚梅. 2010. 热处理对竹材颜色及物理力学性能影响的研究. 北京: 中国林业科学研究院硕士学位论文.

张宇, 母军, 李思锦, 等. 2014. UF 树脂及 MUF 树脂对桉木热解特性的影响. 北京林业大学学报, 36(3): 130-135.

赵雪蓉. 2000. 电热膜低温辐射供暖系统探讨. 山西建筑, (4): 123, 126.

郑华升, 朱四荣, 李卓球. 2012. 环氧树脂基体中的碳纤维单丝及其界面的温敏效应. 功能材料, 43(15): 2079-2082.

郑华升. 2010. 树脂基碳纤维智能层的功能特性及其机理研究. 武汉: 武汉理工大学博士学位论文.

周宝军. 2009. 电热地板. 中国, CN200910232913.5.

朱四荣, 李卓球, 宋显辉, 等. 2004. PAN 基碳纤维毡的电热性能. 武汉理工大学学报, 26(9): 13-16.

中国林业科学研究院木材工业研究所. 2004. 胶合板第 3 部分: 试件的锯制. GB/T 9846.3-2004. 北京: 中国标准出版社.

中国林业科学研究院木材工业研究所. 2004. 胶合板第 7 部分: 试件的锯制. GB/T 9846.7-2004. 北京: 中国标准出版社.

中华人民共和国国家质量监督检验检疫总局, 中国国家标准化管理委员会. 2010.低温辐射电热膜. JG/T 286－2010.北京: 中国标准出版社.

鞠谷雄士, 山本清志, 高久明. 1991. 炭素纤维の直接通电加热处理中の传热. 炭素, 14(8): 142-150.

日本 JAS 协会. 1985. JAS No.233 普通胶合板. 日本农林水产省.

山本清志, 鞠谷雄士, 高久明. 1991. 直接通电加热による炭素纤维の热处理. 碳素, 14(6): 8-14.

Balkan O, Demirer H, Yildirim H. 2008. Morphological and mechanical properties of hot gas welded PE, PP and PVC sheets. Journal of Achievements in Materials and Manufacturing Engineering, 31(1): 60-70.

Blanco I, Oliveri L, Cicala G, et al. 2012. Effects of novel reactive toughening agent on thermal stability of epoxy resin. Journal of Thermal Analysis and Calorimetry, 108(2): 685-693.

Blomqvist, C. 2008. Conversion of electric heating in buildings: an unconventional alternative. Energy and Buildings, 40(12): 2188-2195.

Borisova N V, Sladkov O M, Artemenko A A. 2007. Developing an electric heater design based on carbon fibres. Fibre Chemistry, 39(1): 45-48.

Chung D D L. 2012. Carbon materials for structural self-sensing, electromagnetic shielding and thermal interfacing. Carbon, 50(9): 3342-3353.

D'Entremont A L, Pilon L. 2015. Thermal effects of asymmetric electrolytes in electric double layer capacitors. Journal of Power Sources, 273:196-209.

Diaz A, Guizar-Sicairos M, Poeppel A, et al. 2014. Characterization of carbon fibers using X-ray phase nanotomography. Carbon, 67(1): 98-103.

Du F, Scogna R, Zhou W. 2004. Nanotube networks in polymer nanocomposites: rheology and electrical conductivity. Macromolecules, 37(24): 9048-9055.

Eidai Co Ltd. 2006. Electric floor heating panel: JP, 20060230957.

Eidai Co Ltd. 2008. Electric floor heating panel and electric floor heating floor using the same: JP, 20080162351.

Fu Y L, Zhao G J. 2007. Dielectric properties of silicon dioxide/wood composite. Wood Science and Technology. 41(6): 511-522.

Galao O, Baeza F J, Zornoza E, et al. 2014. Self-heating function of carbon nanofiber cement pastes. Materiales de Construcción, 64(314): e015 .

Gołębiowski J, Kwieckowski S. 2002. Dynamics of three-dimensional temperature field in electrical system of floor heating. International Journal of Heat and Mass Transfer, 45 (12): 2611-2622.

Gu A J, Liang G Z. 2003. Thermal stability and kinetics analysis of rubber-modified epoxy resin by high-resolution thermogravimetric analysis. Journal of Applied Polymer Science, 89(13): 3594-3600.

Harry I D, Saha B, Cumming I W, et al. 2006. Effect of electrochemical oxidation of activated carbon fiber on competitive and noncompetitive sorption of trace toxic metal ions from aqueous solution. Journal of Colloid and Interface Science, 304(1): 9-20.

He L X, Tjong S C. 2013. Zener tunneling in conductive graphite/epoxy composites: dielectric breakdown aspects. eXPRESS Polymer Letters, 7(4): 375-382.

Hitachi Cable. 1997a. Wood heating floor material: JP,19970139613.

Hitachi Cable. 1997b. Wood heating floor: JP, 19970235715.

Hollertz R. 2014. Dielectric properties of wood fibre components relevant for electrical insulation applications. Stockholm: KTH Royal Institute of Technology.

Hu K H, Li W T. 2007. Clinical effects of far-infrared therapy in patients with allergic rhinitis. IEEE Engineering in Medicine and Biology Society, 2007: 1479-1482.

Huang C L, Wang C. 2011. Rheological and conductive percolation laws for syndiotactic polystyrene composites filled with carbon nanocapsules and carbon nanotubes. Carbon, 49(7): 2334-2344.

Ito N, Sunaga N, Muro K, et al. 1995. Study on estimation of thermal comfort for different heating systems, part.3 Consideration of thermal sensation and thermal comfort in case of sitting on the floor//Techinical Papers of Annual Meeting the Society of Heating, Air-conditioning and Sanitary Engineers of Japan. The Society of Heating, Air-Conditioning & Sanitary Engineers of Japan, 1241-1244.

Jeon G W, Jeong Y G. 2013. Electric heating films based on m-aramid nanocomposites containing hybrid fillers of graphene and carbon nanotube. Journal of Materials Science, 48(11): 4041-4049.

Jin X, Zhang X S, Luo Y J. 2010. A calculation method for the floor surface temperature in radiant floor system. Energy and Buildings, 42(10): 1753-1758.

Kawasaki T, Kawai S. 2006. Thermal insulation properties of wood-based sandwich panel for use as structural insulated walls and floors. Journal of Wood Science, 52(1): 75-83.

Kim H I, Choi W K, Oh S Y, et al. 2013. Effects of electrochemical oxidation of carbon fibers on mechanical interfacial properties of carbon fibers-reinforced polarized-polypropylene matrix composites. Journal of the Korean Industrial and Engineering Chemistry, 24(5): 476-482.

Kol H Ş. 2009. Thermal and dielectric properties of pine wood in transvers direction. Bioresources, 4(4): 1663-1669.

Lee C S. 2008. Electric heating wood panel: KR, 20080082099A.

Li J L, Xue P, He H, et al. 2009. Preparation and application effects of a novel form-stable phase change material as the thermal storage layer of an electric floor heating system. Energy and Buildings, 41(8): 871-880.

Li Z R, Wang J B, Tong Y J, et al.. 2012. Anodic oxidation on structural evolution and tensile properties of polyacrylonitrile based carbon fibers with different surface morphology. Journal of Material Science and Technology, 28(12): 1123-1129.

Lin C C, Liu X M, Peyton K, et al. 2008. Far infrared therapy inhibits vascular endothelial inflammation via the induction of heme oxygenase-1. Arteriosclerosis, Thrombosis, and Vascular Biology, 28(4): 739-745.

Lin K P, Zhang Y P, Xu X, et al. 2005. Experimental study of under-floor electric heating system with shape-stabilized PCM plates. Energy and Buildings, 37(3): 215-220.

Lin K P, Zhang Y P. 2003. The performance of under-floor electric heating system with latent thermal storage. Journal of Asian Architecture and Building Engineering, 2(2): 49-53.

Liu X Y, Liu A H, Wei F, et al. 2011. Study on the temperature-sensitive properties of carbon fiber-reinforced mortars. Materials Science Forum, 675-677: 1167-1170.

Lu W B, Wang C G, Yuan H, et al. 2012. Liquid-phase oxidation modification of carbon fiber surface. Advanced Materials Research, 430-432: 2008-2012.

Luo Y F, Zhao Y, Duan Y X, et al. 2011. Surface and wettability property analysis of CCF300 carbon fibers with different sizing or without sizing. Materials and Design, 32(2): 941-946.

Matsushita Electric Works Ltd. 1993. Wood heating floor material: Japan, JP19930088354.

Mikolajczyk T, Pierozynski B. 2013. Influence of electrochemical oxidation of carbon fibre on cathodic evolution of hydrogen at Ru-modified carbon fibre material studied in 0.1 M NaOH. International Journal of Electrochemical Sciece, 8(10): 11823-11831.

Min C Y, Shen X Q, Shi Z, et al. 2010. The electrical properties and conducting mechanisms of carbon nanotube/polymer nanocomposites: A review. Polymer-Plastics Technology and Engineering, 49(12): 1172-1181.

Miyauchi S, Togashi E. 1985. The conduction mechanism of polymer–filler particles. Journal of Applied Polymer Science, 30(7): 2746-2748.

Nohara L B, Petraconi Filho G, Nohara E L, et al. 2005. Evaluation of carbon fiber surface treated by chemical and cold plasma processes. Materials Research, 8(3): 281-286.

Olesen B W. 2002. Radiant floor heating in theory and practice. ASHRAE Journal, 44 (7): 19-26.

Oskouyi A B, Sundararaj U, Mertiny P. 2014. Tunneling conductivity and piezoresistivity of composites containing randomly dispersed conductive nano-platelets. Materials, 7(4): 2501-2521.

Pavlović M M, Pavlović M G, Ćosović V, et al. 2014. Influence of electrolytic copper powder particle morphology on electrical conductivity of lignocellulose composites and formation of conductive pathways. International Journal Electrochemical Science, 9(12): 8355-8366.

Peng D Q, Sun T H, Jia J P, et al. 2009. Activated carbon fiber solid phase microextraction-gas chromatography for determination of phthalate esters in seawater. Chinese Journal of Analytical Chemistry, 37(5): 715-717.

Pichór W, Frąc M. 2012. Thermoelectric properties of expanded graphite as filler of multifunctional cement composites. Composites Theory and Practice, 12(3): 205-209.

Protopopova V S, Mishin M V, Arkhipov A V, et al. 2014. Field electron emission from a nickel-carbon nanocomposite. Nanosystems: Physics, Chemistry, Mathematics, 5(1): 178-185.

Qi H B, He F Y, Wan Q S, et al. 2012. Simulation analysis of heat transfer on low temperature hot-water radiant floor heating and electrical radiant floor heating. Applied Mechanics and Materials, 204-208: 4234-4238.

Reena V L, Sudha J D, Ramakrishnan R. 2013. Development of electromagnetic interference shielding materials from the composite of nanostructured polyaniline–polyhydroxy iron–clay and polycarbonate. J Appl Polym Sci, 128(3): 1756-1763.

Ricciardi M R, Antonucci V, Giordano M, et al. 2012. Thermal decomposition and fire behavior of glass fiber–reinforced polyester resin composites containing phosphate-based fire-retardant additives. Journal of Fire Sciences, 30(4): 318-330.

Sears F W. 1979. 大学物理学(第三册). 1版. 恽瑛, 金泽宸, 郭泰运, 等译. 北京: 人民教育出版社, 46-48.

Selvais G. 2004. Warming customers' hearts and soles with electric floor heating. National Floor Trends, 6(12): 52-54.

Seo J K, Jeon J S, Lee J H, et al. 2011a. Thermal performance analysis according to wood flooring structure for energy conservation in radiant floor heating systems. Energy and Buildings, 43(8): 2039-2042.

Seo M K, Rhee K Y, Park S J. 2011b. Influence of electro-beam irradiation on PTC/NTC behaviors of carbon blacks/HDPE conducting polymer composites. Current Applied Physics, 11(3): 428-433.

Shackleton R J, Probert S D, Mead A K, et al. 1994. Future prospects for the electric heat-pump. Applied Energy, 49(3): 223-254.

Snead L L, Burchell T D, Katoh Y. 2008. Swelling of nuclear graphite and high quality carbon fiber composite under very high irradiation temperature. Journal of Nuclear Materials, 381(1-2): 55-61.

Song J B, Yuan Q P, Zhang H, et al. 2015. Elevated conductivity and electromagnetic interference shielding effectiveness of PVDF/PETG/carbon fiber composites through incorporating carbon black. J Polym Res, 22(8): 158.

Song J, Yang W, Liu X, et al. 2016. ASA/graphite/carbon black composites with improved EMI SE, conductivity and heat resistance properties. Iran Polym J, 25(2): 111-118.

Song Y H, Pan Y, Zheng Q, et al. 2000a. The electric self-heating behavior of graphite-filled high-density polyethylene composites. Journal of Polymer Science Part B: Polymer Physics, 38(12): 1756-1763.

Song Y H, Yi X S, Pan Y. 2000b. The electric self-heating behavior of carbon black loaded high density polyethylene composites. Journal of Materials Science Letters, 19(4): 299-301.

Song Y H, Zheng Q. 2004. Electric self-heating behavior of acetylene carbon black filled high-density polyethylene composites. Polymer International, 53(10): 1517-1522.

Sun M Q, Mu X Y, Wang X Y, et al. 2008. Experimental studies on the indoor electrical floor heating system with carbon black mortar slabs. Energy and Buildings, 40(6): 1094-1100.

Supriya N, Catherine K B, Rajeev R. 2013. DSC-TG studies on kinetics of curing and thermal decomposition of epoxy–ether amine systems. Journal of Thermal Analysis and Calorimetry, 112(1): 201-208.

Svrzic S, Todorovic P. 2011. The prolonged effect of plasma treatment upon dielectric properties of wood-based composites. Forest Products Journal, 61(8): 694-700.

Tan L R, Yin C L, Huang S L, et al. 2014. Study of the morphology and temperature-resistivity effect of injection-molded PP/HDPE/CB composites. Polymer Bulletin, 71(7): 1711-1725.

Tang Z Q, Li Z Q, Xu D L. 2002. Influence of carbon fiber contents on the temperature sensibility of CFRC road material. Journal of Wuhan University of Technology, 17(3): 75-77.

Thomas B, Armstrong. 1978. Wire mesh floor heating systems. IEEE Transactions on Industry Applications, IA-14(6): 498-505.

Toyo Linoleum. 1989. Wood heating floor: JP, 19890229872.

Wang B Q. 2010. Electric heating material and laminate floor containing same and method for producing the laminate floor: US, 20100116808 A1.

Wang B Q. 2009. Electric heating material and laminate floor containing same and method for producing the laminate floor: KR, 10-2009-0082091.

Wang L H, Huang W S. 2012. Electrochemical oxidation of cysteine at a film gold modified carbon fiber microelectrode its application in a flow-through voltammetric sensor. Sensors, 12(3): 3562-3577.

Wang X L, Zhang G, LI J X, et al. 2008. PTC/NTC behavior of PVDF composites filled with GF and CF. Chemical Research in Chinese Universities, 24(5): 648-652.

Wang X L, Zhang G. 2008. PTC effect of carbon fiber filled EPDM rubber composite. Journal of Materials Science: Materials in Electronics, 19(11): 1105-1108.

Weddell J, Feinerman A. 2012. Percolation effects on electrical resistivity and electron mobility. Journal of Undergraduate Research, 5(1): 9-12.

Wen S H, Chung D D L. 2001. Electric polarization in carbon fiber-reinforced cement. Cement and Concrete Research, 31 (1): 141-147.

Wen S, Chung D D L. 2004. Effect of fiber content on the thermoelectric behavior of cement. Journal of Materials Science, 39(13): 4103-4106.

Xu H P, Wu Y H, Yang D D, et al. 2011a. Study on theories and influence factors of PTC property in polymer-based conductive composites. Reviewson Advanced Materials Science, 27(2): 173-183.

Xu S, Rezvanian O, Peters K, et al. 2011b. Tunneling effects and electrical conductivity of CNT polymer composites. MRS Proceedings, 1304: 50-56.

Yang K, Gu M Y, Jin Y P. 2008. Cure behavior and thermal stability analysis of multiwalled carbon nanotube/epoxy resin nanocomposites. Journal of Applied Polymer Science, 110(5): 2980-2988.

Yu J S, Yu B L, Li Y D. 2013. Electrochemical oxidation of catalytic grown carbon fiber in a direct carbon fuel cell using $Ce_{0.8}Sm_{0.2}O_{1.9}$—carbonate electrolyte. International Journal of Hydrogen Energy, 38(36): 16615-16622.

Yu Z T, Xu X, Fan L W, et al. 2011. Experimental measurements of thermal conductivity of wood species in China: effects of density, temperature, and moisture content. Forest Products Journal, 61(2): 130-135.

Yuan Q P, Fu F. 2014. Application of carbon fiber paper in integrated wooden electric heating composite. Bioresources, 9(3): 5662-5675.

Yuan Q P, Lu K Y，Fu F. 2014. Process and structure of electromagnetic shielding plywood composite laminated with carbon fiber paper. The Open Materials Science Journal, 8 (1) : 99-107.

Zhang J Z, Wang X M, Zhang S F, et al. 2013. Effects of melamine addition stage on the performance and curing behavior of melamine-urea-formaldehyde (MUF) resin. Bioresources, 8 (4) : 5500-5514.

Zhang S M, Lin L, Deng H, et al. 2012. Synergistic effect in conductive networks constructed with carbon nanofillers in different dimensions. Express Polymer Letters, 6 (2) : 159-168.

Zhao H Q, Wang Z h, Zhang L S. 2012. Influence of covering layer on surface temperature of floor radiant heating system. Applied Mechanics and Materials, 204-208: 4260-4263.

Zhao L Y, Lu J X, Zhou Y D, et al. 2015. Effect of low temperature cyclic treatments on modulus of elasticity of brich wood. Bioresources, 10 (2) : 2318-2327.

Zheng Y W, Zhu L B, Gu J Y, et al. 2011. Study on the thermal stability of MUF co-polymerization resin. Advanced Materials Research, 146-147: 1038-1042.

Zhu X L, Sun L P. 2015. Multiscale analysis on electrical properties of carbon fiber reinforced wood composites. Bioresources, 10 (2) : 2392-2405.

第六章　木质远红外功能材料制备技术

远红外线是一种常见的电磁波，凡物体温度高于热力学温度，均能辐射远红外线。具有远红外吸收与辐射性能的功能材料，因兼有远红外频段电磁波的热效应等，吸引了材料科学与技术工作者的兴趣。木质材料是人们生活中必不可少且与人体紧密接触的工程材料，其价值最大化和功能具体化是木质材料科学从业人员所追求的最终目标。目前，木材科学工作者已研究开发出了一些具有某些特殊功能的木质复合材料(肖忠平和卢晓宁，2003)。

本章主要将木质材料与远红外物质相结合，制备出兼有远红外线热效应和抗菌抑菌等功能的新型木质功能材料。涉及的内容主要包括远红外功能测试与评价、远红外功能型薄木制备工艺及其性能等方面。

第一节　远红外功能测试与评价

木质远红外功能材料的主要性能指标分为基本指标和功能指标。其中，基本指标是指作为普通木材及木质复合材料应具备的性能参数，根据具体的应用选用现有的国家标准和行业标准。具体可参考木材及人造板的相关国家标准和行业标准。

木质远红外功能材料由于涉及诸多前沿性问题且牵涉面太广，目前尚无系统的测试标准。根据预期的产品功能，即保健、抗菌等功能，主要分析其热辐射性能和抗菌性能。本节将参考纺织行业等领域的相关研究成果，确立简单可行的测试方法和仪器装置，为后续研究提供技术支持与试验分析方法。

一、热辐射性能测试原理与方法

所制备的木质远红外功能材料，能从常温环境中吸收能量(太阳能、人造热能或人体热量)，产生振动光谱能量后以远红外能量形式输出，让人体等受体吸收，进而实现产品具有远红外线的保健、抑菌等功能。因此，需根据远红外线及材料本身的特点选择测试方法。

远红外线除具备电磁波的一般属性外，还有独特的吸收与辐射现象。在红外技术领域中，红外吸收与辐射现象通常由三个基本定律加以反映，即基尔霍夫定律、维恩位移定律和斯特藩-玻尔兹曼定律(沈国先和赵连英，2011)。

1)基尔霍夫定律：其表示在同一温度下各物体的单位面积上，同一波长的热辐射通量与其吸收率的比值相同。这就是说，一个良好的辐射体必然是一个良好的吸收体，即一个物体发射热辐射的能力大，则其吸收的能力也大，两者成正比。

2)维恩位移定律：热辐射或吸收的峰值波长与黑体热力学温度之乘积为一常数。如果以微米作单位的峰值波长为 λ_m，热力学温度为 T，则位移定律可表达成：

$$\lambda_m \cdot T = 2898 \tag{6-1}$$

3）斯特藩-玻尔兹曼定律：物体单位面积发射的辐射总功率，与其自身热力学温度的四次方成正比，其公式表达如下：

$$W = \xi \cdot \delta \cdot T^4 \tag{6-2}$$

式中，W 是总辐射发射度，即辐射总功率；ξ 是材料表面发射率；δ 是斯特藩-玻尔兹曼常数$=5.669\times10^{-12}$W/(cm$^2\cdot$K^4)；T 是物体的热力学温度。

国外有 AATCC、ASTM、ISO、BS、CEN、JIS、DIN 等标准，但没有查到与木质远红外功能材料的热辐射性能直接相关的检测标准。

目前，国内开发生产的远红外产品以纺织品为主，且已投入产业化生产，涉及远红外辐射性能的相关标准有 2 项，即《远红外纺织品》（FZ/T 64010—2000）、《纺织品红外蓄热保暖性的试验方法》（GB/T 18319—2001）。这些标准不仅对远红外纺织品进行了定义，还规定了用红外辐射计测定纺织品红外反射率和红外透射率、计算红外吸收率以及用点温度计测定辐照升温速率的方法。其中，《远红外纺织品》（FZ/T 64010—2000）还提出了考核指标，该标准以法向发射率作为远红外纺织品辐射远红外线功能的评价指标，规定远红外纺织产品的法向发射率提高值应≥8.0%，其远红外波长范围为 8～15μm。

因此，木质远红外功能材料的测试方法与试验设计，可以采用红外辐射强度计测试远红外辐射反射率和远红外辐射透射率及计算远红外辐射吸收率，采用红外热成像仪测定升温速率的方法来表征辐射性能。远红外辐射透射率的测试装置如图 6-1 所示（周兆兵等，2011）。红外辐射源选用功率为 250W 的红外灯泡，其主波长在 2.4μm 左右，试件表面的照射光强调节为 650W/m^2，试件架测试窗开口面积为 60mm×60mm。

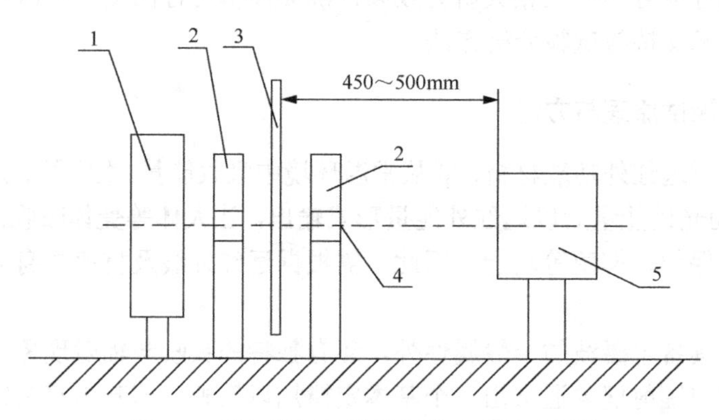

图 6-1　远红外辐射透射率测试装置示意图

1. 红外辐射强度计；2. 铝架；3. 试件；4. 测试窗口；5. 红外辐射源

远红外辐射透射率的测试原理与方法：红外辐射垂直入射木质材料试样，试样粘在一块打孔的铝板孔洞上，铝板开口面积略大于接收器的测试头面积，使没有照在试件上的红外辐射被铝板隔断，避免照射到接收器上影响测试数据。测试时，调节试件架与红外辐射源的距离，检查并校准试件前表面红外辐射强度（650W/m^2）、红外辐射强度计至试件架中心的距离及角度，然后测试各试样透射红外辐射强度 I_t，重复测试 5 次，计算平均值。

远红外辐射透射率计算方法如下：

$$\alpha_t = \frac{I_t}{I_0} \times 100\% \tag{6-3}$$

式中，α_t 为远红外辐射透射率，%；I_t 为红外透射强度，W/m^2；I_0 为红外辐射强度，W/m^2。

远红外辐射反射率测试所采用的红外光源及红外辐射接收器与远红外辐射透射率测试相同，不同的是测反射的试件架是一个直径为 118mm 相互嵌套的铁环，与试件圆心同球心的反射半球面的赤道半径距离为 150mm。为防止辐射源对接收器的影响，测试时两者间用抛光铝板隔开，如图 6-2 所示。

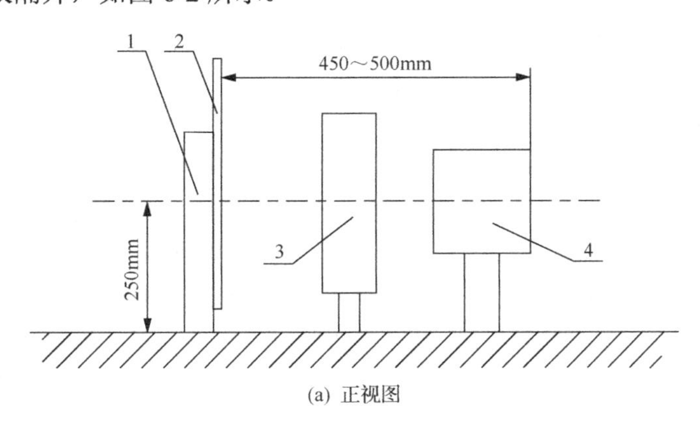

(a) 正视图

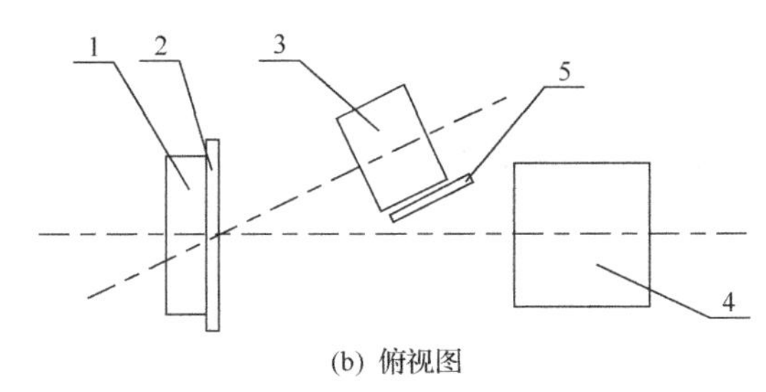

(b) 俯视图

图 6-2　远红外反射率测试装置示意图

1. 试件架；2. 试件；3. 红外辐射强度计；4. 红外辐射源；5. 隔热板

远红外辐射反射率的测试原理与方法：由于试件的反射光是表面反射和内部反射的复合，分别分布在整个反射半球内，并关于试件中心对称。所以测试试件反射率的方法是将试件做成圆形试样(将样品架做成圆形，使其有效部分为圆形)，以使发射光关于试件圆心对称，便于对测试数据积分处理。利用红外光源，从与试件中心同等高度上垂直照射试件，使用辐射强度计首先测出试件所受到照射强度。然后在反射半球的一个赤道圆周上，利用辐射强度计测出多个角度的反射强度，最后根据所测光强通过积分求出整个反射半球的总反射强度，与入射强度一起即可计算出各块织物的反射率 α_r，重复测试 5 次，取平均值。

远红外辐射反射率的计算公式如下：

$$\alpha_r = K \cdot I_r \tag{6-4}$$

式中，α_r为远红外辐射反射率，%；I_r为法向偏角25°处反射红外辐射强度，W/m^2；K为常数，取1.357。

按照能量守恒原理，远红外辐射入射试件应满足下式：

$$\alpha_t + \alpha_r + \alpha_A = 1 \tag{6-5}$$

式中，α_A为试件对远红外辐射的吸收率。将式(6-5)变形即可以用来计算远红外辐射吸收率。

温升法测定在一定条件、一定时间内织物温度的变化。温升法简单，能直接反映材料的温度变化情况。温升法包括红外测温仪法和不锈钢锅法(成茹，2002)。对于木质远红外功能材料，采用红外测温仪法比较方便可行。

本章所采用的热成像仪为Fluke Ti45型热成像仪(福禄克公司，美国)，如图6-3所示。其借助160×120探测器和精确至0.08℃的温度灵敏度，可提供高分辨率的图像甚至能清晰显示出较小的温度差异。红外测温仪由光学系统、光电探测器、信号放大器及信号处理器、显示器等部分组成。光学系统汇集其视场内的目标红外辐射能量，视场的大小由测温仪的光学零件及位置决定。红外能量聚焦在光电探测仪上并转变为相应的电信号。该信号经过信号放大器和信号处理电路按照仪器内部的算法和目标发射率校正后转变为被测目标的温度值。

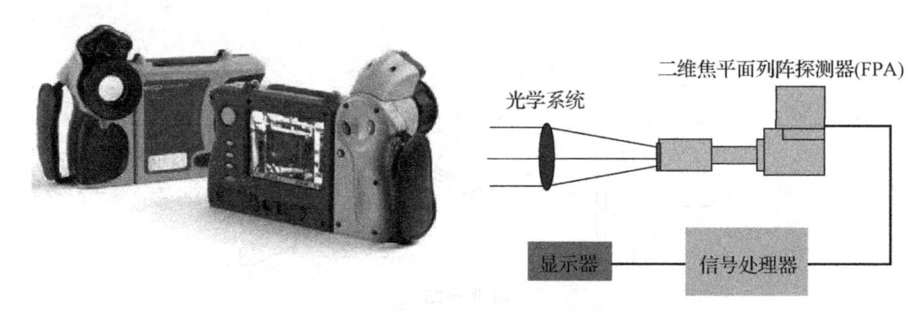

图6-3　Fluke Ti45型热成像仪及工作原理示意图

使用Fluke Ti45热成像仪对试样进行非接触式测量，非接触式测量的主要特点是：测温原则上不受限制；速度较快，可以对运动体进行测量，但是它受物体的辐射率、距离、烟尘和水汽等因素影响，测温时需要修正误差。

红外测温仪法的测试原理与方法：在温度为20℃、相对湿度为60%的恒温室中用红外光源照射试件一定时间，用红外热成像仪记录下不同时间间隔下试件的温度，然后撤掉红外光源照射，再用红外热成像仪记录下自然冷却一定时间的过程中试样表面温度的变化，通过求差值来分析评价热辐射效果。测试装置如图6-4所示。

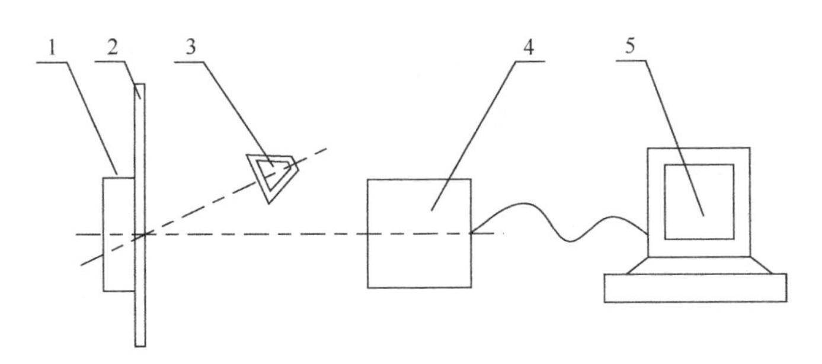

图 6-4　远红外温升测试装置示意图

1. 试件架；2. 试件；3. 红外辐射源；4. 红外热成像仪；5. 计算机

二、抗菌性能测试原理及方法

对于木质远红外功能材料来说，抗菌抑菌性能主要是指材料的杀菌、抑菌性能。通常抗菌材料是通过加入抗菌剂而起作用的。抗菌剂主要包括有机、天然生物和无机抗菌剂 3 种类型(肖丽平和李临生，2001)。

有机抗菌剂在抗菌系列产品中占主导地位，广泛应用于塑料、涂料、纤维、纸张、橡胶、树脂、木材、建材、医疗及水处理等。其优点是杀菌力强、即效好、种类多，缺点是毒性大、耐热性较差、易迁移、可能产生微生物耐药性等(张葵花等，2005)。

天然生物抗菌剂来源于自然界，通过提取和纯化获得，可分为植物源天然抗菌剂、动物源天然抗菌剂和微生物源天然抗菌剂(肖丽平等，2002)。天然生物抗菌剂的抗菌机理比较复杂，目前对植物天然抗菌剂的开发还刚刚起步，对其抗菌机理的研究有待深入。

无机抗菌剂是 20 世纪 80 年代中期发展起来的一类抗菌材料，具有耐热性、持久性、连续性和安全性等优点。但存在一些缺点，如银系抗菌剂具有防霉作用较弱、添加量较大、成本较高、易变色等缺点(陆春华等，2003)。目前，对无机抗菌材料的应用研究主要涉及金属元素抗菌剂、光催化材料抗菌剂及纳米材料抗菌剂，主要应用于纺织、塑料、涂料及陶瓷等方面。

为研究木质远红外功能材料的抗菌抑菌效果，所添加的远红外物质属于无机纳米抗菌材料。因此，木质远红外功能材料的抗菌抑菌类性能主要参照有关无机纳米抗菌剂抗菌机理及性能评价方面的研究方法来进行测试。

目前，我国对于高分子纺织品、塑料、漆膜、陶瓷等已有一些抗菌材料检测的相关标准，如标准 QB/T 2591—2003、GB/T 20944—2007、GB/T 21866—2008 和 LY/T 1926—2010 就分别规定了抗菌塑料和抗菌纺织品的抗菌效果评价方法。

现有的抗菌方法和适用场合主要有以下几种。

1) 贴膜法：菌液以薄膜形式存在；可以定量测量抗菌性，适用于表面平滑的塑料、橡胶、陶瓷等。

2) 细菌黏附法：试样与菌液振荡接触；可以直观观察细菌形态，适用于塑料，陶瓷等。

3) 浸渍培养法：试样浸渍在菌液中；可以定量测量抗菌性，适用于吸水性试样、纤维等。

4) 接触法或包埋法：试样直接接触混有菌液的培养基或包埋其内；对不同材质样品

的深入研究，不能定量检测，且检测周期较长；适用于纤维、塑料及陶瓷等。

5）振荡法：试样与菌液在锥形瓶中剧烈振荡；速度快、耗时短，由于强烈振荡，菌液易起泡沫，对抗菌性能评价有一定影响；适用于织物、泡沫塑料及一次性卫生用品。

6）抑菌圈法：试样制成圆盘置于已接种的实验平板中央；快速简单，但有些材料不能形成抑菌环，适用于纤维制品和塑料等。

现有研究结果表明，抗菌试验一般采用大肠杆菌和金黄色葡萄球菌为试验菌，并且根据抗菌材料的亲疏水性、所用抗菌剂的溶出性及抗菌材料的外在形态等，研究和使用相应的测试方法。对于材料抗菌性能的评价是一个相对比较复杂的问题，它不仅包括抗菌效率的评价，还涉及抗菌谱范围、抗菌效果的耐久性、抗菌剂的安全性等方面的评价（胡永金等，2010；陈晓月等，2008；邹海清等，2006）。由于涉及诸多前沿性问题且牵涉面太广，目前尚无一致的认识，也未见有统一的参考标准。

本章所阐述的木质远红外功能材料主要为板材，参考现有抗菌性能评价标准，可以采用细菌黏附法定性试验和贴膜抗菌法定量试验来分析与表征。细菌黏附法能直观地观察到抗菌后的细菌形态；贴膜法能定量地测定抗菌性能，反映抗菌材料的抗菌效果。

（一）细菌黏附法定性试验

细菌黏附法能够直观地观察抗菌处理前后材料表面的细菌情况，通过在微观下观察细菌数量和形态的变化，可判断抗菌材料是否具有抗菌性，并验证抗菌处理的效果。

1. 试验材料

牛肉膏、蛋白胨、氯化钠、双蒸水、戊二醛、乙醇、磷酸二氢钠、磷酸氢二钠。

检验菌种：大肠杆菌（*Escherichia coli*，ATCC25922），来源于 Oxoid 公司。

2. 主要仪器和设备

仪器：试管、大烧杯、电热套、24 孔板、滴管、高压灭菌锅、振荡培养箱、移液枪。

设备：超净工作台；扫描电子显微镜（SEM），Quanta200 FEI 型。

3. 试验方法

细菌黏附法试验的具体工艺流程如图 6-5 所示。具体试验步骤如下：

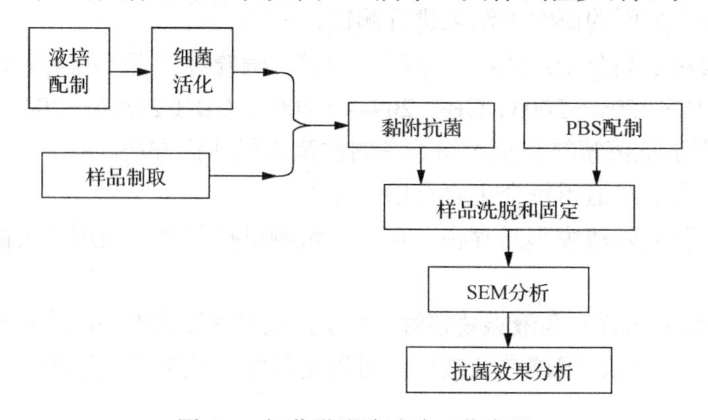

图 6-5　细菌黏附法试验工艺流程

(1)液培的配制

称取牛肉膏 0.6g、蛋白胨 2.0g、氯化钠 1.0g 于 250ml 烧杯中，加双蒸水 200ml，在电热套上加热(垫石棉网)至沸腾，用 0.1mol/L 的 NaOH 溶液调节 pH 至 7.0～7.2。将配好的液培在高压灭菌锅中 121℃下灭菌 20min。

(2)磷酸盐缓冲溶液(PBS)的配制

称取氯化钠 4.25g、磷酸氢二钠 1.1g、磷酸二氢钠 0.1g，加入 500ml 双蒸水配成 PBS。

(3)细菌的活化

将细菌与灭菌的液培按照 1∶100 的比例配成菌液，在 37℃的振荡培养箱中培养 24h。

(4)样品的制取

将试件切制成直径为 10mm 的正方形试样，灭菌待用。

(5)黏附抗菌

取活化的菌液(100μl)与原液培(10ml)配成 1∶100 的黏附菌液，加入样品，37℃下在振荡培养箱中培养 24h。

(6)样品的洗脱和固定

将样品从菌液中取出，放入 24 孔板中，用配好的 PBS 溶液洗涤 3 次，去除未黏附在样品上的细菌。用体积分数为 2.5%的戊二醛溶液将黏附到样品上的细菌固定 4h。固定 4h 后，再用 PBS 清洗样品 3 次。然后将清洗后的样品，用 25%、50%、70%、95%、100%的乙醇溶液分别浸泡 10min，逐级脱水。最后将脱水后的样品在超净工作台中自然干燥。

(7)电镜(SEM)分析

将黏附细菌的试样经喷金处理后，利用 SEM 观察其试样表面黏附细菌的数量和形态变化，以判断抗菌材料样品的抗菌性。

(二)贴膜抗菌法定量试验

贴膜法是目前最常用的抗菌性能检测方法之一，是一种能定量描述材料抗菌性能的检测方法。采用贴膜法测定材料的抗菌性能，采用活菌落计数法测定细菌的数量，即定量地将细菌接种于待测样品上，用贴膜法使细菌均匀地接触样品，经过一定时间的培养后，用洗脱液将样品上的细菌洗下，再用活菌落计数法测样品中的活菌数，计算出样品的抗菌率。

1. 试验材料

牛肉膏、蛋白胨、氯化钠、氢氧化钠、双蒸水、乙醇、聚乙烯薄膜、吐温 80。

检测菌种：大肠杆菌(*E.coli*，ATCC25922)、金黄色葡萄球菌(*Staphylococcus aureus*，ATCC6538)，均购于 Oxoid 公司。

2. 主要仪器与设备

仪器：灭菌平皿、灭菌试管、灭菌移液管、接种环、酒精灯、移液枪。

设备：恒温恒湿培养箱[(37±1)℃]、冷藏箱(0～5℃)、超净工作台、压力蒸汽灭菌器、电热鼓风恒温干燥箱、电子天平(0.001g)、漩涡混合仪(XM-80A 型，上海比郎仪器有限公司)。

3. 试验方法

贴膜抗菌试验的具体工艺流程如图 6-6 所示。具体试验步骤如下：

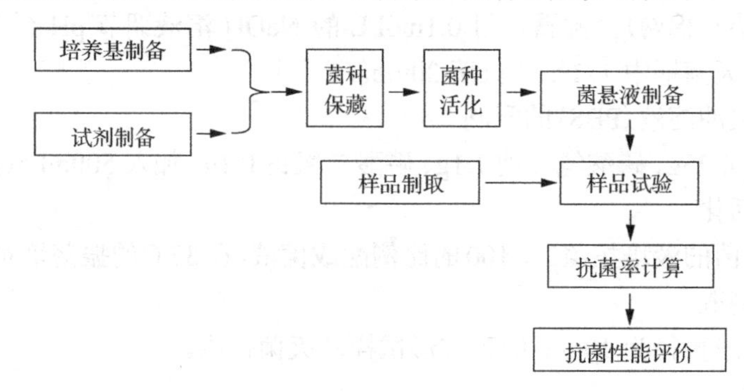

图 6-6 贴膜抗菌试验的工艺流程

(1)培养基的制备

培养基用于为微生物提供必要的营养物质，如水分、碳源、氮源和无机盐。

1)营养肉汤(NB)：牛肉膏 5.0g，蛋白胨 10.0g，氯化钠 5.0g。

取上述成分加入 1000ml 蒸馏水中，加热溶解后，用 0.10mol/L 的 NaOH 溶液调节 pH，使 pH 在 7.0～7.2，分装后，将其置于压力蒸汽灭菌器内，在 0.1MPa、121℃条件下灭菌 30min。

2)营养琼脂培养基(NA)：NB 加热熔化后，加入 15.0g 琼脂，加热煮沸，使琼脂融化，用 0.1mol/L 的 NaOH 溶液调节 pH，使 pH 为 7.0～7.2，分装后，将其置于压力蒸汽灭菌器内，在 0.1MPa、121℃条件下灭菌 30min。

(2)试剂的制备

1)消毒剂：70%乙醇溶液。

2)洗脱液：含 0.80%氯化钠的生理盐水。洗脱液是抗菌试验和微生物试验中从样品中洗脱微生物所用的溶液，为便于洗脱，可加入少量无菌表面活性剂(吐温 80)，用 0.10mol/L 的氢氧化钠溶液或 0.10mol/L 的盐酸溶液调节 pH，使 pH 为 7.0～7.2，分装后，将其置于压力蒸汽灭菌器内，在 121℃条件下灭菌 30min。

3)培养液：NB/生理盐水溶液。培养液通常用于接种和培养微生物，建议用于大肠杆菌的浓度为 1/500、金黄色葡萄球菌的浓度为 1/100，为便于细菌分散可加入少量无毒表面活性剂(吐温 80)。用 0.10mol/L 的氢氧化钠溶液或 0.10mol/L 的盐酸溶液调节 pH，使 pH 为 7.0～7.2，分装后，将其置于压力蒸汽灭菌器内，在 121℃条件下灭菌 30min。

(3)样品制备

1)空白对照样品：采用与受检样品试件相同的材料、相同的加工工艺制成的非抗菌材料，试件的标准尺寸为 50mm×50mm、厚度不大于 10mm，编号为 A。

2)抗菌材料样品：添加抗菌成分的材料，试件的标准尺寸为 50mm×50mm、厚度不大于 10mm，编号为 B。

以上各类样品的数量不少于 10 个。在试验前应进行消毒，建议用消毒剂(70%乙醇溶液)擦拭样品表面，1min 后用无菌水冲洗，自然干燥，或直接用无菌水冲洗。

(4) 菌种保藏

将菌种接种于 NA 斜面上，在(37±1)℃下培养 24h 后，在 0～5℃下保藏(不能超过 1 个月)，作为斜面保藏菌。

(5) 菌种活化和转接

将斜面保藏的细菌转接到平板营养琼脂培养基上，在(37±1)℃下培养 24h 转接 1 次，不超过 2 周。试验时应采用连续转接 2 次后的新鲜细菌(24h 转接的)。

(6) 菌悬液的制备

用接种环从菌种活化的培养基上取少量的新鲜细菌(刮取 1～2 环)加到培养液中，并依次做 10 倍递增的稀释液，选择菌液浓度为 5.0×10^5～10.0×10^5cfu/ml 的稀释液作为试验用菌液，振荡培养。

(7) 样品试验

分别取试验用的菌悬液 0.2ml 滴加在空白对照样品 A 和抗菌材料样品 B 上，每个样品做 5 个平行试样。用灭菌镊子夹起灭菌覆盖膜，分别覆盖在样品 A 和样品 B 上，铺平使菌液接触样品并均匀分布于整个试片表面，防止菌液挥发，再将试片置于灭菌平皿中，在(37±1)℃、相对湿度＞90%条件下培养 24h。取出培养 24h 后的样品，分别加入洗脱液 20ml，反复洗样品 A、样品 B 及覆盖膜(最好用镊子夹起薄膜冲洗)，充分摇匀后，取一定量接种于 NA 中，转动平皿使其充分混匀，当温度降至琼脂凝固后，翻转平板，在(37±1)℃下培养 24～48h 后，活菌计数。以上试验重复 3 次，取平均数。

(8) 抗菌率计算

上述试验中测定的活菌数结果为样品 A、样品 B 培养 24h 后的实际回收活菌数值，数值分别为 A、B。抗菌率的计算公式如下：

$$R=(A-B)/A\times100\% \tag{6-6}$$

式中，R 为抗菌率，%；A 为空白对照样品平均回收菌数，cfu/片；B 为抗菌材料样品的平均回收菌数，cfu/片。

(9) 抗菌性能的评价

根据试验标准，当试片与菌液接触 24h 后抗菌率达到或超过 90%时，即可说明该材料有抗菌作用，抗菌级别为 II 级；如果抗菌率达到 99%以上，则说明该材料有强抗菌效果，抗菌级别为 I 级。

第二节 远红外功能型薄木制备技术

远红外功能型薄木作为木质远红外功能材料之一，可用于人造板基材贴面，赋予表面远红外发射及抗菌功能，具有十分广阔的应用前景。

目前，薄木贴面方法有干法、湿法和冷压法等。其中干法贴面使用的薄木厚度在 0.4mm 以上，先把薄木进行干燥，含水率控制在 8%～12%，涂胶机再把胶液均匀地涂布在所贴的基材上，把拼好花纹的薄木铺到胶层上，送到热压机上加热加压。湿法贴面是在薄木湿的状态下与涂胶基材加热加压的一种生产方法，薄木的含水率为 60%～100%，为了操作方便，减少损失，一般薄木的厚度在 0.2～0.3mm。冷压贴面薄木的含水率为8%～12%，该方法将基材涂胶后在室温下(18～22℃)加压胶合对基材进行贴面，其最好选用厚薄木，防止透胶和粘板。薄木可直接胶贴在胶合板、中密度纤维板、刨花板、大芯板等人造板基材的表面，要求基材表面光洁、平整，无凹凸不平、翘曲变形，无油污等缺陷，含水率在 7%～12%。

三聚氰胺树脂浸渍纸贴面人造板(简称三聚氰胺贴面板)采用的工艺方法有三种。分别是“热-冷法”、“热-热法”和“双钢带连续滚压法”。目前人造板贴面常用的方法是低压短周期法，采用“热-热法”。三聚氰胺贴面板具有生产用料少、耗能低、工序少、成本低等优点，以及外观美丽、表面耐磨、耐热、耐污染、易于清洁等性能，已广泛用于办公及民用家具、车辆制造、建筑、造船、室内装修等用材，并占有相当高的市场份额。目前，薄木贴面技术和三聚氰胺浸渍纸贴面技术已经很成熟了，但采用两种方法结合形成新的贴面方法尚未见有文献提及。

本节旨在把浸渍纸的工艺应用到薄木浸渍贴面工艺上来，同时在薄木浸渍时加入远红外物质，以增强薄木贴面材料的热辐射性能和抗菌抑菌性能，使薄木贴面人造板具有木质材料基本特性的同时兼有远红外线的热效应和抑菌功能，以期拓展人造板的使用范围，提高薄木饰面人造板的附加值。

一、远红外物质的分散性

远红外物质一般是微米级或亚微米级的无机物粉末，具有比表面积大、表面能高等特点，在应用过程中极易聚集。远红外材料与三聚氰胺树脂能否有机地复合，取决于两者的相容性。因此，在远红外功能型薄木制备过程中，分散介质与分散剂的选择至关重要。

(一)材料与设备

1. 试验材料

远红外粉：HTY-01 型，平均粒径小于 100nm，主要成分(各成分按质量百分比计)为：30%～45% SiO_2、15%～35% $CaCO_3$、20%～35% Al_2O_3、5%～10% MgO 及6%～10% TiO_2 等。

分散剂：聚丙烯酰胺、六偏磷酸钠、羧甲基纤维素钠、十二烷基苯硫酸钠、聚丙烯酸钠，分析纯，均购自国药集团化学试剂有限公司。

2. 主要仪器和设备

漩涡混合器：XM-80A 型，上海比郎仪器有限公司；电子天平：精度 0.001g，北京赛多利斯仪器系统有限公司；带刻度的试管。

(二)试验方法

1. 分散剂的选择

选用不同类型的分散剂对远红外粉水悬浮液进行沉降试验。具体试验过程：在装有15ml 蒸馏水的试管中加入 1.5g 远红外粉，然后依次分别加入质量分数为悬浮液体系 1%

的上述各种分散剂，在漩涡混合器中以3000r/min的高速振荡混合30min，静置24h后，观察分散情况和溶液的状态，并记录水悬浮液的沉淀层高度。

试验中取沉淀层厚度较小者，作为最佳分散剂的参考指标，从而筛选出远红外粉在水性介质中的最佳分散剂。

2. 分散剂添加量的选择

在优选出最佳分散剂的基础上，进一步确定适宜的分散剂加入量：在装有15ml蒸馏水、1.5g远红外粉的试管中，分别加入质量分数为悬浮液体系的0%、0.5%、1.0%、1.5%、2.0%的分散剂，在漩涡混合器中以3000r/min高速振荡混合30min，静置24h后，观察分散情况并记录水悬浮液的沉淀层高度。

（三）分散剂种类的筛选

5种分散剂对远红外粉水悬浮液分散性的影响见表6-1。

表6-1　分散剂种类对分散体系的影响

分散剂种类	聚丙烯酰胺	六偏磷酸钠	羧甲基纤维素钠	十二烷基苯硫酸钠	聚丙烯酸钠
远红外粉分散情况	迅速产生大量团状沉淀	混合均匀，沉淀层厚度小于1ml*	分散剂难溶解	混合时产生气泡	迅速产生大量团状沉淀

*指1ml刻度处的高度

由表6-1可以看出，六偏磷酸钠对远红外粉的分散效果要明显优于其他分散剂。聚丙烯酰胺和聚丙烯酸钠与远红外粉混合时在很短的时间内均产生了团状沉淀，且悬浮液与上清液形成清晰的界面，说明其分散效果差。羧甲基纤维素钠在远红外粉的水相体系中自身难溶解，也不利于远红外粉的分散。六偏磷酸钠是无机电解质型分散剂，其分散机制是静电稳定机制。六偏磷酸钠电解后产生的离子对纳米微粒产生选择性吸附，使得粒子带上正电荷或负电荷，从而在布朗运动中，两粒子碰撞时产生排斥作用，阻止凝聚发生，实现粒子分散。

不同加入量的六偏磷酸钠对远红外粉的分散情况见图6-7。

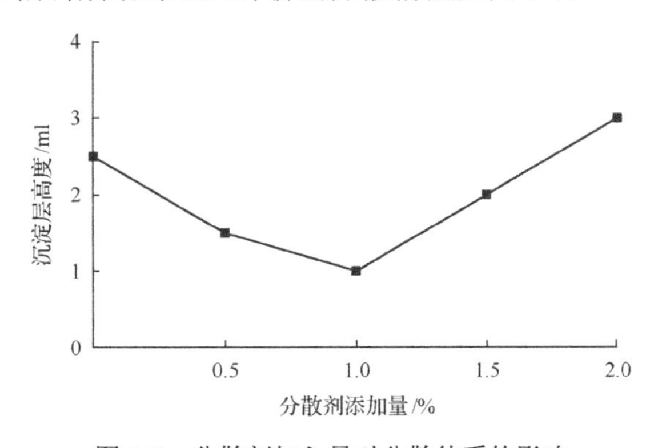

图6-7　分散剂加入量对分散体系的影响

由图6-7可以看出，随着六偏磷酸钠用量的增加，远红外粉水悬浮液沉淀层厚度先逐渐减小，在1%时达到最低值，而后逐渐增大。这是由于分散剂用量低时，相邻颗粒带不同电荷的区域相互吸引，产生桥连效应，稳定性差；随着用量的增加，颗粒表面带同种电荷，产生双电层排斥作用和空间位阻作用也逐渐变大，稳定性趋好；当分散剂加入量为1%时，上述作用最大，分散体系的稳定性最佳；而当分散剂用量超过一定量时，就会游离出多余的分散剂，双电层作用产生的静电斥力减小，稳定性反而下降。综合考虑上述因素，选择分散剂的最佳加入量为远红外粉水悬浮液质量分数的1%。

由上述分析可知，六偏磷酸钠对远红外粉在水中的分散性能较好，其最佳的加入量为纳米远红外粉水悬浮液质量分数的1%。

二、远红外功能型薄木制备

(一)材料与设备

1. 试验材料

薄木：枫木，厚度为0.6mm，裁成140mm×140mm，常州卫星装饰材料有限公司；

高密度纤维板：尺寸为30cm×30cm×0.8cm，江苏苏林木业有限公司；

纳米远红外粉：HTY-01型，平均粒径小于100nm，南京海泰纳米公司；

六偏磷酸钠：分析纯，国药集团化学试剂有限公司；

三聚氰胺甲醛树脂胶黏剂(MF)：实验室自制，透明，固含量为52.3%，pH为8.0，黏度18～25mPa·s。

2. 试验仪器

数控真空浸渍设备：订制，南京先欧仪器制造有限公司；

电动搅拌器：RW20数显型，德国IKA公司；

电子天平：精度0.001g，北京赛多利斯仪器系统有限公司；

电热恒温鼓风干燥箱：DHG-9030A型，上海精宏实验设备有限公司；

热压机：XLB型平板硫化机，青岛亚东橡机有限公司。

(二)工艺路线

图6-8为远红外功能型薄木制备及贴面工艺路线示意图。

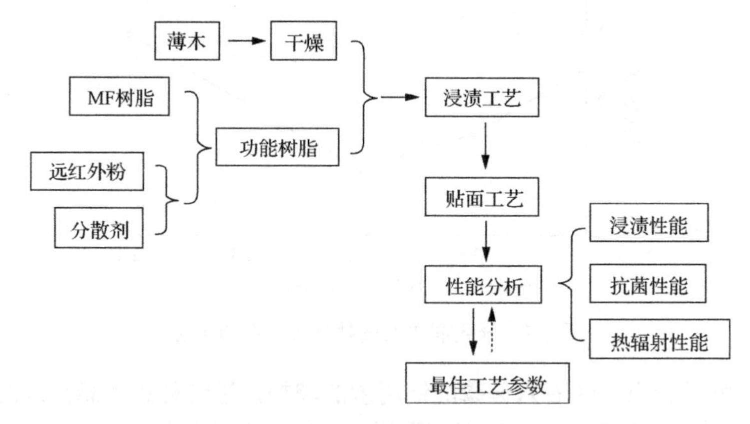

图6-8　远红外功能型薄木制备和贴面工艺路线

1. 远红外功能树脂的制备

将 MF 树脂、远红外粉及六偏磷酸钠(分散剂)混合后在转速为 1500r/min 的条件下搅拌 30min，充分混合制得远红外粉/MF 功能树脂，远红外粉的加入量分别为 MF 树脂质量的 0、2.5%、5.0%、7.5%、10%，六偏磷酸钠的加入量为 MF 和远红外粉体系的 1%。对制得的远红外功能树脂进行试验分组，见表 6-2。

表 6-2　浸渍试验编号及处理条件

试验编号	1#	2#	3#	4#	5#
远红外粉添加量/%	0	2.5	5.0	7.5	10.0

2. 浸渍处理

将薄木放于烘箱中干燥(30±0.5) min，温度为(160±2) ℃，称重，记为绝干质量 M_0；在室温(20℃)下将干燥好的薄木置于浸渍设备中，抽真空 20min，真空度为 0.4MPa；向设备中注入不同浓度的远红外粉/MF 功能树脂，使薄木浸没，浸渍时间为 60min；而后将浸渍好的薄木试件取出晾挂，直至不滴胶为止，然后置于 100℃的电热鼓风恒温干燥箱内干燥，干燥时间为 6～8min，使薄木中的 MF 预固化。

3. 贴面加工

选用高密度纤维板作基材进行贴面加工，将浸渍薄木与纤维板进行组坯，并铺设脱模纸后送入热压机，闭合压板进行贴面。热压贴面工艺为：热压温度为 190℃，热压压力为 2.5MPa，热压时间为 60s。

将制得的薄木贴面纤维板进行表面砂光，按尺寸锯裁试件，进行功能性指标测试。

4. 性能测试方法

(1)浸渍效果的评价

采用浸胶量来定量评价不同远红外粉添加量的薄木浸渍效果。

原理：浸胶量是指浸渍薄木在 160℃干燥箱中干燥 10min 后，浸渍薄木上胶的质量与原薄木绝干质量之比，以百分数表示。

方法：将浸渍薄木试件放入控温在(160±2) ℃的鼓风干燥箱内干燥(10±0.5) min(在干燥过程中，试件间相互不得粘连)，取出后立即放入干燥器内冷却至室温，逐个称量。

浸渍薄木的浸胶量按下式计算，精确至 0.1%。

$$W_{\mathrm{r}}=\frac{m_{\mathrm{h}}-m_0}{m_0}\times 100\% \tag{6-7}$$

式中，W_{r} 为浸渍薄木的浸胶量，%；m_{h} 为浸渍薄木干燥后的质量，g；m_0 为薄木绝干质量，g。

(2)远红外辐射效果测试、黏附法试验和贴膜法抗菌试验的材料、仪器设备及方法参考本章第一节内容。

(三)远红外粉添加量对浸渍薄木浸胶量的影响

图 6-9 中，没有添加远红外粉时(0%)，W_r为 12.5%，为 MF 树脂的含量，而远红外粉添加量为 10%时，W_r达 19.7%。这说明，随着远红外粉添加量的增加，试件平均浸胶量变大，增幅达 57.6%以上，并呈直线上升趋势(R^2=0.902)。

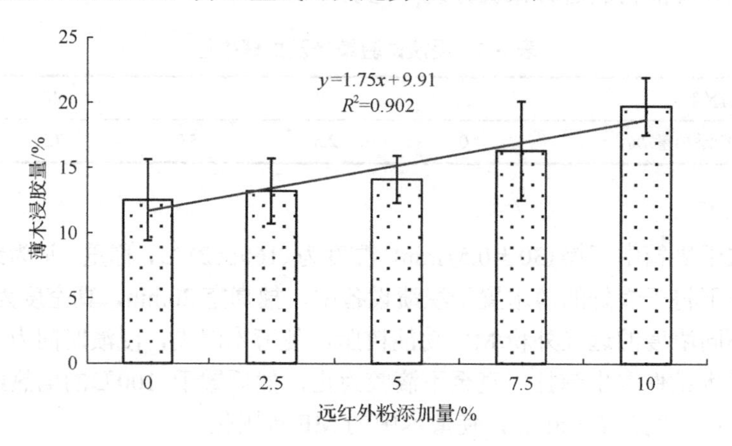

图 6-9 远红外粉添加量与浸胶量的关系

(四)远红外粉添加量对薄木贴面板表面温差的影响

图 6-10 实线为红外光源照射 10min 时试件表面升温变化情况，虚线为照射完后自然冷却 10min 时试件表面降温变化情况。从图 6-10 中试件表面升温变化情况可以看出，添加远红外粉的试件表面温差(分别为 46.6℃、49.8℃、54.5℃、61.7℃)均比未添加远红外粉试样的温差(35.6℃)大，温度增加量显著提高，且温差随远红外粉添加量的提高而呈线性增大的趋势(R^2=0.962)，10%添加量试件温度变化最明显，在 10min 内温差高达 61.7℃。这说明远红外物质具有增强热效应的功能。添加远红外粉的试件表面温差变化有线性递减趋势(R^2=0.973)，但递减趋势较缓，这说明远红外物质具有保温功能。

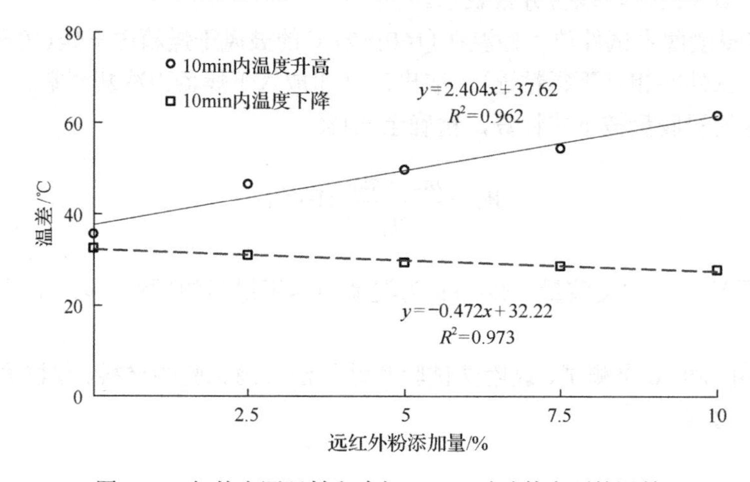

图 6-10 红外光源照射和冷却 10min 时试件表面的温差

(五)远红外粉添加量对薄木贴面板表面反射率的影响

图 6-11 和图 6-12 分别为各试样的远红外辐射透射率和反射率的测试计算结果。随着远红外粉添加量的增加，远红外辐射透射率和反射率均呈降低趋势。其中，远红外辐射透射率呈线性递减的趋势(R^2=0.969)，而远红外辐射反射率则呈二次多项式递减趋势(R^2=0.939)。这说明随着远红外物质浓度的增加，对远红外辐射反射率的影响有所减缓，而对远红外辐射透射率的影响则较均匀。这是由于远红外物质采用的是微纳米级微粒，对远红外辐射具有一定的吸收作用，且随着微粒浓度的增加，这种吸收作用越强。因此，根据能量守恒原理可知，试件表面的远红外辐射透射率和反射率有所降低。这与表 6-3 中所计算出各试样的远红外辐射吸收率呈递增趋势相吻合。远红外粉添加量为 10%的试件吸收远红外辐射能力较强，根据远红外原理可知，该试件的远红外辐射性能较好。

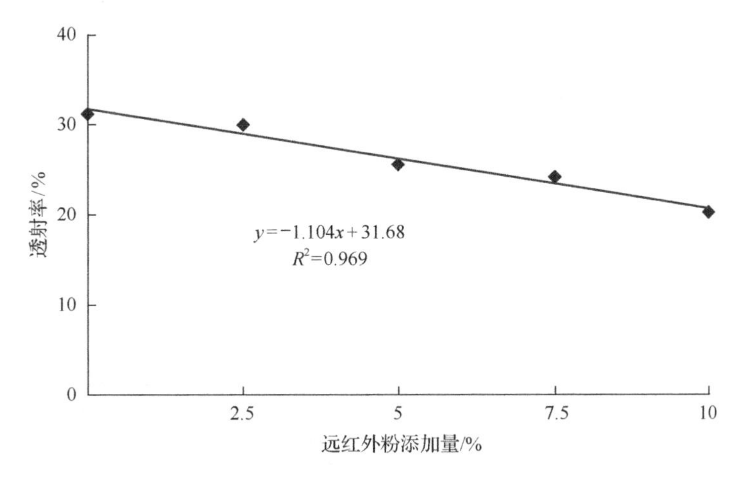

图 6-11　远红外粉添加量与远红外辐射透射率间的关系

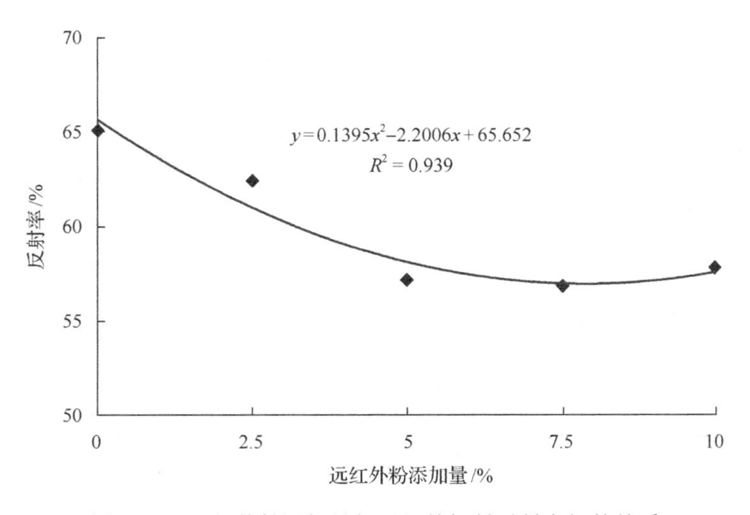

图 6-12　远红外粉添加量与远红外辐射反射率间的关系

表 6-3　试样的远红外辐射吸收率计算值

远红外粉添加/%	0	2.5	5	7.5	10
吸收率/%	3.80	7.65	17.33	19.04	21.97

(六)远红外粉添加量对薄木贴面板表面抗菌性能的影响

通过贴膜法抗菌性能试验，测试其抗菌率，结果如表 6-4 所示。

表 6-4　远红外粉添加量对抗大肠杆菌和金黄色葡萄球菌性能的影响

序号	远红外粉添加量/%	大肠杆菌		金黄色葡萄球菌	
		平均回收菌落数/(×10^2cfu/片)	抗菌率/%	平均回收菌落数/(×10^2cfu/片)	抗菌率/%
1	0	683	—	402	—
2	2.5	87	87.26	57	85.82
3	5	41	93.99	28	93.03
4	7.5	3	99.56	2	99.51
5	10	1	99.85	1	99.75

随远红外粉添加量的增加，薄木贴面板对大肠杆菌和金黄色葡萄球菌的抗菌率均呈增大趋势。当远红外粉添加量为 2.5%时，薄木贴面板的抗菌率达到了林业行业标准 LY/T 1926—2010 中规定的 II 级抗菌级别。当加入量为 7.5%时，薄木贴面纤维板的抗菌率达到该标准规定的 I 级强抗菌级别。

采用细菌黏附法，能够直观地观察远红外粉添加前后薄木贴面纤维板表面细菌的数量和形态的变化。通过 SEM 观察分析抗菌效果，其受检菌种为大肠杆菌。

图 6-13 分别为不同远红外粉添加量时薄木贴面纤维板表面大肠杆菌的变化情况。由图 6-13(a)可知，未添加远红外粉的试件表面黏附很多大肠杆菌且生长繁密，说明材料基本不具备抗菌性能；图 6-13(b)为添加 5%的远红外粉，试件表面细菌的含量相对变少，部分细菌表面塌落已经失去活性，表明材料具有一定的除菌和抗菌功能。而添加 10%远红外粉[图 6-13(c)]的除菌抗菌效果明显，表面基本无个体光滑的细菌存在，说明 10%远红外粉添加量的薄木贴面纤维板具有很强的抗菌性。

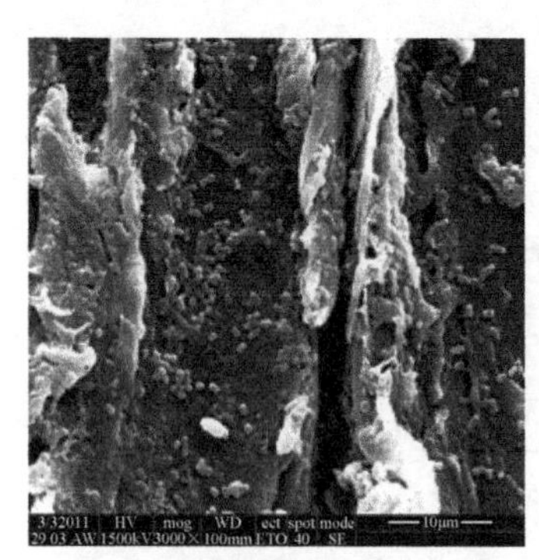
(a) 远红外粉添加量0%

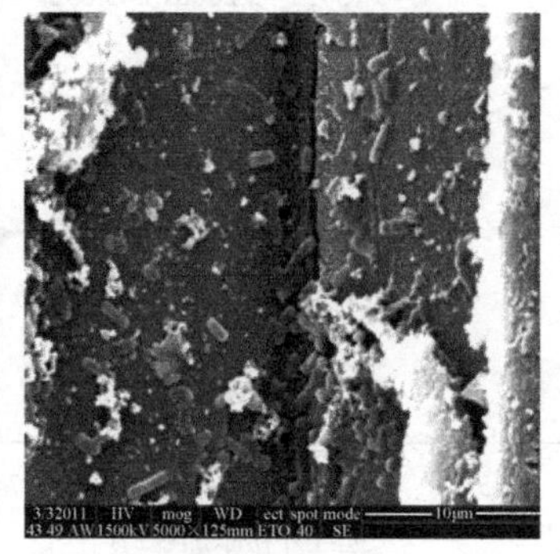
(b) 远红外粉添加量5%

(c) 远红外粉添加量10%

图 6-13　不同远红外粉添加量的薄木贴面板表面抗菌效果 SEM 分析(倍数 5000×)

主要参考文献

陈晓月, 赵承辉, 刘爽, 等. 2008. 大蒜素体外抗菌活性研究. 沈阳农业大学学报, 39(1): 108-110.

成茹. 2002. 远红外瓦楞纸水果包装箱. 中国包装工业, 93: 27.

胡永金, 乔金玲, 朱仁俊, 等. 2010. 紫草与大青叶提取物体外抑菌效果研究. 安徽农业科学, 38(9): 4565-4567.

陆春华, 倪亚茹, 许仲梓, 等. 2003. 无机抗菌材料及其抗菌机理. 南京工业大学学报(自然科学版), 25(1): 107-110.

沈国先, 赵连英. 2011. 对远红外纺织品生理效应的探讨. 现代纺织技术, 19(1): 47-49.

肖丽平, 李临生, 李利东. 2002. 抗菌防腐剂(III)天然抗菌防腐剂. 日用化学工业, 32(2): 78-81.

肖丽平, 李临生. 2001. 抗菌防腐剂(I)抗菌防腐剂的历史、定义与分类. 日用化学工业, 31(5): 55-57.

肖忠平, 卢晓宁. 2003. 木质复合功能材料的研制开发现状. 林业科技开发, 17(2): 9-12.

姚鼎山. 1996. 远红外保健纺织品. 上海: 中国纺织大学出版社.

张葵花, 林松柏, 谭绍早. 2005. 有机抗菌剂研究现状及发展趋势. 涂料工业, 35(5): 45-49.

周兆兵, 傅峰, 张洋. 2011. 远红外木质功能材料及其性能测试. 东北林业大学学报, 39(12): 77-79.

邹海清, 王俊起, 王友斌, 等. 2006. FZ/T 73023—2006《抗菌针织品》行业标准的编制过程、背景及相关参数. 针织工业, (8): 1-8.

第七章　木质导电功能材料应用及展望

木质导电功能材料正处于快速研究发展阶段，因其具有导电、电磁屏蔽、抗静电、通电发热、导热及发射远红外线等特殊功能，其制品可用于日常生活生产及其他特殊场合。目前常见的木质导电功能制品主要有电磁屏蔽胶合板、木质电磁屏蔽箱、木质电热地板、远红外功能型地板以及内置导体饰面人造板。其中应用较多的是木质电磁屏蔽材料、木质电热材料及其制品。

本章阐述木质电磁屏蔽胶合板搭接技术，通过研究搭接技术进而解决木质电磁屏蔽制品制备出现的接缝问题；全面介绍了木质电热地板的构造类型、电源连接件接插方式、电安全防护、温度控制方法及存在的问题；详细分析远红外功能型地板及其性能，并介绍了木质通电功能材料的相关理论、安全性评价以及内置导体饰面人造板制备工艺，最后对木质导电功能材料发展趋势进行了总结和展望。

第一节　木质电磁屏蔽箱

屏蔽体一般是由屏蔽材料通过焊接、铆接、螺钉固定或导电胶黏剂连接固定等方法制成的。搭接质量的好坏将直接影响整个系统的电磁屏蔽性能。搭接不好，材料接缝处会产生一些细长的缝隙，这些缝隙的电磁泄漏会引起屏蔽体屏蔽性能大大下降(凯瑟，1985)。因此研究屏蔽材料在实际工程应用中的搭接技术具有重要的意义。

目前，国内木质电磁屏蔽功能材料的相关研究主要集中在材料开发，涉足实际工程的应用研究较少，本节采用自行研发的电磁屏蔽胶合板进行电磁兼容设计中搭接技术的研究，完善从材料开发到实际应用的一体化研究。

一、搭接的定义与方法

(一)搭接的定义

搭接(bonding)是指在两物体之间建立一个供电流流动的低阻抗通路，以形成一个电气上的整体，避免在构架或设备上出现电位差，因为电位差的存在易引起电磁干扰(邱成悌和蒋全兴，2001)。搭接方法一般是通过机械或化学方法把物体进行结构固定。

(二)搭接的方法

实现搭接有很多方法，但总体上可归纳为直接搭接和间接搭接两类(Soldanels，1967；Craft，1964；Pearlston et al.，1962)。其中直接搭接又可分为熔接、硬钎焊、软钎焊、螺栓连接、铆接、导电黏接等。

1. 直接搭接

直接搭接是在互连元件之间不使用辅助导体而建立一条有效的电气通路，把互联部分放置一起使它们直接接触，再通过熔焊或钎焊在其接合处建立起一种熔接的金属桥接，或者利用螺栓、铆钉夹箍使配接表面之间保持强大的压力，以获得电气的连续性。

直接搭接往往是最好的连接方式，但是只有当两个互连元件能够连接在一起，并且没有相对运动时，才能使用直接搭接。对于在空间上必须分离的接点、缝隙、铰链或固定物体，为了建立电气的连续性，就需要采用金属条带、搭接片或其他辅助导体进行间接搭接。

通过直接搭接两个构件的电流路径如图 7-1 所示。搭接处两边导体通路的电阻 R_c 由式(7-1)给出：

$$R_c = \frac{\rho l}{S} \tag{7-1}$$

式中，ρ 为导体材料的体积电阻率，Ω·cm；l 为电流流过导体的通路总长度，cm；S 为导体的横截面面积，cm^2。

连接处的任何搭接电阻 R_b 都会增加通路的总电阻 R_c。因此，搭接的目的是要降低 R_b，使 R_b 的量值与 R_c 相比可以忽略，从而使 R_b 只取决于 R_c。

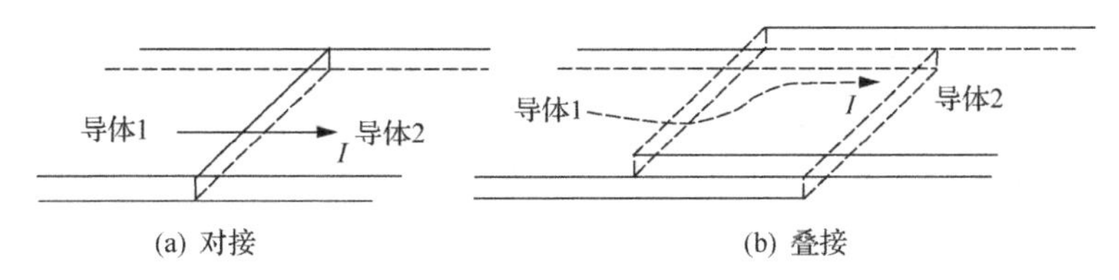

图 7-1　流过直接搭接处的电流

直接搭接可能是永久性的或半永久性的。永久性搭接是指在装置的预期寿命中，可保持安装位置不变，进行检查、维修或系统改建时不需要拆卸的那些连接。对那些不容易接近的搭接点应进行永久搭接，并采取适当的措施保护接点以防损坏。大多数搭接，应采用可拆式搭接，并保证拆卸时不损坏或显著地改变搭接元件。对于系统改建、网络的噪声测量、电阻测量，或出于其他原因可能需要断开的接头，不应当永久性搭接。另外，许多接头由于成本的缘故不可能进行永久性搭接。所有这些不能进行永久性搭接的点就被称为半永久性搭接点。半永久性搭接点包括利用螺钉、铆钉、夹箍或其他辅助零件紧固的接点。

(1)熔接

就电气性能而言，熔接是理想的搭接方法。熔接所产生的强大热量(超过 2200℃)足以气化污染的薄膜和外界物质，在结合处形成一种接近于搭接元件本身电导率的金属桥路。这种搭接的纯电阻实际上为零，因为桥路相对于连接元件的长度短得多。熔接搭接的机械强度是很高的，可以接近或超过搭接元件本身的机械强度。由于潮气和杂物不能透入熔接的接点中，所以熔接又减少了接点的腐蚀。金属桥路的风化率可以与基体元件的风化率相比拟，所以接点的寿命亦与搭接元件的寿命一样长。

对于永久性的搭接接点，凡有可能时都应采用熔接。虽然熔接费用较高，但对于那些一经完成组装就不容易接近的接点来说，由于熔接接点的可靠性高，因此是一种常用的搭接方法。一种有效的熔接方法是放热熔接工艺。在这种工艺中，利用一个石墨模具把铝、氧化铜和其他粉末的混合物盛装在接点周围。把上述混合物引燃，燃烧所产生的热量(超过 2200℃)可把氧化铜分解，从而在连接点周围产生单质的铜膜。而化学反应产生的高温，可使钢材料与钢或铁进行搭接，也可与其他铜材料搭接。

(2) 硬钎焊

硬钎焊时，应把搭接表面温度加热至 450℃以上，但要低于搭接元件的熔点。对受加热的元件应施加和填充金属适应的焊剂来浸润待接表面，以保证钎焊焊料与搭接表面之间的紧密接触。像高温熔焊一样，硬钎焊接点的电阻基本为零。但是，由于硬钎焊往往使用与原搭接元件不同的金属，所以必须采取附加措施来保护接点免受腐蚀损坏。

(3) 软钎焊

软钎焊是一种常用的搭接工艺，常用于几种高电导率金属(如铜、锡或镉)的快速搭接。例如，在组装中便有助于控制腐蚀。软钎焊还可以用来有效地连接屏蔽的缝接，或者把电路元件连接在一起后接至与电路有关的信号参考平面。软钎焊还经常配合机械紧固件使用，常用的做法是把接点加热到足以熔化焊料的温度，再以低电阻焊料填充金属，使其渗入配接表面的阻挡层。其搭接的电阻几乎和熔焊或钎焊的电阻一样低。但是由于软钎焊的熔点低，所以在可能出现大电流的场合不应把软钎焊用作主要的搭接手段。

(4) 螺栓连接

在许多场合不希望采用永久性搭接。例如，当设备需要从外壳中取出或转移到其他位置时，这就要求把接地连接和其他连接断开。为便于调整和修理，设备的盖板也必须是可拆卸的。在这种情况下，永久性搭接显然是不适当的。非永久性搭接除有较大的灵活性之外，在工艺上也比较简单。

最普通的半永久搭接是螺栓连接(或者是利用螺钉或其他螺纹紧固件的连接)，因为这种形式的搭接可提供所需要的灵活性和易接近性。螺栓(或螺钉)仅用作紧固件，在搭接面之间提供必要的紧固力，一般为 8～10MPa。

(5) 铆接

铆接不如螺栓或用焊接工艺所形成的桥接连接。铆接缺乏螺栓连接的灵活性，也没有熔接和钎焊方法所具备的搭接表面防腐蚀保护性能。铆接的主要优点是可以利用自动工具快速而一致地进行连接。

由铆钉所建立起来的搭接通路理论上要穿过搭接元件和铆钉体之间的界面。试验表明，铆钉与搭接元件之间的配合状态比搭接元件之间配接表面的状态更为重要，因此，铆钉孔的尺寸必须保证在装配之后与铆钉形成紧配合。屏蔽体中铆接接点的最大间隔推荐值为 2cm 或更小。比较薄的金属板料，铆接时可能会引起铆钉之间板料的翘曲，如图 7-2 所示。在翘曲区域，金属与金属的接触可能很差甚至不接触。这些不接触区域所造成的射频能量泄漏，可能是引起射频屏蔽性能不良的主要因素。缩小铆钉的间隔，弯曲或翘曲就会减小。为了获得最大的射频屏蔽，应在接合处衬上金属丝编织网，或用导电的环氧树脂把缝隙填塞。

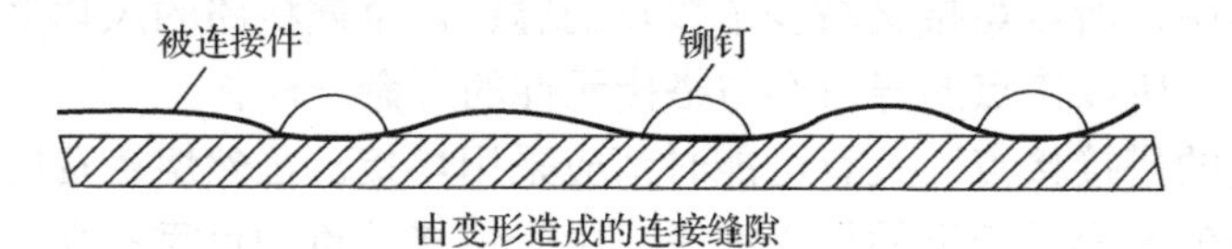

图 7-2 不正常的铆接缝隙

(6) 导电胶黏剂

导电胶黏剂是一种添加有导电粉体的双组分树脂，当这种树脂固化后，就成为一种导电材料，这种导电的树脂可以用在配接表面之间，以便产生低电阻的搭接。它的特点在于不像焊接工艺那样要施加热量才能获得直接的搭接，而在许多地方，熔焊及钎焊连接所需的热量可能会造成火灾或爆炸的危险。在螺栓搭接中采用导电胶黏剂时，胶黏剂提供了一种有效的金属桥路，此连接桥路既具有很高的防腐能力，又具有很高的机械强度。在固化状态，胶黏剂的电阻将随时间的推延而增加。固化之后，这种胶黏剂必然会牢固地与配接表面胶合，因此，导电胶黏剂加螺栓搭接比简单的螺栓搭接更难拆卸。在某些应用中，导电胶黏剂的优点是主要的，难以拆卸的缺点是次要的。

2. 间接搭接

优选的搭接方法是直接搭接，即不用外加的导体就把物体搭接在一起。但由于操作的要求或设备的位置关系，往往不便于进行直接搭接。当一个综合设备的各部分之间，或者综合设备与其参考平面之间必须在结构上分离时，就必须引入辅助导体作为搭接条。间接搭接的电阻等于搭接导体的固有电阻和每个搭接头上金属与金属间接触电阻的总和。采用中介导体显然要在连接系统中带来额外的电阻、电感和分布电容，会影响到整个连接系统的电阻抗，特别是高频特性。

搭接条的电阻由所用材料的电阻率和搭接条的尺寸来确定。使用典型搭接条时，其直流电阻很小。采用铝、铜或黄铜搭接条时，在正确搭接的情况下，间接搭接电阻应小于 0.1mΩ。但是若需要采用长搭接条时，搭接条的电阻可能比较大。

对于间接搭接，其紧固的手段依然是：螺栓、铆钉、熔焊或钎焊。在搭接时保证搭接材料之间较好的接触对正常工作是必不可少的，任何危及这一接触要求的腐蚀都是不容许的。

(三) 叠层型电磁屏蔽胶合板搭接口设计

屏蔽材料之间的搭接质量直接影响着系统的电磁屏蔽性能，因此搭接的设计变得十分关键。不同屏蔽材料应根据其特点来选择不同的搭接设计。电磁屏蔽胶合板具有以下特点：材料的上下表面为木材(绝缘材料)；两层导电层位于材料中间，导电层之间有一层木材单板间隔；胶合板经过锯裁后导电层在断面的形式是不连续的金属点。

通过对电磁屏蔽胶合板特点分析可知，电磁屏蔽胶合板接缝搭接主要是将两层导电层进行电连接。根据胶合板在实际工程使用中的加工特点，将其搭接口设计为三种形式：斜接口、对接口、阶梯口，如图 7-3 所示。

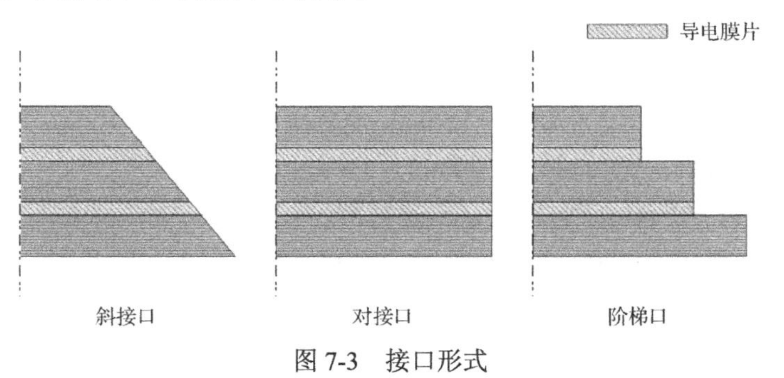

图 7-3 接口形式

(四)叠层型电磁屏蔽胶合板搭接口固定方法

电磁屏蔽胶合板主要用于室内装修，板材之间的连接通常为永久性固定连接。根据胶合板在实际工程使用中的加工特点，采用两种方式进行固定，分别为：对斜接口和对接口采用导电胶黏剂和普通胶黏剂直接固定，如图 7-4 所示；对阶梯口采用普通胶黏剂直接固定。其中导电层通过铜箔引出，阶梯口表面为铜箔，如图 7-5 所示。

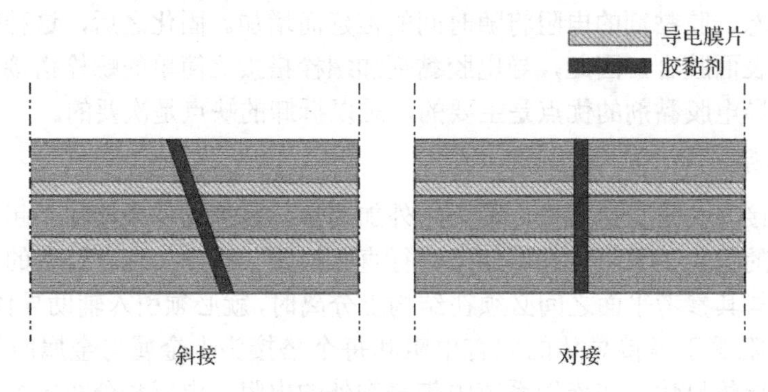

图 7-4　斜接口和对接口固定

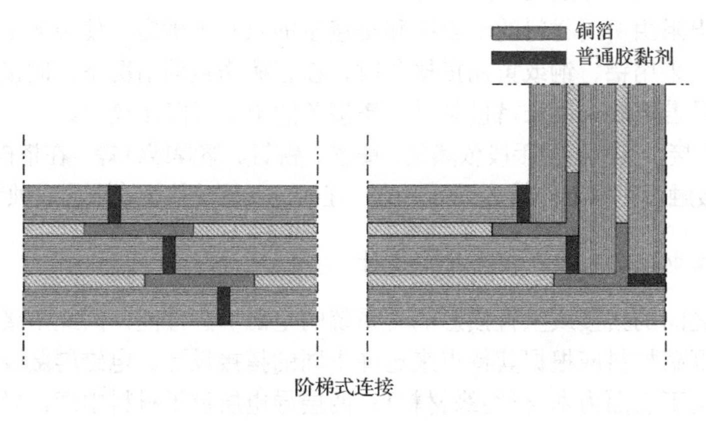

图 7-5　阶梯口固定

二、接缝搭接技术

(一)材料与设备

1. 试验材料

电磁屏蔽胶合板：双层导电膜片(10mm 铜纤维，填充量为 200g/m^2)叠层复合。板材尺寸：500mm×500mm×6mm、500mm×250mm×6mm。

铜箔：厚度为 0.05mm，购自北京市建材市场。

导电铜箔带：厚度为 0.03mm，购自北京市保特电磁屏蔽材料有限公司。铜镀银粉：400 目，购自北京市保特电磁屏蔽材料有限公司。

胶黏剂：聚异氰酸酯(EPI)∶二甲苯基甲烷二异氰酸酯(MDI)=100∶15，购自上海太尔胶黏剂公司。

导电胶黏剂：EPI∶MDI∶(Cu、Ag)=100∶15∶30。

采用两种自配胶黏剂作为搭接口固定材料。一种是导电胶黏剂，由铜镀银粉末、EPI和MDI按照比例配制而成。其中厂家提供EPI和MDI的混合比例为100∶15，在此比例条件下添加铜镀银粉末来增加胶黏剂的导电性能。胶黏剂黏接强度(胶合板在实际使用中连接强度要求达到一般固定连接要求)会随着铜镀银粉末质量的增加而下降。通过试验对比确定最大铜镀银粉末加入量为20%(质量百分比)。另一种是普通胶黏剂，由EPI和MDI按照100∶15的比例配制而成。

2. 主要仪器和设备

钻床，ZLY-38型，辽宁省庄河县机床厂；圆锯机，CB-14型，日本有限会社永和工业所；立式法兰同轴，DN 15115型，东南大学；频谱分析仪，HP E7401A，美国惠普公司；屏蔽室，6m×3.5m×3.5m，东南大学；球形偶极子天线，频率30～1000MHz，东南大学；对数周期天线，200～1000MHz，东南大学；双锥天线，频率30～200MHz，东南大学；功率放大器，737LC—CE，美国KALMUS公司；频谱分析仪，ROHDE&-SCHWARA，美国罗德与施瓦茨公司。

(二)试验方法

采用叠层热压工艺制备的电磁屏蔽胶合板进行搭接研究，工艺流程见图7-6。

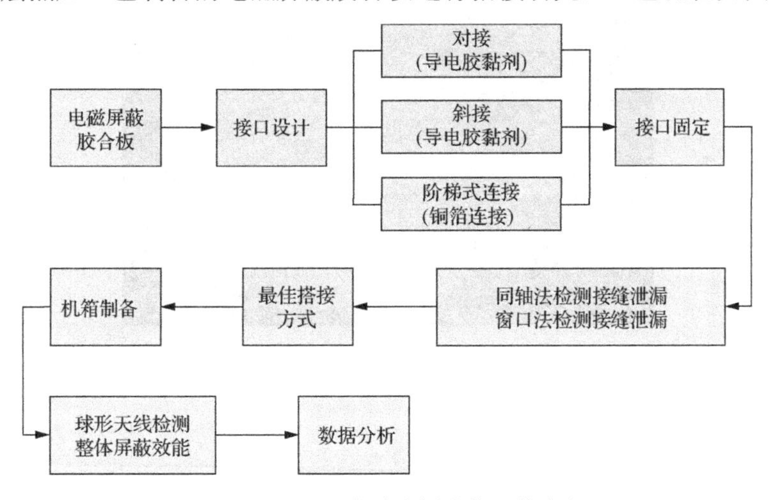

图7-6　电磁屏蔽胶合板搭接工艺流程

(三)测试试样的制备

电磁屏蔽胶合板在进行搭接(冷却24h)后制备三种尺寸的测试试样：制成外径为115mm的标准圆盘试样进行同轴法测试，如图7-7所示。试样取值为三个相同制备条件下样品值的平均值。将500mm×250mm×2mm的板材拼接制备成450mm×450mm×2mm试样进行窗口法测试，如图7-8所示。试件样品值为两个相同制备条件下样品取值的平均值。将500mm×500mm×2mm的胶合板拼装成460mm×460mm×210mm的机箱进行整体屏蔽效能法测试，如图 7-9 所示。机箱前门没有用铰链固定，测试时采用导电铜箔带连接固定。

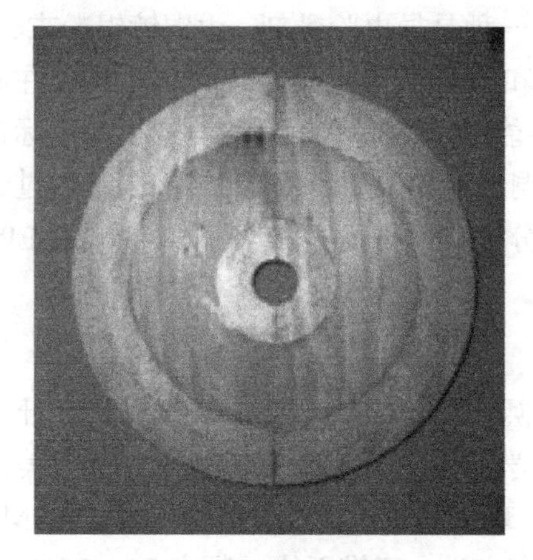

图 7-7　同轴法试样

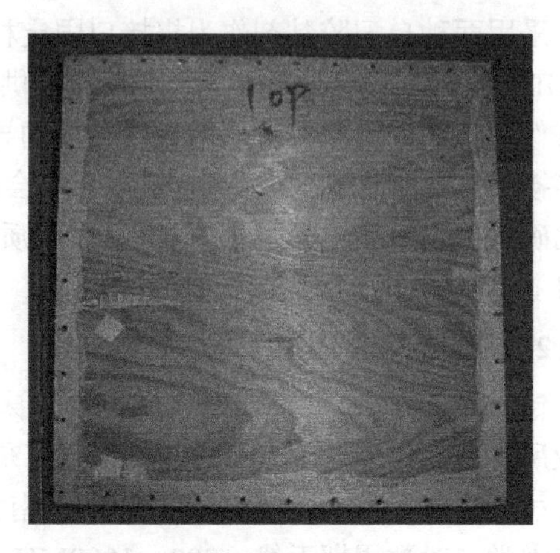

图 7-8　窗口法试样

图 7-9　球形天线法试样

（四）性能测试

1. 同轴法屏蔽效能测试

采用同轴法进行电磁屏蔽效能测试。

2. 屏蔽室窗口法屏蔽效能测试

按照 GB/T 12190（机械电子部电子标准化研究所，1990）中 6.2 条配置方法和 GJB 1210（机械电子工业部电子技术标准化研究所，1991）进行 30～1000MHz 频率范围的测试。试样安装在屏蔽室壁面的测试孔上，在试样两侧配置发射和接收天线，见图 7-10。调整射频信号与接收机，保持信号输出不变，在未安装被测试样的情况下，测出接收场强 E_0，再在安装试样后测出穿透场强 E_1。被测试样的屏蔽效能 SE 为

$$SE=E_0-E_1 \tag{7-2}$$

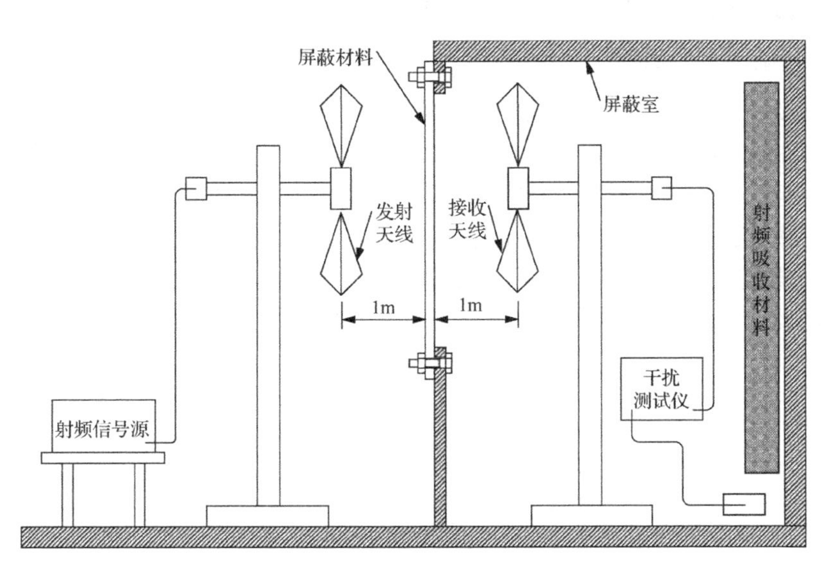

图 7-10　屏蔽室窗口法

3. 球形天线法整体屏蔽效能测试

参照 GJB 5240(东南大学等，2004)配置方法，结合 IEC 61000-5-7(International Electrotechnical Commission，2001)及 IEC/TS 61587-3(International Electrotechnical Commission，1999)相关技术要求，进行 30～1000MHz 频率范围的测试。如图 7-11 所示安装球形偶极子天线和接收天线，调整射频信号与接收机，保持信号输出不变，在未安装被测机箱的情况下，测出接收场强 E_1，再在安装被测机箱后测出穿透场强 E_2。被测试样的屏蔽效能 SE 为

$$SE=E_1-E_2 \tag{7-3}$$

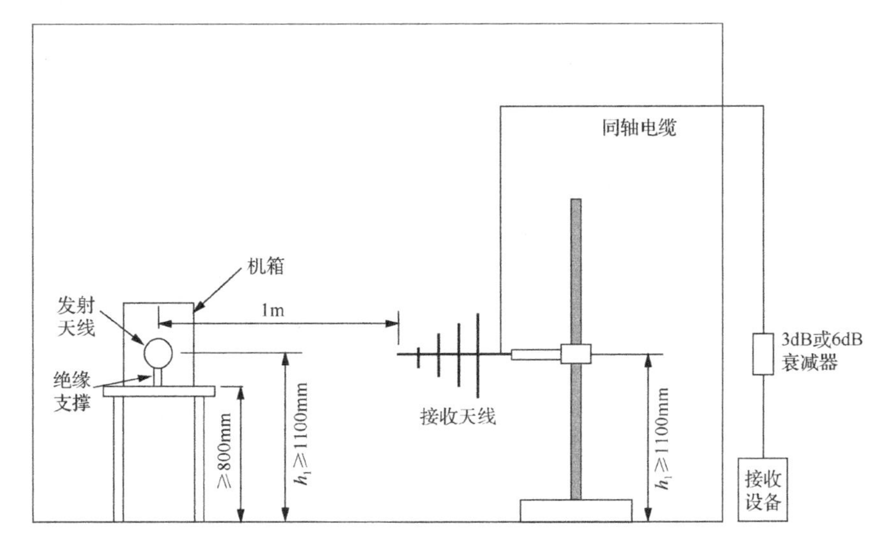

图 7-11　机箱整体屏蔽效能测试

（五）同轴法测试胶合板搭接后电磁屏蔽性能

表 7-1 反映了电磁屏蔽胶合板搭接后屏蔽效能下降情况。图 7-12 是电磁屏蔽胶合板通过铜箔连接、导电胶对接、导电胶斜接及非导电胶连接与无缝隙电磁屏蔽胶合板屏蔽效能值对比曲线。结合表 7-1 和图 7-12 可以看出电磁屏蔽胶合板在进行搭接后总体屏蔽性能下降，但下降的幅度不大。其中铜箔连接和非导电胶连接后电磁屏蔽胶合板屏蔽效能平均值下降(相对其他搭接方式)较大，分别为 7.90dB(15.9%)和 7.41dB(14.9%)。导电胶对接和导电胶斜接后电磁屏蔽胶合板屏蔽效能平均值下降分别为 4.32dB(8.6%)和 5.13dB(10.3%)。通过分析总结出该现象的原因如下所述。

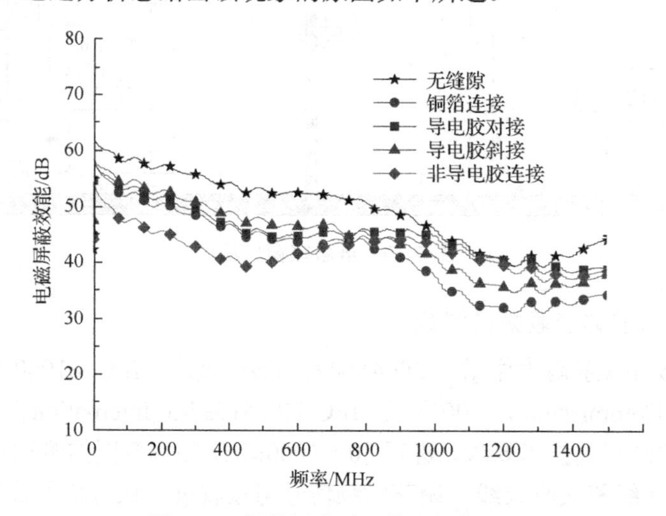

图 7-12　搭接后电磁屏蔽效能值对比

表 7-1　电磁屏蔽胶合板搭接后屏蔽效能值下降情况

搭接方式	铜箔连接	导电胶对接	导电胶斜接	非导电胶连接
SE 下降最大值/dB	10.92	8.04	6.47	13.46
SE 下降最小值/dB	2.64	0.02	3.29	0.82
平均屏蔽效能下降值/dB	7.90	4.32	5.13	7.41
平均屏蔽效能下降百分比/%	15.90	8.60	10.30	14.90

首先，缝隙的存在导致了材料屏蔽性能下降。分析 4 种搭接方式：对于铜箔连接方式，由于木材表面不平整，铜箔之间相互搭接处会产生一定的缝隙，从而造成电磁泄漏；对于导电胶黏剂对接和导电胶斜接方式，导电胶黏剂固化后电阻大于 $2\times10^6\Omega$，胶黏剂体系中没有形成有效的导电通路，无法使胶合板中的导电层实现电连接，导致胶层成为泄漏电磁波的缝隙；对于非导电胶连接方式，由于胶黏剂不导电，胶层同样成为泄漏电磁波的缝隙。所以胶合板在进行搭接后屏蔽效能值会下降。

其次，从法兰同轴测试装置内部电场分布(图 7-13)可以看出，电场都是从装置中间向外辐射的。胶合板的搭接缝隙都在圆盘直径上，方向与电场平行，在测试过程中电力线没有被缝隙切断，因此缝隙对屏蔽性能的影响不大，屏蔽效能值下降幅度较小。

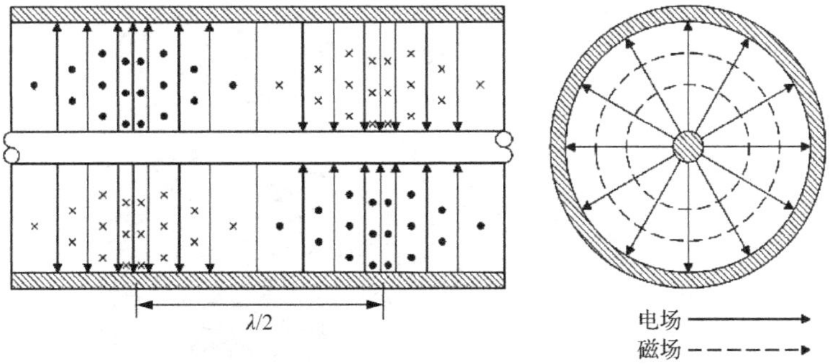

图 7-13　法兰同轴测试装置内部场分布

4 种方式搭接后电磁屏蔽胶合板相互之间的屏蔽效能平均值最大差值为 3.58dB，最小差值为 2.28dB。由于其差值不大，无法准确有效判断最佳的搭接方式。由此认为，当接缝缝隙处于试样直径位置上时，同轴测试法不能有效评估其搭接质量。

（六）窗口法测试胶合板搭接后电磁屏蔽性能

1. 搭接缝隙对胶合板电磁屏蔽性能的影响

测试时当天线极化方向和缝隙方向平行时，如图 7-14 所示，电力线不会被缝隙切断，缝隙对材料的屏蔽性能影响不大。当电力线与缝隙方向垂直时，如图 7-15 所示，则电场受到阻挡，只能绕过缝隙而行。根据电磁场理论（吴景艳和邹澎，2004），此时的缝隙相当于一个二次发射天线，意味着电磁波穿过了缝隙，使材料的屏蔽效能大大降低。所以用窗口法测试电磁屏蔽胶合板屏蔽效能时必须保持天线的极化方向和缝隙的方向垂直（相对地面），以保证更精准地反映缝隙对屏蔽效能的影响，如图 7-16 所示。

表 7-2 反映了电磁屏蔽胶合板搭接前后屏蔽效能值变化情况。根据表中数据，绘制出电磁屏蔽胶合板通过铜箔连接、导电胶对接、导电胶斜接及非导电胶连接与无缝隙电磁屏蔽胶合板的屏蔽效能值对比曲线，如图 7-17 所示。

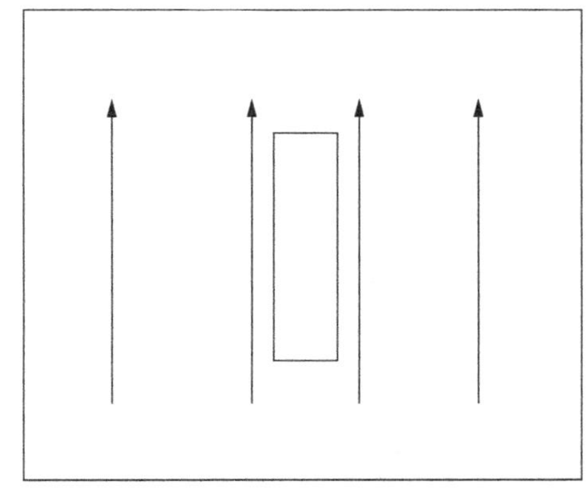
图 7-14　电场平行缝隙

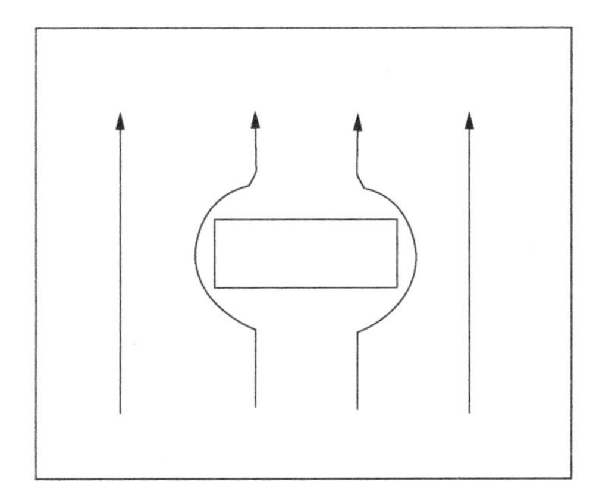
图 7-15　电场垂直缝隙

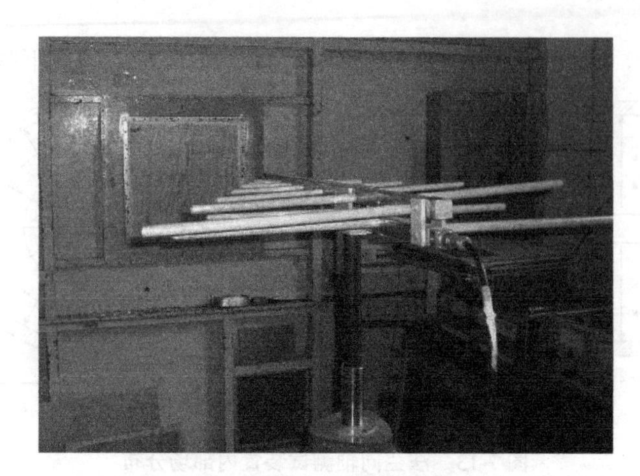

图 7-16　测试时天线和缝隙的位置

表 7-2　胶合板搭接前后的屏蔽效能值

频率/MHz	普通胶合板/dB	无缝/dB	铜箔连接/dB	导电胶斜接/dB	导电胶对接/dB	非导电胶连接/dB
30	0.42	65.71	62.98	42.12	42.93	49.68
65	0.00	68.46	62.75	42.29	50.28	51.38
110	0.00	79.26	67.06	40.09	44.56	48.59
190	0.00	79.45	74.22	49.92	55.70	59.12
300	0.00	68.90	75.15	44.97	39.16	50.89
400	0.00	63.21	69.69	40.70	35.46	37.05
500	0.00	62.15	68.03	35.13	34.19	34.58
600	1.24	71.96	66.92	44.55	44.45	30.32
700	2.11	75.78	66.88	49.03	49.31	40.12
800	2.54	66.18	58.50	47.56	47.92	42.13
900	0.34	63.09	56.39	40.07	36.83	38.21
1000	2.61	67.62	61.73	48.15	32.50	36.05
平均值	0.77	69.31	65.86	43.71	42.77	43.17

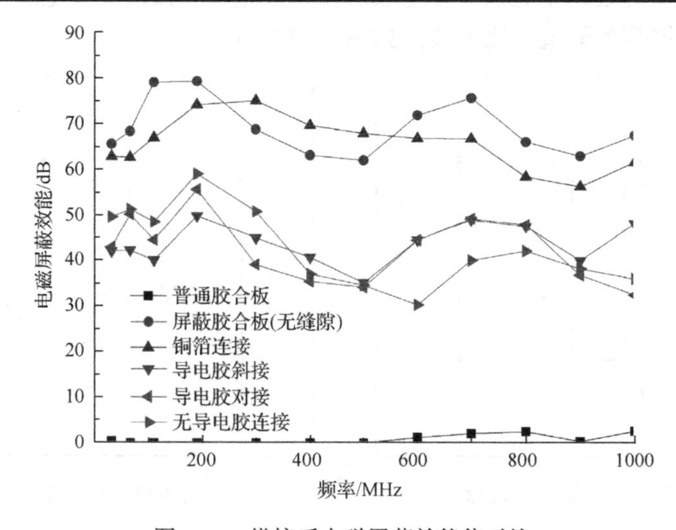

图 7-17　搭接后电磁屏蔽效能值对比

结合表 7-2 和图 7-17 可以看到普通胶合板(无导电膜片叠层)屏蔽效能在 0～2.61dB，平均值为 0.77dB，无屏蔽效果；无缝隙屏蔽胶合板屏蔽效能在 62.15～79.45dB，平均值为 69.31dB，屏蔽效果良好；铜箔连接的电磁屏蔽胶合板屏蔽效能在 56.39～75.15dB，平均值为 65.86dB，屏蔽效果良好；导电胶斜接的电磁屏蔽胶合板屏蔽效能在 35.13～49.92dB，平均值为 43.71dB，屏蔽效果中等；导电胶对接的电磁屏蔽胶合板屏蔽效能在 32.50～55.70dB，平均值为 42.77dB，屏蔽效果中等；非导电胶连接的电磁屏蔽胶合板屏蔽效能在 30.32～59.12dB，平均值为 43.17dB，屏蔽效果中等。

2. 搭接方式对胶合板电磁屏蔽性能的影响

表 7-3 反映了采用 4 种不同方式搭接的电磁屏蔽胶合板屏蔽效能值下降的对比情况。图 7-18 是 4 种不同方式搭接后电磁屏蔽胶合板屏蔽效能下降幅度的趋势曲线。结合图 7-17 可以看出，以铜箔连接后屏蔽胶合板屏蔽效能值下降范围为 0～12.20dB，平均下降值为 5.17dB(5.0%)，下降幅度不大；以导电胶对接、导电胶斜接及非导电胶连接后屏蔽胶合板屏蔽效能值下降范围分别为：18.63～39.18dB、18.19～35.13dB、16.04～41.64dB，平均下降值分别为 25.60dB(36.9%)、26.54dB(38.3%)、26.14dB(37.7%)，下降幅度较大。由此得到结论：电磁屏蔽胶合板接缝最佳的搭接方式为铜箔连接。分析其原因如下：首先，对于铜箔连接方式，铜箔是良导体，通过叠层热压工艺，铜箔与导电

表 7-3 电磁屏蔽胶合板搭接后屏蔽效能值下降情况

搭接方式	铜箔连接	导电胶对接	导电胶斜接	非导电胶连接
SE 下降最大值/dB	12.20	39.18	35.13	41.64
SE 下降最小值/dB	0.00	18.63	18.19	16.04
平均屏蔽效能下降值/dB	5.17	25.60	26.54	26.14
平均屏蔽效能下降百分比/%	5.00	36.90	38.30	37.70

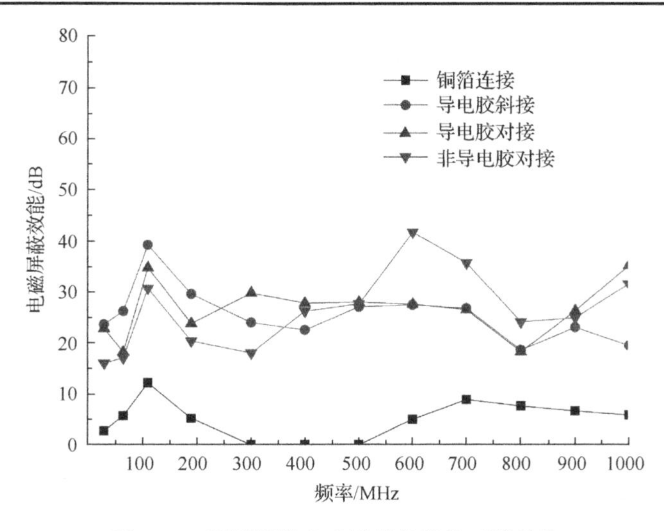

图 7-18 不同搭接方式屏蔽效能值下降趋势

膜片内铜纤维产生了良好的电接触，铜箔作为搭接条使导电层之间建立了一个供电流流动的低阻抗通路，形成了电气上的整体，避免了缝隙产生的电磁泄漏，屏蔽效能下降很小。同时由于木材表面不平整，铜箔之间搭接处肯定有一定长度的缝隙，这些缝隙的存在导致屏蔽效能有所下降。其次，对于导电胶黏剂斜接和对接方式，导电层将通过导电胶黏剂来进行电连接。导电胶黏剂固化后电阻大于 $2\times10^6\Omega$，胶黏剂体系中没有形成有效的导电通路，无法将导电层进行较好的电连接，屏蔽胶合板无法形成电气整体，胶层成为泄漏电磁波的缝隙，屏蔽效能值下降较大。对于非导电胶黏剂连接方式，由于胶黏剂不导电，导电层之间无法形成电连接，胶层同样成为泄漏电磁波的缝隙，屏蔽效能值下降较大。

从图 7-18 还可看出，采用导电胶对接、导电胶斜接及非导电胶连接后电磁屏蔽胶合板的电磁屏蔽效能值下降幅度基本相同。分析其原因如下：

首先，导电胶对接和导电胶斜接两种方式都是通过导电胶黏剂来使导电层之间形成电气整体。它们的区别是搭接口形状不同，接口形式对板材相互连接强度有影响，对屏蔽性能没有影响，所以这两种方式搭接后胶合板的屏蔽效能下降幅度基本相同。

其次，导电层在屏蔽胶合板接口表面上主要是以点的形式存在，对于非导电胶黏剂连接方式，导电层之间的连接主要依靠点接触。本研究所采用的导电胶黏剂电阻大于 $2\times10^6\Omega$，胶黏剂体系中没有形成有效的导电通路，在对接和斜接时，无法将点接触变为面接触，导电层之间连接主要依靠点接触。所以采用该三种方式搭接后胶合板的屏蔽效能值下降幅度基本相同。

（七）球形偶极子天线测试机箱整体电磁屏蔽效能

1. 测试位置对机箱的整体屏蔽效能的影响

选择铜箔连接的搭接方式来制备机箱，同时选择导电胶黏剂斜接的搭接方法制备机箱进行对比试验。按照图 7-11 所示，球形偶极子天线选择水平和垂直两个极化方向来测试机箱内 4 个不同位置的整体屏蔽效能，如图 7-19 所示。

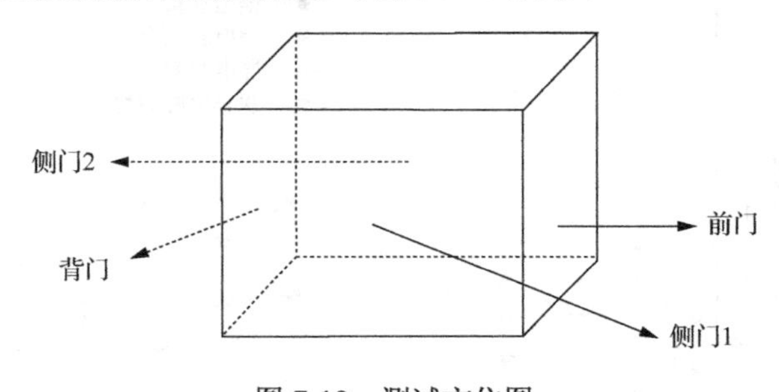

图 7-19 测试方位图

表 7-4 是垂直极化方向时机箱 4 个不同位置电磁屏蔽效能测试结果，根据这些数据绘制电磁屏蔽效能随测试位置变化曲线，如图 7-20 所示。从图中可以很明显看出测试位置对电磁屏蔽效能影响很小。分析其原因：测试时没有在非测试面方向放吸波材料，球形偶极子天线发射信号穿过非测试面后仍被接收天线接收，所以各个位置测试数值变化

很小。绘制水平极化方向的电磁屏蔽效能随测试位置变化曲线，如图 7-21 所示，同样可看出测试位置对电磁屏蔽效能影响很小。

表 7-4　垂直极化方向时机箱 4 个不同位置电磁屏蔽效能测试值

频率/MHz	屏蔽效能/dB				频率/MHz	屏蔽效能/dB			
	前门	侧门 1	背门	侧门 2		前门	侧门 1	背门	侧门 2
30	39.50	40.71	38.00	40.63	510	30.27	29.71	31.46	30.76
60	32.28	31.69	30.32	32.28	540	32.37	31.90	31.67	33.17
90	48.17	46.65	47.25	48.56	570	4.93	6.08	7.08	4.93
120	39.33	40.88	41.45	39.00	600	36.82	31.69	36.58	37.20
150	59.11	57.28	57.57	57.93	630	39.18	39.97	40.50	35.11
180	38.69	40.05	40.05	39.12	660	36.66	35.79	33.06	33.15
210	43.34	43.95	44.54	43.83	690	36.70	32.94	31.83	19.41
240	43.10	42.41	42.22	41.35	720	19.00	16.69	8.62	0.00
270	36.68	37.26	37.67	37.12	750	18.78	19.45	18.72	16.84
300	28.59	28.87	28.00	28.93	780	33.29	33.94	33.40	32.41
330	30.49	29.43	28.71	29.31	810	23.11	23.57	24.36	23.91
360	25.77	26.27	26.94	24.95	840	33.71	35.33	35.38	28.06
390	27.17	26.94	28.31	27.78	870	24.24	23.16	23.89	25.32
420	29.96	31.61	30.60	31.40	900	24.81	26.10	26.10	22.18
450	34.65	34.33	36.37	37.14	930	13.82	15.27	15.21	9.71
480	24.81	25.36	25.68	24.34	960	15.27	12.02	17.65	12.50

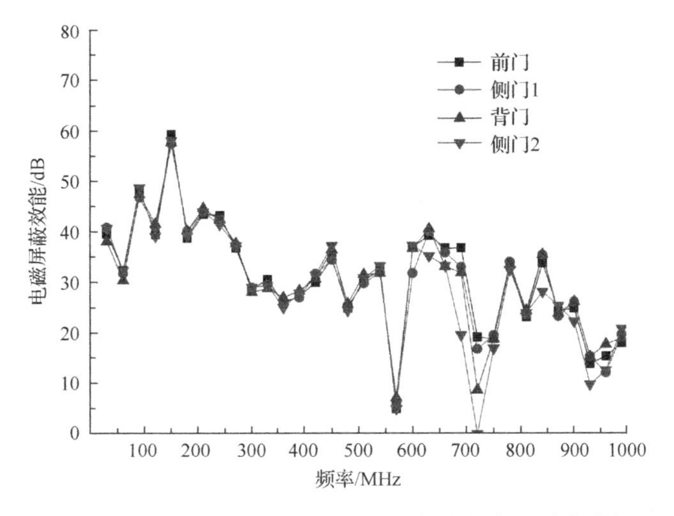

图 7-20　电磁屏蔽效能值-测试位置变化曲线(垂直极化)

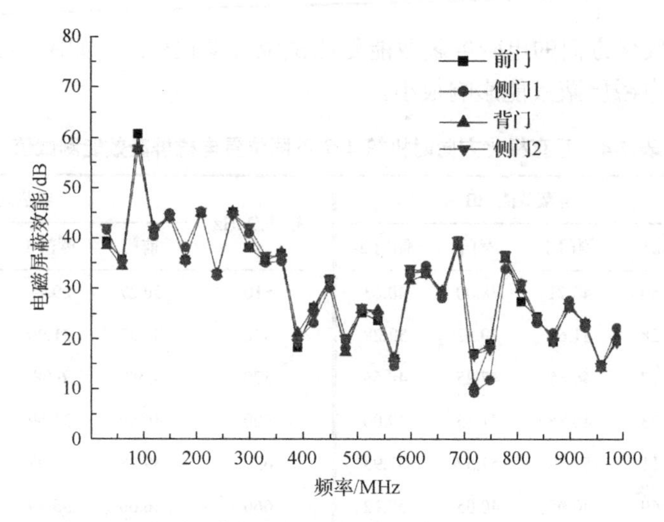

图 7-21　电磁屏蔽效能值-测试位置变化曲线(水平极化)

2. 天线极化方向对机箱整体屏蔽效能的影响

图 7-22 是机箱在各个频率点电磁屏蔽效能平均值随天线极化方向变化曲线。从图 7-22 中可以看出，天线极化方向对电磁屏蔽效能平均值影响不大，其平均电磁屏蔽效能差值为 0.08dB。分析其原因：机箱前门连接采用了 0.03mm 导电铜箔带，连接后的屏蔽效果没有 0.05mm 铜箔连接的屏蔽效果好，虽然天线垂直极化时与电力线垂直的缝隙比水平极化时长，但其电磁泄漏程度相差不大，所以两种极化方向测试的电磁屏蔽效能相差很小。

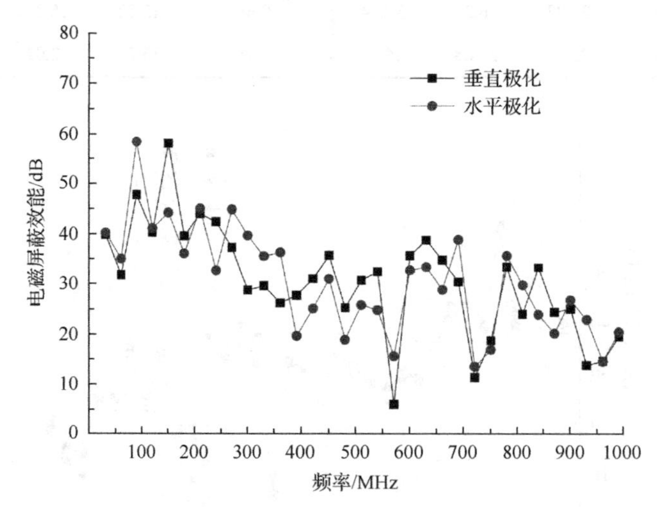

图 7-22　电磁屏蔽效能平均值-天线极化方向变化曲线

3. 波导谐振对机箱整体屏蔽效能的影响

从表 7-4、图 7-20 和图 7-21 中发现机箱(垂直极化方向测试)在 720MHz 频率点上电磁屏蔽效能值很低。分析其原因：在机箱设计时，“波导谐振”对其电磁屏蔽性能影响很大，机箱相当于一段两端封闭的矩形波导，其内部一旦有射频电磁场被激励，该电磁场经过 6 个壁面的多次往复反射，就可能由于机箱电磁谐振作用而在空间形成起伏很大的驻波分布(吕仁清和蒋全兴，2004；戈鲁等，2000)。波导谐振现象会导致机箱在谐振频率点附近屏蔽效能大幅度下降。波导谐振具有多模特性，不同模式的谐振频率f_{omnp}可根据波导的内壁尺寸确定，如下式：

$$f_{\mathrm{omnp}}=\frac{1}{2\sqrt{\mu\varepsilon}}\sqrt{\left(\frac{m}{w}\right)+\left(\frac{n}{h}\right)+\left(\frac{p}{l}\right)} \tag{7-4}$$

式中，w、h、l 分别为机箱的宽、高、长尺寸，m；μ、ε 分别为机箱内媒质的磁导率(H/m)、介电常数(F/m)；m、n、p 分别表示机箱内沿着宽、高、长方向半驻波个数，取值 0,1,2…(m、n、p 三者中每次只能有一个取“0”，但可均不为“0”)。

通过计算，本试验中机箱的谐振频率为 729.2MHz(m、n、p 取值分别为 0、1、2)，机箱的谐振频率点还受到环境、天线极化方向、设备等其他因素的影响，其谐振频率点会产生变化。所以当天线在垂直极化方向测试时，720MHz 频率点的屏蔽效能值会下降很大。测试过程中，人为、设备及环境等不确定的因素均可能会导致电磁屏蔽效能的突变。例如，天线在垂直极化方向测试时，150MHz 频率点电磁屏蔽效能大幅度增加；天线在水平极化方向测试时，90MHz 频率点的电磁屏蔽效能大幅度增加。这些电磁屏蔽效能突变的频率点不能正确地反映真实测试值，在数据处理时应该被去除。

4. 测试设备动态范围对机箱整体屏蔽效能的影响

表 7-5 是垂直极化和水平极化方向测试机箱背门位置的电磁屏蔽效能结果，从表中 7-5 可以看出，屏蔽后的辐射信号基本都淹没在系统设备底噪声信号中。其中有些频率点的屏蔽效能发生了突变，如在垂直极化方向测试时，频率点 570MHz 的屏蔽效能下降幅度很大；在水平极化方向测试时，频率点 750MHz 的屏蔽效能下降幅度很大。分析其原因：测试设备的动态范围对测试结果影响很大，正常状态下，无论在水平还是垂直极化测试，球形偶极子在 30～1000MHz 时的幅值动态范围都在 50dB 以上，大多数谱线的幅值动态范围达到 60dB 以上(蒋全兴和周忠元，2006)。本试验测试时，无论在水平还是垂直极化状态，球形偶极子在 30～1000MHz 时的幅值动态范围多数都在 40dB 以下，在 930～1000MHz 时球形偶极子的动态范围低于 20dB。测试标准规定系统的测试动态范围至少要比测试机箱机柜的屏蔽效能指标高 10dB，动态范围过低导致测试结果偏小。对测试数据(水平和垂直极化测试平均值)进行校准，动态范围在 20～40dB 时，对应的屏蔽效能值增加 5dB；动态范围低于 20dB 时，对应的电磁屏蔽效能值增加 10dB。同时去除谐振点和突变点，绘制数据校准前后的曲线图，如图 7-23 所示。从图 7-23 中可以看到校准前后两条曲线的趋势基本相同，校准后的曲线正确反映机箱整体电磁屏蔽性能。

表 7-5　垂直极化方向时机箱背门位置电磁屏蔽效能测试值

频率/MHz	垂直极化			水平极化		
	屏蔽前场强/dB	屏蔽后场强/dB	电磁屏蔽效能/dB	屏蔽前场强/dB	屏蔽后场强/dB	电磁屏蔽效能/dB
30	−58.39	−96.39	38.00	−58.16	−96.39	38.23
60	−66.66	−96.98	30.32	−62.84	−96.98	34.14
90	−49.79	−97.04	47.25	−39.43	−97.04	57.61
120	−57.64	−99.10	41.45	−57.18	−99.10	41.92
150	−39.82	−97.39	57.57	−53.50	−97.39	43.89
180	−57.27	−97.32	40.05	−61.89	−97.32	35.43
210	−52.44	−96.98	44.54	−51.99	−96.77	44.78
240	−54.42	−96.64	42.22	−63.91	−96.58	32.67
270	−59.65	−97.32	37.67	−52.26	−97.25	44.99
300	−68.39	−96.39	28.00	−55.31	−93.16	37.85
330	−66.89	−95.61	28.71	−61.48	−96.71	35.23
360	−70.31	−97.25	26.94	−60.07	−96.98	36.90
390	−68.60	−96.91	28.31	−75.66	−96.51	20.84
420	−65.30	−95.9	30.60	−65.09	−91.12	26.03
450	−60.61	−96.98	36.37	−64.47	−94.78	30.31
480	−71.09	−96.77	25.68	−77.40	−94.53	17.12
510	−65.45	−96.91	31.46	−70.16	−95.78	25.62
540	−63.53	−95.21	31.67	−71.78	−97.25	25.47
570	−89.69	−96.77	7.08	−80.11	−96.08	15.96
600	−59.38	−95.96	36.58	−62.72	−94.08	31.36
630	−56.54	−97.04	40.5	−62.27	−94.83	32.56
660	−60.59	−93.65	33.06	−67.52	−96.71	29.19
690	−60.62	−92.45	31.83	−56.62	−94.83	38.21
720	−69.18	−77.79	8.62	−70.33	−80.75	10.41
750	−77.00	−95.72	18.72	−76.98	−95.49	18.51
780	−62.32	−95.72	33.4	−59.78	−95.49	35.70
810	−71.42	−95.78	24.36	−65.02	−94.73	29.71
840	−60.00	−95.38	35.38	−69.90	−93.42	23.52
870	−71.72	−95.61	23.89	−74.77	−94.89	20.12
900	−69.92	−96.02	26.10	−69.00	−94.89	25.89
930	−81.44	−96.64	15.21	−73.79	−96.71	22.92
960	−77.68	−95.32	17.65	−80.52	−94.53	14.01
990	−75.82	−94.67	18.85	−74.73	−94.89	20.15

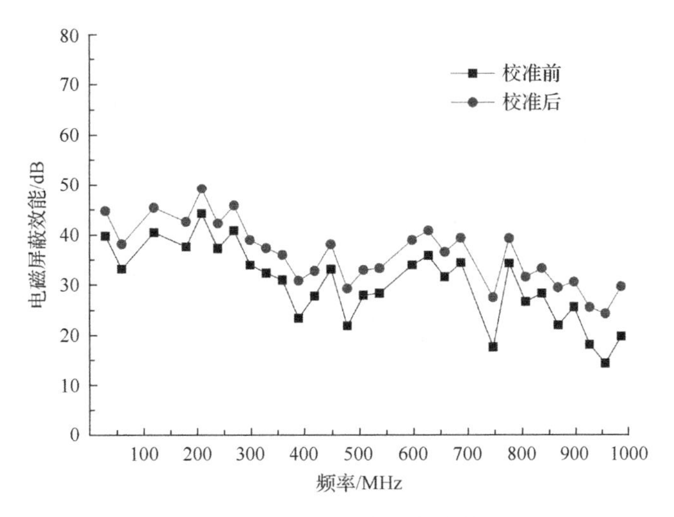

图 7-23 校准前后屏蔽效能值的对比

经过校准后机箱电磁屏蔽效能最大值为 49.40dB，最小值为 24.33dB。在 30～240MHz 时电磁屏蔽效能平均值为 43.88dB，在 270～1000MHz 时电磁屏蔽效能平均值为 34.11dB。机箱电磁屏蔽效能值基本达到军用电子装备通用机箱二级要求，适用于对电磁兼容要求较高的场合。

从图 7-24 中还可以看出电磁屏蔽效能随着频率的增大而降低。引用缝隙的屏蔽效能公式(蔡仁刚，1997)[式(7-5)]来分析其原因：

$$\mathrm{SE} = 27.3\frac{t}{l} + 20\lg\frac{(1+N)^2}{4N} \tag{7-5}$$

式中，N 为缝隙波阻抗和自由空间波阻抗的比值，在近区磁场中 $N=l/\pi r$，远区平面波场中 $N=j6.69\times10^{-5}f\cdot l$；$l$ 为缝隙长度；t 为缝隙深度。

机箱缝隙长度和深度是固定的，随着频率的增大，缝隙波阻抗增大，缝隙入口处的反射损耗降低，电磁波从缝隙泄漏的程度加大，导致缝隙的总电磁屏蔽效能降低，由此机箱整体屏蔽效能将随着频率的增大而降低。

5. 铜箔连接和导电胶斜接机箱电磁屏蔽效能值的对比

图 7-24 是两种不同搭接方式制备所得机箱的电磁屏蔽效能对比曲线，从图 7-24 中可以看出，两个机箱电磁屏蔽效能最大差值为 22.75dB，最小差值为 2.82dB，平均差值为 12.48dB，铜箔连接的搭接方式优于导电胶斜接方式，从而也验证了窗口法得到的结论。以导电胶斜接方式制备所得机箱电磁屏蔽效能值最大值为 35.32dB，最小值为 6.34dB。在 30～240MHz 时电磁屏蔽效能平均值为 27.11dB，在 270～1000MHz 时电磁屏蔽效能平均值为 23.92dB。机箱电磁屏蔽效能值基本达到军用电子装备通用机箱一级要求，适用于对电磁兼容要求不高的场合。

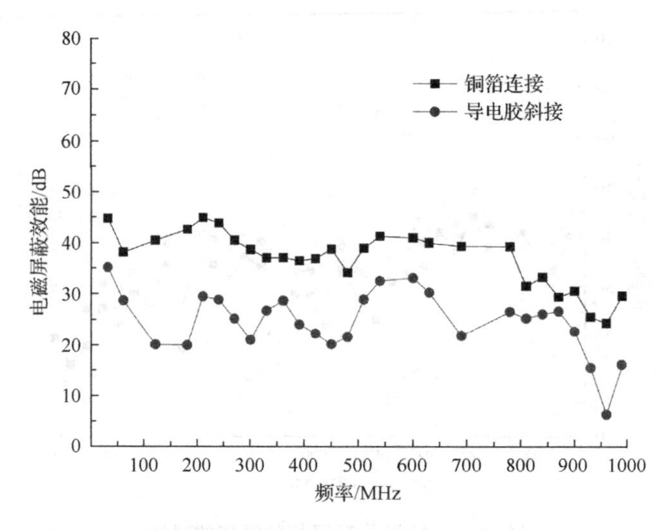

图 7-24　两种不同搭接方式制备的机箱电磁屏蔽效能对比

6. 机箱与板材电磁屏蔽性能的对比

图 7-25 是机箱整体屏蔽效能与电磁屏蔽胶合板屏蔽效能（窗口法测试）的对比曲线，因为测试频率点不相同，无法从单个数值点上进行比较，但从图 7-25 中可以发现材料在进行搭接后屏蔽性能有很明显的下降趋势，尤其是在高频段。搭接缝的增加造成了电磁波泄漏的增加。同时还可以看出材料的期望屏蔽效能即使再高，搭接后在高频段其整体电磁屏蔽效能仍会下降很多，因此研究材料在电磁兼容结构设计中的孔缝泄漏问题非常关键。

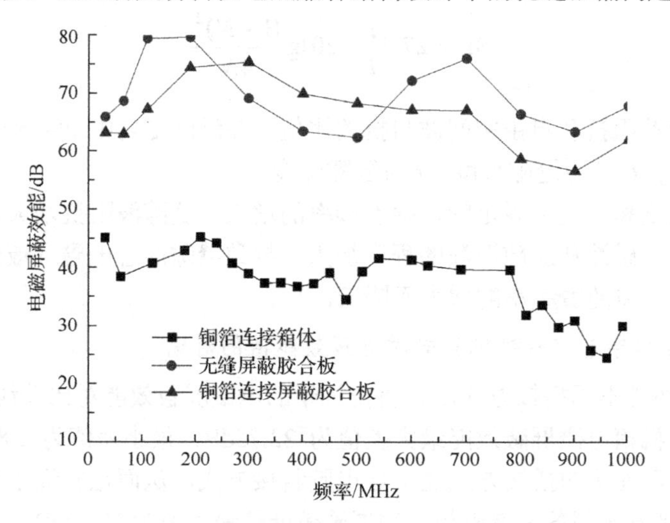

图 7-25　机箱整体电磁屏蔽效能与材料电磁屏蔽效能的对比

第二节　木质电热地板

一、木质电热地板结构及复合技术

木质电热地板（以下简称电热地板）是木质电热功能材料的下游终端产品，已成为国内相关企业密切关注的潜力产品之一。其复合制造途径主要包括叠层冷压或热压及内设凹槽嵌入等方式。早在1993年，日本松下电器工程有限公司采用内设凹槽嵌入电热层方法制备了电热制品。国内多家企业经过多年技术更新，逐步形成以叠层胶压为主的电热层复合技术。近期，电热线缆嵌入式制造工艺，因其电连接及绝缘防水简易，也逐步发展成为主要的制造技术之一。

(一)叠层结构型

1. 两层实木复合电热地板

该类典型结构(图7-26)包括电热层及置于其上、下两层的实木板，是木质电热地板的一种新型结构，企业称为“全实木电热地板”，市场售价较高。

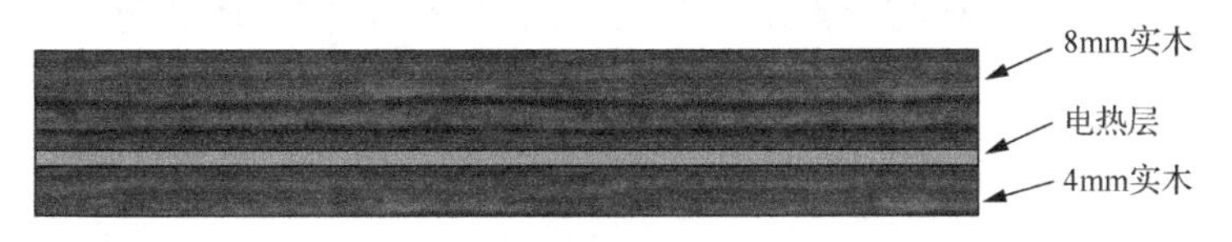

图7-26　两层实木复合电热地板

2. 多层实木复合电热地板

该类电热地板根据电热层所在位置及复合方式不同，其制造工艺及电热性能也相应有所变化。其中，图7-27所示电热地板的电热层置于地板表皮和胶合板基材之间，在地板贴面的同时完成电热层复合工艺，制造效率高和传热效率高，但对电热层的防水绝缘要求更高。

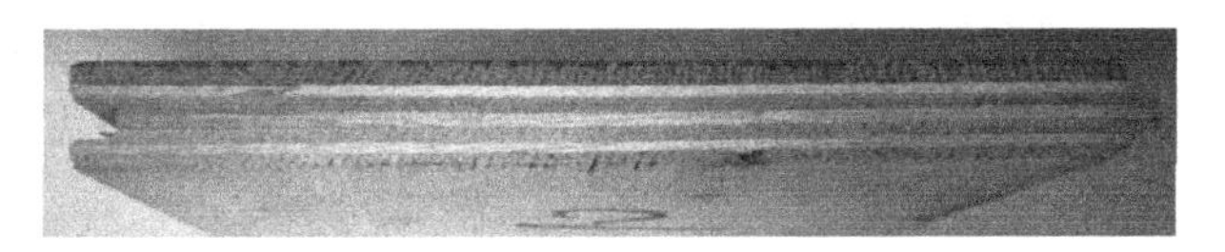

图7-27　第1类传统多层实木复合电热地板

另外一种结构和工艺是先将电热层复合于胶合板基材中，再采用地板表皮对基材进行贴面。电热层可置于基材的第一、第三或中间胶层中。其中，胶合板基材的单板布置主要有图7-28(a)、(b)所示两种结构。

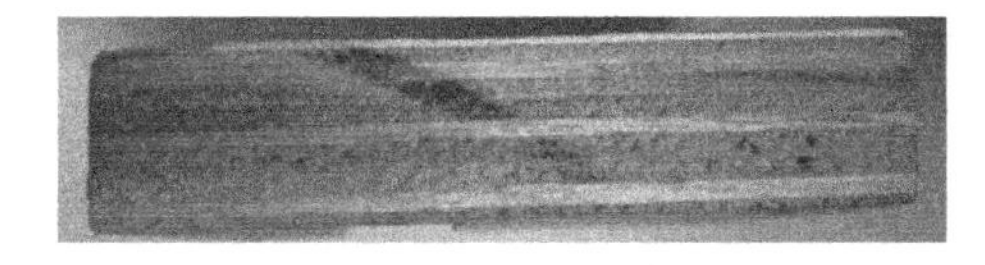

(a) 电热层位于胶合板基材表面第一胶层

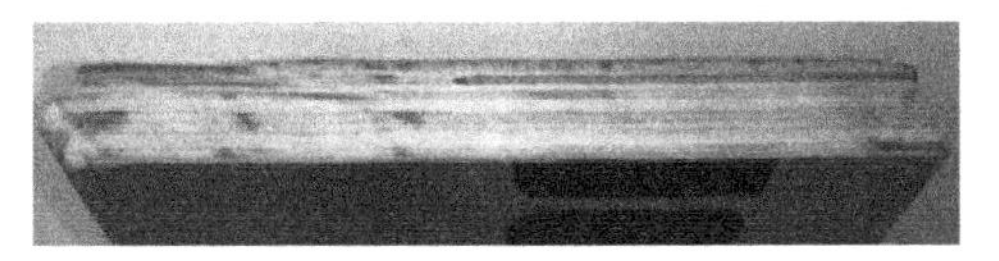

(b) 电热层位于胶合板基材表面中间胶层

图7-28　第2类多层实木复合电热地板

此外，还可在胶合板基材上开设两道浅槽用于内置电热膜，再采用环氧树脂等高性能胶黏剂与另一基材复合(图7-29)。

图 7-29　内置凹槽型多层实木复合结构

3.电热强化地板

将电热层置于两层 6mm 厚高密度纤维板之间。通常采用三聚氰胺改性脲醛树脂胶(MUF)，经调胶后对纤维板与电热层接触的一面涂胶后，按上述结构，叠层热压复合而制成电热地板基材，再采用表层装饰纸对基材进行热压贴面制成电热强化地板，如图 7-30 所示。

图 7-30　电热强化地板

4. 挤塑发泡一体化型电热地板

如图 7-31 所示，该新型结构电热地板为在上述多层实木复合电热地板或电热强化地板的背面整体挤塑一层阻燃发泡多孔高分子材料而制成。由于两者复合界面紧密，且具有优良的保温隔热性能，将自限温元件预置于其中，可有效保证限温的精准程度。

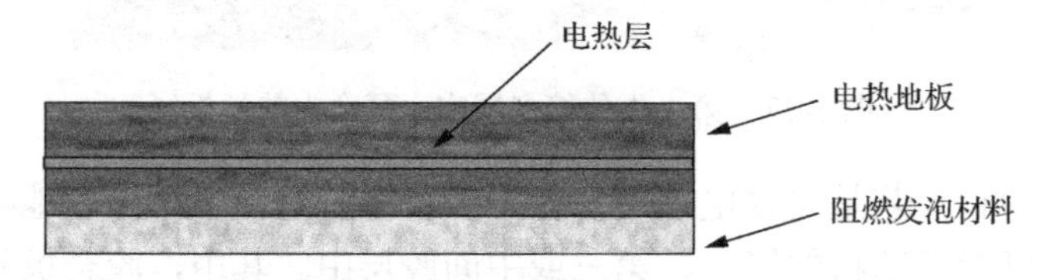

图 7-31　挤塑发泡一体化型结构

在叠层结构型电热地板的复合技术方面，三聚氰胺改性脲醛树脂胶(MUF)、环氧树脂胶已成为叠层热压复合常用的两种主要胶黏剂。电热层制备前后电阻有一定的变化，如采用碳纤维纸作为电热材料时，胶合后存在约 30%的电阻下降率。因此研究其电阻的变化规律，有利于改善产品功率偏差。热压工艺中的施胶量、单位压力、时间、压板温度等均是影响因素，且发现施胶量和单位压力与电阻下降率均呈现一定的规律。

(二)线缆嵌入型电热地板

1. 基材底面设槽型

在地板基材底面上开设蛇形线槽，线槽按实际功率进行设计，一般至少 2 条线槽，常用 4 条线槽。将电热线缆嵌入后，背面可直接复合单板或隔热层。槽的截面形状有圆弧形(图 7-32)和倒三角形。电热材料一般多采用碳纤维电热线缆。

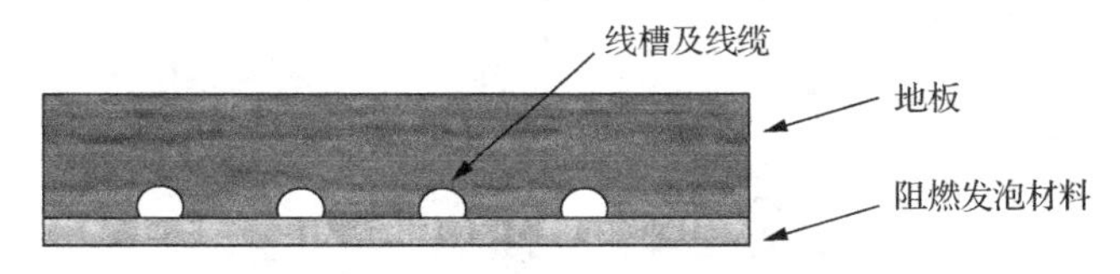

图 7-32 线缆嵌入型结构

2. 内置散热管

采用电热线缆作为发热体时，其表面温度比较高，一般达到 60～70℃，造成地板局部温度过高，不利于地板尺寸稳定。如图 7-33 所示，通过内置圆弧形铝质散热管，再布置电热线缆于其中，工作时线缆表面温度很快通过散热管传导，进而增大了散热面积，有利于地板表面温度均匀分布和提高传热速率。

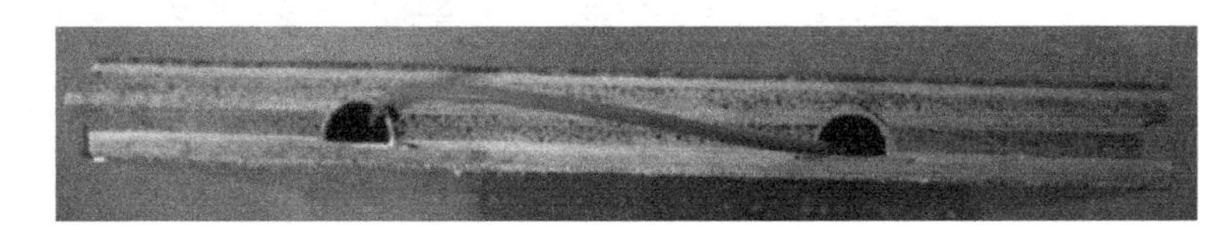

图 7-33 内置铝质导热槽型结构

(三)电连接方式

电热地板的电连接一般设三个连接点，分别是电热材料与电极间的连接、电极与中间连接件的连接、中间连接件与外部电源的连接。其中，通过在电热材料电极连接区域涂布导电浆，再铺设电极，可有效降低接触电阻和防止局部过热。后两部分连接主要有以下三种方式。

1)在对应电极箔片连接点处的基材上开设孔槽，可将带接插件的导线另一端通过焊接与电极箔片实现电连接(图 7-34)，再用绝缘密封胶对接头处和基材上的孔进行密封处理。该种处理方式可有效实现电热层的密封防水，但其在狭孔中进行焊接操作人员需具有熟练的技术。

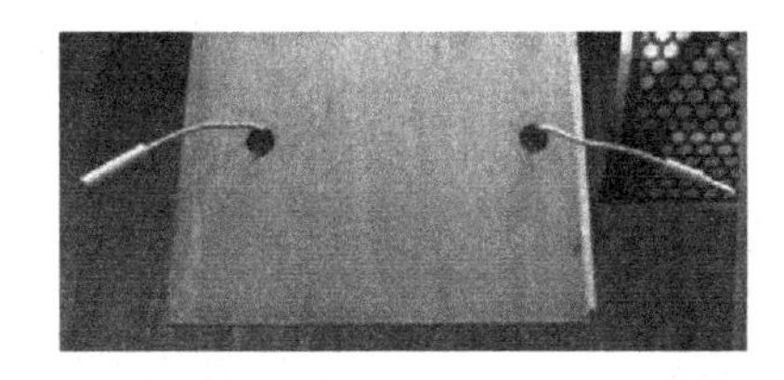

图 7-34 焊接式接插结构

2)采用公接、母接插件实现电连接，其中母接插件在电热材料胶合时预置于基材内，并与电极铜箔紧密接触，再采用带电源连接线的过盈式(图 7-35)、卡扣式(图 7-36、图 7-37)及膨胀式等公插件进行插接。其中，过盈式接插结构出现最早。卡扣式接插结构经技术改进，从塑料卡扣结构升级到金属卡扣结构，有效保证了接插的紧密和牢靠度。

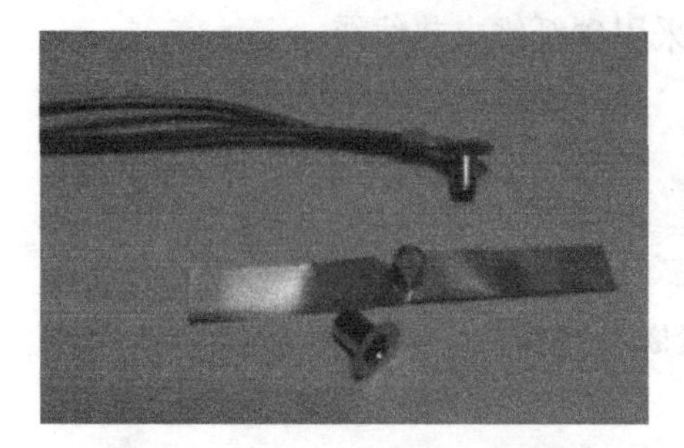

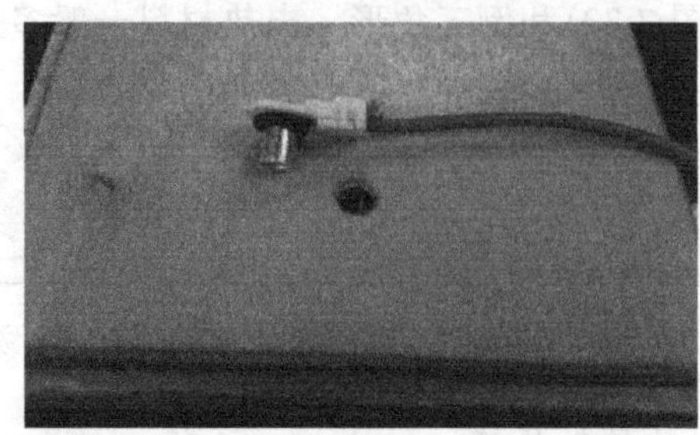

图 7-35　过盈式接插结构

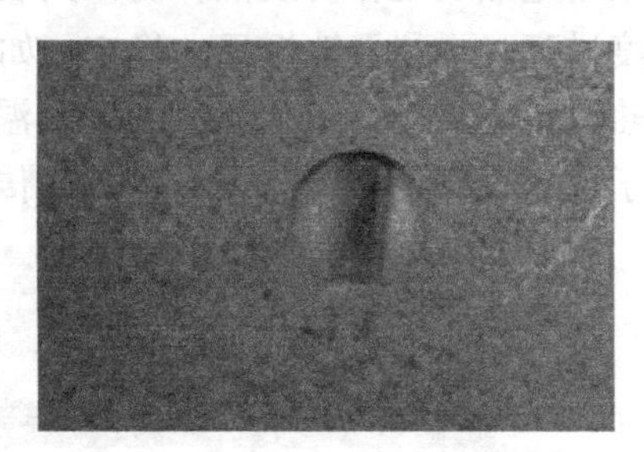

图 7-36　卡扣式接插结构

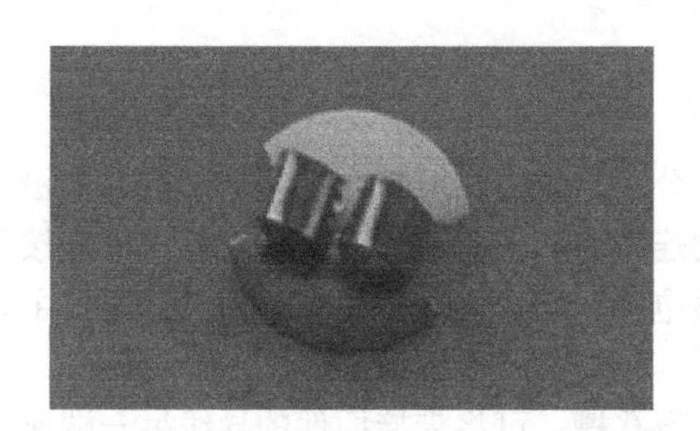

图 7-37　新型卡扣式接插结构

3）将导电连接件置于地板的槽榫结构中，安装地板的同时可完成电连接（图 7-38、图 7-39）。该类结构需重点解决长期使用的牢固程度，防止接插件接触不紧密进而产生打火及炭化等事故。为了有效避免该类事故发生，相关企业利用地板宽度上变形相对小的特点，将接插件内置于地板长边上。

(a) 公接插端

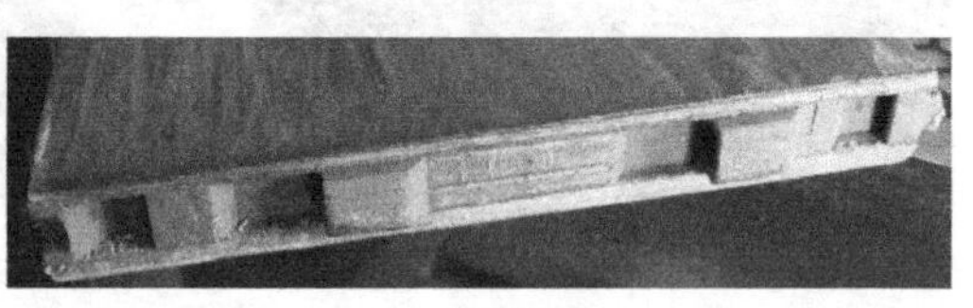

(b) 母接插端

图 7-38　内置式接插结构（A）

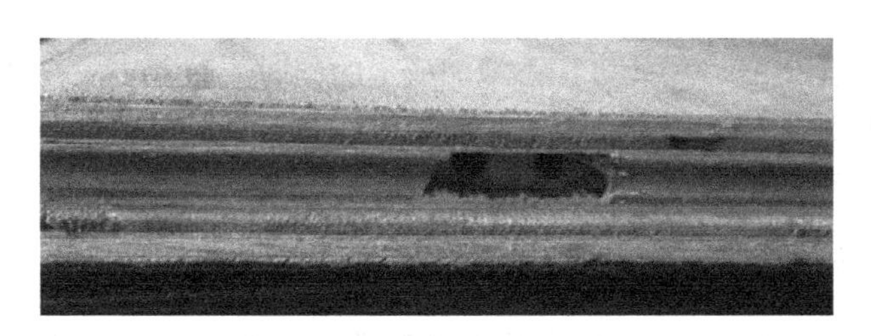

图 7-39　内置式接插结构(B)

二、电安全防护

(一)电热层绝缘处理

目前，电热层绝缘处理方法主要有两种途径：①在电热材料两面复合绝缘树脂板能有效实现防水绝缘，电安全性比较好；②一般地板用的改性脲醛胶固化后，是良好的电绝缘体，若施胶适当，电热层上、下胶层足够厚且均匀，自然形成上、下两层防水绝缘膜，再通过控制电热层的幅面，使之完全包覆在地板内部，并对地板槽榫部位进行打蜡等封边处理，可具有一定的电安全性能。相关企业为进一步提高其绝缘性能，采用涤纶纤维纸(或网)浸渍改性脲醛胶作为胶合材料，增加了电热层两面绝缘胶层的厚度，提高绝缘强度和防水性能，但仍需更加严格的试验进行验证。

电安全是电热地板的关键性能，上述①绝缘处理方法的电安全性虽好，但工艺相对复杂，成本高，产业化生产难。而②处理方法中，对于碳纤维纸、印刷碳墨电热纸及电热纤维毡等类型电热材料采用改性脲醛胶直接与基材叠层胶合制备的电热地板，生产效率高，易大规模生产，但其电安全性能尚存在争议，尚未有关于改善该类材料绝缘性能的进一步报道。

(二)降低单块地板电压

目前，电热地板大部分直接采用 220V 交流电压，通过变压器转为 36V 以下的安全电压使用，是提高电安全性能最直接的方法。但若需要达到同样的采暖效果，即总功率不变，那么低电压也必然带来高电流，仍会存在潜在危险。此外，可通过改进地板块的电连接方式来降低单位地板块上的电压，如先采用一定数量地板块串联，再将已串联的地板组通过并联方式接入家用电源(图 7-40 所示的连接方法)，进而降低每块地板的电压，

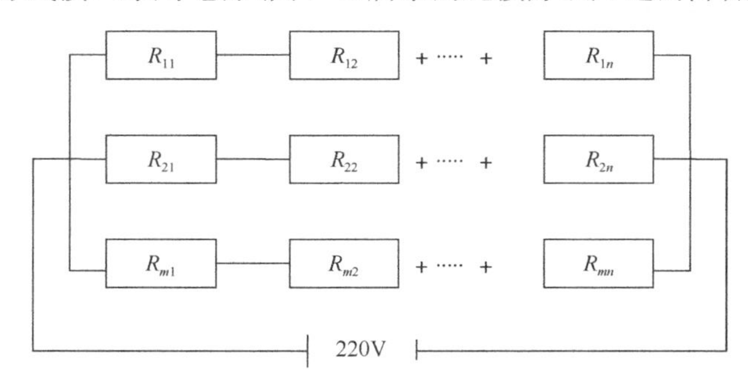

图 7-40　电热地板串联并联降压安装法

该电压甚至低于安全电压，如此可在不增加成本的同时，改善电安全性能。但实际应用时，因每个供热单元面积不同，各串联组的地板数量难以统一，存在一定的操作难度及个别串联地板组过热的危险。

(三) 装配保护装置

一般来说，一个供热单元通常由数十乃至数百块地板组成，从单块地板角度考虑电安全防护能很好地保证安全，但目前尚未能很好解决其造价高及工艺复杂等问题。此外，若从整个供热单元的供电控制系统出发，采取短路、过载、漏电保护等电气防护措施也可达到很好的电安全防护性能，但这应由该类产品的安装施工及验收规范来提供保证。

三、温度分布及温控

(一) 板面温度分布

目前，限于电热材料自身的均匀度及制造精度，不同批次产品难免存在一定的功率偏差，且同一产品面上发热温度也有一定的不均匀度，目前一般参照《低温辐射电热膜》(JG/T 286—2010) 标准规定的温度不均匀度≤7℃为宜。运行过程中，电热层长期在热/电耦合作用下，其中电热单元自身会发生不同程度的变化，可能出现自身结构变化及电热单元搭接接触界面局部老化，导致局部电阻变化，进而造成面功率分配差异增大，板面温度不均匀度增大。

(二) 板面蓄热、局部高温及温控

在使用过程中因使用不规范，如板面严密覆盖等，造成蓄热，导致地板漆面破坏、变形及其他严重破坏。因此，温度监控对地板长期及安全运行起着重要的保证。目前常用的是单点、多点式温度监控，尚难于做到大面积、全覆盖式监控，存在许多技术难点。例如，接触式温度监测，需在各块地板安装温度传感器，接电线较多且需配备终端多通道数据处理装置。大部分采用单探头、双探头的温控器，同时监控地板及室内空间的温度。室内温度探头一般安装于 1m 左右高度的墙上。此外，红外测温技术在大面积无线监控方面具有很大的应用潜力。

近期，少数企业已尝试单块能实现自限温功能的电热地板，以期全覆盖式温控及安全防护。该自限温功能通过将 PTC 元件置于地板中或其底部来实现。当出现故障或使用不规范时，所在区域温度达到设定的响应温度时，PTC 限温元件工作，该块地板断电停止工作；然后，随电热地板温度下降到一定值，PTC 限温元件工作，电热地板再启动并达到工作温度。

(三) 互联网温控技术

近两年，在“互联网＋”理念的推动下，通过移动通信终端远程遥控实现开关及控温的互联网温控技术(图 7-41，湖南索拓科技有限公司研制) 成为一种趋势。已有多家电热地板企业结合互联网技术，提高电热地板的智能化程度，尤为突出的是采用移动终端APP软件，通过互联网技术，结合传感技术，实现物联智控，可同时远程控制多个房间的温度及开关。这对于精准采暖、节省能耗和采暖成本具有很好的意义。

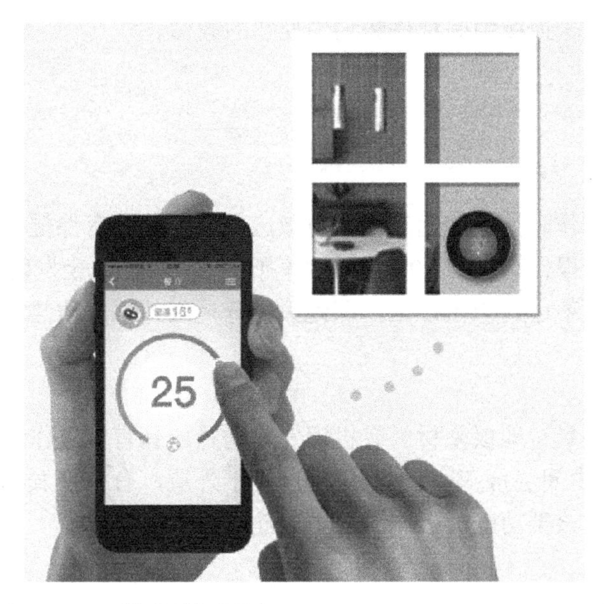

图 7-41　互联网温控系统(http://cs.2026.cn/feidie/f/index.html)

四、传热与隔热保温

传热速率是电热地板的优势所在，还可在电热层上部增设石蜡等相变材料，使其具备储能功能，也可复合铝板、不锈钢板等金属传热层，进一步提高传热效率，同时还可在地面上铺设具有一定抗压强度的阻燃聚苯乙烯泡沫板，或在地板背面贴覆多孔隔热材料[图 7-42(a)]及单面胶铝箔[图 7-42(b)]等热反射层，能减少 90%以上的热量向底部传递。此外，静止的空气导热系数很小，热容量极小，本身是很好的隔热物质，若采用架空铺装，底下空气几乎是静止的，可有效减少热量向下传递，提高热利用率。由于线缆型电热地板的发热源为线状，散热面积较小，且木材本身是热的不良导体，

(a) 多孔隔热材料

(b) 单面胶铝箔

图 7-42　电热地板常用的两种隔热材料

长时间内基材内部的单点或局部温度较高，温差较大，不利于基材尺寸稳定及易使漆面老化。因此，线缆型电热地板关键问题是如何将电热线缆瞬时产生的热量快速在面上均匀传导开来。一方面，采用石墨导热膜，加速传热，驱动温度均匀传导；另一方面，采用金属铝型材内置于地板中间层作为均匀导热的载体。

五、环保与保健功能

(一)远红外效应

碳素电热材料工作时均具有远红外发射效应，对人体具有保健作用。目前，企业所生产电热地板的检测报告均表明 80%红外波集中于 4～25μm，全发射率基本达到 0.85 以上，电热辐射转换效率达到 70%以上，即绝大部分是红外辐射传热。

(二)有机挥发物

电加热产生的热量对地板基材内有机挥发物的释放具有促进作用，且电热材料一般嵌于基材内层(接近中间层)，基材中间层温度高于外层，有机挥发物释放距离短，能快速挥发。此外，目前该类功能地板一般采用改性的低醛胶。

(三)电磁辐射

导电材料在电场的激发下会产生磁场，形成一定的电磁辐射。单块地板的电磁辐射强度很低，而企业则反映铺装后的室内空间中电磁辐射会增强。目前实际生产中尚未采用相关的屏蔽处理，而已报道的专利技术涉及在电热层上面增设屏蔽层，如导电油墨、铝箔，既有利于传热，又有利于屏蔽有害电磁辐射。另外，同时在基材中分别植入两层电热材料，各自产生的有害电磁辐射可相互抵消；也可通过合理布置电热线缆来抵消电磁辐射。由于碳素电热材料产生的远红外波也是一种电磁波，增设屏蔽层可能衰减远红外效应。但实际应用时产生的有害电磁辐射尚未有系统研究。

六、能耗

总体运行来讲，电热地板的运行能耗问题与房屋的隔热保温性能密切相关，北方建筑一般按照民用建筑节能设计标准施工，具有良好的保温隔热性能，而南方房子讲究通风采光，窗户大而多，单层玻璃，整体保温性能较差，采用电采暖的能耗相对大。在实际案例中，南方建筑可在室内每个窗户上安装隔热窗帘，能达到一定的保温效果。

电热地板实际安装的能耗实例如下(仅为粗略计算)：青岛某公司电热地板，100m^{2}房子，功率密度为 250W/m^2，每月不到 2000 元电费，包括家庭日常电费在内。江苏某企业电热地板，具有一定保暖性能的房子，每平方米耗电 7kW·h，温控限温的温度为空气温度 18℃。江苏某公司电热地板，60m^2 房子，180W/m^2 功率密度，晚上连续工作，包括日常用电费用，电费为 1000 多元/月。此外，温控的安装位置及限温的温度对能耗也有影响。温控器中装有温度探头，安装的高度一般为 1.2m、1.4m、1.5m、1.8m 等，位置越低越利于节能，但高度上温度分布不均匀，脚暖头冷。企业大力倡导消费者开展行为节能，人离开时提前关电，充分利用潜热，分区域控温(卧室、客厅分区控制)。这样可减少30%左右的能耗，这正是电热地板即开即热的优势所在。

七、木质电热地板存在的问题

(一)输入功率密度

输入功率密度关键是有效发热面积的计算。企业一般以整个地板幅面作为有效发热面积计算功率密度，一般在 180～300W/m^2 范围。目前，由于所采用电热膜中电热材料的分布方式多样，如碳纤维纸型、印刷油墨型及线缆型等的电热单元形状及分布状态也均不一样，真正的有效发热面积很难准确计算。因此，以地板幅面或铺装面积作为有效发热面操作性强。

为实现快速采暖，可提高输入功率密度，目前实际应用功率密度高达 350W/m^2 以上。虽然有温控装置，但温控也只能控制室内空气温度，在启动后一段时间内板面温度较高，可能出现过度蓄热现象。此外，不同电热材料制备的电热地板，如印刷油墨环氧树脂板因其电热材料在地板中分布集中，在相同功率密度下其局部高温值比碳纤维纸的要高，这也是计算有效发热面积时需考虑的主要问题。部分生产企业倡导以室内温度作为指标，但这涉及房屋隔热保温性能，属于电热地板安装使用技术规范的范围。适宜的功率密度既能保证一般情况下的采暖效果，又能避免过度覆盖造成的严重蓄热意外。实践经验表明，功率密度在220W/m^{2}以下(以地板幅面计算，最低也有低至160W/m^2)，可有效防止覆盖蓄热等危险状况。另外，提高地板的热有效利用率(热反射及导热)也是降低功率密度的有效途径。

(二)升温时间

电热地板的升温时间很大程度上取决于输入功率和环境条件(房间的隔热保温性能)，部分企业认为只要达到一定的功率密度，且房间具有基本的保温隔热性能，其升温速度快于传统地暖。

(三)工作温度

工作温度或称为安全温度是指电热地板在正常条件下达到稳定工作状态下的板面温度。《低温辐射电热膜》(JG/T 286—2010)要求电热膜的最高温度不应超过 80℃。而对于木质电热地板来说，显然该温度过高，不利于电热地板的尺寸稳定性。也有企业提倡以其中电热层的温度作为工作温度或安全温度，进而精确地监控地板中的最高温度，但因电热层复合于中间层实际检测操作时需局部破坏电热层，会改变整个电热层的电阻和输入功率，进而影响其测试精度。若采用此类方法，还需改进测试方式或对测试结果进行修正。

至于工作温度指标值，按电热地板板面温度来说，企业建议低于人体正常温度 37℃。

根据前人研究，适宜的接触表面温度为 25～30℃(Ito et al.，1995；Oyama et al.，1993)，所以该工作温度或安全温度应在 30℃左右。此外，测试的环境温度可考虑选用 5℃。这是参考了北京集中供暖时间的确定方法，即连续 5 天低于 5℃时开始供暖。

(四)温度不均匀度

首先是测试幅面的确定。控制温度不均匀度能保证采暖舒适性及有利于防止地板内部温差过大，避免造成木质材料热胀冷缩差别过大引起破坏性故障。《红外辐射加热器测试方法》(GB/T 7287—2008)和《低温辐射电热膜》(JG/T 286—2010)均是选用有效发热幅面的边缘围起来的形状作为有效发热面，并按其要求作出温度分布点(图 7-43)，要求表面最高温度与最低温度之差不应大于 7℃。但该测试方法也有明显缺陷，仅测试 9 点温度，代表性不足。此外，远红外热像分析能测试表面更多点的温度，覆盖更加全面，但需对其设备参数、性能及测试距离等作出具体的要求。

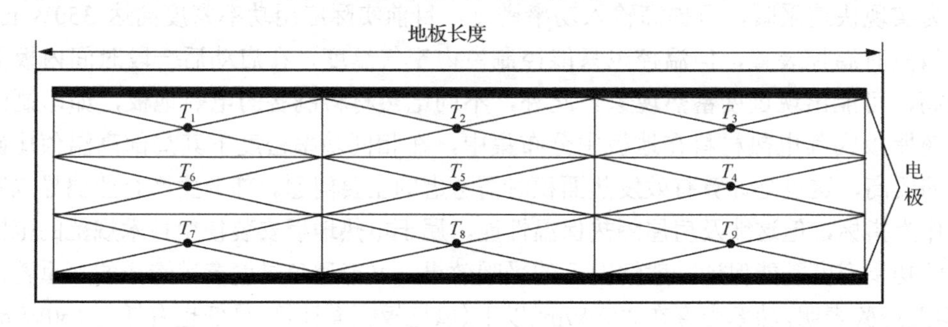

图 7-43　板面测温点

(五)功率偏差

目前《低温辐射电热膜》(JG/T 286—2010)中要求的功率偏差为±10%。现有工艺生产的电热地板中，以碳纤维纸为电热材料的电热地板功率一般呈现升高趋势。电热膜制备工艺的稳定性、地板复合工艺的稳定性及使用环境等决定着电热地板最终的功率偏差，尤其是电热膜的均匀性。在实际通电过程中，功率呈现抛物线增加或降低的变化趋势。而在测试功率偏差时，《红外辐射加热器测试方法》(GB/T 7287—2008)中仅要求测试升温达到稳定状态时的实测功率。为了保证合适的功率偏差，实测功率的测试时间及如何确定需展开试验验证，特别是在通电使用过程中功率呈增加趋势的电热地板。

(六)耐潮湿处理方法

耐潮湿处理方法是用于测试潮湿状态下泄漏电流、耐高压击穿的预处理方式。而目前企业所做的检测均是参考《红外辐射加热器测试方法》(GB/T 7287—2008)，将待测试样置于相对湿度为(93±2)%、温度为 20～30℃的潮湿箱中处理 48h 后，立即按常态下的泄漏电流、电气强度方法进行测试。采用该方法的测试结果一般均能明显低于《低温辐射电热膜》(JG/T 286—2010)的相关指标。而《低温辐射电热膜》标准中规定的耐潮湿处理方法是将待测样品置于 1%的氯化钠水溶液中处理 72h 后，在室温环境下放置 24h 后再进行测试的。前者是针对常规加热器一种测试方法，后者是针对电热膜的一种测试方法。

行业中，采用印刷油墨电热膜的企业强调更加苛刻的测试方法，而采用碳纤维纸等作为电热材料的企业则认为无须采用后者或者更极端的测试方法，因地板本身就禁止浸水，如果意外浸水后发生漏电，保护装置可在很短时间内启动并断电。其中，《外壳防护等级》(GB 4208—2008)标准中防水最高等级 IPX7 也仅要求浸水 30min，后者处理方法则采用了 1%的氯化钠水溶液中浸渍 72h，条件远高于该标准要求。

电热地板属于铺地材料，使用过程常与人接触，且易出现意外泼水、倒水，甚至泡水等严重事故，因此单采用前者潮湿箱处理方法显然达不到要求。后者较为严格，采用氯化钠水溶液替代水。但鉴于地板自身特性，浸泡处理时间及温度需进一步开展试验验证。

(七)甲醛释放量

前面也有阐述，电热地板由于工作时发热芯层的温度一般会在 40～60℃，致使单位时间内的甲醛释放量较常态下的普通地板高。但甲醛释放量随通电时间如何变化急需试验验证，为确定电热地板甲醛释放量的测试方法及指标提供参考。此外，测试方法方面，可通过研究在一定温度(电热地板工作平均温度)条件下收集所释放甲醛量的变化。指标上，少部分电热地板企业建议达到 E0 级，以防止电热地板工作时释放大量的甲醛，但也可能经过初期快速释放期后而急剧减小；大部分企业也称由于电热层的热量可快速去除地板中的游离甲醛，E1 级也具有良好的安全保证。

(八)单体绝缘防水

单体绝缘防水是指单块地板中的电热层实现绝缘防水，这可从源头上防止漏电事故。也可通过将电热材料预绝缘再用于复合制备电热地板(工艺效率低，不易胶合)，也可在制备电热地板的同时实现绝缘防水。

在《家用和类似用途电器的安全 (第 1 部分)：通用要求》(GB 4706.1—2005)第 22.21 项中要求“木材、棉花、丝、普通纸以及类似的纤维或吸湿性材料，除非经过浸渍，否则不应作为绝缘材料使用”，但也作了备注说明：“如果材料纤维之间的空隙都充满了一种合适的绝缘物质，则此材料可被认为是浸渍过的”。采用碳纤维纸直接通过双面施胶工艺制备电热地板时，经过微观分析电热层两表面确是形成了一定厚度和均匀度的胶膜。此外，电热层上部仍有若干层胶层及饰面的油漆或浸渍胶膜纸，是否达到其备注说明要求仍需讨论验证。因此需通过稳定工艺来保证胶膜层致密、均匀，同时仍需对电热层的绝缘胶层厚度和致密程度进行严格限制。

总而言之，电热地板的绝缘防水可通过其绝缘电阻及泄漏电流来体现，所以要测试其电热层的绝缘防水能力需通过上述的耐潮湿处理后，测试其绝缘电阻和泄漏电流。其中，处理后放置时间需通过试验验证，前期试验表明经过 24h 放置后，其表层水分挥发较快，难以接近发生浸水事故时所处的危险状况。

（九）单块地板温控

最初的温控探头仅置于某一块、两块或几块地板中，或仅对室内空气温度进行监控。但鉴于多重安全防护来考虑，实现单块地板温控能有效控制工艺不稳定带来的地板温度差异过大等问题。另从整个采暖系统来说，每块地板均是一个电器，每块地板均应能安全稳定工作。因此，单块地板温控非常必要。单块地板温控是否在正在制定的电热地板标准中作强制性要求需慎重考虑。目前已有多家相关企业实现单块地板的单点自限温功能，这些企业均倡导自限温功能是保证使用安全的关键及应在标准中作明确要求。

现有自限温方法是将温控元件内置于地板中或贴覆于板底，这仅是单块地板单点或某区域实现温控，单块地板全幅面的自限温功能尚未实现。

此外，自限温响应温度在相关制定的标准中也需提出要求，过低易导致自限温元件工作频繁，降低其寿命；过高则安全性能无法保证。该响应温度的确定，可通过输入已确定的功率密度(最大值)测试电热地板在过度覆盖情况下蓄热后的最高温度，以此作为参考值。

（十）有害电磁辐射

最新颁布的《电磁环境控制限值》(GB 8702—2014)对公众曝露在 30MHz～3GHz 电磁场的限值见表 7-6。笔者对常见电热地板的电磁场参数值进行了测定，电场强度及磁场强度均远低于表 7-6 中的限值，如表 7-7 所示为不同输入功率下的测试结果。但这仅是单块地板的电磁辐射测试值，还不能代表电热地板铺装后室内的电磁辐射情况。在改进测试方法方面，可考虑将 3～5 块电热地板拼接后，通电测试其上部立体空间若干点的电磁辐射参数，其中至少有 3 个贴紧板面测试点。

表 7-6　《电磁环境控制限值》30MHz～3GHz 电磁场的限值

频率范围	电场强度/(V/m)	磁场强度/(A/m)	等效平面波功率密度/(W/m^2)
30MHz~3GHz	12	0.032	0.4

表 7-7　多层实木复合电热板的电磁辐射测试值

输入功率密度/(W/m^2)	电场强度/(V/m)		磁场强度/(A/m)		辐射功率密度/(W/m^2)	
200	1.804 3	±0.260 1	0.005 30	±0.001 26	0.008 2	±0.001 7
300	1.754 3	±0.250 9	0.006 43	±0.001 57	0.007 9	±0.002 1
400	1.731 4	±0.259 9	0.004 41	±0.000 71	0.008 0	±0.002 4
500	1.257 1	±0.196 0	0.003 40	±0.000 61	0.004 4	±0.001 1
600	2.802 9	±0.842 1	0.003 19	±0.000 49	0.004 4	±0.001 4
700	1.155 0	±0.208 1	0.003 23	±0.000 62	0.004 2	±0.001 1

注：采用 NBM550 电磁辐射分析仪，使探头(EF0391)紧贴电热纸测试，各功率下测试 7 个点，频率为 100kHz～3GHz

总体而言，电热地板制备技术尚未成熟，推广应用遇到的电安全、耐老化及安装等关键问题还有待解决，市场处于低迷状态。2014年销量较往年减少一半以上，有些企业甚至已停产。2015年3月以后，国家及行业针对电采暖频繁发布有关的政策或导向，市场有所缓和，电热地板用碳纤维纸销量有所增大。这些现象反映目前电热地板技术仍处于发展阶段，技术还不完善，尤其在安全防护技术方面。技术升级主要集中于高效导热传热、单块地板自限温及互联网温控三个方面。

第三节　远红外功能型地板

作为最常见的装饰方法之一，涂饰装饰是用涂料(油漆)涂覆在木质材料表面，使它在材料表面上形成具有一定保护和装饰性能的漆膜的装饰方法。涂饰装饰可以有效地解决木质材料尤其是人造板外观质量不足的问题，同时对材料的表面性能、力学强度等均有明显的改善，并可提高木质材料的耐久性，增加其附加值和特殊作用，如电气绝缘、隔声、隔热、防滑、防虫等(封凤芝等，2008；王双科等，2005)。

实木地板是历史最悠久的铺地材料之一，具有花纹自然、脚感舒适、使用安全的特点，是卧室、客厅及书房等地面装修的理想材料。远红外功能型木质地板，作为高附加值的实木地板，是今后重点研究内容之一。目前，实木地板生产中，主要使用聚氨酯漆(PU漆)、紫外光固化漆(UV漆)两大类，且涂饰技术已非常成熟，但有关地板远红外辐射功能的研究和应用较少。

本节以实木地板涂饰工艺为基础，将远红外粉添加进UV漆中，通过优化涂饰工艺，研究远红外粉添加量对远红外功能型地板功能性指标的影响，制备新型抗菌地板。

一、制造原料与仪器设备

(一)原料

杉木基材：规格为500mm×60mm×25mm，含水率约为10%；UV底漆：黏度2000mPa·s，pH=3.25；UV面漆：黏度630mPa·s，pH=5.57；远红外粉：HTY-01型，平均粒径小于100nm；六偏磷酸钠：分析纯。

(二)制造设备及性能测试仪器

紫外光固化箱：XOUV-3000型，南京先欧仪器制造公司；电动搅拌器：RW20数显型，德国IKA公司；电子天平：精度0.001g，北京赛多利斯仪器系统有限公司。

(三)制造工艺路线

图7-44为远红外功能型杉木地板制备工艺路线。

主要步骤：①将底漆涂饰在杉木基材表面，涂布量控制在100～150g/m^2，涂饰要均匀，涂饰前要对杉木基材进行表面砂光和除尘；②将涂饰好的试件放入紫外光固化箱中，利用紫外光使漆膜固化，紫外灯的功率为1500W，照射时间为3min；③将面漆、远红外粉及六偏磷酸钠充分混合，远红外粉的添加量分别为面漆质量的0、2.5%、5.0%、7.5%、

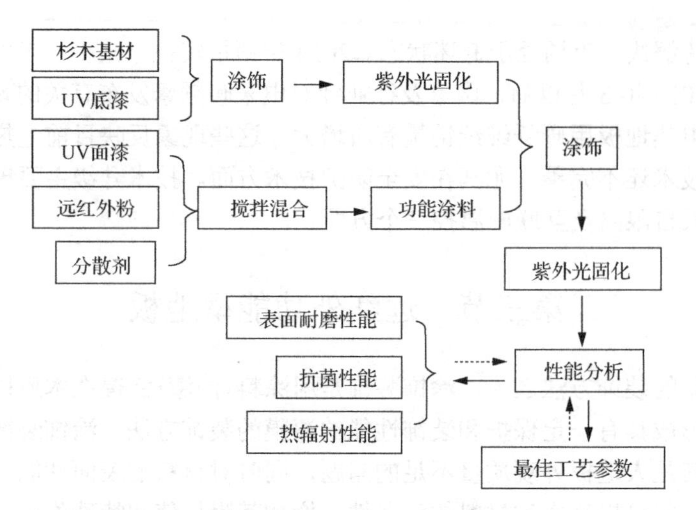

图 7-44　远红外功能型杉木地板制造工艺流程图

10%，分散剂六偏磷酸钠的加入量为远红外粉和面漆体系质量的 1%；采用电动搅拌器对上述混合体系进行充分搅拌，搅拌转速为 1500r/min，搅拌时间为 30min，制得的功能涂料进行分组，见表 7-8；④将步骤③中的抗菌涂料涂饰在步骤②中的试件表面，涂布量控制在 100～150g/m^2，然后放入紫外光固化箱中，利用紫外光使漆膜固化，紫外灯的功率为 1500W，照射时间为 3min。将制得的杉木地板进行表面砂光，锯裁后进行功能性指标测试。

表 7-8　涂饰试验编号及处理条件

组号	1#	2#	3#	4#	5#
远红外粉添加量/%	0	2.5	5.0	7.5	10.0

（四）性能测试方法

（1）涂膜耐磨性测试。采用耐磨性来定量评价不同远红外粉添加量的地板表面涂膜性能。

参照地板相关标准进行地板表面耐磨性能测试。具体方法为：试件尺寸为 100mm×100mm，中孔直径为 8mm，用脱脂纱布将试件表面擦净并称重，精确至 1mg。把两个研磨轮安装于机器上，置计数器为零；然后将研磨轮轻轻地放在试件上，研磨轮以（4.9±0.2）N 的力作用在试件上；开启吸尘器，然后旋转试件，磨耗 100 圈，取下试件，除去表面浮灰后称量，精确至 1mg。

磨耗量的计算见下式：

$$F=G-G_1 \tag{7-6}$$

式中：F 为磨耗值，g/100r；G 为试件磨前质量，g；G_1 为试件磨后质量，g。

（2）远红外辐射效果测试、黏附法试验和贴膜法抗菌试验的材料、仪器设备及方法参考第六章第一节内容。

二、远红外功能型地板的表面耐磨性能

由图 7-45 可以看出，未添加远红外粉时，杉木地板磨耗量为 0.071g/100r，为 UV 漆本身的耐磨特性。添加远红外粉后，磨耗值明显变小，并随耐磨剂加入量的增加，磨耗值呈直线递减趋势（R^2=0.986）。当远红外粉添加量增加至 10%时，磨耗值降低为 0.019g/100r，比未加远红外粉时减少了 73.24%。这说明远红外粉对杉木地板表面耐磨性具有增强作用。

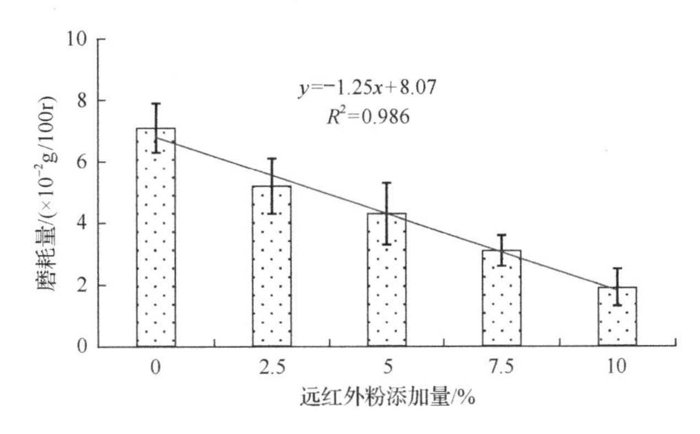

图 7-45　远红外粉添加量与磨耗量的关系

三、远红外功能型地板的温升性能

图 7-46 所示实线为红外光源照射 10min 时试件表面升温变化情况，虚线为照射完后自然冷却 10min 时试件表面降温变化情况。从试件表面升温变化情况可以看出，添加了远红外粉的试件表面的温差均比未添加远红外粉试样的温差大，温度增加有了显著提高，且温差随远红外粉添加量的提高而呈线性增大的趋势（R^2=0.9808），增加了 41.78%。10%的添加量试件温度变化最明显，在 10min 内温度升高达 63.2℃。这说明远红外物质具有增强热效应功能。添加了远红外粉的试件表面的温差变化有线性递减趋势（R^2=0.9897），但减少的速度比较平缓，只减少了 10.59%。这说明远红外物质具有保温功能。

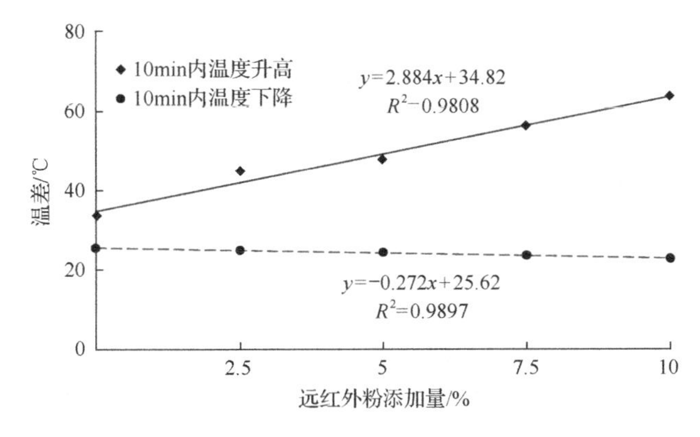

图 7-46　红外光源照射和冷却 10min 时试件表面的温差

四、远红外功能型地板的远红外辐射性能

图 7-47、图 7-48 分别为各试样的远红外辐射透射率和反射率的测试计算结果，从图 7-47 和图 7-48 中可以看出，随着远红外粉添加量的增加，远红外辐射透射率（R^2=0.983）和反射率（R^2=0.953）均呈线性递减的趋势。这说明随着远红外物质浓度的增加，对远红外辐射透射率和反射率的影响均有所减缓。这是由于远红外物质采用的是微纳米级微粒，对远红外辐射具有一定的吸收作用，且随着微粒浓度的增加，这种吸收作用越强。因此，根据能量守恒原理可知，试件表面的远红外辐射透射率和反射率有所降低。这与表 7-9 所示计算出的各试样的远红外辐射吸收率呈递增趋势相吻合。

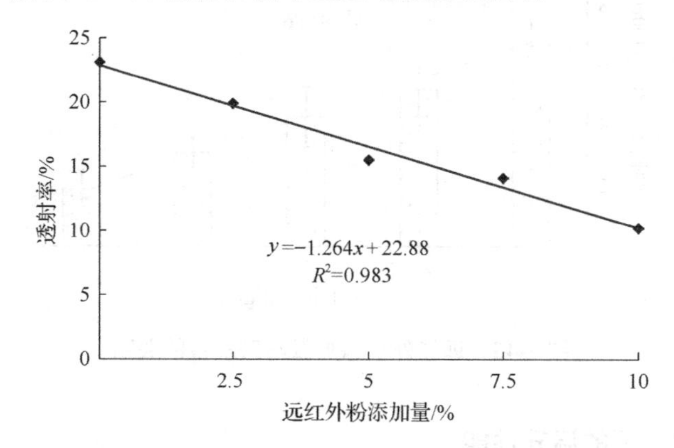

图 7-47　远红外粉添加量与透射率之间的关系

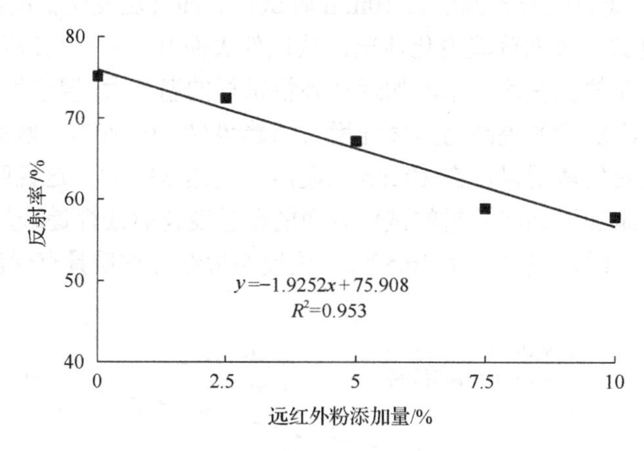

图 7-48　远红外粉添加量与反射率之间的关系

由表 7-9 可知，远红外粉添加量为 10%的试件吸收远红外辐射的能力较强，根据远红外工作原理可知，该试件的远红外辐射性能较好。

表 7-9　试样的远红外辐射吸收率计算值

远红外粉添加量/%	0	2.5	5	7.5	10
吸收率/%	13.21	16.73	28.31	29.97	32.88

五、远红外功能型地板的表面抗菌性能

以抗菌率为指标进行贴膜法抗菌性能试验，结果如表 7-10 和表 7-11 所示。

表 7-10　远红外粉添加量对抗大肠杆菌性能的影响

序号	远红外粉添加量/%	平均回收菌落数/(10^2cfu/片)	抗菌率/%
1	0	628	—
2	2.5	62	90.13
3	5	31	95.06
4	7.5	2	99.68
5	10	1	99.84

表 7-11　远红外粉添加量对抗金黄色葡萄球菌性能的影响

序号	远红外粉添加量/%	平均回收菌落数/(10^2cfu/片)	抗菌率/%
1	0	363	—
2	2.5	36	90.08
3	5	20	94.49
4	7.5	2	99.45
5	10	1	99.72

由表 7-10 和表 7-11 可知，随着远红外粉添加量的增加，杉木地板对大肠杆菌和金黄色葡萄球菌的抗菌率均呈增大趋势。当远红外粉添加量为 2.5%时，其抗菌率达到了林业行业标准 LY/T 1926—2010 中规定的 II 级强抗菌级别。

为直观地观察远红外粉添加前后杉木地板表面细菌数量和形态的变化，采用细菌黏附的方法，通过 SEM 观察，分析抗菌效果，受检菌种为大肠杆菌。通过 SEM(5000×)观察可以发现，未添加远红外粉的杉木地板试样表面含有较多数目的大肠杆菌，如图 7-49(a)所示。而添加了 10%远红外粉的杉木地板试样，大肠杆菌数量明显减少，如图 7-49(b)所示。这说明远红外粉添加至面漆中赋予了试件表面较强的抗菌效果。将单个细菌放大至 20 000 倍进行观察，如图 7-50 所示，细菌的形态已经发生变化，甚至有的细菌已经破裂死亡，该现象可进一步证明远红外粉的抗菌效果。

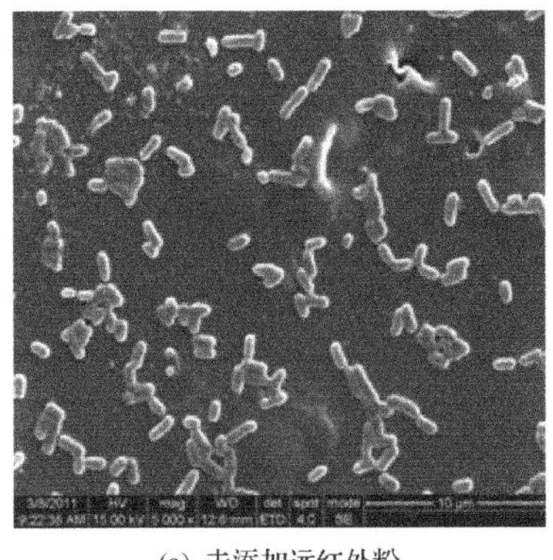

(a) 未添加远红外粉

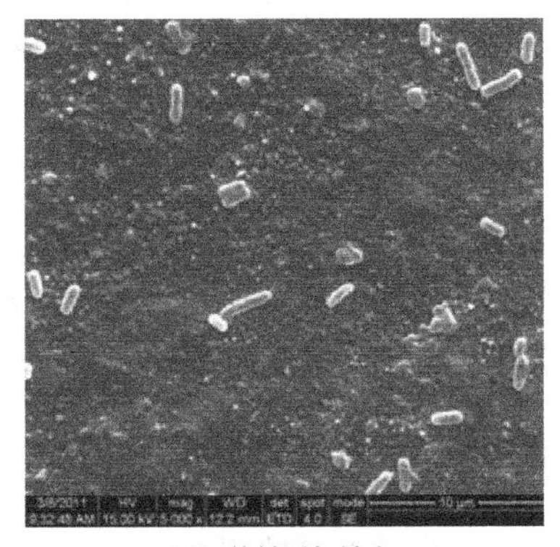

(b) 远红外粉添加量为10%

图 7-49　远红外粉添加前后杉木地板表面的抗菌效果 SEM 分析(5000×)

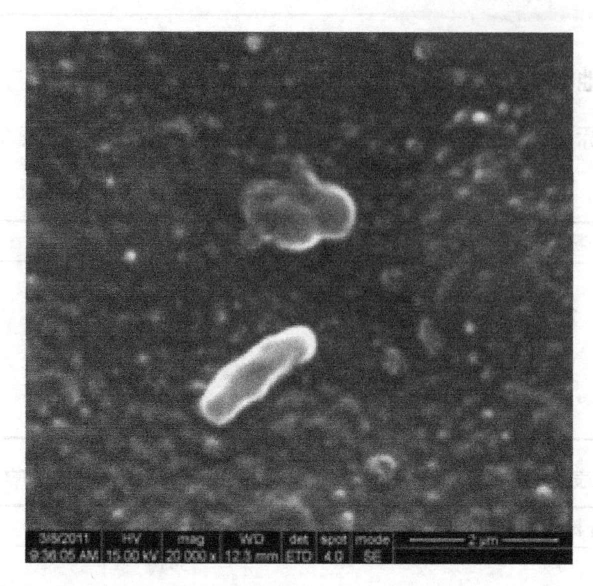

图 7-50　添加 10%远红外粉时单个细菌变形的形态(20 000×)

第四节　木质通电功能材料

木质通电功能材料，来自于现代定制家具产业的智能化发展需求和现代室内装饰业与智能终端融合的趋势。饰面人造板具有装饰和隔断的功能，并延伸出了自动收纳和展示的属性，而大多数的用电装置，如灯光、屏幕、灯箱、音响等，尤其是现在兴起的互联网传感器和智能化终端都会安装到其中。这些设施需要电源供应，因此市场需要一种本身具有通电特性的功能板材。

传统的生产工艺技术，采用穿孔、拉槽和表面贴装等方式敷设导线来提供电源，工艺复杂、专业性要求高，无法批量生产及后续维护困难，也影响饰面的美观效果。与此同时，通电过程产生的发热问题一直是难以解决的技术难题。在特低电压的应用环境中，通过内置导体的方式，将木材变成低压供电的包覆材料，可制成一种新型的板材供电线。在敷设导体时，需考虑内部通电产生的热效应对板材性能的影响，工作过程无明显发热效应(无明显手感，表面温度和环境温度之差<3℃)，在 99%的湿度下保持国家规定的绝缘强度。基材在完成内置导体的制造工艺后，与普通的人造板基材一样，可以进行二次加工。

在木质板材内直接敷设导体，将木质板材作为一种绝缘材料当成导线的包覆材料，形成一种新型的板材供电线，这样的板材供电线，让传统板材在智能化场景上得到应用，为物联网设备提供电源载体和安装平台，为现代家具和装饰业的从业者提供创新应用的基础。

一、木质通电功能材料的开发理论

(一) 家庭电器设备特低电压

按照国家和行业标准要求采用特低电压限值，是预防触电事故的有效措施之一(张向东，2015)。随着半导体技术的成熟，现在家庭用电设施除了厨房、空调是大功率用电，需要用到220V的电压外，其他电器设备只需要低压供电，如LED照明系统采用直流24V或12V电源，电视、音响也是24V或12V，手机充电5～9V。

在特低电压条件下，许多电器产品可以安全取电，不需要进行电击防护，接触导线不会有被电击的危险。例如，采用7.5V电压输入的手机充电线一端是裸露金属导体，人手接触不会造成被电击的安全问题。随着特低电压的广泛使用，在智能家具的照明系统中，基本上统一采用12V或24V的电压输入，可直接在板材表面敷设铜线作为导线，用电安全符合相关要求。

(二)木质材料是良好的绝缘体

导体的包覆材料必须具有良好的绝缘性能才能起到防护电击的作用，因此，大多数导体包覆材料都是塑料。而木质材料是一种特殊的材料，干燥的木材或人造板是一种良好的绝缘材料。这是由于人造板的木质单元体积电阻率为10^8～$10^{11}\Omega\cdot cm$，合成树脂固化后的体积电阻率为10^{12}～$10^{13}\Omega\cdot cm$。通常情况下，体积电阻率大于$10^8\Omega\cdot cm$的物质称为绝缘体(华毓坤和傅峰，1995)。因此，理论上，干燥的木材或人造板可用做导体的包覆材料。木质材料所具备的良好绝缘特性，为木质通电功能材料的开发提供条件。

(三)导体的绝缘漆包

虽然木材和人造板在干燥条件下是绝缘的，但在使用过程中不可避免地会接触到潮湿环境，为了安全起见，导体外通常采用包覆聚氯乙烯绝缘体材料或绝缘漆进行二次绝缘保护。对于饰面人造板来说，在饰面过程中要进行高温高压的饰面工艺，饰面温度最高可达200℃。因此，导体的绝缘材料必须选择耐高温的材料。聚酰亚胺是目前有机类漆包线中耐热等级最高的漆包线漆，同时具有良好的耐溶剂和耐冷冻剂性能，其长期使用温度可达220℃以上。但由于成本高、储存稳定性差和有毒性，影响其广泛使用。而缩醛漆是世界上发展最早的品种之一，有聚乙烯醇缩甲醛和聚乙烯醇缩乙醛两种。该漆包线虽耐温等级低，但由于其具有优良的耐高温水解性能而广泛应用于油浸变压器中。

(四)导体和木质材料的复合技术

在木质材料中，复合金属制成的木质导电材料，目前主要应用于电磁屏蔽。与需要通电的木质材料比较，起电磁屏蔽作用所用到的金属导体的截面积要小很多，基本上不以金属导体条(片)的形式呈现。相反，木质通电功能材料，基本上采用金属导体条(片)与木质材料进行层压，从而实现满足大电流供应的导线敷设。因此，如何实现金属导体条(片)与木质材料的层压是关键问题。

随着胶黏剂技术的发展，用于金属导体条(片)与木质材料的黏接技术已经相当成熟。王俊玲(2008)采用良导体覆面木材的方式，主要考虑两者进行胶合时胶黏剂的选用和胶结工艺。冷涛(2011)发明一种内置丝网的高强度胶合板，其主要作用是通过在胶合板内部设置丝网，提高胶合板的抗弯及剪切强度。同时，木质导电功能材料的很多制备技术同样可应用于木材通电功能材料上，产品的生产技术相近，而实现的功能完全不同。

（五）木质通电功能材料送、取电技术

与传统的电缆比较，木质通电功能材料送电和取电的连接方式相对复杂，必须使用专用的连接器件来实现送电、取电。常用的方式是通过螺丝旋入木材材料与内置导体进行互通，即可实现送电和取电的目的，这种送、取电连接方式无须切断电线，解决了木质通电功能材料送、取电困难的技术难题。

二、木质通电功能材料的安全性评价

（一）特低电压

木质通电功能材料中的导体虽然有绝缘漆包和木质材料的两次绝缘保护，但产品的送电和取电过程仍然无法满足安全用电的要求。关于特低电压，国家标准 GB/T 3805—2008 中指出，电压限值的规定是针对正常和故障两种状态的，低于限值的电压在规定的条件对人体不构成危险。国家标准 GB 16895.21—2012 中规定，IEC364-7 特低电压限值限制在低于 50V、25V 或 12V。结合目前国内通用的电器电压产品，一般输入电压是 24V、12V 和 5V。为了保证用电安全，木质通电功能材料通电电压限值采用特低电压，限值为低于直流 48V 或低于交流 36V。

（二）表面温升指标

众所周知，当电流通过导体时，导体会发热。木质通电功能材料中敷设有导体，当通电时也会发热。材料发热过大，存在安全隐患，同时也影响使用效果。国家标准 GB/T 5023.4—2008 中规定，正常工作时导体的最高温度为 70℃。木质材料在通电过程中，材料的电阻率会随着发热温度的增加而降低。木质材料加热时间在 5～30min，导电性能有明显上升趋势(张慧，2011)，导电性上升就有可能产生漏电的风险。因此，木质通电功能材料在使用过程中要注意内置导体导电产生的温升对板材性能的影响。一般情况下，只要保证木质材料不明显发热，或者表面温升控制在一定的发热范围内，板材通电是安全的。木质通电功能材料应选择导电性良好的金属导体，同时根据负荷需求选择合适的导线截面，尽量减少导体通电发热对板材的影响。通过测试板材的表面温升指标，可知木质通电功能材料在通电使用时的发热情况，进而保证板材通电使用时的安全。一般情况下，为达到触碰体感的舒适度，木质通电功能材料表面温升要求在 3℃以内。

（三）绝缘电阻指标

国家标准 GB/T 16895.2 中规定，对于特低电压电路，带电部分应符合以下二者之一：一是封装在保护等级为 IP2X 或 IPXXB 的外护物内；二是要具有能够耐受试验电压 500V、

时间为 1min 的绝缘。因而，使用特低电压时，电缆电路也要能够耐受试验电压 500V、时间为 1min 的绝缘试验。绝缘电阻是在规定条件下，处于两个导体之间的绝缘材料的电阻，是电缆电线最基本的绝缘指标。对于低压电气装置，常温下电动机、配电设备和配电线路的绝缘电阻不应低于 0.5MΩ，低压电器及其连接电缆和二次回路的绝缘电阻不应低于 1MΩ，在比较潮湿的环境下不应低于 0.5MΩ；二次回路小母线的绝缘电阻不应低于 10MΩ。木质通电材料在干燥状态下，极间绝缘电阻指标应为 500V、5MΩ；在 95%湿度条件下，极间绝缘电阻指标应为 500V、0.1MΩ。

(四)送、取电环节

送电和取电装置应可靠连接，符合规范，避免由瞬时大电流产生的电弧或采用隔离的灭弧装置。该材料在易燃易爆的环境下使用时，应做好节点的防爆隔离措施。

三、内置导体饰面人造板

(一)内置导体饰面人造板制备工艺

试验所用胶合板来自广西象州耀东华装饰材料科技有限公司，含水率为 10%～13%，裁成规格为 600mm×600mm×2.2mm 备用。铜片选择 0.5mm 厚铜片，密度为 8.9g/cm^3，体积电阻率为 1.7×10^{-3}Ω·m，购自佛山市某铜材厂，裁成规格为 600mm×10mm×0.5mm。铝片选择 0.5mm 厚铝合金片，铝含量为 99.9%以上，密度为 2.7g/cm^3，体积电阻率为 2.8×10^{-3}Ω·m，裁成规格为 600mm×10mm×0.5mm。内置导体饰面人造板制备工艺如图 7-51 所示。

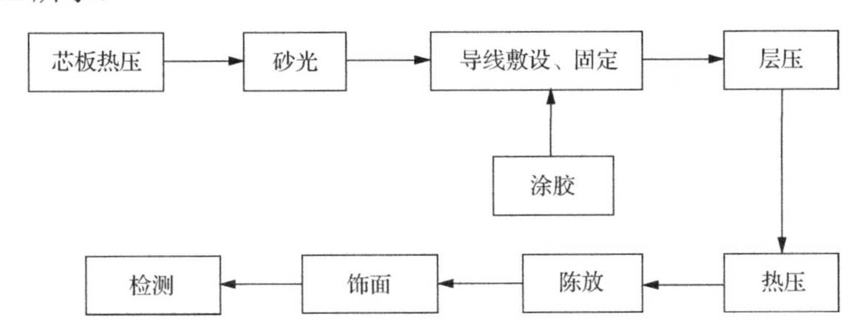

图 7-51　内置导体饰面人造板制备工艺流程图

(二)通电电流对板材表面温升的影响

导体通电发热计算公式 $Q=I^2Rt$。由公式可知，在相同的时间里，相同的导体电阻，通过的电流越大，发热量越多，温度越高。内置导体饰面人造板最大的用途就是不改变饰面人造板的外观，而给电器产品提供电源。一方面要最大限度利用电力功能，另一方面要考虑板材发热致使板材物理力学或表面理化性能的下降，因此，内置导体饰面人造板最重要的指标之一是控制内置导体在通电过程中的发热，采用通电板材表面温升这个指标来衡量。测试位置为电源负极线中点和离电源负极线中点 50mm 处。

图 7-52 是内置导体饰面人造板不同的通电电流对表面温升影响的情况。从图 7-52

中可以看出，通电一段时间后，板材表面的温升达到稳定状态，从试验的最大通电功率（DC36V，DC8A）的表面温升结果来看，通电功率达到近 300W，板材的表面与环境的温差不超过 1℃。通过电热计算公式可知，通电时间为 5h，以铜为导体的发热量为 6528J。由此，通过木材吸热温升计算，导体发热量能使板材温度升高 0.9℃。材料表面温度升高 1℃左右，可以说 90%的人用手触碰都感受不到温度的变化。当导体中的电流发生变化时，由于导体本体热阻和热容的存在，导体温度不会立即随着电流的变化而发生变化，而是随着时间逐渐变化，经过一段暂态过程后达到稳定状态（Garrido et al.，2007）。当导体发热达到稳定状态后，板材表面温度也会向环境中散热，因此，通电一定时间后，板材的表面温度会保持一定的平衡。从图 7-52 中可以看出，一般通电 3～5h 后，板材板面的温升达到平衡。

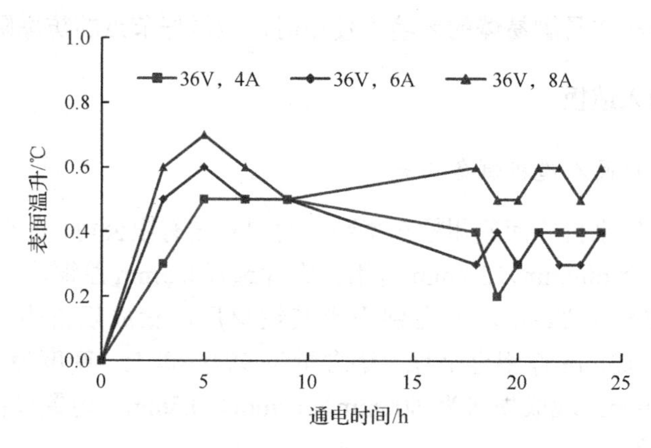

图 7-52　不同通电电流板材表面温升比较

采用特低电压供电的电器设备中，单一电器的功率一般不会超过 300W。例如，电视机 120W，音箱 50W，其他的如 LED 或传感器等，功率都相当低。因此，内置导体饰面人造板的表面温升符合要求。

（三）不同导体对板材表面温升的影响

导体通电发热计算公式 $Q=I^2Rt$。由公式可知，通过相同的电流和相同的时间，导体的电阻越大，发热越多。图 7-53 是两种金属导体铜和铝在一定通电电流下，板材表面温度随时间的变化情况。从试验结果可知，通电功率不超过 300W，铜导体和铝导体的表面温升无明显的差异。当通电电流为 8A、通电时间为 5h 时，以铜为导体的发热量为 6528J，以铝为导体的发热量为 10 751J。理论上，铝发热要比铜高近 1 倍，但是木质材料吸热和散热过程是一致的，因此，铜与铝两种导体对内置导体饰面人造板的表面温升影响不显著。从成本的角度考虑，选择铝合金作为木质通电功能材料更有优势，但是，铝型材在空气中容易氧化成常温下不易导电的 Al_2O_3。因此，根据不同的使用环境，建议选择不同的内置导体；如果在潮湿环境下，尽量不选择铝为内置导体。

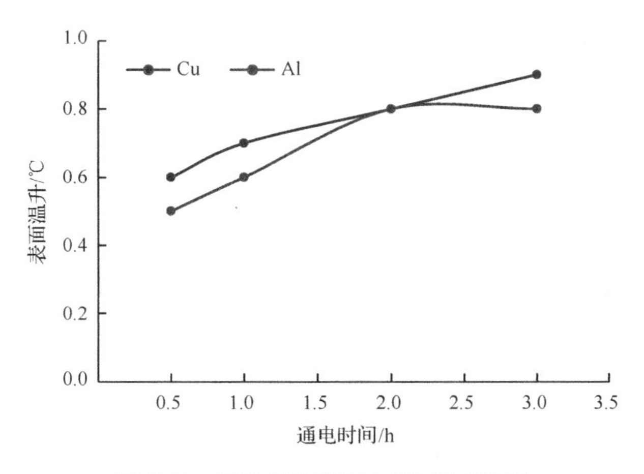

图 7-53 两种导体的通电表面温升比较

(四)不同板材含水率对内置导体极间绝缘电阻的影响

极间绝缘电阻能测试内置导体漏电的情况，是内置导体饰面人造板一项重要的安全指标。众所周知，木质材料在使用过程中容易从环境中吸收水分，特别是在潮湿环境中，如厨房、卫生间等。图 7-54 所示为两种环境下内置导体饰面人造板的极间绝缘电阻的变化情况。从试验结果可知，干燥状态下，内置导体的极间绝缘电阻可达到 100MΩ；经 24h 水浸泡后，其极间绝缘电阻从 100MΩ 急速降到了 0.45MΩ。这是由于木质材料吸水后，木质材料中的自由离子浓度增加，从而使木质材料的电阻降低。木质通电功能材料在 95%湿度条件下，极间绝缘电阻指标为 500V、0.1MΩ。因此，在潮湿的条件下，内置导体饰面人造板的绝缘电阻符合要求。

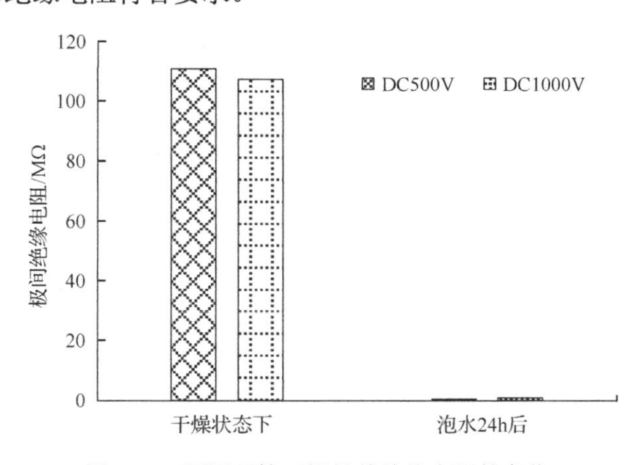

图 7-54 不同环境下裸导体绝缘电阻的变化

图 7-55 是两种环境下漆包处理的内置导体饰面人造板极间绝缘电阻的变化情况。从试验结果可知，干燥状态下，内置导体的极间绝缘电阻可以达到 100MΩ；经 24h 水浸泡后，其极间绝缘电阻从 100MΩ 急速降到了 15MΩ。内置导体饰面人造板的导体进行漆包绝缘后，理论上即使进行水浸泡，其绝缘强度应变化不明显。分析认为，在内置导体饰

面人造板取电测试过程中，取电装置穿刺板材和导体后，使两种材料相互接触。同时，板材端部导体的裸露也是导致极间绝缘电阻下降的主要原因。

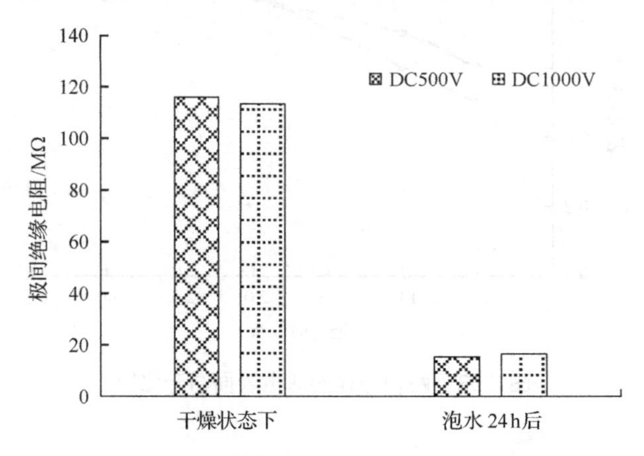

图 7-55 漆包导体对绝缘电阻的影响

（五）不同的板材温度对绝缘电阻的影响

材料的绝缘电阻随着温度的变化而改变。内置导体饰面板材在使用过程中，会安装上电器设备，如灯光、屏幕、传感器、加湿器等。这些电器设备在使用过程产生的温度会对板材有影响。因此，为了了解板材温度对绝缘电阻的影响，通过对内置导体饰面人造板进行加热，监控板材温度对绝缘电阻的影响。

图 7-56 是板材温度对绝缘电阻的影响。从试验结果可知，随着板材温度的增加内置导体极间绝缘电阻会下降。板材温度在 20℃时，内置导体饰面人造板的极间绝缘强度很大，达到 100MΩ 以上；但随着加温到 40℃左右，极间的绝缘电阻下降非常明显，降至 1MΩ 以下。这是因为随温度的升高，绝缘材料中杂质离子运动速率加快，使得电导增大，绝缘电阻下降(曹东尧，2007)。

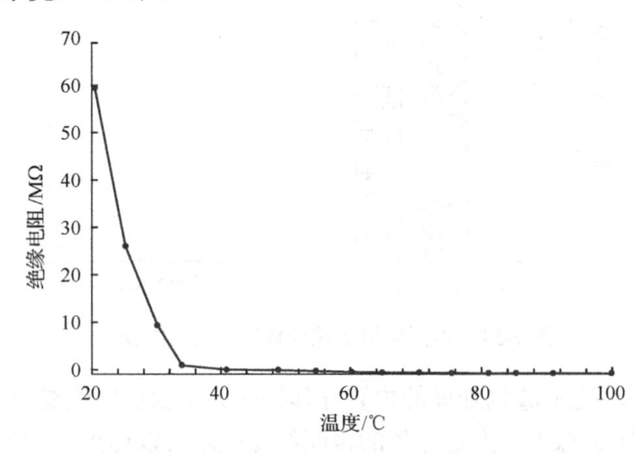

图 7-56 板材温度对绝缘电阻的影响

第五节 木质导电功能材料发展展望

一、木质电磁屏蔽功能材料

木材具有强重比大、隔热、隔声性好、加工能耗低、对环境污染小、可再生、可自然降解等优点。木基复合材料不但解决了不可再生材料的局限性，而且有利于减少能耗和污染，可实现材料的持续供给和储备供给，促进国民经济发展。木质电磁屏蔽功能材料的研究涉及木材科学、材料科学、电磁场理论、电磁波吸收理论、生态学、环境理论、数学等学科，目前，研究主要集中在把这些相关学科引入到木质电磁屏蔽功能材料的设计工作中。从电磁屏蔽领域的发展趋势来看，未来木质电磁屏蔽功能材料主要面向以下几种类型发展。

(一)宽频吸收型

从以往木质电磁屏蔽功能材料的研究中可以看出，现阶段的研究主要集中在反射型屏蔽材料，即通过对电磁波进行反射来达到屏蔽目的，涉及频带很窄。电磁兼容设计对屏蔽材料有两个基本要求：①无反射(完全吸收)；②屏蔽频带尽可能宽。目前为止有关屏蔽材料的研究不少，但仍无法做到无反射吸收，因此对宽频吸收型屏蔽材料的研究变得尤为重要。

(二)叠层型

单层屏蔽材料通常只在某些频段有较好的屏蔽效能，无法满足一些特殊场合要求，根据电磁波理论及材料与电磁波的交互作用原理，引入多元复合思路，制备具有优良性能的多层复合材料，设计出具有高吸收、低反射电磁波能力的电磁屏蔽材料。多层屏蔽结构材料的综合屏蔽性能相对单层屏蔽结构材料有较大的提高，因而屏蔽材料由单层结构向多层复合结构的发展是新型电磁屏蔽材料的一个发展趋势。

(三)填充型

目前主要通过导电填料的二次处理或采用新的混合技术来提高木质电磁屏蔽功能材料的导电率和屏蔽效能。其中，导电填料的填充量问题是木质电磁屏蔽功能材料研究领域中的关键问题。例如，在电磁屏蔽纤维板的研究中，导电填料的填充量不仅影响纤维板的电磁屏蔽效能，而且对板材的力学性能也有很大的影响。填充适量的导电填料可以有效地改善填充型电磁屏蔽纤维板的物理力学性能，但填充量过高时会大幅度降低电磁屏蔽纤维板的物理力学性能。为此，需对导电填料进行二次处理以改善其电磁屏蔽效能。

导电填料在填充型木质电磁屏蔽功能材料中的分散均匀性是影响其导电性、电磁屏蔽性能及力学性能的又一关键因素。在电磁屏蔽纤维板中，因导电填料与基体纤维的胶合性能有所差异，通常将两者分别施胶后再混合制备纤维板。但该工艺无法使导电填料在基体纤维中均匀分布，并形成高效的导电网络，整体导电性能比较差、掺杂效率低且难以实现导电连续性。为此，部分研究者通过建立导电模型，探究了导电填料的均匀化分布以寻求新的处理方法提高导电填料的掺杂效率。再者，将导电填料与基体纤维先均匀混合后再施胶，可显著提高导电填料在基体中的均匀化分布程度，有利于促进板材整体导电性的提高，实现导电连续性。此外，导电填料的填充量也与其均匀分布程度有密切的关系，提高导电填料的分布均匀性，有利于降低导电填料的填充量，实现导电材料的高效掺杂，协同提高板材的导电率并降低其对力学性能的影响。

因此，填充型木质电磁屏蔽功能材料的屏蔽效能主要取决于导电填料的性质、用量、尺寸、分布均匀性及复合工艺等。导电填料的添加，不仅使绝缘的木质材料具备良好的电磁学性能，而且可以改善板材的物理力学性能。但在填充型木质电磁屏蔽功能材料的研究中，一直存在着导电填料掺杂量高、难以均匀混合、整体导电性能差和加工困难的问题。为了发挥导电填料在填充型木质电磁屏蔽功能材料中的性能优势，未来的研究重点首先要解决好导电填料在基体材料中的均匀分布问题，其次可以引入屏蔽机理不同的导电填料并通过协同作用提升导电填料的掺杂效率。

(四) 纳米技术

纳米材料是物质从宏观到微观的过渡，物质的表面态超过体内态，量子效应十分显著，纳米材料的特殊结构导致奇异的表面效应和体积效应，使其具有特殊的微波吸收性能，同时还具有吸收频带宽的特点。将木质材料和无机材料（导电、导磁）在纳米尺寸上结合，制得各种特性的材料，这种复合技术将成为未来木质电磁屏蔽功能材料的一个重要方向。

二、木质电热功能材料

木质电热功能材料及电热地板产品是新型功能化木质复合材料和制品，其以电作为能源，清洁、舒适，以碳素材料为电发热单元，电热转换效率高，节能环保，具有一定的远红外发射效应，是今后室内采暖制品发展趋势之一。近期，该类功能材料和制品将着重朝如下方向发展：

1）研究更适宜的电热材料，协同攻克低成本、电安全、稳定、耐久及生产效率等行业共性问题，进一步打破市场推广瓶颈；

2）研制具有 PTC 效应的新型电热材料，以实现其自限温功能，充分提高产品的安全性；

3）开发大幅面的木质电热功能材料及电热地板，以减少接头，提高安装效率；

4）设计更加简易的电连接件及结构，实现安装高效、牢固；

5）加快制定相关行业标准来引导和规范生产，确保市场产品安全、耐久、可靠；

6）加强电热效应及其响应规律、机理、老化演变规律、抗老化等基础研究，以推动该类功能化材料和产品健康持续发展。

木质电热地板产品电安全性是制约其大范围推广的主要因素，通过技术研发，解决电安全关键问题，必将使木质电热功能材料及电热地板的应用前景更为广阔。

三、木质抗静电功能材料

关于静电防护的研究主要集中在开发新型抗静电剂方面，对已有的抗静电剂进行优化，其中开发复合型抗静电剂是今后的主要趋势，利用表面活性剂型、高分子永久型、导电填料型等抗静电剂的优点，开发出静电防护性能优异的抗静电剂(王范树等，2013)。

随着使用需求的多样化，新抗静电剂品种正在不断地被研究开发。国内关于高分子抗静电剂的研发由于起步较晚，较之于国外还有较大的差距。降低成本、降低环境因子(如温度、湿度等)对抗静电性能的影响、高性能化、系列化等将是今后抗静电剂发展所面临的主要挑战，以满足运输包装及电子工业等的需求(尹皓等，2016)。

静电效应对于木质复合材料的影响越来越受到人们的关注，消除和减少复合材料静电危害，可以有效地降低发生火灾和爆炸等危险。近年来，工业防静电逐渐得到世界各国的普遍重视，相应的抗静电技术也越来越受到人们的重视。木质抗静电功能材料可以通过添加导电材料及抗静电剂等方法进行改善，赋予其一定的导电性能，可使积聚的电荷导出，将危害降至最低。目前，木塑抗静电材料研究获得了关注，这是因为木材和塑料均为电的不良导体，所以两者复合制备的木塑复合材料也属良好的绝缘体，日常的碰撞、摩擦接触在材料表面会聚集大量的电荷，不能释放出去，当其与人体或其他物质接触时会产生电击现象，严重时可能会产生火灾甚至爆炸等危险，因此木质抗静电功能材料研究具有实际的应用前景。

四、木质通电功能材料

随着智能化产品的快速增长，尤其是近几年兴起应用于家具上的智能化终端，如智能灯光、智能显示屏、智能音箱、无线充电等，都会安装在家具板件上，这些智能产品需要电源供应，而传统智能家具上安装的智能终端所需的电源供应方式，通常是在家具板件上拉槽、嵌线、钻孔或夹层进行电源提供。这些电源供应方式存在操作不方便、施工难、不美观等诸多问题，限制了智能化终端产品在家具上的应用和推广。如何以产业化的方式，在木质板材中敷设导线，使木质板材成为给智能化终端提供电源的基材和板件？如何解决智能家具电源供应问题，解决智能家具电源供应方式存在的施工难、不美观的难题？

木质通电功能材料是通过在木质材料基材内直接敷设导体，来创建表面用电装置所需的通电和通信的平台，在解决了安全性的功能指标后，配合现代互联网技术和智能化技术的发展，能够提供照明、显示、防潮、驱虫、数据传感等一系列基础的应用。据市场推测，随着智能化技术的日趋升级完善，人工智能的快速发展，定制家具会向智能家具化发展。而家具在向智能化演化时，通电和通信是必不可少的前提。智能家具中，照明系统是用电最大的一部分。传统的家具柜体照明布线是通过走明线、开槽、钻孔或夹层进行布线；内置导体饰面人造板中内置导线，配合的导电连接件，解决传统的家具柜体照明不美观、加工难等问题，既实现布线又不改变原有装饰功能(图 7-57)。木质通电功能材料的研究与开发，其创新意义在于：第一，使传统材料的工艺和安装简化，易于维护，降低成本；第二，使传统材料与当代互联网和人工智能相关联，为实现定制舒适、环境健康、医养完善、交互友好的家居和公共室内环境提供新材料体系。

图 7-57 内置导体饰面人造板制作的展示柜(彩图请扫封底二维码)

五、木质远红外功能材料

木质远红外功能材料可应用在抗菌、抑菌、保健等领域，国内木材科学工作者对相关的研究很少涉及。但在国外，为了适应人们健康与环保观念的需求，室内外家具的保健功能正被放大化，国外发达国家的保健家具正涌动潮流，大有成为今后家具市场的主导产品的趋势。美国研制出一种由远红外辐射面板制成的装饰壁橱，专门放在浴室里。该橱的左半边是一张心形防雾镜，右半边则有两个隔层，可放化妆品、洗发露、毛巾等用品。远红外辐射面板能放射出与人体自然释放的波长相同且易被身体吸收的健康辐射线。在夏天沐浴时，它能使人享受舒适的蒸气浴，冬天它又会使浴室变成暖房，给人带来一种新的保健沐浴方式，既美观又实用。此外，日本企业研制了一种抗菌衣橱。此衣橱能抑制大肠杆菌、绿脓杆菌、霉菌及金黄色葡萄球菌等细菌的滋长，具有防菌、杀菌效果。具有远红外辐射效应的新型木质功能材料，属于木质材料传统功能上的拓展应用研究，在各类木制品中的应用具有广阔前景。

木质远红外功能材料的研究与开发，意义在于充分利用其他材料学科的科技成果以及学科交叉，将远红外无机物与木质材料有机地复合，使木质产品在原有功能的基础上具有远红外线的热效应和抑菌功能，该类技术今后将可运用于实木复合地板、强化地板及食品包装材料等产品的生产中，促进木质材料更好地服务于生产和生活，实现人工林木材的综合利用与增值。

主要参考文献

蔡仁刚. 1997. 电磁兼容原理、设计和预测技术. 北京: 航空航天大学出版社.

曹东尧. 2007. 测试电线电缆绝缘电阻. 经济技术协作信息, 915(4): 92.

东南大学, 信息产业部电子 4 所, 中船总第 724 所, 等. 2004. 军用电子装备通用机箱机柜屏蔽效能要求和测试方法. GJB 5240-2004. 北京: 总装备部军标出版发行部.

封凤芝, 封杰南, 梁火寿. 2008. 木材涂料与涂装技术. 北京: 化学工业出版社.

戈鲁, 赫兹若格鲁. 2000. 电磁场与电磁波. 周克定译. 北京: 机械工业出版社, 362-364.

华毓坤, 傅峰. 1995. 导电胶合板的研究. 林业科学, 31(3): 254-259.

蒋全兴, 周忠元. 2006. 信号源内置式球形偶极子天线. 安全与电磁兼容, 5: 105-106.

凯瑟. 1985. 电磁兼容原理. 肖华庭译. 北京：电子工业出版社.

冷涛. 2011. 一种内置丝网的高强度胶合板. 中国, CN201120142882.

吕仁清，蒋全兴. 1991. 电磁兼容性结构设计. 南京：东南大学出版社, 276-277.

邱成悌，蒋全兴. 2001. 电子设备结构设计原理. 南京：东南大学出版社. 328-330.

王范树，周雷，别明智，等. 2013. 抗静电剂的最新研究进展. 塑料科技, 41(12): 85-90.

王俊玲. 2008. 电磁兼容人造板复合材料的制备及性能研究. 北京：北京工业大学硕士学位论文.

王双科，邓背阶. 2005. 家具涂料与涂饰工艺. 北京：中国林业出版社.

吴景艳，邹澎. 2004. 机箱电磁屏蔽的理论分析. 河南科学, 22(2): 171-174.

尹皓，王选伦，李又兵. 2016. 高分子永久型抗静电剂的最新研究进展. 塑料助剂, (4): 1-4.

张慧. 2011. 胶合板炭化导电性能分析. 中国高新技术企业, 10: 53-54.

张向东. 2015. 建设工程施工现场供用电安全特低电压系统. 建筑技术开发, 42(7): 52-55.

中华人民共和国机械电子部电子标准化研究所. 1990. 高性能屏蔽室屏蔽效能的测量方法. GB 12190—1990. 北京：中国标准出版社.

中华人民共和国机械电子工业部电子技术标准化研究所. 1991. 接地、搭接和屏蔽设计的实施. GJB 1210-1991. 中华人民共和国国家军用标准.

Craft A M. 1964. Considerations in the design of bond straps. IEEE Transactions Electromagnetic Compatibility, 6(3): 58-65.

Garrido C, Otero A, Cidras J. 2007. Theoretical model to calculate steady-state and transient ampacity and temperature in buried cables. IEEE Power Engineering Review, 22 (11): 54-54.

International Electrotechnical Commission. 2001. Electromagnetic compatibility(EMC)—Part5-7: Installation and mitigation guidelines—Degrees of protection provided by enclosures against electromagnetic disturbances.IEC 61000-5-7. Switzerland, Geneva: IEC.

International Electrotechnical Commission. 1999. Mechanical structures for electronic equipment—tests for IEC 60917 and IEC 60297—Part3: Electromagnetic shielding performance tests for cabinets, racks and subracks. IEC/TS 61587-3.Switzerland, Geneva: IEC.

Oyama M, Zheng H, Emur K. 1993. Thermal sensation and comfort under the floor heating system. Summaries of Technical Papers of Annual Meeting of Architectural Institute of Japan, 4526: 1051-1052.

Pearlston C B. 1962. Case and cable shielding, bonding and grounding considerations in electromagnetic interference. IRE transactions radio frequency inference, 4(3): 1-16.

Soldanels R M. 1967. Flexible radio frequency bonding configurations: Theoretical analysis, measurements, and practical applications. IEEE Transactions Electromagnetic Compatibility, 9(3): 136-138.